普通高等教育"十一五"国家级规划教材

21世纪高等院校自动化类专业系列教材

计算机控制系统

第4版

李正军 编著

机械工业出版社

本书是普通高等教育“十一五”国家级规划教材。全面系统地介绍了计算机控制系统的各个重要组成部分，是在作者30多年教学与科研实践经验的基础上，吸收了国内外计算机控制系统设计最新技术编写而成的。书中介绍了作者在计算机控制领域的最新研究成果。

全书共10章，主要内容为：计算机控制系统的组成、分类、采用的技术和发展趋势；计算机控制系统的总线技术；人机接口技术；过程输入/输出通道；工业机器人与智能系统；计算机控制系统的控制算法；计算机控制系统的软件设计；现场总线与工业以太网控制网络技术；计算机控制系统的抗干扰设计与信息安全；计算机控制系统设计实例。全书内容丰富，结构合理，理论与实践相结合，尤其注重工程应用技术。

本书可作为高等院校自动化、机器人工程、自动检测、机电一体化、人工智能、电子与电气工程、计算机应用、信息工程等专业的本科教材，同时可以作为相关专业的研究生教材，也适合从事计算机控制系统设计的工程技术人员参考和自学。

本书配有授课电子课件，需要的教师可登录 www. cmpedu. com 免费注册、审核通过后下载，或联系编辑索取（微信：15910938545，电话：010-88379739）。

图书在版编目（CIP）数据

计算机控制系统/李正军编著．—4版．—北京：机械工业出版社，2022. 9（2025. 2重印）

21世纪高等院校自动化类专业系列教材

ISBN 978-7-111-71628-0

Ⅰ. ①计…　Ⅱ. ①李…　Ⅲ. ①计算机控制系统-高等学校-教材
Ⅳ. ①TP273

中国版本图书馆CIP数据核字（2022）第174378号

机械工业出版社（北京市百万庄大街22号　邮政编码100037）
策划编辑：李馨馨　　责任编辑：李馨馨　秦　菲
责任校对：张艳霞　　责任印制：常天培

北京机工印刷厂有限公司印刷

2025年2月第4版·第3次印刷
184mm×260mm·20. 25印张·502千字
标准书号：ISBN 978-7-111-71628-0
定价：79. 00元

电话服务
客服电话：010-88361066
　　　　　010-88379833
　　　　　010-68326294

网络服务
机　工　官　网：www. cmpbook. com
机　工　官　博：weibo. com/cmp1952
金　书　网：www. golden-book. com
机工教育服务网：www. cmpedu. com

第 4 版前言

本书是在普通高等教育“十一五”国家级规划教材《计算机控制系统》第 3 版的基础上增修而成。鉴于机械工业出版社对第 3 版的教学资源投入了大量的人力和物力，在第 4 版教材中，为了保持第 3 版的教学延续性，基本上采用了原来的编写架构。但在“新工科”的背景下，计算机控制系统的课程教学体系、教学内容、所讲技术又迫切需要改革、更新。同时，计算机控制的应用领域或行业不再仅仅是流程工业中的温度、压力、液位等过程控制，现在非常热门的领域或行业，如工业机器人、智能制造等，均需要计算机控制技术的支持。因此，迫切需要编写符合时代要求的计算机控制技术教材。

目前，该课程一般只有 32~40 学时，在有限的学时内，既要讲述计算机控制的传统知识，又要增加新的知识点。只有这样，才能够更好地体现课程的价值，激发学生的学习热情和兴趣，达到学以致用的目的。

第 4 版教材的主要增修内容如下。

1）保留该课程传统的主要教学内容，但内容更精练，利于和传统教学模式衔接，方便教师教学，循序渐进。

2）不再讲述或少讲述《单片机原理》等课程的教学内容，除非是为了体系的需要。

3）对第 1 章“绪论”重新进行了编写，增加了如综合自动化系统实现、万物互联、边缘计算、数字孪生等计算机控制系统采用的新技术的介绍。

4）第 2 章的内容主要讲述计算机控制系统的总线技术，删除了第 3 版中的译码电路设计、I/O 接口电路的扩展技术和 MODBUS 通信协议。

5）第 3 章的内容主要讲述人机接口技术，删除了比较难以理解的旋转编码器接口设计。

6）第 4 章的内容修改比较大，保留了过程输入/输出通道的核心内容，删除了 8 位 A-D 转换器及其接口技术、8 位 D-A 转换器及其接口技术等内容，对传感器只做了简单介绍。

7）增加了“工业机器人与智能系统”一章，删除了第 3 版的第 5 章“数字控制技术”。

8）第 6 章增加了被控对象的数学模型、LabVIEW 虚拟仪器开发平台、PID 算法的 MATLAB 仿真、万能试验机控制系统的仿真与快速电压电流转换电路等内容，删除了“模型预测控制”一节。

9）对第 7 章重新进行了编写，增加了数据处理、工业控制组态软件、软件工程等内容，删除了比较烦琐的组态软件驱动程序设计、组态软件可视化环境设计、数字滤波器的算法与程序设计。

10）重新编写了第 8 章“现场总线与工业以太网控制网络技术”，讲述了最新的现场总线与工业以太网技术，增加了 CAN FD 现场总线、工业互联网技术等。

11）重新编写了第9章，除了讲述计算机控制系统的抗干扰设计，还增加了“计算机控制系统的信息安全”一节。

12）重新编写了第10章，以一个 DCS 控制系统的详细设计作为实例，讲述了计算机控制系统的设计过程，删除了“工业锅炉计算机控制系统的设计”一节。

本书理论联系实际，突出工程应用，全面系统地介绍了计算机控制系统的各个重要组成部分，是在作者30多年教学与科研实践经验的基础上，吸收了国内外计算机控制系统设计中所用的最新技术编写而成的。

本书是编者教学和科研实践的总结，书中实例取自作者近几年的计算机控制系统的科研攻关课题。对本书中所引用的参考文献的作者，在此一并向他们表示真诚的感谢。由于编者水平有限，加上时间仓促，书中错误和不妥之处在所难免，敬请广大读者不吝指正。

编者于泉城

第3版前言

本书是在《计算机控制系统》第2版的基础上修改而成。

第3版教材中，首次采用了先进的ARM Cortex-M3和M4嵌入式控制器作为背景机，讲述计算机控制系统的设计。删除了第2版教材中较为烦琐的或一些过时的教学内容，如矩阵键盘的详细设计、采样定理的详细证明、AD574A/D转换器、DAC1208D/A转换器等。由于目前现场总线技术已经作为一门独立的课程，考虑到教学学时的限制，删除了CAN总线和PROFIBUS-DP总线的详细设计，更新了现场总线与工业以太网的最新发展技术，如工业以太网技术、netX网络控制器等。增加了监控与数据采集系统（SCADA）、复杂流程工业控制系统、嵌入式控制系统（ECS）的介绍，并引入了第4次工业革命——工业4.0的概念；为了学习的方便与知识的系统化，将总线技术与MODBUS通信协议一章修改为计算机控制系统设计基础，增加了微处理器和微控制器的存储空间配置结构的介绍、常用译码电路和PLD可编程逻辑器件译码电路的应用设计、I/O接口电路的扩展技术；增加了旋转编码器在HMI人机接口中的应用设计；在过程输入/输出通道的设计中，增加了传感器、变送器、执行器的介绍，同时，增加了模拟信号放大技术与最新的带可编程接口的A/D和D/A转换器的详细设计。对计算机控制系统的软件设计进行了重点修改，如计算机控制系统软件设计中的关键技术、OPC技术、Web技术，同时增加了双机热备技术的论述及IIR数字滤波器的算法和程序设计；考虑电磁兼容与抗干扰技术在计算机控制系统的设计中越来越重要，增加了“计算机控制系统的电磁兼容与抗干扰设计”一章；根据编者承担的国家重点科研公关课题的最新研究成果，增加了基于现场总线与工业以太网的新型DCS控制系统的设计实例，并给出了主控卡与各种测控板卡的实物图，这一章与“计算机控制系统的软件设计”合在一起，将给读者一个非常直观的认识，非常有助于读者对计算机控制系统设计的整体理解和学习。

本书是编者教学和科研实践的总结，书中实例均是取自作者近几年的计算机控制系统的科研攻关课题。对本书中所引用的参考文献的作者，在此一并向他们表示真诚的感谢。由于编者水平有限，加上时间仓促，书中错误和不妥之处在所难免，敬请广大读者不吝指正。

编　者

第2版前言

本书是在《计算机控制系统》第1版的基础上修改而成的。

第2版教材中，删除和修改了第1版教材中比较烦琐的或非重点讲解的内容，如Σ-Δ型A/D转换器的详细工作原理、显示器接口设计、离散状态空间设计、基于工业以太网和现场总线技术的新型控制系统等，并对部分内容进行了更正。

在计算机控制系统的分类中，增加了对网络控制系统（NCS）的介绍，对计算机控制系统采用技术和发展趋势的部分内容作了修改；增加了MODBUS通信协议和人机接口HMI触摸屏的内容介绍；增加了计算机控制系统的软件设计，包括计算机控制系统软件的组成和功能、实时多任务系统、现场控制层的软件系统平台、新形DCS系统组态软件的设计、组态软件数据库系统设计、组态软件驱动程序设计、组态软件可视化环境设计、OPC技术、Web浏览与控制技术、应用程序设计；增加了现场总线与工业以太网控制网络技术，包括现场总线技术概述、现场总线与企业网络、现场总线简介、CAN与PROFIBUS现场总线及其应用技术、工业以太网技术；增加了计算机控制系统设计实例，如PMM2000电力网络仪表的系统设计等。

编　者

第 1 版前言

随着现代化工业生产过程复杂性与集成度的提高，计算机控制系统已发展到了一个崭新的阶段。计算机控制系统利用计算机的软件和硬件代替自动控制系统中的控制器，它以自动控制理论和计算机技术为基础，综合了计算机、自动控制和生产过程多方面的知识。当前，计算机控制系统已成为许多大型自动化生产线中不可缺少的重要组成部分。这就要求从事自动控制的工程技术和研发人员不仅要掌握生产工艺流程和自动控制理论的基础知识，而且还必须掌握计算机控制系统的有关硬件、软件、控制规律、数据通信、现场总线网络技术和数据库等方面的专门知识和技术，从而达到设计和应用计算机控制系统的目的。

本书为普通高等教育“十一五”国家级规划教材，全面系统地讲述了计算机控制系统的基础知识与系统设计及应用技术。

全书共分 9 章。第 1 章为绪论，介绍了计算机控制系统的概念、组成、分类和发展趋势；第 2 章介绍了计算机控制系统的总线技术，包括 STD 总线、PCI 总线、IEEE-488 总线、RS-232 和 RS-485 总线及 MODBUS 通信协议；第 3 章简要介绍了人机接口技术，包括键盘的设计、LED 和 LCD 显示技术、触摸屏技术与打印机接口技术；第 4 章重点介绍了过程输入/输出通道接口技术，包括信号和采样、模拟开关、模拟量输入通道、模拟量输出通道、数字量输入通道、数字量输出通道、电流/电压转换和过程通道的抗干扰与可靠性设计；第 5 章讲述了数字控制技术；第 6 章详述了计算机控制系统的控制规律，包括 PID 控制、数字 PID 算法、串级控制、前馈-反馈控制、数字控制器的直接设计方法、大林算法、史密斯预估控制、模糊控制和模型预测控制；第 7 章介绍了计算机控制系统的软件设计，包括计算机控制系统软件的组成和功能、实时多任务系统、现场控制层的软件系统平台、新型 DCS 系统组态软件的设计、组态软件数据库系统设计、组态软件驱动程序设计、组态软件可视化环境设计、OPC 技术、WEB 浏览与控制技术和应用程序设计；第 8 章重点讲述了现场总线与工业以太网控制网络技术，包括现场总线技术概述、现场总线与企业网络、典型现场总线简介、CAN 与 PROFIBUS-DP 现场总线及其应用技术、工业以太网技术；第 9 章介绍了计算机控制系统的设计方法和设计实例，最后介绍了 PMM2000 电力网络仪表的系统设计。本教材取材于作者多年的教学内容以及近几年发表的科研论文和国家重点科研攻关项目，并参考了有关专著和技术资料。

本教材得以公开出版，得到了机械工业出版社计算机分社的大力支持，上海交通大学的席裕庚教授审阅了编写大纲，同时得到了山东大学控制科学与工程学院领导等有关同志的大力支持。在本书的编写过程中，我的学生张明、王丛先、刘俊杰、赖园园、陈亮、韩英昆、周旭、杨洪军、薛凌燕等同学协助我做了书稿的校对工作，并绘制了全部插图。对书中所引用的参考文献的作者，在此一并向他们表示诚挚的感谢。

由于编者水平有限，加上时间仓促，书中错误和不妥之处在所难免，敬请广大读者不吝指正。

李正军

目　录

第1章 绪论

随着现代化工业生产过程复杂性与集成度的提高，计算机控制系统得到了迅速的发展。计算机控制系统是自动控制系统发展中的高级阶段，是自动控制系统中非常重要的一个分支。计算机控制系统利用计算机的软件和硬件代替自动控制系统中的控制器，它以自动控制理论和计算机技术为基础，综合了计算机、自动控制和生产过程等多方面的知识。由于计算机控制系统的应用，许多传统的控制结构和方法被代替，工厂的信息利用率大大提高，控制质量更趋稳定，对改善人们的劳动条件起着重要作用。

因此，计算机控制技术受到越来越广泛的重视。当前，计算机控制系统已成为许多大型自动化生产线不可缺少的重要组成部分。生产过程自动化的程度以及计算机在自动化中的应用程度已成为衡量工业企业现代化水平的一个重要标志。

现在，计算机控制技术已渗透到了人类社会的各个领域。

计算机控制技术的应用极大地提高了生产和工作效率，保证了产品和服务质量，节约了能源，减少了材料的损耗，减轻了劳动和工作强度，改善了人们的生活条件。计算机控制技术已成为信息时代推动技术革命的重要动力，实现了人类诸多的梦想。

随着互联网技术的发展，无论是德国的“工业4.0”、美国的“工业互联网”，还是新一轮工业革命的“智能制造”，都体现了新一代信息技术与其他技术的深度融合，这使得计算机控制技术又获得了新的发展动力。

1.1 计算机控制理论的发展过程

计算机控制理论经历了漫长的发展过程，采样系统理论主要用在计算机控制方面，并已取得重要成果，其发展过程如下。

(1) 采样定理

计算机控制系统只根据离散的过程变量值来工作，那么信号在什么条件下，才能只根据它在离散点上的值重现？该问题是由奈奎斯特（Nyquist）解决并证明的，要把正弦信号从它的采样值中复现出来，每周期至少必须采样两次。香农（Shannon）于1949年也证明了这个问题。

(2) 差分方程

采样系统理论的起源与某些特殊控制系统的分析有关。奥尔登伯格（Oldenburg）和萨托里厄斯（Sartorius）于1948年对落弓式检流计的特性做了研究，这项研究对采样系统的理论做出了贡献。业已证明，许多特征可以通过分析一个线性时不变的差分方程描述，即用差分方程代替微分方程。

(3) Z变换法

由于拉普拉斯变换理论已经成功地应用于连续时间系统中，人们自然想到为采样系统建立一种类似的变换理论。霍尔维兹于1947年对序列$\{f(kT)\}$引进了一个变换：

$$Z[f(kT)] = \sum_{k=0}^{\infty} z^{-k} f(kT)$$

后来，这种变换由拉格兹尼（Ragazzini）和扎德（Zadeh）于1952年定义为Z变换。

(4) 状态空间理论

状态空间理论的建立，来自许多数学家的共同努力。卡尔曼把状态空间法应用于控制理论，他建立了许多概念并解决了许多重要问题。

(5) 最优控制与随机控制

20世纪50年代后期，贝尔曼与庞特里亚金等人证明了许多设计问题都可以形式化为最优化问题。20世纪60年代初，随机控制理论的发展引出所谓的线性二次型高斯（Linear Quadratic Gauss，LQG）理论。

(6) 代数系统理论

代数系统理论对线性系统理论有了更好的理解，并应用多项式方法解决特殊问题。

(7) 系统辨识与自适应控制

在最优控制系统中，当被控对象的工作条件发生变化时，就不再是最优状态了。若系统本身在工作条件变化的情况下，能自动地改变控制规律，使系统仍能处于最佳工作状态，其性能指标仍能取得最佳，这就是自适应控制。自适应控制包括性能估计（系统辨识）、决策和修改三部分。

(8) 先进控制技术

先进控制技术主要包括模糊控制技术、神经网络控制技术、专家控制技术、预测控制技术、内模控制技术、分层递阶控制技术、鲁棒控制技术、学习控制技术、非线性控制技术、网络化控制技术等。先进控制技术主要解决传统的、经典的控制技术难以解决的控制问题，代表控制技术最新的发展方向，并且与多种智能控制算法是相互交融、相互促进发展的。

1.2 计算机控制系统的概念

1.2.1 常规控制系统

工业生产过程中的自动控制系统因被控对象、控制算法及采用的控制器结构的不同而有所区别。从常规来看，控制系统为了获得控制信号，要将被控量y与给定值r相比较，得到偏差信号$e=r-y$。然后，利用e直接进行控制，使系统的偏差减小直到消除偏差，被控量接近或等于给定值。对于这种控制，由于被控量是控制系统的输出，被控量的变化值又反馈到控制系统的输入端，与作为系统输入量的给定值相减，所以称为闭环负反馈系统。其结构如图1-1所示。

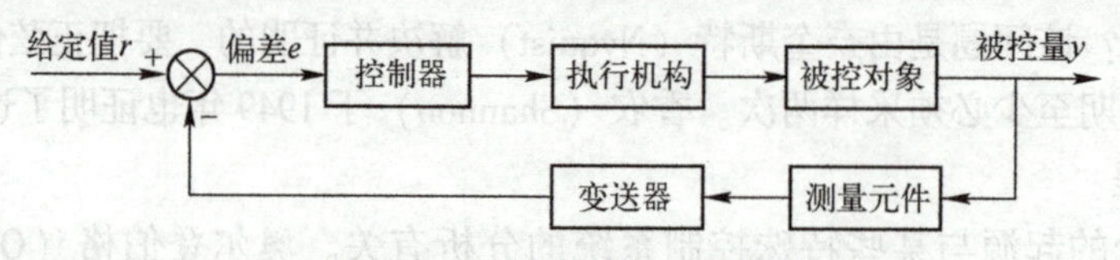

图1-1 闭环控制系统结构图

测量元件和变送器：对系统输出量进行检测。

比较元件：对系统的给定值和被控量进行比较，给出偏差信号，送往控制器。

执行机构：根据控制器输出的信号，对被控对象执行控制任务，使被控量与给定值保持一致。

被控对象：系统需要进行控制的机器、设备或生产过程，被控对象内要求实现自动控制的物理量称为被控量或系统输出量。

控制器：也称校正装置，用于改善闭环系统的动态品质和稳定精度，系统中的控制器可设计成各种形式。

从图1-1可以看出，该系统通过测量传感器对被控对象的被控量（如温度、压力、流量、成分、位移等物理量）进行测量，再由变送器将测量元件的输出信号变换成一定形式的电信号，反馈给控制器。控制器将反馈信号对应的工程量与系统的给定值进行比较，根据误差产生控制信号来驱动执行机构进行工作，使被控参数的值与系统给定值相一致。该类负反馈控制是自动控制的基本形式，大多数控制系统具备这种结构。

控制系统的另一种结构如图1-2所示，该系统为开环控制系统。

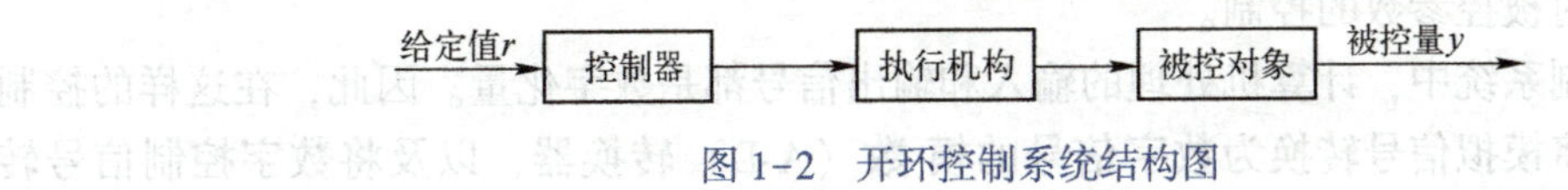

图1-2 开环控制系统结构图

该系统与闭环控制系统的区别在于它不需要被控对象的反馈信号，而是直接根据给定信号去控制被控对象工作的，这种系统本质上不会自动消除被控参数偏差给定值带来的误差，控制系统中产生的误差全部反映在被控参数上，它与闭环控制系统相比，控制结构简单，但性能较差，常用在某些特殊的控制领域。

1.2.2 计算机控制系统

计算机控制系统的控制过程可简单地归纳为三个过程。

(1) 信息的获取

计算机可以通过计算机的外部设备获取被控对象的实时信息和人的指令性信息，这些信息是计算机进行计算或决策的素材和依据。

(2) 信息的处理

计算机可根据预先编好的程序对从外部设备获取的信息进行处理，这种数据处理应包括信号的滤波、线性化校正、标度的变换、运算与决策等。

(3) 信息的输出

计算机将最终处理完的信息通过外部设备送到控制对象，通过显示、记录或打印等操作输出其处理或获取信息的情况。

计算机控制系统包括硬件和软件两大部分。硬件由计算机、接口电路、外部设备组成，是计算机控制系统的基础；软件是安装在计算机中的程序和数据，它能够完成对其接口和外部设备的控制，完成对信息的处理，它包括维持计算机工作的系统软件和为完成控制而进行信息处理的应用软件两大部分，软件是计算机控制系统的关键。

计算机控制系统由工业控制计算机主体（包括硬件、软件与网络结构）和被控对象两大部分组成。从图1-1和图1-2所示的控制系统可以看出，自动控制系统的基本功能是信号的传递、处理和比较。这些功能是由传感器的测量变送装置、控制器和执行机构来完成的。控制器是控制系统中最重要的部分，它从质和量这两个方面决定了控制系统的性能和应用范围。

若把图1-1和图1-2中的控制器用计算机系统来代替，就构成了计算机控制系统，其典型结构如图1-3所示。

计算机控制系统在结构上也可以分为开环控制系统和闭环控制系统两种。

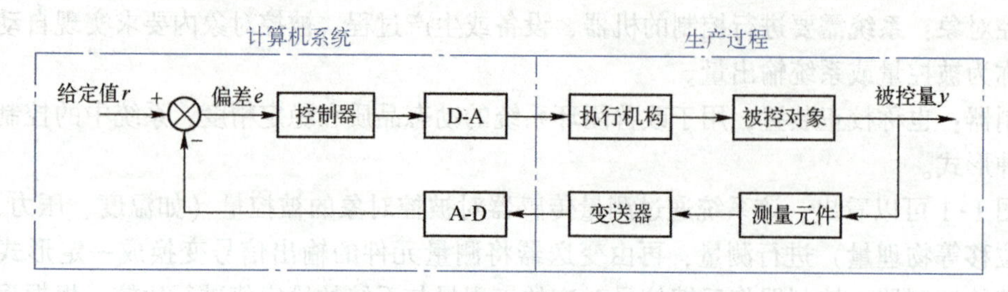

图 1-3 计算机控制系统的典型结构

控制系统中引入计算机，就可以充分利用计算机强大的计算、逻辑判断和记忆等信息处理能力。运用微处理器或微控制器的丰富指令，就能编制出满足某种控制规律的程序，执行该程序，就可以实现对被控参数的控制。

在计算机控制系统中，计算机处理的输入和输出信号都是数字化量。因此，在这样的控制系统中，需要有将模拟信号转换为数字信号的模-数（A-D）转换器，以及将数字控制信号转换为模拟输出信号的数-模（D-A）转换器。

计算机控制系统执行控制程序的过程如下。

1）实时数据采集：以一定的采样间隔对被控参数进行测量，并将采样结果输入计算机。

2）实时计算：对采集到的被控参数进行处理后，按预先规定的控制规律进行控制率的计算，或称决策，决定当前的控制量。

3）实时控制：根据实时计算结果，将控制信号送往控制的执行机构。

4）信息管理：随着网络技术和控制策略的发展，信息共享和管理也介入控制系统中。

上述测量、控制、运算、管理的过程不断重复，使整个系统能够按照一定的动态品质指标进行工作，并且对被控参数或控制设备出现的异常状态进行及时监督并迅速做出处理。

在前面所讲的计算机控制系统的一般概念中，计算机直接连接着工业设备，不通过其他介质来间接进行控制决策。这种生产设备直接与计算机控制系统连接的方式，称为“联机”或“在线”控制。如生产设备不直接与计算机控制系统连接，则称为“脱机”或“离线”控制。

如果计算机能够在工艺要求的时间范围内及时对被控参数进行测量、计算和控制输出，则称为实时控制。实时控制的概念与工艺要求紧密相连，如快速变化的压力对象控制的实时控制时间要比缓慢变化的温度对象的实时控制时间快。实时控制的性能通常受一次仪表的传输延迟、控制算法的复杂程度、微处理器或微控制器的运算速度和控制量输出的延迟等影响。

计算机控制系统分类方式繁多，按应用场合可以分为过程控制系统与运动控制系统两大类。

过程控制系统是指以温度、压力、流量、液位（或物位等）、成分和物性等为被控参数的流程工业中的一类控制系统。

运动控制系统主要指以位移、速度和加速度等为被控参数的一类控制系统，如以控制电动机的转速、转角为主的机床控制和跟踪控制等系统。

这两类控制系统虽然基于相同的控制理论，但因控制过程的性质、特征和控制要求等的不同，带来了控制思路、控制策略和控制方法上的区别。

1.3 计算机控制系统的组成

计算机控制系统由两大部分组成：一部分为计算机及其输入/输出通道，另一部分为工业生产对象（包括被控对象与工业自动化仪表）。

1.3.1 计算机控制系统的硬件

计算机控制系统的硬件主要包括：微处理器或微控制器、存储器（ROM/RAM）、数字I/O接口通道、A-D与D-A转换器接口通道、人机接口设备（如显示器、键盘、鼠标等）、网络通信接口、实时时钟和电源等。它们通过微处理器或微控制器的地址总线、数据总线和控制总线（亦称系统总线）构成一个系统，其硬件框图如图1-4所示。

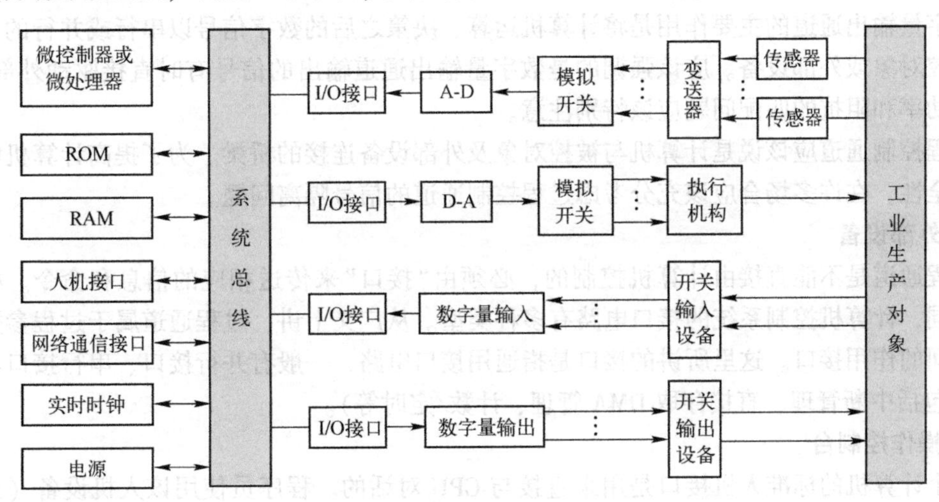

图1-4 计算机控制系统硬件框图

1. 计算机

计算机由CPU和存储器构成。它通过过程输入通道发送来的工业生产对象的生产工况参数，按照人们预先安排的程序，自动地进行信息的处理、分析和计算，并做出相应的控制决策或调节，以信息的形式通过输出通道及时发出控制命令。计算机中的程序和控制数据是人们预先根据被控对象的特征编制的控制算法。计算机控制系统执行控制程序和系统程序，完成事先确定的控制任务。

2. 常规外部设备

常规外部设备可分为输入设备、输出设备和存储设备，并根据控制系统的规模和要求来配置。

常用的输入设备有：键盘、鼠标等，主要用来输入程序和数据等。

常用的输出设备有：显示器、打印机等。输出设备将各种数据和信息提供给操作人员，使其能够了解过程控制的情况。

存储设备用来存储数据库和备份重要的数据，主要有磁盘等。

3. 过程通道

过程通道是在计算机与工业生产过程之间进行信息传送和转换的连接通道。根据信号的方向和形式，过程通道可分为以下四种。

(1) 模拟量输入通道

完成过程和被控对象送往计算机的模拟信号通过模拟量输入通道转换为计算机能够接收的标准数字信号。模拟信号转换为数字信号的准确性和速度反映为A-D转换的精度、位数和采样的时间。

(2) 模拟量输出通道

目前，大多数执行机构仍只能接收模拟信号，而计算机运算决策的最终结果是数字信号。模拟量输出通道能够将数字量转换为模拟量。

(3) 数字量输入通道

数字量输入通道的主要作用是把过程和被控对象的开关量或已通过传感器转换的数字量以并行或串行的方式传给计算机。

(4) 数字量输出通道

数字量输出通道的主要作用是将计算机运算、决策之后的数字信号以串行或并行的方式输出给被控对象或外部设备。应该强调的是数字量输出通道输出的信号有时直接驱动外部设备，因此其功率和阻抗的匹配问题应该特别注意。

过程控制通道应该说是计算机与被控对象及外部设备连接的桥梁。为了提高计算机的可靠性和安全性，在许多场合应该充分考虑过程控制通道的信号隔离问题。

4. 外部设备

过程通道是不能直接由计算机控制的，必须由“接口”来传送相应的信息和命令。根据应用的不同，计算机控制系统的接口电路有多种类型。从广义上讲，过程通道属于过程参数和计算机之间的作用接口。这里所讲的接口是指通用接口电路，一般有并行接口、串行接口和管理接口（包括中断管理、直接存取DMA管理、计数/定时等）。

5. 操作控制台

每个计算机的标准人机接口是用来直接与CPU对话的。程序员使用该人机设备（运行操作台）来检查程序。当计算机硬件发生故障时，维修人员可以利用此设备判断故障。生产过程的操作人员必须了解控制台的使用细节，否则会引起严重后果。当然控制台的软保护也是很重要的。

生产过程的操作人员除了要与计算机控制系统进行“对话”以了解生产过程状态外，有时还要进行参数修改和系统维护，在发生事故时还要进行人工干预等。

操作控制台是计算机控制系统人机交互的关键设备。通过操作控制台，操作人员可以及时了解被控过程的运行状态、运行参数，对控制系统发出各种控制的操作命令，并且通过操作控制台修改控制方案和程序。操作控制台一般应完成以下功能。

(1) 信息的显示

一般采用CRT显示屏或一些状态指示灯、声光报警器对被控参数、状态和计算机的运行情况进行显示或报警。

(2) 信息的记录

一般采用打印机、硬拷贝机、记录仪等设备对显示或输出的信息进行记录。

(3) 工作方式状态的选择

采用多种人机交互方式，如电源开关、数据段地址、选择开关、操作方式等操作，可以实现对工作方式的选择，并且可以完成手动-自动转换、手动控制（遥感）和参数的修改与设置。

(4) 信息输入

利用键盘或其他输入设备可以完成人对机的控制功能。操作控制站的各组成部分都通过对应的接口电路与计算机相连，由计算机实现对各个部分的相应管理。

6. 网络通信接口

当多个计算机控制系统之间需要相互传递信息或与更高层计算机通信时，每一个计算机控制系统就必须设置网络通信接口。如一般的 RS-232C、RS-485 通信接口；TCP/IP 以太网接口；现场总线接口等。计算机控制系统的网络结构可以分为两大类：一类为对等式网络结构（Peer-to-Peer）；另一类为客户/服务器结构（Client/Server）。这种分类主要是按照各网络节点之间的关系确定。

7. 实时时钟

计算机控制系统的运行需要一个时钟，用于确定采样周期、控制周期及事件发生时间等。常用的实时时钟电路如美国 Dallas 公司的 DS12C887 等。

8. 工业自动化仪表

它是被控对象与过程通道发生联系的设备。有测量仪表（包括传感器和变送器）、显示仪表（包括模拟和数字显示仪表）、调节设备、执行机构和手动-自动切换装置等。手动-自动切换装置在计算机发生故障或调试程序时，可由操作人员从自动切换到手动，实现无扰动切换，确保生产安全。

1.3.2 计算机控制系统的软件

计算机控制系统的硬件是完成控制任务的设备基础，而计算机的操作系统和各种应用程序是履行控制系统任务的关键，通称为软件。软件的质量关系到计算机运行和控制效果的好坏，影响硬件性能的充分发挥和推广应用。计算机控制系统软件的组成如图 1-5 所示。

1. 计算机控制系统软件的分类

计算机控制系统的软件按照其职能可分为系统软件、应用软件和支持软件三部分。

（1）系统软件

计算机控制系统的系统软件用于组织和管理计算机控制系统的硬件，为应用软件提供基本的运行环境，并为用户提供基本的通信和人机交互方法。系统软件一般由计算机厂家提供，不需要计算机控制系统的设计人员进行设计和维护。系统软件分为操作系统、系统通信、网络连接和管理及人机交互四部分，其中操作系统按照任务的实时性表现分为通用操作系统和实时操作系统两种，实时操作系统可满足工控任务的实时性需求，因此一般被应用在工业控制领域中。系统通信和网络等部分为设计人员提供了设计基础，设计人员在系统软件的基础上定制应用软件，完成控制任务。

（2）应用软件

计算机控制系统的应用软件是面向生产过程的程序，用于完成计算机监测和控制任务。应用软件一般由计算机控制系统的设计人员编写，针对特定生产过程定制。

应用软件可分为检测软件、监督软件和控制软件三类，检测软件作为计算机控制系统与生产过程之间的桥梁，一般用于生产过程中信息的采集和存储，完成信息的获取工作；监督软件用于对信息进行分析，并对事故和异常进行处理；控制软件是系统的核心部分，依据控制策略完成对生产过程的调整和控制。控制软件按照应用场合可分为运动控制、常用控制、现代控制、智能控制以及网络与现场总线五种，分别对应多种控制算法和控制策略。

（3）支持软件

计算机控制系统的支持软件是系统的设计工具和设计环境，用于为设计人员提供软件的设计接口，并为计算机控制系统提供功能更新的途径。支持软件包括程序设计语言、程序设计软件、编译连接软件、调试软件、诊断软件和数据库六部分，用户使用程序设计语言和程序设计软件设计计算机控制软件，通过编译、链接和调试进行软件测试。数据库软件为程序提供必要的运行支持，并为软件的更新和维护提供参考依据。

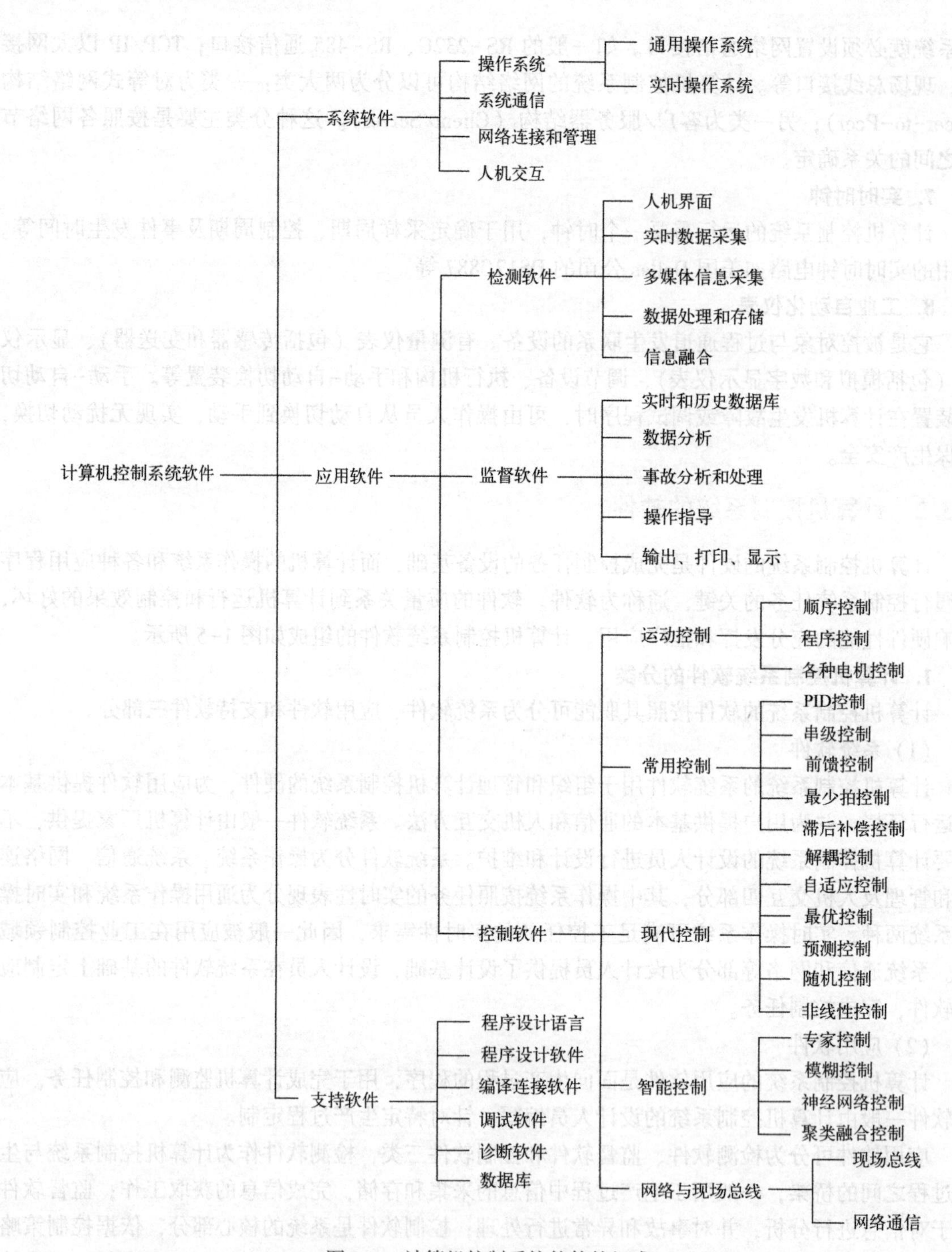

图 1-5 计算机控制系统软件的组成

2. 计算机控制系统软件的开发与运行环境

计算机控制系统软件对操作系统有特定的要求，其中稳定性和实时性是主要要求。计算机控制系统要求操作系统长时间无故障运行，对系统异常和恶意程序具备较好的处理能力，并可长时间运行无须更新系统补丁。除此之外，操作系统还需要对实时性较高的任务提供支持，以确保控制任务的正常进行。目前计算机控制系统采用 Windows、Linux 和定制系统三种操作系统。

(1) Windows操作系统

Windows操作系统由微软公司发布，经过长时间更新和维护后的版本具有较高的稳定性。用于工业控制领域的操作系统一般采用低版本Windows系统以获得较完备、稳定的系统功能，避免未知漏洞和频繁的系统更新。Windows操作系统一般应用在冶金、石油、电力等大型工控场合。

(2) Linux操作系统

Linux操作系统基于POSIX和UNIX开发，具有开源、免费和稳定的特点。Linux操作系统采用GPL协议，用户可以通过网络或其他途径免费获得，Linux操作系统中一些商业化版本经过实践检验具备较稳定的运行特性，逐渐被计算机控制系统采用。Linux操作系统一般应用在金融、政府、教育和商业场合，目前被计算机控制领域广泛采用的Linux操作系统包括RHEL (Red Hat Enterprise Linux)、Debian和Ubuntu，其中RHEL多作为服务器的操作系统，Debian和Ubuntu系统在微型计算机上使用较多。

(3) 定制操作系统

特殊用途下的计算机控制系统基于特有的操作系统开发，达到了从系统软件到应用软件的深度定制。定制操作系统一般基于Linux系统开发，根据生产过程的需要对系统的功能和策略进行修改和删减。定制操作系统一般用于过程控制、通信和嵌入式等领域，以VxWorks、QNX和RT-Linux为代表的嵌入式实时操作系统在多个计算机控制领域中有出色表现，定制操作系统在安全性和效率上具有独特优势。

3. 计算机控制系统软件开发技术

计算机控制系统的软件开发技术可分为软件设计规划、软件设计模式、软件设计方法和软件开发工具四个类别。

(1) 软件设计规划

软件设计规划包括软件开发基本策略、软件开发方案和软件过程模型三部分，软件开发中的三种基本策略是复用、分而治之、优化与折中。复用即利用某些已开发的、对建立新系统有用的软件元素来生成新的软件系统；分而治之是指把大而复杂的问题分解成若干个简单的小问题后逐个解决；软件的优化是指优化软件的各个质量因素，折中是指通过协调各个质量因素，实现整体质量的最优。其中软件开发的基本策略是软件开发的基本思想和整体脉络，贯穿软件开发的整体流程。

软件开发方案是对软件的构造和维护提出的总体设计思路和方案，经典的软件工程思想将软件开发分成需求分析、系统分析与设计、系统实现、测试及维护五个阶段，设计人员在进行软件开发和设计之前需要确定软件的开发策略，并明确软件的设计方案，对软件开发的五个过程进行具体设计。

软件过程模型是在软件开发技术发展过程中形成的软件整体开发策略，这种策略从需求收集开始到软件寿命终止，针对软件工程的各个阶段提供了一套范形，使工程的进展达到预期的目的。常用的软件过程模型包括生存周期模型、原型实现模型、增量模型、螺旋模型和喷泉模型五种。

(2) 软件设计模式

为增强计算机控制系统软件的代码可靠性和可复用性，增强软件的可维护性，在计算机软件的发展过程中，代码设计经验经过实践检验和分类编目，形成了软件设计模式。软件设计模式一般可分为创建型、结构型和行为型三类，所有模式都遵循开闭原则、里氏代换原则、依赖倒转原则和合成复用原则等通用原则。常用的软件模式包括单例模式、抽象工厂模式、代理模式、命令模式和策略模式。软件设计模式一般适用于特定的生产场景，以合适的软件设计模式指导软件的开发工作可对软件的开发起到积极的促进作用。

(3) 软件设计方法

计算机控制系统中软件的设计方法主要有面向过程方法、面向数据流方法和面向对象方法，分别对应不同的应用场景。面向过程方法是计算机控制系统软件发展早期被广泛采用的设计方法，其设计以过程为中心，以函数为单元，强调控制任务的流程性，设计的过程是分析过程和用函数代换的流程化思想，在流程特性较强的生产领域具备较高的设计效率。面向数据流方法又称为结构化设计方法，其主体思想是用数据结构描述待处理数据的组织形式，用算法描述具体的操作过程，强调将系统分割为逻辑功能模块的集合，并确保模块之间的结构独立，减少了设计的复杂度，增强了代码的可重用性。面向对象的设计方法是计算机控制系统软件发展到一定阶段的产物，采用封装、继承、多态等方法将生产过程抽象为对象，将生产过程的属性和流程抽象为对象的变量和方法，使用类对生产过程进行描述，使代码的可复用性和可扩展性得到了极大提升，降低了软件的开发和维护难度。

(4) 软件开发工具

计算机控制系统软件的开发过程中常用到的软件开发工具有程序设计语言、程序编译器、集成开发环境、数据库软件和分布式编程模型等。

编程语言是用来定义计算机程序的标准化形式语言，可分为机器语言、汇编语言和高级语言三种，机器语言是用二进制代码表示的计算机能直接识别和执行的一种机器指令的集合，它是计算机的设计者通过计算机的硬件结构赋予计算机的操作功能。机器语言具有灵活、直接执行和速度快等特点，但代码由二进制指令构成，可读性差，不具备平台间可移植性。汇编语言具备和机器语言相同的实质，采用标识符对机器语言进行标记，增强了机器语言的可读性。高级语言是高度封装了的编程语言，是较接近自然语言和数学公式的语言，基本脱离了机器的硬件系统，用人们更易理解的方式编写程序。高级语言并不是特指某一种具体的语言，而是包括了很多编程语言，如 Fortran、Pascal、C、C++、Java、C#和 PHP 等。

程序编译器是把高级语言代码翻译为计算机可以执行的低级语言代码的程序，编译器对代码执行预处理、编译和链接，并对代码进行分析和优化，生成精简、高效的可执行程序。C++语言常用的程序编译器有 gcc/g++和 Microsoft C/C++编译器，Java 语言常用的程序编译器是 javac。随着软件开发技术的发展，编译器一般都被包含在集成开发环境中。

集成开发环境是用于提供程序开发环境的应用程序，一般包括代码编辑器、编译器、调试器和图形用户界面工具。集成开发环境集成了代码编写功能、分析功能、编译功能、调试功能等，将通用设置实施到设计人员的代码中，使用户可以将注意力集中到编程逻辑上，提高了编码的效率。常用的集成开发环境有 Microsoft Visual C++、Microsoft Visual Studio、Eclipse、Keil μVision 等。

数据库软件是一种操纵和管理数据库的大型软件，用于建立、使用和维护数据库。它实现逻辑数据的抽象处理，并对数据库进行统一的管理和控制，以保证数据库的安全性和完整性。数据库软件为计算机控制系统软件提供数据访问接口，为计算机控制系统提供数据支持。数据库可分为网状数据库、关系数据库、树状数据库和面向对象数据库，常用的数据库有 Oracle、MS SQL Server、MySQL 和 Visual Foxpro 等。

分布式编程模型是计算机控制系统软件发展的最新成果，它为分布式计算机控制系统的设计和编程提供可参考的解决方案，常用的分布式编程模型是 DCOM 模型和 Web 编程模型。DCOM 是一种跨应用和语言共享二进制代码的网络编程模型，DCOM 技术在工控领域拓展为

OPC 技术，为分布式计算机控制系统的实现提供了新的途径。Web 发布系统是分布式计算机控制系统的拓展和补充，Web 编程模型分为客户端模型和服务器模型，客户端模型用于展现信息内容，设计技术主要有 HTML 语言、脚本技术和插件技术等；服务端模型用于构建策略与结构，设计技术主要有 PHP、ASP、Servlet 等。

1.4 计算机控制系统的分类

计算机控制系统与其所控制的生产对象密切相关，控制对象不同，控制系统也不同。根据应用特点、控制方案、控制目标和系统构成，计算机控制系统一般可分为以下几种类型。

1.4.1 数据采集系统（DAS）

20 世纪 70 年代，人们在测量、模拟和逻辑控制领域使用了数字计算机，从而产生了集中式控制。数据采集系统是计算机应用于生产过程控制最早的一种类型。把需要采集的过程参数经过采样、A-D 转换变为数字信号送入计算机。计算机对这些输入量进行计算处理（如数字滤波、标度变换、越限报警等），并按需要进行显示和打印输出，如图 1-6 所示。

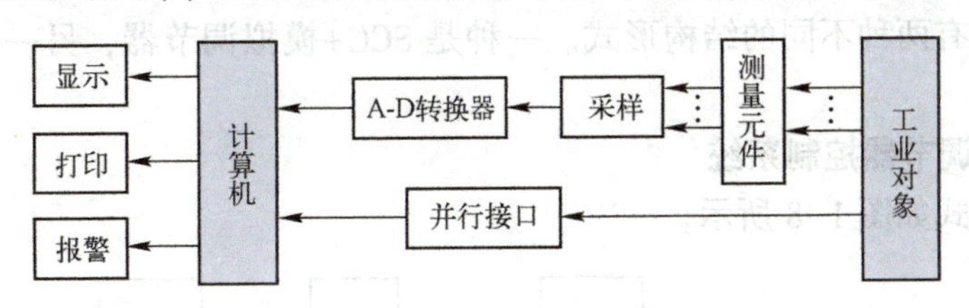

图 1-6 数据采集系统

这类系统虽然不直接参与生产过程的控制，但其作用还是较为明显的。由于计算机具有速度快、运算方便等特点，在过程参数的测量和记录中可以代替大量的常规显示和记录仪表，对整个生产过程进行集中监视。数据采集系统主要是对大量的过程参数进行巡回检测、数据记录、数据计算、数据统计和处理、参数的越限报警及对大量数据进行积累和实时分析。在这种应用方式下，计算机不直接参与过程控制，对生产过程不直接产生影响。

1.4.2 直接数字控制（DDC）系统

直接数字控制系统是计算机在工业中应用最普遍的一种方式。它是指用一台计算机对多个被控参数进行巡回检测，检测结果与给定值进行比较，并按预定的数学模型（如 PID 控制规律）进行运算，其输出直接控制被控对象，使被控参数稳定在给定值上，如图 1-7 所示。

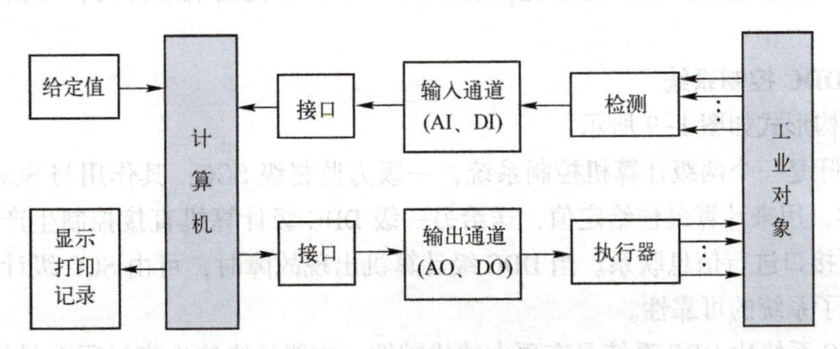

图 1-7 直接数字控制系统

DDC系统有一个功能齐全的操作控制台，给定、显示、报警等集中在这个控制台上，操作方便。DDC系统中的计算机不仅能完全取代模拟调节器，实现多回路的PID（比例P、积分I、微分D）调节，而且不需要改变硬件，只通过改变程序就能有效地实现较复杂的控制，如前馈控制、串级控制、自适应控制、最优控制、模糊控制等。

DDC系统是计算机用于工业生产过程控制的一种最典型的系统，在热工、化工、机械、建材、冶金等领域已获得广泛应用。

1.4.3 监督控制（SCC）系统

在DDC系统中是用计算机代替模拟调节器进行控制，对生产过程产生直接影响的被控参数给定值是预先设定的，并存入计算机的内存中，这个给定值不能根据生产工艺信息的变化及时修改，故DDC系统无法使生产过程处于最优工况。

在监督控制系统SCC中，计算机按照描述生产过程的数学模型计算出最佳给定值发送给模拟调节器或DDC计算机，模拟调节器或DDC计算机控制生产过程，从而使生产过程始终处于最优工况。SCC系统较DDC系统更接近生产变化的实际情况，它不仅可以进行给定值控制，而且还可以进行顺序控制、自适应控制及最优控制等。

监督控制系统有两种不同的结构形式。一种是SCC+模拟调节器，另一种是SCC+DDC控制系统。

1. SCC+模拟调节器控制系统

该系统结构形式如图1-8所示。

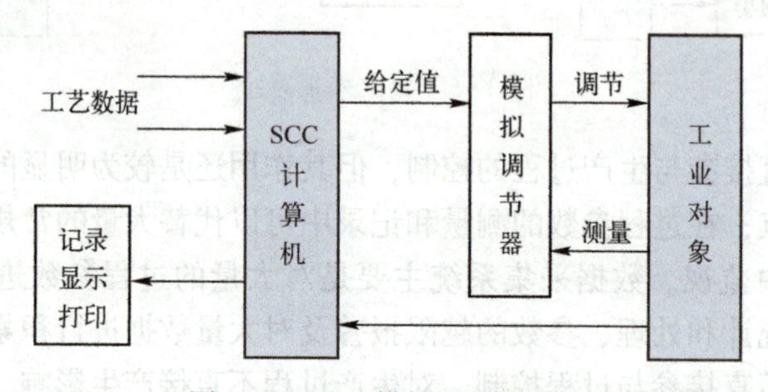

图1-8 SCC+模拟调节器系统

在此系统中，计算机对被控对象的各物理量进行巡回检测，并按一定的数学模型计算出最佳给定值发送给模拟调节器。此给定值在模拟调节器中与测量值进行比较后，其偏差值经模拟调节器计算后输出到执行机构，以达到控制生产过程的目的。这样，系统就可以根据生产工况的变化不断地改变给定值，以实现最优控制。当SCC计算机出现故障时，可由模拟调节器独立完成操作。

2. SCC+DDC控制系统

该系统结构形式如图1-9所示。

该系统实际是一个两级计算机控制系统，一级为监督级SCC，其作用与SCC+模拟调节器中的SCC一样，用来计算最佳给定值，送给另一级DDC级计算机直接控制生产过程。SCC与DDC之间通过接口进行信息联系。当DDC级计算机出现故障时，可由SCC级计算机代替，因此，大大提高了系统的可靠性。

总之，SCC系统比DDC系统具有更大的优越性，它能始终使生产过程在最优状态下运行，从而避免了不同的操作者用各自的办法去调节控制器的给定值所造成的控制差异。SCC的控制效果主要取决于数学模型，当然还要有合适的控制算法和完善的应用程序。因此对软件要求较高。用于SCC的计算机应有较强的计算能力和较大的内存容量以及丰富的软件系统。

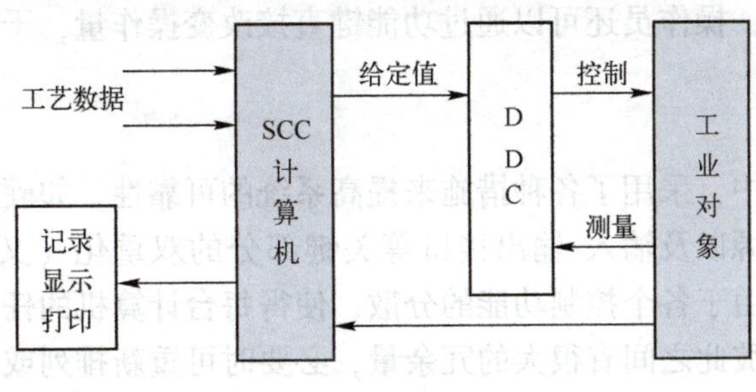

图1-9 SCC+DDC系统

1.4.4 分布式控制系统（DCS）

20世纪80年代，由于微处理器的出现而产生了分布式控制系统（DCS）。它以微处理器为核心，实现地理上和功能上的控制，同时通过高速数据通道把各个分散点的信息集中起来，进行集中的监视和操作，并实现复杂的控制和优化。DCS的设计原则是分散控制、集中操作、分级管理、分而自治和综合协调。

世界上许多国家和地区，包括中国都已大批量生产各种型号的分布式控制系统。虽然它们型号不同，但其结构和功能都大同小异，均是由以微处理器为核心的基本数字控制器、高速数据通道、CRT操作站和监督计算机等组成，其结构如图1-10所示。

分布式控制系统较过去的集中控制系统具有以下特点。

1. 控制分散、信息集中

采用大系统递阶控制的思想，生产过程的控制采用全分散的结构，而生产过程的信息则全部集中并存储于数据库，利用高速数据通道或通信网络输送到有关设备。这种结构使系统的危险分散，提高了可靠性。

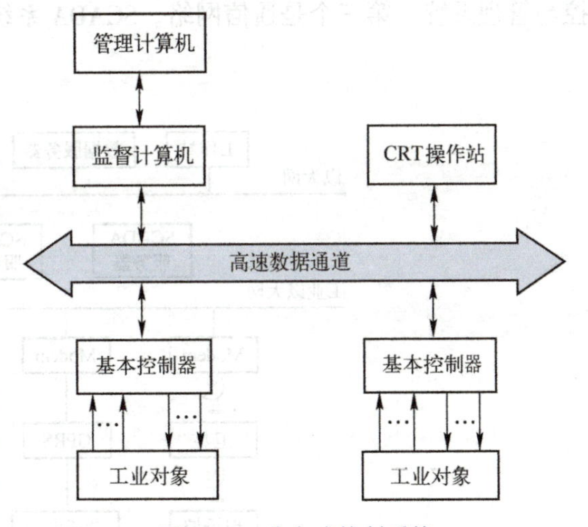

图1-10 分布式控制系统

2. 系统模块化

在分布式控制系统中，有许多不同功能的模块，如CPU模块、AI和AO模块、DI和DO模块、通信模块、CRT模块、存储器模块等。选择不同数量和不同功能的模块可组成不同规模和不同要求的硬件环境。同样，系统的应用软件也采用模块化结构，用户只需借助于组态软件，即可方便地将所选硬件和软件模块连接起来组成控制系统。若要增加某些功能或扩大规模，只要在原有系统上增加一些模块，再重新组态即可。显然，这种软、硬件的模块化结构提高了系统的灵活性和可扩展性。

3. 数据通信能力较强

利用高速数据通道连接各个模块或设备，并经通道接口与局域网络相连，从而保证各设备间的信息交换及数据库和系统资源的共享。

4. 友好而丰富的人机接口

操作员可通过人机接口及时获取整个生产过程的信息，如流程画面、趋势显示、报警显示、数据表格等。同时，操作员还可以通过功能键直接改变操作量，干预生产过程、改变运行状况或做事故处理。

5. 可靠性高

在分布式控制系统中，采用了各种措施来提高系统的可靠性，如硬件自诊断系统、通信网络、高速数据通道、电源以及输入/输出接口等关键部分的双重化（又称冗余），还有自动后援和手动后援等。并且由于各个控制功能的分散，使得每台计算机的任务相应减少，同时有多台同样功能的计算机，彼此之间有很大的冗余量，必要时可重新排列或调用备用机组。因此集散控制系统的可靠性相当高。

1.4.5 监控与数据采集（SCADA）系统

监控与数据采集（Supervisory Control And Data Acquisition，SCADA）系统包含两个层次的功能：数据采集和监控。目前，对SCADA系统没有统一的定义，一般来讲，SCADA系统特指分布式计算机控制系统，主要用于测控点比较分散、分布范围较广的生产过程或设备的监控。

SCADA系统比较流行的定义是：SCADA系统是一类功能强大的计算机远程监督控制与数据采集系统。它综合利用了计算机技术、控制技术、通信与网络技术，完成了对测控点分散的各种过程或设备的实时数据采集、本地或远程的控制，以及对生产过程的全面实时监控，并为安全生产、调度、优化和故障诊断提供必要和完整的数据及技术支持。

SCADA系统包括三个组成部分：第一个是一个分布式的数据采集系统；第二个是过程监控与管理系统；第三个是通信网络。SCADA系统的结构如图1-11所示。

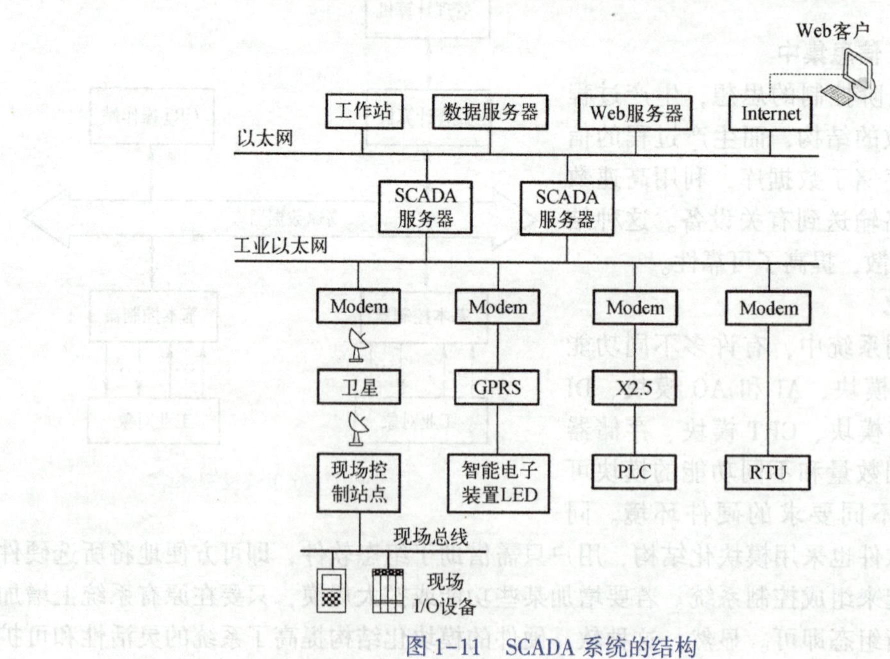

图1-11 SCADA系统的结构

SCADA系统这三个组成部分的功能不同，但三者的有效集成构成了功能强大SCADA系统，完成了对整个过程的有效监控。

SCADA系统可广泛应用于供水工程、污水处理系统、石油和天然气管网、电力系统和轨道交通等系统中。

1.4.6 现场总线控制系统（FCS）

20世纪80年代发展起来的集散控制系统DCS尽管给工业过程控制带来了许多好处，但由于它们采用了“操作站—控制站—现场仪表”的结构模式，系统成本较高，而且各厂家生产的DCS标准不同，不能互联，给用户带来了极大的不便和使用维护成本的增加。

现场总线控制系统（Fieldbus Control System，FCS）是20世纪80年代中期在国际上发展起来的新一代分布式控制系统结构。它采用了不同于DCS的“工作站—现场总线智能仪表”结构模式，降低了系统总成本，提高了可靠性，且在统一的国际标准下可实现真正的开放式互连系统结构，因此它是一种具有发展前途的真正的分散控制系统。其结构如图1-12所示。

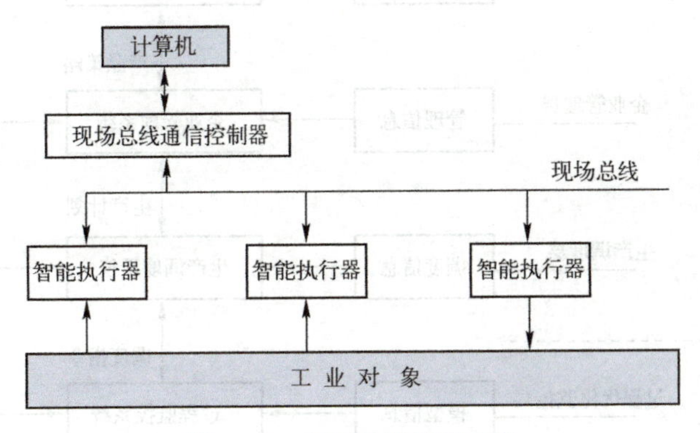

图1-12 现场总线控制系统

1.4.7 工业过程计算机集成制造系统（流程CIMS）

随着工业生产过程规模的日益复杂与大型化，现代化工业要求计算机系统不仅要完成直接面向过程的控制和优化任务，而且要在获取生产全部过程尽可能多的信息基础上，进行整个生产过程的综合管理、指挥调度和经营管理。由于自动化技术、计算机技术、数据通信等技术的发展，已完全可以满足上述要求，能实现这些功能的系统称为计算机集成制造系统（Computer Integrated Manufacture System，CIMS），当CIMS用于流程工业时，简称为流程CIMS或计算机综合处理系统（Computer Integrated Processing System，CIPS）。流程工业过程计算机集成制造系统按其功能可以自下而上地分为若干层，如过程直接控制层、过程优化监控层、生产调度层、企业管理层和经营决策层等，其结构如图1-13所示。

这类系统除了常见的过程直接控制、先进控制与过程优化功能之外，还具有生产管理、收集经济信息、计划调度和产品订货、销售、运输等非传统控制的诸多功能。因此，计算机集成制造系统所要解决的不再是局部最优问题，而是一个工厂、一个企业以及一个区域的总目标或总任务的全局多目标最优，亦即企业综合自动化问题。最优化的目标函数包括产量最高、质量最好、原料和能耗最小、成本最低、可靠性最高、对环境污染最小等指标，它反映了技术、经济、环境等多方面的综合性要求，是工业过程自动化及计算机控制系统发展的一个方向。

1.4.8 网络控制系统（NCS）

随着计算机网络的广泛使用和网络技术的不断发展，控制系统的结构正在发生变化。传统的控制模式往往通过点对点的专线将传感器信号传送到控制器，而后，再通过点对点的专线将控制信号传送到执行器。此类结构模式下的控制系统往往布线复杂，使得系统成本增加，降低了系统的可靠性、抗干扰性和灵活性，扩展不方便。特别是随着地域的分散以及系统的不断复杂，采用传统布线设计的控制系统成本高、可靠性差、故障诊断和维护难等弊端更加突出。为了解决这些问题，将网络引入控制系统中，采用分布式控制系统来取代独立控制系统，使得众多的传感器、执行器和控制器等系统的主要功能部件通过网络相连接，相关的信号和数据通过通信网络进行传输和交换，从而避免了彼此间专线的敷设，而且可以实现资源共享、远程操作和控制，提高系统的诊断能力、方便安装与维护，并能有效减少系统的重量和体积、增加系统的灵活性和可靠性。

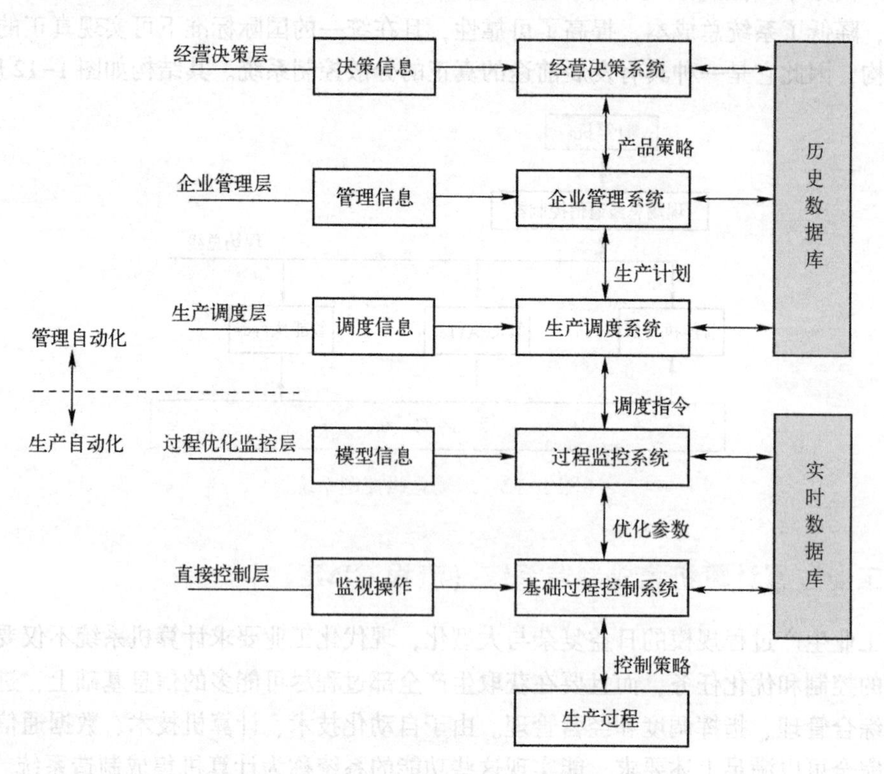

图 1-13 流程工业过程计算机集成制造系统

通过网络形成的反馈控制系统称为网络控制系统（Network Control System，NCS）。该类系统中，被控制对象与控制器以及控制器与驱动器之间是通过一个公共的网络平台连接的。这种网络化的控制模式具有信息资源能够共享、连接线数大大减少、易于扩展、易于维护、高效率、高可靠及灵活等优点，是未来控制系统的发展模式。根据网络传输媒介的不同，网络环境可以是有线、无线或混合网络。

网络控制系统是一种空间分布式系统，通过网络将分布于不同地理位置的传感器、执行机构和控制器连接起来，形成闭环的一种全分布式实时反馈控制系统。控制器通过网络与传感器和执行机构交换信息，并实现对远程被控对象的控制。NCS 不仅指传感器、执行器和控制器之间利用通信网络取代传统的点对点专线进行连接而形成闭环的控制系统，更广泛意义上的 NCS，还包括通过 Internet、企业信息网络所能实现的对工厂车间、生产线以及工程现场设备的远程控制、信息传输以及优化等。

典型 NCS 结构如图 1-14 所示。其中 τ_{sc} 表示数据从传感器传输到控制器的时延，τ_{ca} 表示数据从控制器传输到执行器的时延。

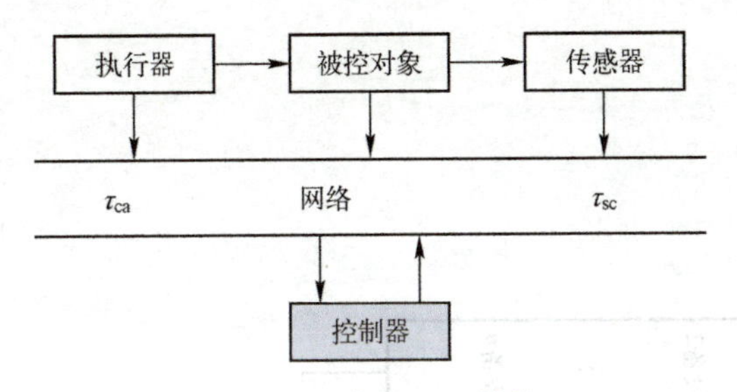

图 1-14 典型 NCS 结构

1.4.9 复杂流程工业控制系统

随着工业、农业、能源、电力、交通运输业、计算机技术和通信技术的发展，工业控制系统变得越来越复杂，复杂工业控制系统大量涌现。

复杂工业控制系统包括结构、环境、功能和过程的复杂化，系统的物质流、能量流、信息流交互作用复杂，多层次、多结构、网络化、大数据特征使得系统运行机理不明确。

某传统复杂流程工业控制系统的金字塔式人工调控方式如图 1-15 所示。

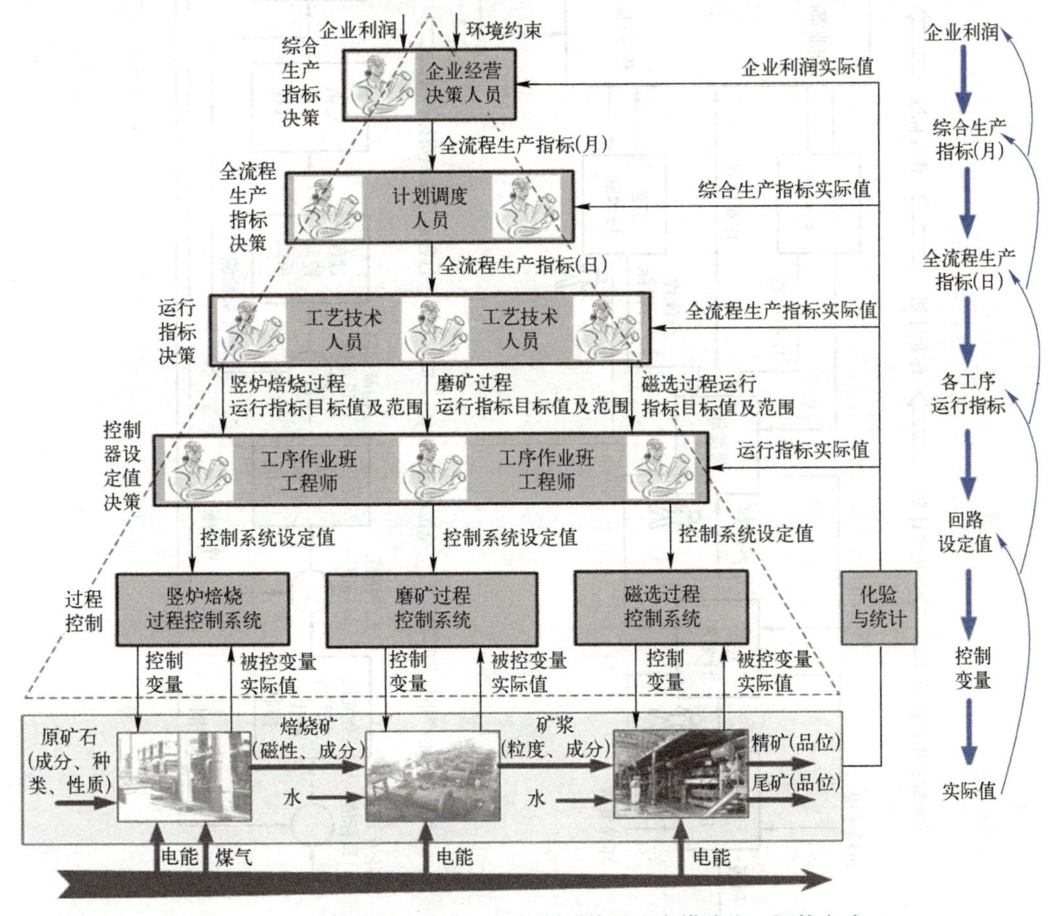

图 1-15 某传统复杂流程工业控制系统的金字塔式人工调控方式

金字塔式人工调控造成复杂工业系统产品质量低、能耗高，不符合现代工业发展的要求。目前，复杂流程工业控制系统的结构朝着多层次发展，复杂流程工业控制系统运行控制与管理的多层次结构如图 1-16 所示。

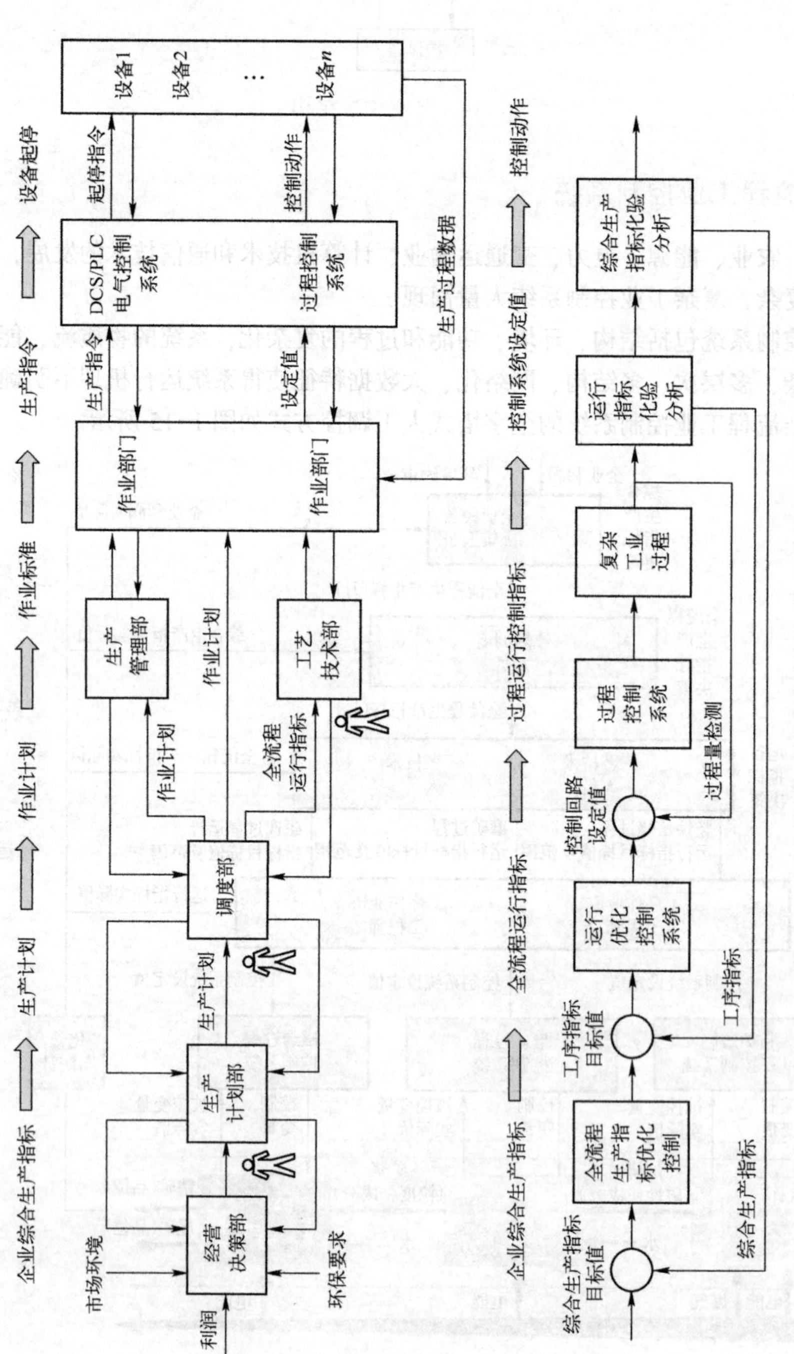

图1-16 复杂流程工业控制系统运行控制与管理的多层次结构

在多层次机构中需要解决以下问题。

1）能量流的建模。

2）物质流的建模。

3）物质流和能量流的交互作用。

4）信息化的作用（即自动化）对物质流，能量流时空配置的定量影响。

复杂流程工业控制系统过程调控的手段是控制各个控制回路的设定值，使得在信息流的控制下，能量流和物质流形成最优耦合，从而实现全厂运行的优化，提高产品质量，节能减排。

1.4.10 嵌入式控制系统（ECS）

20世纪90年代以来，计算机控制系统（Computer Control System）向着信息化、智能化、网络化方向发展，促进了嵌入式控制系统的诞生。

嵌入式系统（Embedded System）的一般定义是：以应用为中心，以计算机技术为基础，并且软硬件可裁剪，适用于应用系统对功能、可靠性、成本、体积、功耗有严格要求的计算机系统。

嵌入式系统符合目前发展现状的定义是：硬件以一个高性能的微处理器或微控制器（目前通常是32位处理器或微控制器）为基础，软件以一个多任务操作系统为基础的综合平台。这个平台的处理能力是以往的单片机所无法比拟的，它涵盖了软件和硬件两个方面，因此称之为“嵌入式系统”。

嵌入式系统层次结构模型如图1-17所示。

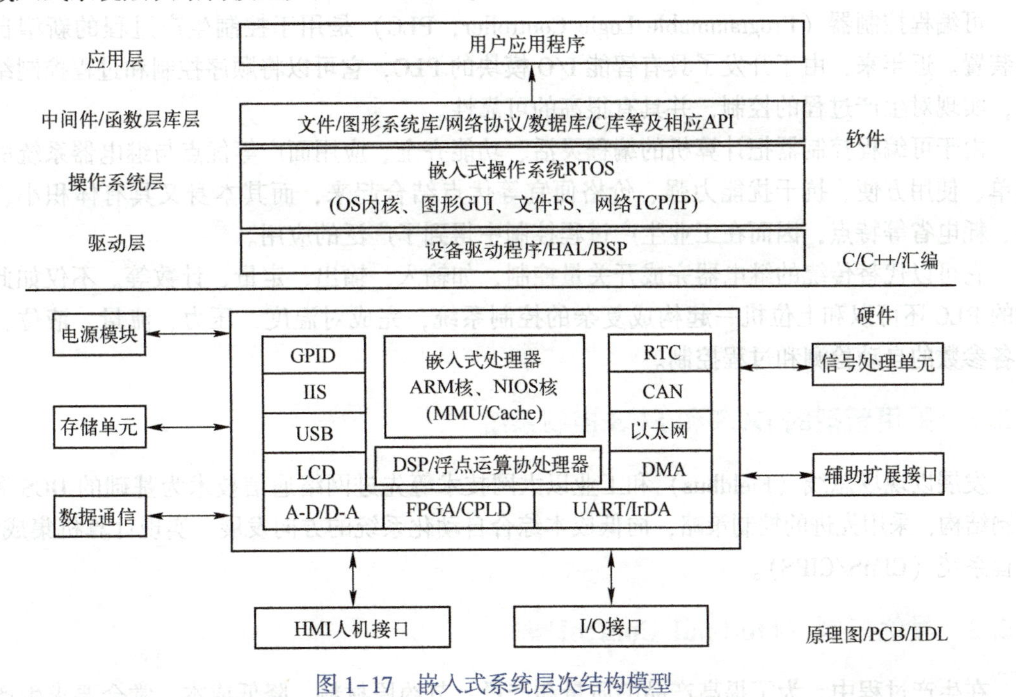

图1-17 嵌入式系统层次结构模型

嵌入式控制系统（Embedded Control System，ECS）是嵌入式系统与控制系统紧密结合的产物，即应用于控制系统中的嵌入式系统。

嵌入式控制系统具有以下特点。

1）面向具体控制过程，它具有很强的专用性，必须结合实际控制系统的要求和环境进行合理的裁剪。

2）适用于实时和多任务的体系，系统的应用软件与硬件一体化，具有软件代码小、自动化程度高、响应快等特点，能在较短的时间内完成多个任务。

3）是先进的计算机技术、半导体技术和电子技术与各个行业的具体应用相结合的产物。

4）系统本身不具备自开发能力，设计完成之后用户通常不能对其中的程序功能进行修改，必须有一套开发工具和环境才能进行开发。

嵌入式控制系统的核心是嵌入式微控制器和嵌入式操作系统。嵌入式微控制器具备多任务的处理能力，且具有集成度高、体积小、功耗低、实时性强等优点，有利于嵌入式控制系统设计的小型化，提高软件的诊断能力，提升控制系统的稳定性。嵌入式操作系统具备可定制、可移植、实时性等特点，用户可根据需要自行配置。总之，嵌入式控制系统适应当前信息化、智能化、网络化的发展，必将获得广阔的发展空间。

1.5 计算机控制系统采用的技术和发展趋势

计算机控制系统是测量技术、计算机技术、通信技术和控制理论的结合。由于计算机具有大量存储信息的能力、强大的逻辑判断能力以及快速运算的能力，计算机控制能够解决常规控制所不能解决的难题，能够达到常规控制达不到的优异的性能指标。计算机控制系统的发展与数字化、智能化、网络化为特征的信息技术发展密切相关，前景非常广阔。

1.5.1 基于可编程控制器（PLC）的计算机控制系统

可编程控制器（Programmable Logic Controller，PLC）是用于控制生产过程的新型自动控制装置。近年来，由于开发了具有智能I/O模块的PLC，它可以将顺序控制和过程控制结合起来，实现对生产过程的控制，并具有很高的可靠性。

由于可编程控制器把计算机的编程灵活、功能齐全、应用面广等优点与继电器系统的控制简单、使用方便、抗干扰能力强、价格便宜等优点结合起来，而其本身又具有体积小、重量轻、耗电省等特点，因而在工业生产过程控制中得到了广泛的应用。

它可以代替传统的继电器完成开关量控制，如输入、输出、定量、计数等。不仅如此，高档的PLC还可以和上位机一起构成复杂的控制系统，完成对温度、压力、流量、液位、成分等各参数的自动检测和过程控制。

1.5.2 采用新型的DCS和FCS控制系统

发展以现场总线（Fieldbus）和工业以太网技术等先进网络通信技术为基础的DCS和FCS控制结构，采用先进的控制策略，向低成本综合自动化系统的方向发展，实现计算机集成制造/工程系统（CIMS/CIPS）。

1.5.3 最优控制（Optimal Control）

在生产过程中，为了提高产品的质量和产量，节约原材料、降低成本，常会要求生产过程处于最佳工作状况。最优控制就是恰当地选择控制规律，在控制系统的工作条件不变以及某些物理条件的限制下，使得系统的某种性能指标取得最大值或最小值，即获得最好的经济效益。

最优控制理论是20世纪50年代中期在空间技术的推动下开始形成和发展起来的 。苏联学者L. S. 庞特里亚金于1958年提出的极大值原理和美国学者R. 贝尔曼于1956年提出的动态规划，对最优控制理论的形成和发展具有重要的作用。线性系统在二次型性能指标下的最优控制问题则是R. E. 卡尔曼在20世纪60年代初提出和解决的。

从数学上看，确定最优控制问题可以表述为：在运动方程和允许控制范围的约束下，对以控制函数和运动状态为变量的性能指标函数（称为泛函）求取极值（极大值或极小值）。解决最优控制问题的主要方法有古典变分法（对泛函求极值的一种数学方法）、极大值原理和动态规划。最优控制已被应用于综合和设计最速控制系统、最省燃料控制系统、最小能耗控制系统和线性调节器等。

1.5.4 自适应控制

在最优控制系统中，当被控对象的工作条件发生变化时，就不再是最优状态了。若在系统本身工作条件变化的情况下，能自动地改变控制规律，使系统仍能处于最佳工作状态，其性能指标仍能取得最佳，这就是自适应控制。自适应控制包括性能估计（系统辨识）、决策和修改三部分。

自适应控制器能修正自己的特性以适应对象和扰动的动态特性的变化。

自适应控制的研究对象是具有一定程度不确定性的系统，这里所谓的"不确定性"是指描述被控对象及其环境的数学模型不是完全确定的，其中包含一些未知因素和随机因素。

任何一个实际系统都具有不同程度的不确定性，这些不确定性有时表现在系统内部，有时表现在系统的外部。从系统内部来讲，描述被控对象的数学模型的结构和参数，设计者事先并不一定能准确知道。作为外部环境对系统的影响，可以等效地用许多扰动来表示。这些扰动通常是不可预测的。此外，还有一些测量时产生的不确定因素进入系统。面对这些客观存在的各式各样的不确定性，如何设计适当的控制作用，使得某一指定的性能指标达到并保持最优或者近似最优，这就是自适应控制所要研究解决的问题。

自适应控制和常规的反馈控制和最优控制一样，也是一种基于数学模型的控制方法，所不同的只是自适应控制所依据的关于模型和扰动的先验知识比较少，需要在系统的运行过程中去不断提取有关模型的信息，使模型逐步完善。具体地说，可以依据对象的输入、输出数据，不断地辨识模型参数，这个过程称为系统的在线辨识。

随着生产过程的不断进行，通过在线辨识，模型会变得越来越准确，越来越接近于实际。既然模型在不断地改进，显然，基于这种模型综合出来的控制作用也将随之不断改进。

在这个意义下，控制系统具有一定的适应能力。比如说，当系统在设计阶段时，由于对象特性的初始信息比较缺乏，系统在刚开始投入运行时可能性能不理想，但是只要经过一段时间的运行，通过在线辨识和控制以后，控制系统逐渐适应，最终将自身调整到一个满意的工作状态。再比如某些控制对象，其特性可能在运行过程中要发生较大的变化，但通过在线辨识和改变控制器参数，系统也能逐渐适应。

1.5.5 人工智能

人工智能（Artificial Intelligence，AI）是研究使计算机来模拟人的某些思维过程和智能行为（如学习、推理、思考、规划等）的学科，主要包括计算机实现智能的原理、制造类似于人脑智能的计算机，使计算机能实现更高层次的应用。人工智能涉及计算机科学、心理学、哲学和语言学等学科。人工智能是计算机科学的一个分支，它企图了解智能的实质，并生产出一种新的能以与人类智能相似的方式做出反应的智能机器，该领域的研究包括机器人、语言识别、图像识别、自然语言处理和专家系统等。人工智能从诞生以来，理论和技术日益成熟，应用领域也不断扩大，未来人工智能带来的科技产品，将会是人类智慧的"容器"。人工智能可以对人的意识、思维的信息过程进行模拟。

人工智能涉及信息论、控制论、自动化、仿生学、生物学、心理学、数理逻辑、语言学、医学和哲学等多门学科。人工智能学科研究的主要内容包括：知识表示、自动推理和搜索方法、机器学习和知识获取、知识处理系统、自然语言理解、计算机视觉、智能机器人、自动程序设计等方面。

人工智能具有代表性的两个尖端领域是专家系统和机器人。

1.5.6 预测控制

工业对象通常是多输入、多输出的复杂关联系统，具有非线性、时变性、强耦合与不确定性等特点，难以得到精确的数学模型。

面对理论发展和实际应用之间的不协调，在工业过程控制领域内，美国和法国首先出现了一类新型计算机控制算法，如动态矩阵控制（Dynamic Matrix Control，DMC）和模型算法控制（Model Algorithmic Control，MAC）。

这类算法以对象的阶跃响应或脉冲响应直接作为模型，采用动态预测、滚动优化的策略，具有易于建模、鲁棒性强的显著优点，十分适合复杂工业过程的特点和要求。它们在汽轮发电机、蒸馏塔、预热炉等控制中的成功应用，引起了工业过程控制领域的极大兴趣。

20世纪80年代初期，这类控制算法得到了介绍与推广，其应用范围也有所扩大，逐渐形成了工业过程控制的一个新方向。近年来，自适应控制研究中，为了增强控制算法的适用范围和鲁棒性，吸取了预测控制的策略，形成了远程预测控制、广义预测控制等算法，构成了基于辨识模型的另一类预测控制算法。此外，基于状态方程模型、非线性模型的预测控制算法也开始得到研究与应用，这些算法统称为模型预测控制算法，已是当前工业过程控制领域中很有发展前途的一类新型算法，并在石油、化工和发电等领域内得到了成功的应用。

预测控制属于基于模型的先进控制算法范畴，但预测控制的发展更从实际应用出发而不是从理论研究的观点出发。预测控制的另一个优点是其形式开放（过程模型的描述、期望轨迹的选择和优化策略方面），这使得此后许多研究人员不断地定义了自己的预测控制算法。

预测控制的优点是其应用灵活性，如可采用串级结构的预测——PID控制方式。该方法充分发挥了串级结构、PID控制和预测控制的各自特点，同时保证了对抗干扰反应的快速性和对系统模型失配的鲁棒性的设计要求。

预测控制是先进过程控制的典型代表，它的出现对复杂工业过程的优化控制产生了深刻影响，在全球炼油、化工等行业数千个复杂装置中的成功应用以及由此取得的巨大经济效益，使之成为工业过程控制领域中最受青睐的先进控制算法。不仅如此，由于预测控制算法具有在不确定环境下进行优化控制的共性机理，使其应用跨越了工业过程，而延伸到航空、机电、环境、交通和网络等众多应用领域。

1.5.7 智能控制

1. 智能控制的产生

传统控制方法包括经典控制和现代控制，缺乏灵活性和应变能力，适合解决线性、时不变性等相对简单的控制问题。传统控制方法在实际应用中遇到很多难以解决的问题，主要表现以下几点。

1）实际系统由于存在复杂性、非线性、时变性、不确定性和不完全性等，无法获得精确的数学模型。

2）某些复杂的和包含不确定性的控制过程无法用传统的数学模型来描述，即无法解决建模问题。

3）针对实际系统往往需要进行一些比较苛刻的线性化假设，而这些假设往往与实际系统不符合。

4）实际控制任务复杂，而传统的控制任务要求低，对复杂的控制任务，如智能机器人控制、社会经济管理系统等无能为力。

在生产实践中，复杂控制问题可通过熟练操作人员的经验和控制理论相结合去解决，由此，产生了智能控制。智能控制采取了人的思维方式，建立逻辑模型，使用类似人脑的控制方法来进行控制。智能控制将控制理论的方法和人工智能技术灵活地结合起来，其控制方法适应对象的复杂性和不确定性。智能控制是控制理论发展的高级阶段，它主要用来解决那些用传统控制方法难以解决的复杂系统的控制问题。

智能控制研究对象具备以下特点。

1）不确定性的模型：智能控制适合不确定性对象的控制，其不确定性包括两层意思：一是模型未知或知之甚少；二是模型的结构和参数可能在很大范围内变化。

2）高度的非线性：采用智能控制方法可以较好地解决非线性系统的控制问题。

3）复杂的任务要求：例如，智能机器人要求控制系统对一个复杂的任务具有自行规划和决策的能力，有自动躲避障碍运动到期望目标位置的能力。再如，在复杂的工业过程控制系统中，除了要求对各被控物理量实现定值调节外，还要求能实现整个系统的自动起停、故障的自动诊断以及紧急情况下的自动处理等功能。

2. 智能控制的几个重要分支

（1）模糊控制

以往的各种传统控制方法均建立在被控对象精确的数学模型基础上，然而，随着系统复杂程度的提高，将难以建立系统的精确数学模型。

在工程实践中，人们发现，一个复杂的控制系统可由一个操作人员凭着丰富的实践经验得到满意的控制效果。这说明，如果通过模拟人脑的思维方法设计控制器，可实现复杂系统的控制，由此产生了模糊控制。

1965年，美国加州大学自动控制系的L. A. Zadeh提出模糊集合理论，奠定了模糊控制的基础；1974年，伦敦大学的Mamdani博士利用模糊逻辑，开发了世界上第一台模糊控制的蒸汽机，从而开创了模糊控制的历史；1983年，日本富士电机开创了模糊控制在日本的第一项应用——水净化处理，之后，富士电机致力于模糊逻辑元件的开发与研究，并于1987年在仙台地铁线上采用了模糊控制技术，1989年，模糊控制消费品被推向高潮，日本成为模糊控制技术的主导国家。

基于模糊控制的发展可分为三个阶段。

1）1965年~1974年为模糊控制发展的第一阶段，即模糊数学发展和形成阶段。

2）1974年~1979年为模糊控制发展的第二阶段，产生了简单的模糊控制器。

3）1979年至今为模糊控制发展的第三阶段，即高性能模糊控制阶段。

模糊逻辑控制器的设计不依靠被控对象的模型，但它却非常依靠控制专家或操作者的经验知识。模糊逻辑控制的突出优点是能够比较容易地将人的控制经验融入控制器中，但若缺乏这样的控制经验，很难设计出高水平的模糊控制器。

采用模糊系统可充分逼近任意复杂的非线性系统，基于模糊系统逼近的自适应模糊控制是模糊控制的更高形式。

（2）神经网络控制

将神经网络引入控制领域就形成了神经网络控制。神经网络控制是从机理上对人脑生理系统进行简单结构模拟的一种新兴智能控制方法。神经网络具有并行机制、模式识别、记忆和自学习能力的特点，它能够学习与适应不确定系统的动态特性，有很强的鲁棒性和容错性等。采用神经网络可充分逼近任意复杂的非线性系统，基于神经网络逼近的自适应神经网络控制是神经网络控制的更高形式。神经网络控制在控制领域有广泛的应用。

（3）智能搜索算法

智能搜索算法是人工智能的一个重要分支。随着优化理论的发展，智能算法得到了迅速发展和广泛应用，成为解决搜索问题的新方法，如遗传算法、粒子群算法和差分进化算法等。这些优化算法都是通过模拟揭示自然现象和过程来实现的。

3. 智能控制的特点

（1）学习功能

智能控制器能通过从外界环境所获得的信息进行学习，不断积累知识，使系统的控制性能得到改善。

（2）适应功能

智能控制器具有从输入到输出的映射关系，可实现不依赖于模型的自适应控制，当系统某一部分出现故障时，也能进行控制。

（3）自组织功能

智能控制器对复杂的分布式信息具有自组织和协调的功能，当出现多目标冲突时，它可以在任务要求的范围内自行决策，主动采取行动。

（4）优化能力

智能控制能够通过不断优化控制参数和寻找控制器的最佳结构形式，获得整体最优的控制性能。

4. 智能控制的应用

作为智能控制发展的高级阶段，智能控制主要解决那些用传统控制方法难以解决的复杂系统的控制问题，其中包括智能机器人控制、计算机集成制造系统（CIMS）、工业过程控制、航空航天控制、社会经济管理系统、交通运输系统、环保和能源系统等。

下面以智能控制在机器人控制和过程控制中的应用为例进行说明。

（1）在机器人控制中的应用

以机器人控制为例，智能机器人是目前机器人研究中的热门课题。E. H. Mamdani 于 20 世纪 80 年代初首次将模糊控制应用于一台机器人的操作臂控制。J. S. Albus 于 1975 年提出小脑模型关节控制器（Cerebellar Model Articulation Controller，CMAC），它是仿照小脑控制肢体运动的原理而建立的神经网络模型，采用 CMAC，可实现机器人的关节控制，这是神经网络在机器人控制中的一个典型应用。

飞行器是非线性、多变量和不确定性的复杂对象，是智能控制发挥潜力的重要领域。利用神经网络所具有的对非线性函数的逼近能力和自学习能力，可设计神经网络飞行器控制算法。例如，利用反演控制和神经网络技术相结合的非线性自适应方法，可实现飞行系统的纵向和横侧向通道的控制器设计。

（2）在过程控制中的应用

过程控制是指石油、化工、电力、冶金、轻工、纺织、制药和建材等工业生产过程的自动控制，它是自动化技术的一个极其重要的方面。智能控制在过程控制上有着广泛的应用。在石油化工方面，1994 年美国的 Gensym 公司和 Neuralware 公司联合将神经网络用于炼油厂的非线性工艺过程；在冶金方面，日本的新日铁公司于 1990 年将专家控制系统应用于轧钢生产过程；在化工方面，日本的三菱化学合成公司研制出用于乙烯工程的模糊控制系统。

智能控制应用于过程控制领域，是控制理论发展的新的方向。

1.5.8 综合自动化系统的实现

1. CPS

信息物理系统（Cyber Physical System，CPS）是一个综合计算、网络和物理环境的多维复杂系统，通过 3C（Computing、Communication、Control）技术的有机融合与深度协作，实现大型工程系统的实时感知、动态控制和信息服务。CPS 实现计算、通信与物理系统的一体化设计，可使系统更加可靠、高效、实时协同，具有重要而广泛的应用前景。

CPS 的意义在于将物理设备连接到互联网上，让物理设备具有计算、通信、精确控制、远程协调和自治五大功能。CPS 本质上是一个具有控制属性的网络，但它又有别于现有的控制系统。CPS 则把通信放在与计算和控制同等地位上，因为 CPS 强调的分布式应用系统中物理设备之间的协调是离不开通信的。CPS 对网络内部设备的远程协调能力、自治能力、控制对象的种类和数量，特别是网络规模远远超过现有的工控网络。

CPS 包括了两个主要的功能组件：①高级的互联功能，确保能够实时地从物理世界获取数据，以及从虚拟世界中获得信息反馈；②智能的数据管理、分析和计算能力，从而构建出一个网络空间。

CPS 的五层次结构则提供了一种逐步渐进的在制造行业中开发和部署 CPS 的指南，如图 1-18 所示。

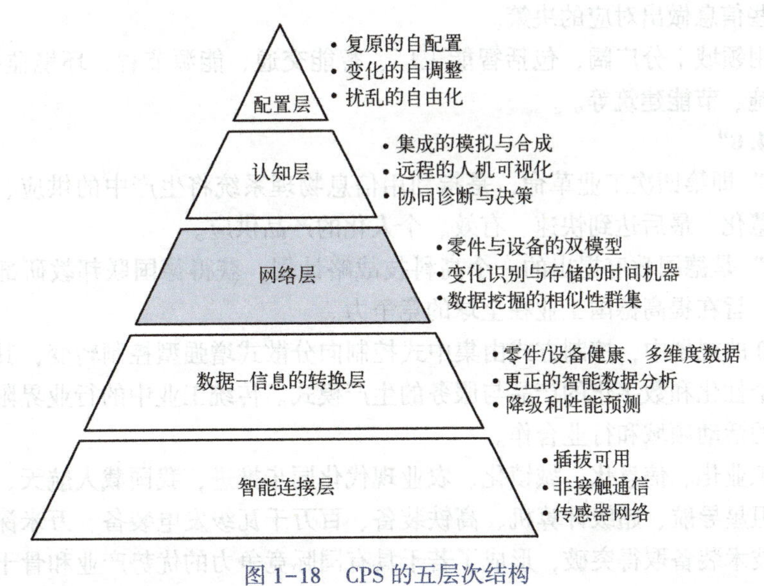

图 1-18 CPS 的五层次结构

（1）智能连接层（Connection）

从设备及其零部件中获取准确可靠的数据是开发 CPS 的第一步。这些数据可以是直接通过传感器测量的，也可以是从控制器或企业管理系统（如 ERP、MES、SCM 和 CRM 等）中获得数据。

这里需要考虑两个重要的因素。首先，需要考虑数据的不同类型，采用无缝的和无障碍的方法来管理数据获取的过程，采用特定的通信协议，将数据传输到中央服务器。其次，合适的传感器（类型和规格）也是需要考虑的重要因素。

（2）数据-信息的转换层（Conversion）

必须从数据中获得有意义的信息。目前，在数据信息的转换层上已经有不少种可供使用的工具和方法。近年来，人们关注的焦点转向了开发预测算法，通过计算，可给设备带来“自感知（Self-Awareness）”的能力。

（3）网络层（Cyber）

网络层在这个结构中起着中央信息连接的作用。信息从每一台连接的设备中向它推送，从而构成了设备网络。在搜集了大量的信息之后，必须要使用特定的分析技术来从中抽取出有用的信息，从而对每一台设备的状态获得更好的洞察。

这些分析技术让设备具有了“自比较（Self-Comparison）”的能力，从而让每一台设备都可以与其他设备进行性能上的比较。同时，当前设备的性能和之前设备（历史信息）之间的相似性可以被度量，以预测设备未来的行为。

（4）认知层（Cognition）

认知层会对被监控的系统产生完整的知识。通过将获取的知识正确地展示给专家，以支持他们做正确的决策。由于每一台设备的状态和比较信息都可以获得，所以可以在此基础上对所执行的流程做出优化决策。

（5）配置层（Configuration）

配置层是来自网络空间对物理空间的反馈，其作用是监管控制，让设备做出自配置和自适应。这一层扮演着复原控制系统（Resilience Control System，RCS）的角色，执行正确的和具有预防性的决策。它所发出的信息可以作为供给业务管理系统的反馈。操作人员和工厂管理人员可以基于这些信息做出对应的决策。

CPS的应用领域十分广阔，包括智能工厂、智能交通、能源节省、环境监控、航空航天、水电等基础设施、节能建筑等。

2.“工业4.0”

“工业4.0”即第四次工业革命，是指利用信息物理系统将生产中的供应、制造、销售信息数据化、智慧化，最后达到快速、有效、个人化的产品供应。

“工业4.0”是德国政府提出的一个高科技战略计划，获得德国联邦教研部与联邦经济技术部联手资助，旨在提高德国工业在全球的竞争力。

在工业4.0的规划中，控制方式由集中式控制向分散式增强型控制转变，其目标是建立一个高度灵活的个性化和数字化的产品与服务的生产模式。传统工业中的行业界限将会消失，将会产生更多新的活动领域和行业合作。

随着新型工业化、信息化、城镇化、农业现代化同步推进，我国载人航天、载人深潜、大型飞机、北斗卫星导航、超级计算机、高铁装备、百万千瓦级发电装备、万米深海石油钻探设备等一批重大技术装备取得突破，形成了若干具有国际竞争力的优势产业和骨干企业，具备了建设工业强国的基础和条件。

“工业4.0”项目主要分为三大主题。

（1）数字工厂

数字工厂是在计算机虚拟环境中，对整个生产过程进行仿真、评估和优化，并进一步扩展到整个产品生命周期的新型生成组织方式，是现代数字制造技术与计算机仿真技术相结合的产物，主要作为沟通产品设计和产品制造之间的桥梁，其本质是信息的集成。

（2）智能工厂

智能工厂是在数字化工厂的基础上，利用物联网技术和监控技术加强信息管理和服务，提高生产过程可控性、减少生产线人工干预，以及合理计划排程。同时集智能手段和智能系统等新兴技术于一体，构建高效、节能、绿色、环保和舒适的人性化工厂，其本质是人机有效交互。

（3）智能制造

智能制造系统在制造过程中能进行智能活动，如分析、推理、判断、构思和决策等。通过人与智能机器的合作，部分取代专家脑力劳动。智能制造系统不只是人工智能，在突出人的核心地位的同时，使智能机器和人能真正地结合在一起，其本质是人机一体化。

实现“工业4.0”的前提之一是构建智能工厂，其核心要素包括了信息物理系统（CPS）、物联网（Internet of Things，IoT）、智能认知、社交媒体、云计算、移动互联网以及M2M（Machine to Machine，机对机）。智能工厂构成了工业4.0的一个关键特征。智能工厂将从现在通过中央控制的模式转向通过自行优化和控制其制造流程来实现。

1.5.9 5G实现“万物互联”的愿景

第5代移动通信技术（5th Generation Mobile Networks或5th Generation Wireless Systems、5th-Generation，简称5G或5G技术）是最新一代蜂窝移动通信技术，也是4G（LTE-A、WiMax）、3G（UMTS、LTE）和2G（GSM）系统的延伸。

5G的性能目标是高数据速率、减少延迟、节省能源、降低成本、提高系统容量和大规模设备连接。

2015年9月，国际电信联盟（ITU）发布了ITU-R M2083《IMT愿景：5G架构和总体目标》，正式明确了5G的愿景是“万物互联”。

在此愿景下，5G主要包括三大类应用场景，即增强移动宽带（eMBB）、低时延高可靠通信（URLLC）和海量机器类通信（mMTC）。

1）eMBB对应于移动宽带服务的增强，如通过支持更高的用户数据速率来传输更大的数据量，并进一步增强用户体验。

2）URLLC服务要求非常低的时延和极高的可靠性，如交通安全、自动控制和智能工厂。一般认为，这是对系统性能要求最严格的场景。

3）mMTC对应以海量设备为特征的服务，如远程传感器、设备监控等。此类服务的关键要求包括非常低的设备成本、非常低的设备能耗、广覆盖，但对数据速率往往没有更高的要求。

目前，以上三大场景分类已被业界广泛使用。但需要指出的是，将5G应用场景分为这三类是人为的设定，其主要目的是简化技术标准的制定。

实际上，现实社会中有许多应用并不能完全匹配以上场景。例如，可能有一些服务需要非常高的可靠性，但是对于时延的要求并不高。同样，在某些场景下，设备的成本可能非常低，但对设备电池寿命的要求就没有那么高。

从更广义的角度来看，前四代移动通信主要还是面向人与人之间的通信。而5G的应用场景则被赋予了更丰富的内涵，得到了极大的扩展。eMBB主要面向人与人之间的通信（当前移动宽带服务的增强），URLLC主要面向人与物之间的通信（如远程控制等人机交互），mMTC主要面向物与物之间的通信（如物联网设备间的通信）。人与人、人与物、物与物这三大场景的结合，共同支撑起5G“万物互联”的愿景。

5G具有如下特点：

1）峰值速率需要达到Gbit/s的标准，以满足高清视频、虚拟现实等大数据量传输。

2）空中接口时延水平需要在1ms左右，满足自动驾驶、远程医疗等实时应用。

3）超大网络容量，提供千亿设备的连接能力，满足物联网通信。

4）频谱效率要比LTE提升10倍以上。

5）连续广域覆盖和高移动性下，用户体验速率达到100 Mbit/s。

6）流量密度和连接数密度大幅度提高。

7）系统协同化、智能化水平提升，表现为多用户、多点、多天线和多摄取的协同组网，以及网络间灵活地自动调整。

5G并不会完全替代4G、Wi-Fi，而是将4G、Wi-Fi等网络融入其中，为用户带来更为丰富的体验。通过将4G、Wi-Fi等整合进5G中，用户不用关心自己所处的网络，不用再通过手动连接到Wi-Fi网络等，系统会自动根据现场网络质量情况连接到体验最佳的网络之中，真正实现无缝切换。

5G技术已在车联网、自动驾驶、外科手术、智能电网等领域得到应用。未来，5G技术将会开辟更多新的应用领域。5G技术必将推动智能制造、云机器人、工业AR、未来数字化工厂、智能交通、智慧农业等领域的快速发展。

1.5.10 边缘计算

1. 边缘计算概述

边缘计算是在靠近物或数据源头的网络边缘侧，融合网络、计算、存储、应用核心能力的开放平台，就近提供边缘智能服务，满足行业数字化在敏捷连接、实时业务、数据优化、应用智能、安全与隐私保护等方面的关键需求。作为连接物理和数字世界的桥梁，其旨在实现智能资产、智能网关、智能系统和智能服务。

边缘计算采用一种分散式运算的架构，将之前由网络中心节点处理的应用程序、数据资料与服务的运算交由网络逻辑上的边缘节点处理。边缘计算将大型服务进行分解，切割成更小和更容易管理的部分，把原本完全由中心节点处理的大型服务分散到边缘节点。而边缘节点更接近用户终端装置，这一特点显著提高了数据处理速度与传送速度，进一步降低时延。

在智慧城市、智能制造、智能交通、智能家居、智能零售以及视频监控系统等领域，边缘计算都在扮演着先进的改革者形象，推动传统的“云到端”演进为“云-边-端”的新兴计算架构。这种新兴计算架构无疑更匹配今天万物互联时代各种类型的智能业务。

对物联网而言，边缘计算技术取得突破，意味着许多控制将通过本地设备实现而无须交由云端，处理过程将在本地边缘计算层完成。这无疑将大大提升处理效率，减轻云端的负荷。由于更加靠近用户，还可为用户提供更快的响应，将需求在边缘端解决。

自动控制系统事实上是一个以“控制”为核心的反馈系统。控制是基于“信号”的，而“计算”则是基于数据进行的，更多意义是指“策略”“规划”。因此，它更多聚焦于“调度、优化、路径”。就像对全国的高铁进行调度的系统一样，每增加或减少一个车次都会引发调度系统的调整，它是基于时间和节点的运筹与规划问题。边缘计算在工业领域的应用更多是这类“计算”。

简单地说，传统自动控制基于信号的控制，而边缘计算则可以理解为“基于信息的控制”。

IT与OT事实上也是在相互渗透的，自动化厂商都已经开始在延伸其产品中的IT能力，包括Bosch、SIEMENS、GE这些大的厂商在信息化、数字化软件平台方面，也包括了像贝加莱、罗克韦尔等都在提供基础的IoT集成、Web技术的融合方面的产品与技术。事实上IT技术也开始在其产品中集成总线接口、具备HMI功能的产品，以及工业现场传输设备网关、交换机等产品。

在工业领域，边缘应用场景包括能源分析、物流规划、工艺优化分析等。就生产任务分配而言，需根据生产订单为生产进行最优的设备排产排程，这是APS或者广义MES的基本任务单元，需要大量计算。这些计算是靠具体MES厂商的软件平台，还是"边缘计算"平台——基于Web技术构建的分析平台，在未来并不会存在太多差别。从某种意义上说MES系统本身是一种传统的架构，而其核心既可以在专用的软件系统，也可以存在于云、雾或者边缘侧。

2. 边缘计算在智能工厂中的应用场景

面对全球化的市场竞争格局和互联网消费文化的兴起，制造业企业不仅需要对产品、生产技术甚至业务模式进行创新，并以客户和市场需求来推动生产，而且需要提升企业的业务经营和生产管理水平，优化生产运营，提高效率和绩效，降低成本，保障可持续性发展，以应对日新月异的市场变革，包括市场对大规模、小批量、个性定制化生产的需求。

在这种背景下，智能制造成为企业必不可少的应对策略和手段。制造生产环境的数字化与信息化，以及在其基础上对生产制造进行进一步的优化升级，则是实现智能制造的必由之路。

在过去的十多年里，被广泛接纳的ISA-95垂直分层的五层自动化金字塔一直被用于定义制造业的软件架构。在这个架构中，ERP系统处于顶层，MES系统紧接其下，SCADA系统处于中层，PLC和DCS系统置于其下，而实际的输入/输出信号在底部。

随着智能制造的发展，工业自动化和信息化、OT和IT不断融合，制造业的系统和软件架构也发生了变化。智能制造系统架构如图1-19所示。

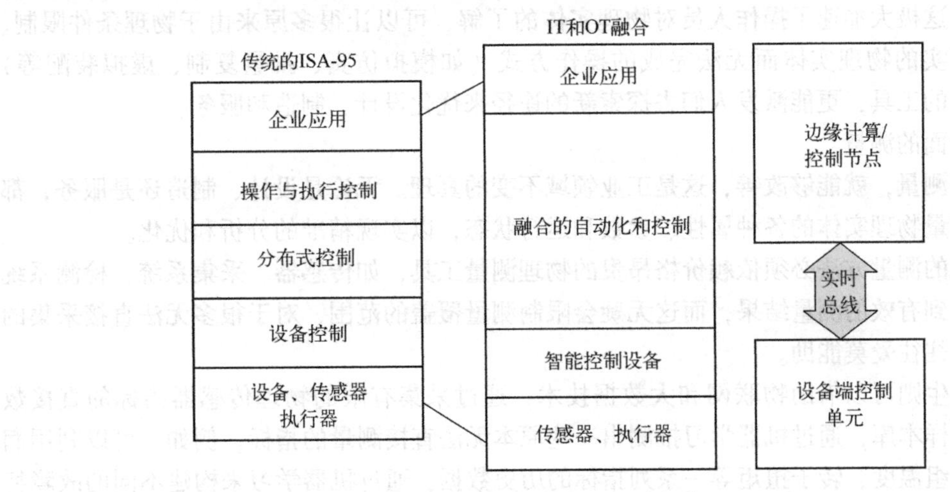

图1-19 智能制造系统架构

传统的设备控制层具备了智能，它能够进行数据采集和初步的数据处理，同时通过标准的实时总线，大量的设备过程状态、控制、监测数据被释放，接入到上一层级。由于制造业对于控制实时性以及数据安全性等的考量，将所有数据直接接入公有云是不现实的。此时，边缘计算却能够发挥巨大的作用，融合的自动化和控制层一般都部署在边缘计算节点（ECN）上，而企业应用如ERP、WMS系统可能运行在边缘侧，也可能运行在私有云或公有云上。

对于智能工厂而言，设备的连接是基础，数据收集和分析是关键手段，而把分析所得的信息用于做出最佳决策，优化生产和运营是最终的目的。因此，实现数据的管理和分析在这个优化过程中至关重要。

1.5.11 数字孪生

数字孪生是近年来兴起的非常前沿的新技术，或者说最近几年才走入民用领域的一项技术。

目前，互联网、大数据、人工智能等新技术越来越深入人们的日常生活。人们投入到社交网络、网络游戏、电子商务、数字办公中的时间不断增多，个人也越来越多地以数字身份出现在社会生活中。物联网领域一直流行着一个新的术语：数字孪生（Digital Twin），这一术语已被美国知名咨询及分析机构 Gartner 添加到 2019 年十大战略性技术趋势中。

数字孪生是指针对物理世界中的物体，通过数字化的手段构建一个在数字世界中一模一样的实体，借此来实现对物理实体的了解、分析和优化。从更加专业的角度来说，数字孪生集成了人工智能（AI）和机器学习（ML）等技术，将数据、算法和决策分析结合在一起，建立模拟，即物理对象的虚拟映射，在问题发生之前先发现问题，监控物理对象在虚拟模型中的变化，诊断基于人工智能的多维数据复杂处理与异常分析，并预测潜在风险，合理有效地规划或对相关设备进行维护。数字孪生是形成物理世界中某一生产流程的模型及其在数字世界中的数字化镜像的过程和方法。

数字孪生有五大驱动要素——物理世界的传感器、数据、集成、分析和促动器，以及持续更新的数字孪生应用程序。

数字孪生技术的应用意义主要体现在如下 4 个方面。

(1) 更便捷，更适合创新

数字孪生通过设计工具、仿真工具、物联网、虚拟现实等各种数字化的手段，将物理设备的各种属性映射到虚拟空间中，形成可拆解、可复制、可转移、可修改、可删除、可重复操作的数字镜像，这极大加速了操作人员对物理实体的了解，可以让很多原来由于物理条件限制、必须依赖于真实的物理实体而无法完成的操作方式（如模拟仿真、批量复制、虚拟装配等）成为触手可及的工具，更能激发人们去探索新的途径来优化设计、制造和服务。

(2) 更全面的测量

只要能够测量，就能够改善，这是工业领域不变的真理。无论是设计、制造还是服务，都需要精确地测量物理实体的各种属性、参数和运行状态，以实现精准的分析和优化。

但是传统的测量方法必须依赖价格昂贵的物理测量工具，如传感器、采集系统、检测系统等，才能够得到有效的测量结果，而这无疑会限制测量覆盖的范围，对于很多无法直接采集的测量值的指标往往爱莫能助。

而数字孪生则可以借助物联网和大数据技术，通过采集有限的物理传感器指标的直接数据，并借助大样本库，通过机器学习推测出一些原本无法直接测量的指标。例如，可以利用润滑油温度、绕组温度、转子扭矩等一系列指标的历史数据，通过机器学习来构建不同的故障特征模型，间接推测出发电机系统的健康指标。

(3) 更全面的分析和预测能力

现有的产品全生命周期管理很少能够实现精准预测，因此往往无法对隐藏在表象下的问题进行预判。而数字孪生可以结合物联网的数据采集、大数据的处理和人工智能的建模分析，实现对当前状态的评估、对过去发生问题的诊断，并基于分析的结果，模拟各种可能性，以及实现对未来趋势的预测，进而实现更全面的决策支持。

(4) 经验的数字化

在传统的工业设计制造和服务领域，往往很难将经验作为精准判决的数字化依据。相比之下，数字孪生可以通过数字化的手段，将原先无法保存的专家经验进行数字化，并可以保存、复制、修改和转移。

例如，针对大型设备运行过程中出现的各种故障特征，可以将传感器的历史数据通过机器学习训练出针对不同故障现象的数字化特征模型，并结合专家处理的记录，使其形成未来对设备故障状态进行精准判决的依据，并可针对不同新形态的故障进行特征库的丰富和更新，最终形成自治化的智能诊断和判决。

数字孪生的相关领域如下。

- 数字孪生与计算机辅助设计。
- 数字孪生与产品全生命周期管理。
- 数字孪生与物理实体。
- 数字孪生与赛博物理系统。
- 数字孪生与云端。
- 数字孪生与工业互联网。
- 数字孪生与车间生产。
- 数字孪生与智能制造。
- 数字孪生与工业边界。
- 数字孪生与 CIO。

数字孪生的简单理解就是利用物理模型并使用传感器获取数据的仿真过程，在虚拟空间中完成映射，以反映相对应的实体的全生命周期过程。

数字孪生技术可以理解为通过传感器或者其他形式的监测技术，将物理实体空间借助于计算机技术手段镜像到虚拟世界的一项技术。可以说，在未来，物理世界中的各种事物都将可以使用数字孪生技术进行复制。

在工业领域，通过数字孪生技术的使用，将大幅推动产品在设计、生产、维护及维修等环节的变革。在对数字孪生技术研究探索的基础上，可以预见数字孪生技术即将在卫星/空间通信网络、船舶、车辆、发电厂、飞机、复杂机电装备、立体仓库、医疗、制造车间、智慧城市、智能家居、智能物流、建筑、远程监测、人体健康管理领域中落地，推动这些产业更快、更有效地发展，并产生巨大影响与改变。

习题

1. 简述计算机控制理论的发展过程。
2. 计算机控制系统由哪几部分组成？画出计算机控制系统的组成框图。
3. 简述计算机控制系统的发展分类。
4. 计算机控制系统主要分为哪几类？
5. 什么是 DDC 系统？什么是 SCC 系统？
6. 简述计算机控制系统的工作过程。
7. 集散控制系统的特点是什么？
8. 什么是网络控制系统？
9. 什么是 SCADA 系统？
10. 什么是嵌入式控制系统？
11. 工业 4.0 是指什么？
12. 简述智能控制的应用。
13. 什么是信息物理系统（Cyber Physical System，CPS）？
14. 画出 CPS 的五层次结构图。

微课视频：第1章
重点难点
知识讲解

第2章 计算机控制系统的总线技术

2.1 微处理器与微控制器

计算机控制系统的实现涉及许多专业知识，包括计算机技术、自动控制理论、过程控制技术、自动化仪表、网络通信技术等。因此，计算机测控系统的发展与这些相关学科的发展息息相关，相辅相成。众所周知，美国在1946年生产出了世界上第一台电子计算机，20世纪50年代中期便有人开始研究将计算机用于工业控制。1959年，世界上第一套工业过程控制系统在美国德克萨斯州的一个炼油厂正式投运。该系统控制了26个流量、72个温度、3个压力、3个成分。控制的主要目的是使反应器的压力最小，确定反应器进料量的最优分配，并根据催化作用控制热水流量以及确定最优循环。

在工业过程计算机控制方面所进行的这些开创性工作引起了人们的广泛注意。工业界看到了计算机将成为提高自动化程度的强有力工具，制造计算机的厂商看到了一个潜在的市场，而控制界则看到了一个新兴的研究领域。然而，早期的计算机采用电子管，不仅运算速度慢、价格昂贵，而且体积大、可靠性差，计算机平均无故障时间（Mean Time Between Failures，MTBF）只有50~100h。这些缺点限制了计算机测控系统在工业上的发展与应用。随着半导体技术的飞速发展，大规模及超大规模集成电路的出现，计算机运算速度加快、可靠性提高。特别是近几年高性能、低价格微处理器、嵌入式微控制器及数字信号处理器的制造商越来越多，可选择背景机的数据运算宽度从8位到64位应有尽有，给设计者带来了广阔的选择空间。

目前，可以选择的微处理器与微控制器有单片机、DSP、ARM和PowerPC等，制造公司主要有Intel、Freescale、Renesas、NEC、ATMEL、NXP、TI、Microchip、TOSHIBA、Samsung、ST、ADI和STC等。其中ARM的性价比是非常高的，也是现在最常用的微控制器。

ARM处理器是Acron计算机有限公司面向低预算市场设计的第一款RISC微处理器。更早称作Acron RISC Machine。ARM处理器本身是32位设计，但也配备16位指令集。1985年，Acron公司设计了第一代32位、6 MHz的处理器，20世纪90年代，Acron公司正式改组为ARM计算机公司，之后，ARM 32位嵌入式RISC处理器扩展到世界范围，占据了低功耗、低成本和高性能的嵌入式系统应用领域的领先地位。

嵌入式的设备中最常见的ARM系列产品主要有ARM7系列、ARM9系列、ARM9E系列、ARM10E系列、ARM11系列、Xscale系列、Cortex系列产品。ARM公司既不生产芯片也不销售芯片，它只出售芯片技术授权。

目前微处理器与微控制器的同步总线结构分为两种：一种是基于Motorola公司的微处理器

M6800 的；另一种是基于 Intel 公司的微处理器 8085 的。这两种同步总线结构的地址总线、数据总线是没有区别的，但其控制总线与外围芯片或存储器芯片的接口是不同的。一些外围芯片制造商为了使自己的产品既能与 Motorola 总线结构接口，又能与 Intel 总线结构接口，在其产品中定义了一个引脚，通常用 MOTEL 表示，意为 Motorola 和 Intel 总线兼容之意，在某些产品中也常用 MODE 表示。通常，MOTEL 接地，表示与 Intel 总线兼容；MOTEL 接+5 V，表示与 Motorola 总线兼容。两总线的对应关系见表 2-1。

表 2-1　两种总线的对应关系

MOTOROLA CPU 信号	Intel CPU 信号
AS	ALE
DS、E 或 $\phi 2$	$\overline{RD}$
R/$\overline{W}$	$\overline{WR}$

在我国，常用的总线结构为 Intel 总线结构。即使为 Intel 总线结构，不同公司生产的微处理器和微控制器的存储空间配置也不尽相同，不同的领域、不同的需要，选择的微处理器和微控制器也各不相同。

微处理器和微控制器的三种存储空间配置结构如下。

(1) 冯·诺依曼（Von Neumann）存储空间的配置结构

程序存储器和数据存储器统一编址，有专门的输入/输出指令。类似于 x86 系列微处理器的这种存储空间配置结构称为冯·诺依曼存储空间的配置结构。

(2) 哈佛（Harvard）存储空间的配置结构

程序存储器和数据存储器分别编址，没有专门的输入/输出指令，输入/输出地址作为数据存储器地址的映射，类似于 MCS-51 系列及其兼容单片微控制器的这种存储空间配置结构称为哈佛结构。

(3) 普林斯顿（Princeton）存储空间的配置结构

程序存储器和数据存储器统一编址，没有专门的输入/输出指令，输入/输出地址作为数据存储器地址的映射，类似于 MCS-96 系列单片微控制器的这种存储空间配置结构称为普林斯顿结构。

2.2 内部总线

在计算机控制系统的设计中，除选择一种微处理器、微控制器自行设计硬件系统或选用现有的智能仪表、DCS 等系统外，设计者还可以根据不同的需要，选择微型计算机系统（如 PC 机或工控 PC 机），再配以 I/O 扩展板卡，即可构成硬件系统。I/O 扩展板卡是插在微型计算机系统中总线上的满足控制系统需要的电路板。工控 PC 机采用的结构是无源底板，板上具有多个 ISA 或 PCI 总线插槽，CPU 板卡为 ALL-IN-ONE 结构，采用工业级电源及特制的机箱，可靠性高，可连续 24 小时运行，又与一般 PC 兼容。

在计算机控制系统中，一般将总线分为内部总线和外部总线两部分。

内部总线是计算机内部各功能模板之间进行通信的通道，又称为系统总线，它是构成完整计算机系统的内部信息枢纽。由于 ISA 总线已淘汰，下面介绍比较流行的 PCI、PCIe 和 PC104 总线。

2.2.1 PCI 总线

制定 PCI 总线的目标是建立一种工业标准的、低成本的、允许灵活配置的高性能局部总线结构；它既为今天的系统建立一个新的性能/价格比，又能适应将来 CPU 的特性，能在多种平台和结构中应用。

PCI 局部总线是一种高性能、32 位或 64 位地址/数据线复用的总线。其用途是在高度集成的外设控制器器件、扩展板和处理器系统之间提供一种内部联接机制。

PCI 总线被应用于多种平台和体系结构中，PCI 局部总线的多种应用如图 2-1 所示。

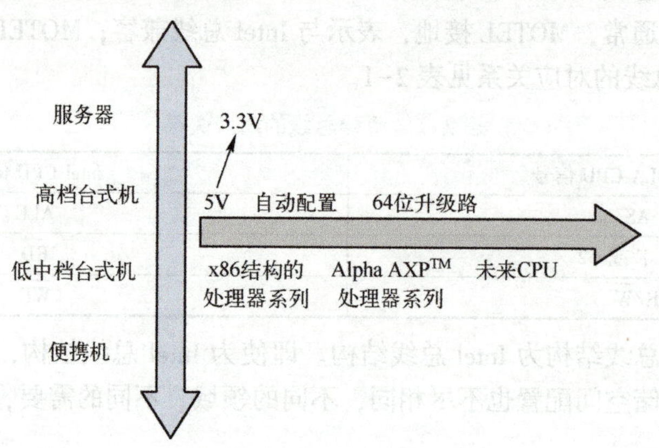

图 2-1 PCI 局部总线应用

由图 2-1 可知，PCI 总线的应用范围从便携机到服务器，但集中在高档台式机中。便携机使用 3.3 V 电源供电，台式机也迅速地从 5 V 转向 3.3 V。PCI 总线 3.3 V 与 5 V 供电方式的转换，为计算机系统设计提供了新的标准。

PCI 总线的组件、扩展板接口与处理器无关，在多处理器系统结构中，数据能够高效地在多个处理器之间传输。与处理器无关这一特性，使 PCI 总线具有最好的 I/O 功能，最大限度地使用各类 CPU/RAM 的局部总线操作系统、各类高档图形设备、各类高速外部设备，如 SCSI、FDDI、HDTV、3D 等。

PCI 总线特有的配置寄存器为用户提供了方便。系统嵌入自动配置软件，在加电时自动配置 PCI 扩展卡，为用户提供了简单的使用方法。

PCI 总线板卡的外形如图 2-2 所示。

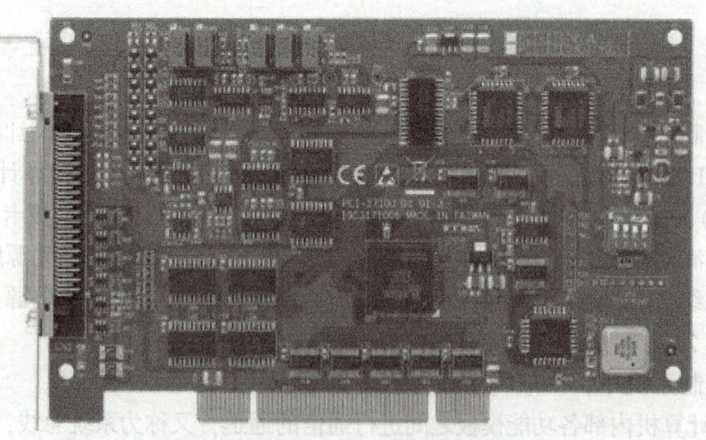

图 2-2 PCI 总线板卡的外形图

2.2.2 PCIe 总线

PCIe（PCI Express 的简称）是 Intel 公司提出的新一代总线接口，旨在替代旧的 PCI，PCI-X 和 AGP 总线标准，并称之为第三代 I/O 总线技术。

PCIe 采用了目前流行的点对点串行连接，比起 PCI 以及更早期的计算机总线的共享并行架构，每个设备都有自己的专用连接，不需要向整个总线请求带宽，而且可以把数据传输率提高到一个很高的频率，达到 PCI 所不能提供的高带宽。相对于传统 PCI 总线在单一时间周期内只能实现单向传输，PCIe 的双单工连接能提供更高的传输速率和质量，它们之间的差异跟半双工和全双工类似。

PCIe 在软件层面上兼容 PCI 技术和设备，支持 PCI 设备和内存模组的初始化，过去的驱动程序、操作系统可以支持 PCIe 设备。

PCIe 与 PCI 总线相比主要有以下技术优势。

1）PCIe 是串行总线，进行点对点传输，每个传输通道独享带宽。

2）PCIe 总线支持双向传输模式和数据分通道传输模式。其数据分通道传输模式，即 PCIe 总线的 x1、x2、x4、x8、x12、x16 和 x32 多通道连接，x1 单向传输带宽即可达到 250 MB/s，双向传输带宽更能够达到 500 MB/s。

3）PCIe 总线充分利用先进的点到点互连、基于交换的技术和基于包的协议来实现新的总线性能和特征。电源管理、服务质量（QoS）、热插拔支持、数据完整性和错误处理机制等也是 PCIe 总线所支持的高级特征。

4）PCIe 与 PCI 总线良好的继承性可以保持软件的继承和可靠性。PCIe 总线关键的 PCI 特征，比如应用模型、存储结构和软件接口等与传统 PCI 总线保持一致，但是并行的 PCI 总线被一种具有高度扩展性的、完全串行的总线所替代。

5）PCIe 总线充分利用先进的点到点互连，降低了系统硬件平台设计的复杂性和难度，从而大大降低了系统的开发制造设计成本，极大地提高了系统的性价比和健壮性。

PCIe 接口模式通常用于显卡、网卡等主板类接口卡。PCIe 总线网卡如图 2-3 所示。

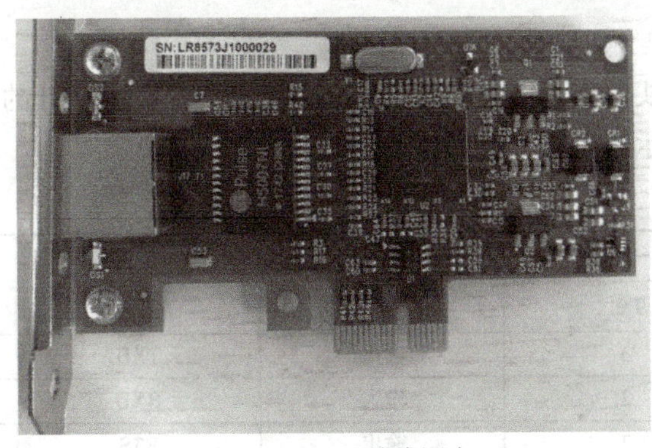

图 2-3　PCIe 总线网卡

2.2.3　PC104 总线

PC104 是一种专门为嵌入式控制而定义的工业控制总线，是 ISA（IEEE996）标准的延伸。PC104 有 8 位和 16 位两个版本，分别与 PC 和 PC/AT 总线相对应。IEEE 将 PC104 定义为 IEEE-P996.1，其实际上就是一种紧凑型的 IEEE-P996。它的信号定义和 PC/AT 基本一致，但电气和机械规范完全不同，是一种优化的、小型的、堆栈式结构的嵌入式控制系统。它与普通 PC 总线控制系统的主要不同如下。

1）小尺寸结构：标准模块的机械尺寸是 3.6 in×3.8 in，即 90 mm×96 mm。

2）堆栈式连接：PC104 总线模块之间总线的连接是通过上层的针和下层的孔相互咬合相连，有极好的抗震性。

3）低功耗：一般4 mA总线驱动即可使模块正常工作，典型模块的功耗为1~2 W。

PC104的模块通常有CPU模块、数字I/O模块、模拟量采集模块、网络模块等功能模块，这些模块可以连接在一起，各模块之间连接紧固，不易松动，更适合在强烈振动的恶劣环境下工作。PC104模块一般支持嵌入式操作系统，如Linux、Windows CE等嵌入式操作系统。

目前生产PC104卡或模块的公司有研华、研祥、磐仪等公司，其中，研华PC104主板PCM-3343如图2-4所示。

图2-4 研华PC104主板PCM-3343

研华PCM-3343主板包含4个USB 2.0接口，2个音频接口，4个串口，1个PC104接口，1个百兆网口，1个24 bit LVDS接口，1个TTL LCD接口，支持的操作系统有Windows XP、Linux等。

另外还有PC104plus总线，它为单列三排120个总线引脚，有效信号和控制线与PCI总线完全兼容。

2.3 外部总线

外部总线主要用于计算机系统与系统之间或计算机系统与外部设备之间的通信。外部总线又分为两类：一类是各位之间并行传输的并行总线，如IEEE-488；另一类是各位之间串行传输的串行总线，如USB、RS-232C、RS-485等。

2.3.1 RS-232C串行通信接口

1. RS-232C端子

RS-232C的连接插头早期用25针EIA连接插头座，现在用9针的EIA连接插头座，其主要端子分配如表2-2所示。

表2-2 RS-232C主要端子

端脚		方向	符号	功能
25针	9针			
2	3	输出	TXD	发送数据
3	2	输入	RXD	接收数据
4	7	输出	RTS	请求发送
5	8	输入	CTS	为发送清零
6	6	输入	DSR	数据设备准备好
7	5	—	GND	信号地
8	1	输入	DCD	数据信号检测
20	4	输出	DTR	
22	9	输入	RI	

（1）信号含义

1）从计算机到MODEM的信号

DTR——数据终端（DTE）准备好：告诉MODEM计算机已接通电源，并准备好。

RTS——请求发送：告诉MODEM现在要发送数据。

2）从 MODEM 到计算机的信号

DSR——数据设备（DCE）准备好：告诉计算机 MODEM 已接通电源，并准备好了。

CTS——为发送清零：告诉计算机 MODEM 已做好了接收数据的准备。

DCD——数据信号检测：告诉计算机 MODEM 已与对端的 MODEM 建立连接了。

RI——振铃指示器：告诉计算机对端电话已在振铃了。

3）数据信号

TXD——发送数据。

RXD——接收数据。

（2）电气特性

RS-232C 的电气线路连接方式如图 2-5 所示。

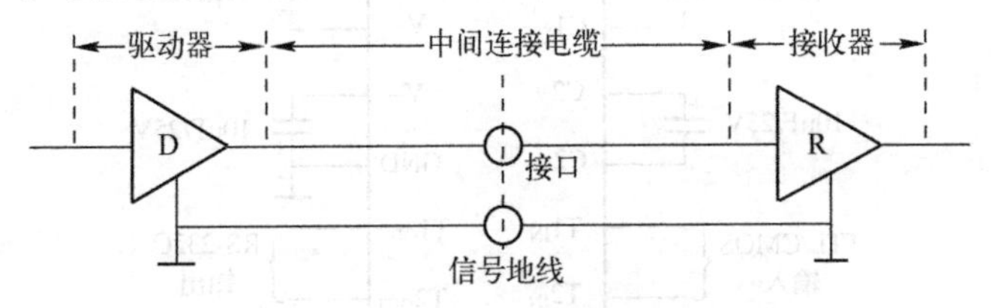

图 2-5　RS-232C 的电气连接

接口为非平衡型，每个信号用一根导线，所有信号回路共用一根地线。信号速率限于 20 kbit/s 内，电缆长度限于 15 m 之内。由于是单线，线间干扰较大。其电性能用±12 V 标准脉冲。值得注意的是 RS-232C 采用负逻辑。

在数据线上：传号 Mark=-5～-15 V，逻辑“1”电平

　　　　　　空号 Space=+5～+15 V，逻辑“0”电平

在控制线上：通 On=+5～+15 V，逻辑“0”电平

　　　　　　断 Off=-5～-15 V，逻辑“1”电平

RS-232C 的逻辑电平与 TTL 电平不兼容，为了与 TTL 器件相连必须进行电平转换。

由于 RS-232C 采用电平传输，在通信速率为 19.2 kbit/s 时，其通信距离只有 15 m。若要延长通信距离，必须以降低通信速率为代价。

2. 通信接口的连接

当两台计算机经 RS-232C 口直接通信时，两台计算机之间的联络线可用图 2-6 和图 2-7 表示。虽然不接 MODEM，图中仍连接着有关的 MODEM 信号线，这是由于 INT 14H 中断使用这些信号，假如程序中没有调用 INT 14H，在自编程序中也没有用到 MODEM 的有关信号，两台计算机直接通信时，只连接 2、3、7（25 针 EIA）或 3、2、5（9 针 EIA）就可以了。

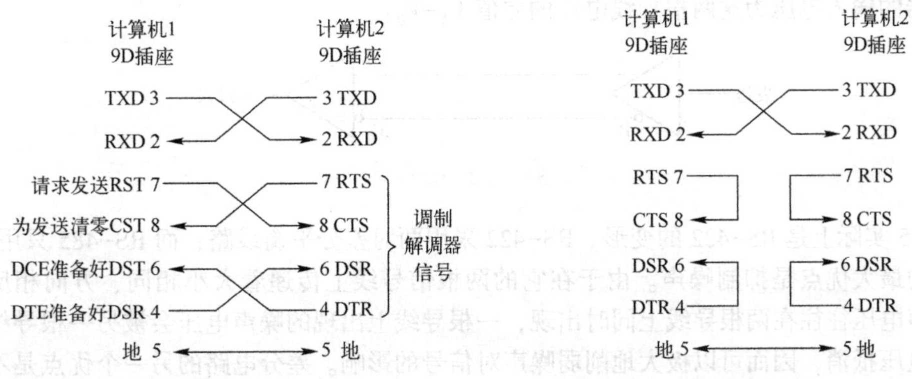

图 2-6　使用 MODEM 信号的 RS-232C 接口　　图 2-7　不使用 MODEM 信号的 RS-232C 接口

3. RS-232C 电平转换器

为了实现采用+5 V 供电的 TTL 和 CMOS 通信接口电路能与 RS-232C 标准接口连接，必须进行串行口的输入/输出信号的电平转换。

目前常用的电平转换器有 Motorola 公司生产的 MC1488 驱动器、MC1489 接收器，TI 公司的 SN75188 驱动器、SN75189 接收器及美国 MAXIM 公司生产的单一+5 V 电源供电、多路 RS-232 驱动器/接收器，如 MAX232A 等。

MAX232A 内部具有双充电泵电压变换器，把+5 V 变换成±10 V，作为驱动器的电源，具有两路发送器及两路接收器，使用相当方便。典型应用如图 2-8 所示。

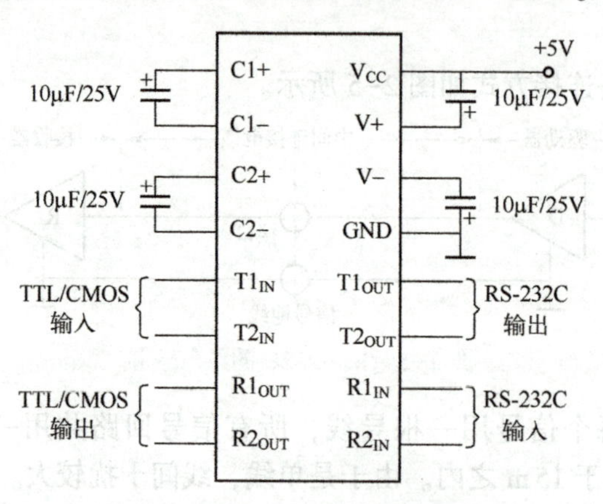

图 2-8 MAX232A 典型应用

单一+5 V 电源供电的 RS-232C 电平转换器还有 TL232、ICL232 等。

2.3.2 RS-485 串行通信接口

由于 RS-232C 通信距离较近，当传输距离较远时，可采用 RS-485 串行通信接口。

1. RS-485 接口标准

RS-485 接口采用二线差分平衡传输，其信号定义如下。

当采用+5 V 电源供电时：

若差分电压信号为-2500~-200 mV，为逻辑“0”；

若差分电压信号为+2500~+200 mV，为逻辑“1”；

若差分电压信号为-200~+200 mV，为高阻状态。

RS-485 的差分平衡电路如图 2-9 所示。其一根导线上的电压是另一根导线上的电压值取反。接收器的输入电压为这两根导线电压的差值 $V_A - V_B$。

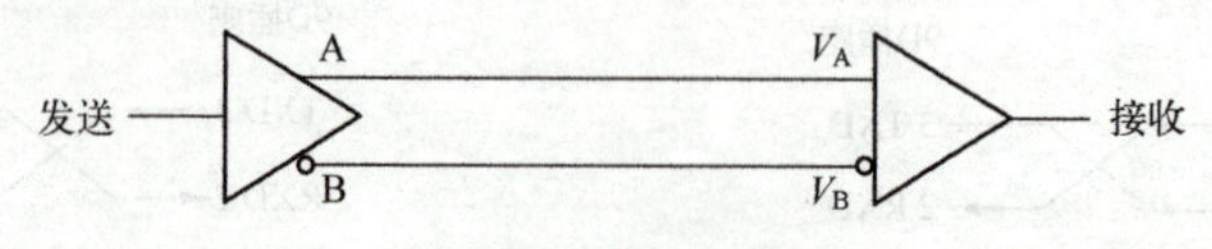

图 2-9 差分平衡电路

RS-485 实际上是 RS-422 的变形。RS-422 采用两对差分平衡线路；而 RS-485 只用一对。差分电路的最大优点是抑制噪声。由于在它的两根信号线上传递着大小相同、方向相反的电流，而噪声电压往往在两根导线上同时出现，一根导线上出现的噪声电压会被另一根导线上出现的噪声电压抵消，因而可以极大地削弱噪声对信号的影响。差分电路的另一个优点是不受节点间接地电平差异的影响。

RS-485 价格比较便宜，能够很方便地添加到一个系统中，还支持比 RS-232 更长的距离、更快的速度以及更多的节点。RS-485 更适用于多台计算机或带微控制器的设备之间的远距离数据通信。

应该指出的是，RS-485 标准没有规定连接器、信号功能和引脚分配。要保持两根信号线相邻，两根差动导线应该位于同一根双绞线内。引脚 A 与引脚 B 不要调换。

2. RS-485 收发器

RS-485 收发器种类较多，如 MAXIM 公司的 MAX485，TI 公司的 SN75LBC184、SN65LBC184，高速型 SN65ALS1176 等。它们的引脚是完全兼容的，其中 SN65ALS1176 主要用于高速应用场合，如 PROFIBUS-DP 现场总线等。下面仅介绍 SN75LBC184。

SN75LBC184 为具有瞬变电压抑制的差分收发器，SN75LBC184 为商业级，其工业级产品为 SN65LBC184，引脚如图 2-10 所示。

R：接收端。

$\overline{RE}$：接收使能，低电平有效。

DE：发送使能，高电平有效。

D：发送端

A：差分正输入端。

B：差分负输入端。

V_{CC}：+5 V 电源。

GND：地。

3. 应用电路

RS-485 应用电路如图 2-11 所示。

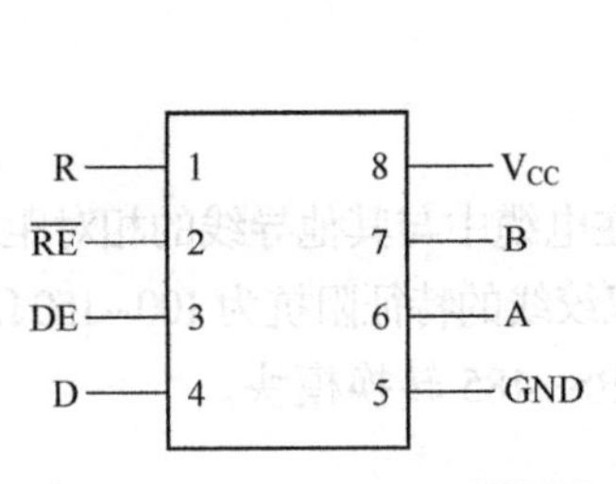

图 2-10　SN75LBC184 引脚图

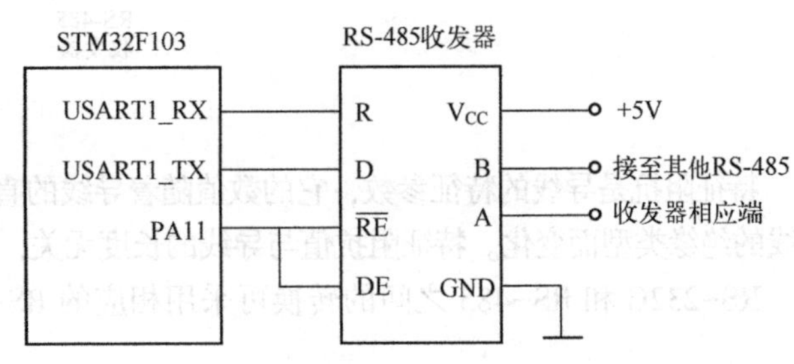

图 2-11　RS-485 应用电路

在图 2-11 中，RS-485 收发器可为 SN75LBC184、SN65LBC184、MAX485 等。当 PA11 为低电平时，接收数据；当 PA11 为高电平时，发送数据。

如果采用 RS-485 组成总线拓扑结构的分布式控制系统，在双绞线终端应接 120 Ω 的终端电阻。

4. RS-485 网络互联

利用 RS-485 接口可以使一个或者多个信号发送器与接收器互联，在多台计算机或带微控制器的设备之间实现远距离数据通信，形成分布式测控网络系统。

在大多数应用条件下，RS-485 的端口连接都采用半双工通信方式。有多个驱动器和接收器共享一条信号通路。图 2-12 为 RS-485 端口半双工连接的电路图。其中 RS-485 差动总线收发器采用 SN75LBC184。

图 2-12 中的两个 120 Ω 电阻是作为总线的终端电阻存在的。当终端电阻等于电缆的特征阻抗时，可以削弱甚至消除信号的反射。

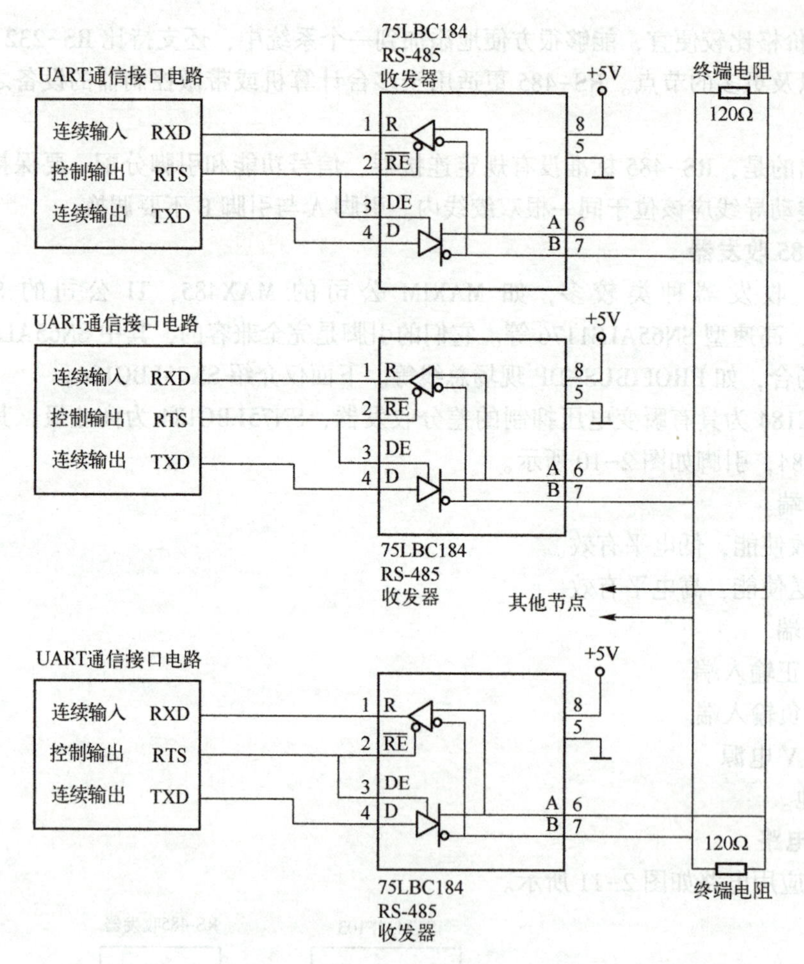

图 2-12 RS-485 端口的半双工连接

特征阻抗是导线的特征参数，它的数值随着导线的直径、在电缆中与其他导线的相对距离以及导线的绝缘类型而变化。特征阻抗值与导线的长度无关，一般双绞线的特征阻抗为 100~150 Ω。

RS-232C 和 RS-485 之间的转换可采用相应的 RS-232/RS-485 转换模块。

习题

1. 微处理器与微控制器有哪几种存储空间配置结构？
2. 什么是 PCI 总线？
3. 什么是 PCIe 总线？
4. 什么是 PC104 总线？
5. RS-232 和 RS-485 串行通信接口有什么不同？
6. 什么是 MODBUS 通信协议？简述 MODBUS-RTU 传输方式。

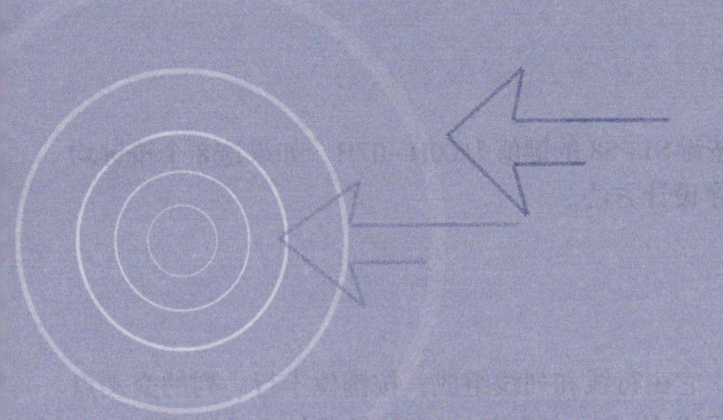

第3章 人机接口技术

在计算机控制系统中，为了实现人机对话或某种操作，需要一个人机接口（Human Machine Interface，HMI或Man Machine Interface，MMI），通过设计一个过程运行操作台（或操作面板）来实现。由于生产过程各异，要求管理和控制的内容也不尽相同，所以操作台（面板）一般由用户根据工艺要求自行设计。

操作台（面板）的主要功能如下。

- 输入和修改源程序。
- 显示和打印中间结果及采集参数。
- 对某些参数进行声光报警。
- 起动和停止系统的运行。
- 选择工作方式，如自动/手动（A/M）切换。
- 各种功能键的操作。
- 显示生产工艺流程。

为了完成上述功能，操作台一般由数字键、功能键、开关、显示器和各种输入/输出设备组成。

键盘是计算机控制系统中不可缺少的输入设备，它是人机对话的纽带，它能实现向计算机输入数据、传送命令。

3.1 独立式键盘接口设计

独立式按键就是各按键相互独立，每个按键各接一根输入线，一根输入线上的按键工作状态不会影响其他输入线上的工作状态。因此，通过检测输入线的电平状态可以很容易判断哪个按键被按下了。

独立式按键电路配置灵活，软件结构简单。但每个按键需占用一根输入口线，在按键数量较多时，输入口浪费大，电路结构显得很复杂，故此种键盘适用于按键较少或操作速度较高的场合。下面介绍几种独立按键的接口。

采用74HC245三态缓冲器扩展独立式按键的电路如图3-1所示。

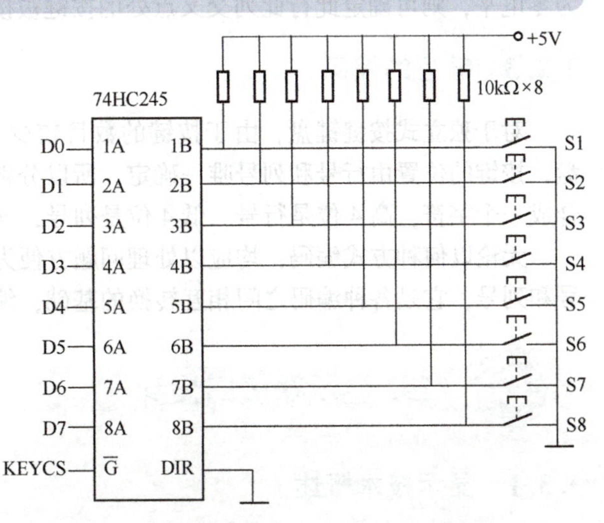

图3-1 采用74HC245扩展独立式按键

在图3-1中，KEYCS为读键值口地址。按键S1~S8的键值为00H~07H，如果这8个按键均为功能键，为简化程序设计，可采用散转程序设计方法。

3.2 矩阵式键盘接口设计

矩阵式键盘适用于按键数量较多的场合，它由行线和列线组成，按键位于行、列的交叉点上。如图3-2所示，一个4×4的行、列结构可以构成一个含有16个按键的键盘。很明显，在按键数量较多的场合，矩阵键盘与独立式按键键盘相比，要节省很多I/O口。

3.2.1 矩阵键盘工作原理

按键设置在行、列线交点上，行、列线分别连接到按键开关的两端，行线通过上拉电阻接到+5 V上。平时无按键动作时，行线处于高电平状态，而当有按键按下时，行线电平状态将由与此行线相连的列线电平决定。列线电平如果为低，则行线电平为低；列线电平如果为高，则行线电平亦为高。这一点是识别矩阵键盘按键是否被按下的关键所在。由于矩阵键盘中行、列线为多键共用，各按键均影响该键所在行和列的电平。因此各按键彼此将相互发生影响，所以必须将行、列线信号配合起来并做适当的处理，才能正确地确定闭合键的位置。

3.2.2 按键的识别方法

矩阵式键盘结构如图3-2所示。矩阵键盘按键的识别方法分两步进行：第一步，识别键盘有无键被按下；第二步，如果有键被按下，识别出具体的按键。

识别键盘有无键被按下的方法是：让所有行线均置为0电平，检查各列线电平是否有变化，如果有变化，则说明有键被按下，如果没有变化，则说明无键被按下。（实际编程时应考虑按键抖动的影响，通常总是采用软件延时的方法进行消抖处理。）

识别具体按键的方法是扫描法：逐行置零电平，其余各行置为高电平，检查各列线电平的变化，如某列电平由高电平变为零电平，则可确定此行此列交叉点处的按键被按下。

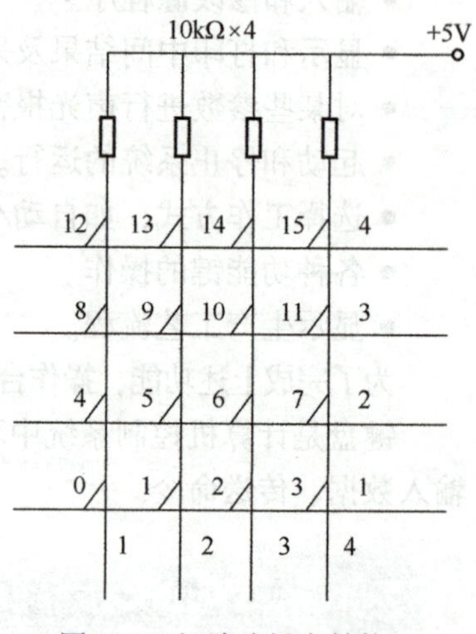

图3-2 矩阵式键盘结构

3.2.3 键盘的编码

对于独立式按键键盘，由于按键的数目较少，可根据实际需要灵活编码。对于矩阵式键盘，按键的位置由行号和列号唯一确定，所以分别对行号和列号进行二进制编码，然后将两值合成一个字符，高4位是行号，低4位是列号，这将是非常直观的。

无论以何种方式编码，均应以处理问题方便为原则，而最基本的是键所处的物理位置即行号和列号，它是各种编码之间相互转换的基础，编码相互转换可通过查表的方法实现。

3.3 LED显示器接口设计

3.3.1 显示技术概述

20世纪是信息大爆炸的时代。1960~1990年信息的平均年增长率为20%。大量的信息通过“信息高速公路”传送着，要将这些信息传送给人们必然要有一个下载的工具，即接口的终端。研究表明，在人们经各种感觉器官从外界获得的信息中，视觉占60%，听觉占20%，触觉占15%，味觉占3%，嗅觉占2%。可见，近2/3 的信息是通过眼睛获得的。所以图像显示成为信息显示中的最重要的方式。

进入 20 世纪以来，显示技术作为人机联系和信息展示的窗口已应用于娱乐、工业、军事、交通、教育、航空航天、卫星遥感和医疗等各个方面，显示产业已经成为电子信息工业的一大支柱产业。在我国，显示技术及相关产业的产品占信息产业总产值的 45%左右。

电子显示器可分为主动发光型和非主动发光型两大类。前者是利用信息来调制各像素的发光亮度和颜色，进行直接显示；后者本身不发光，而是利用信息调制外光源而使其达到显示的目的。显示器件的分类有各种方式，按显示内容、形状可分为数码、字符、轨迹、图表、图形和图像显示器；按所用显示材料可分为固体（晶体和非晶体）、液体、气体、等离子体和液晶体显示器。但是最常见的是按显示原理分类，其主要类型如下。

- 发光二极管（LED）显示。
- 液晶显示（LCD）。
- 阴极射线管（CRT）显示。
- 等离子显示板（PDP）显示。
- 电致发光显示（ELD）。
- 有机发光二极管（OLED）显示。
- 真空荧光管显示（VFD）。
- 场发射显示（FED）。

只有 LCD 是非主动发光显示，其他皆为主动发光显示。

3.3.2　LED 显示器的扫描方式

LED 显示器为电流型器件，有两种显示扫描方式。

1. 静态显示扫描方式

（1）显示电路

每一位 LED 显示器占用一个控制电路，如图 3-3 所示。

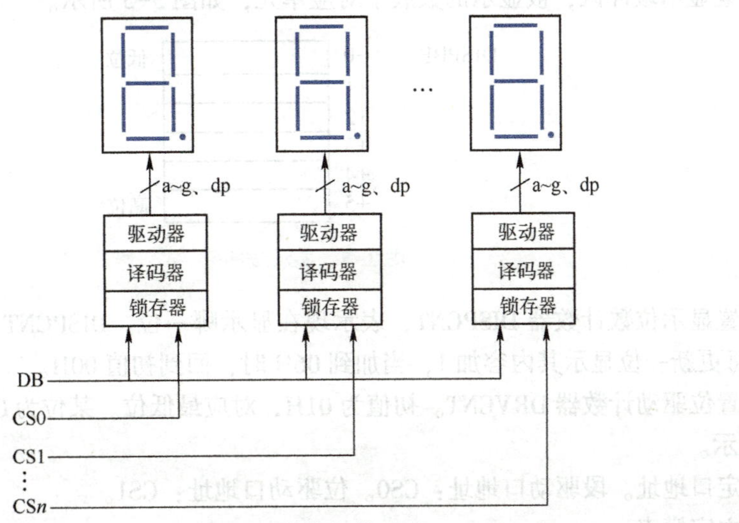

图 3-3　静态扫描显示

在图3-3中，每一个控制电路包括锁存器、译码器、驱动器，DB为数据总线。当控制电路中包括译码器时，通常只用4位数据总线，由译码器实现BCD码到七段码的译码，但一般不包括小数点，小数点需要单独的电路；当控制电路中不包括译码器时，通常需要8位数据总线，此时写入的数据为对应字符或数字的字模，包括小数点。CS0、CS1、…、CSn为片选信号。

（2）程序设计

被显示的数据（一位BCD码或字模）写入相应口地址（CS0~CSn）。

2. 动态显示扫描方式

（1）显示电路

所有LED显示器共用a~g、dp段，如图3-4所示。

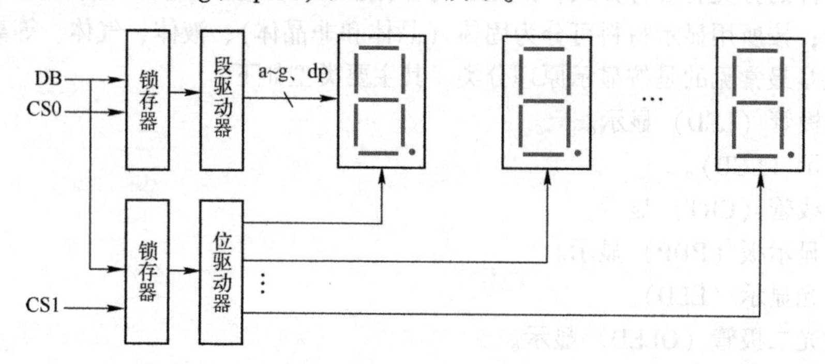

图3-4 动态扫描显示

在图3-4中，CS0控制段驱动器，驱动电流一般为5~10mA，对于大尺寸的LED显示器，段驱动电流会大一些；CS1控制位驱动器，驱动电流至少是段驱动电流的8倍。根据LED是共阴极还是共阳极接法，需改变驱动回路。

动态扫描显示是利用人的视觉停留现象，20ms内将所有LED显示器扫描一遍，在某一时刻，只有一位亮，位显示切换时，先关显示。

（2）程序设计

以六位LED显示器为例，设计方法如下。

① 设置显示缓冲区，被显示的数放于对应单元，如图3-5所示。

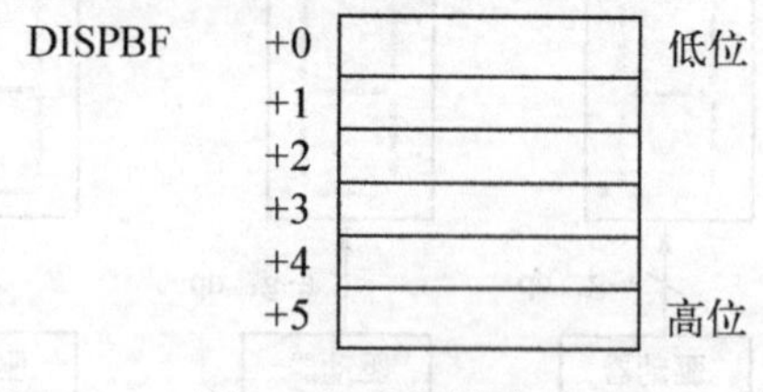

图3-5 显示缓冲区

② 设置显示位数计数器DISPCNT，表示现在显示哪一位。DISPCNT初值为00H，表示在最低位。每更新一位显示其内容加1，当加到06H时，回到初值00H。

③ 设置位驱动计数器DRVCNT。初值为01H，对应最低位。某位为0，禁止显示。某位为1，允许显示。

④ 确定口地址。段驱动口地址：CS0。位驱动口地址：CS1。

⑤ 建立字模表。

```
SEGTB:  DB   3FH   ; 0
        DB   06H   ; 1
        DB   5BH   ; 2
        DB   4FH   ; 3
        DB   66H   ; 4
        DB   6DH   ; 5
        DB   7DH   ; 6
        DB   07H   ; 7
        DB   7FH   ; 8
        DB   6FH   ; 9
        DB   77H   ; A
        DB   7CH   ; B
        DB   39H   ; C
        DB   5EH   ; D
        DB   79H   ; E
        DB   71H   ; F
```

⑥ 显示程序流程图，如图 3-6 所示。

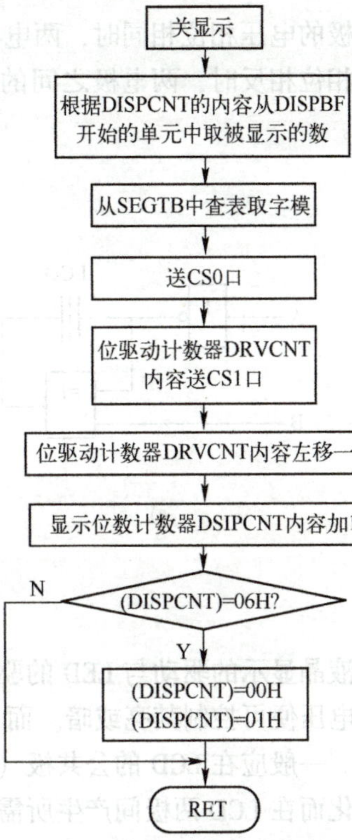

关显示
根据DISPCNT的内容从DISPBF开始的单元中取被显示的数
从SEGTB中查表取字模
送CS0口
位驱动计数器DRVCNT内容送CS1口
位驱动计数器DRVCNT内容左移一位
显示位数计数器DSIPCNT内容加1
(DISPCNT)=06H?
N
Y
(DISPCNT)=00H
(DISPCNT)=01H
RET

图 3-6 显示程序流程图

3.4 段型 LCD 显示器接口设计

3.4.1 LCD 的发展过程

1888 年，奥地利植物学家 F. Reinetzer 首先观察到液晶现象。它在测定有机物熔点时，发现某些有机物熔化后会经历一个不透明浑浊的液态阶段，继续加热，才成为透明的各向异性液态。1889 年，德国物理学家 O. Lehmann 观察到同样的现象，并发现呈浑浊状液体的中间具有和晶体相似的性质，故称为“液晶”。这是世界上首次被发现的一种热致液晶——胆甾醇苯甲酸酯，在 60±15℃的温度下呈乳白色黏状液体。由于历史条件所限，当时液晶并没有引起很大重视，只是用在压力和温度的指示器上。

现在，液晶已形成一个独立的学科。液晶知识涉及多门学科，如化学、电子学、光学、计算机、微电子、精细加工、色度学、照明等。要全面、深入了解液晶显示器件必须对上述提及的领域有一定的了解。

3.4.2 LCD 的驱动方式

液晶显示器的驱动方式由电极引线的选择方式确定，因此，在选择好液晶显示器之后，用户无法改变驱动方式。

液晶显示器的驱动方式一般有静态驱动和时分割驱动两种。由于直流电压驱动 LCD 会使液晶体产生电解和电极老化，从而大大降低 LCD 的使用寿命，所以现用的驱动方式多属交流电压驱动。

1. 静态驱动方式

静态驱动回路及波形图如图 3-7 所示。图中 LCD 表示某个液晶显示字段，当此字段上两个电极的电压相位相同时，两电极之间的电位差为零，该字段不显示，当此字段上两个电极的电压相位相反时，两电极之间的电位差不为零，为二倍幅值的方波电压，该字段呈现出黑色显示。

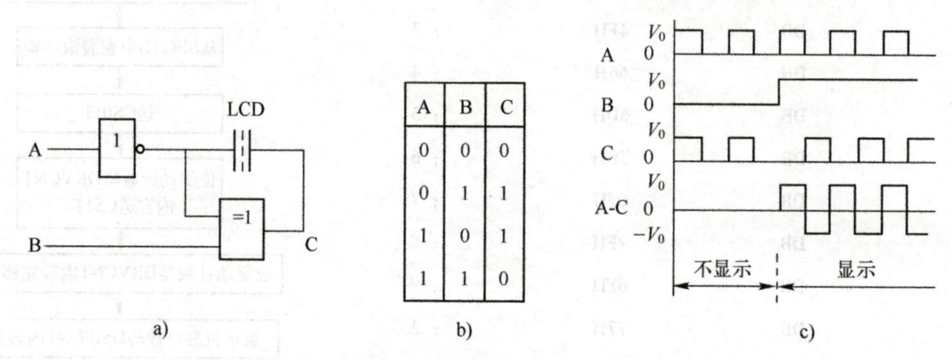

图3-7 静态驱动回路及波形

a）驱动回路 b）真值表 c）波形图

液晶显示的驱动与LED的驱动有很大的不同，对于LED，在LED两端加上恒定的导通或截止电压便可控制其亮或暗。而LCD，由于其两极不能加恒定的直流电压，因而给驱动带来复杂性。一般应在LCD的公共极（一般为背极）加上恒定的交变方波信号，通过控制前极的电压变化而在LCD两极间产生所需的零电压或二倍幅值的交变电压达到LCD亮、灭的控制。目前已有许多LCD驱动集成芯片，这些芯片已将多个LCD驱动电路集成到一起，使用起来跟LED驱动芯片一样方便，而且形式非常相似。

2. 时分割驱动

当显示字段增多时，为减少引出线和驱动回路数，必须采用时分割驱动法。

时分割驱动方式通常采用电压平均化法，其占空比有1/2，1/8，1/16，1/32等，偏压有1/2，1/3，1/4，1/5等。

液晶显示器除段形液晶显示器外，还有点阵液晶显示器，可显示汉字、图形、曲线等。

3.5 触摸屏技术及其在工程中的应用

3.5.1 触摸屏发展历程

触摸屏是一种与计算机交互最简单、最直接的人机交互界面，诞生于1970年，是一项由EloTouch Systems公司首先推广到市场的新技术。早期多应用于工控计算机、POS机终端等工业或商用设备中。20世纪70年代，美国军方首次将触摸屏技术应用于军事，此后该项技术逐渐向民用转移。1971年，美国Sam Hurst博士发明了世界上第一个触摸传感器，并在1973年被美国《工业研究》评选为当年年度100项最重要的新技术产品。随着计算机技术和网络技术的发展，触摸屏的应用范围已变得越来越广泛。

3.5.2 触摸屏的工作原理

触摸屏的基本原理是用手指或其他物体触摸安装在显示器前端的触摸屏时，所触摸的位置由触摸屏控制器检测，并通过接口（如RS-232串行口）送到CPU，从而确定输入的信息。

触摸屏系统一般包括触摸屏控制器和触摸检测装置两个部分。其中，触摸检测装置一般安装在显示器的前端，主要作用是检测用户的触摸位置，并传送给触摸屏控制器；触摸屏控制器从触摸检测装置上接收触摸信息，并将其转换成触点坐标传送给 CPU。它同时能接收 CPU 发来的命令并加以执行。

按照工作原理和传输信息的介质，触摸屏可分为4类：电阻式触摸屏、电容感应式触摸屏、红外线式触摸屏和表面声波式触摸屏。

1. 电阻式触摸屏

电阻式触摸屏技术是触摸屏技术中最古老的，也是目前成本最低、应用最广泛的触摸屏技术。尽管电阻式触摸屏不耐用，透射性也不好，但它价格低，而且对屏幕上的残留物具有免疫力，因而工业用触摸屏大多为电阻式触摸屏。

电阻式触摸屏利用压力感应进行控制，其主要部分是一块与显示器表面非常配合的电阻薄膜屏，这是一种多层的复合薄膜，它以一层玻璃或硬塑料平板作为基层，表面涂有一层透明氧化金属导电层，上面再盖有一层外表面硬化处理、光滑防擦的塑料层，其内表面也涂有一层涂层，在其之间有许多细小的（小于 1/1000 in）透明隔离点把两层导电层隔开绝缘，电阻式触摸屏结构如图 3-8 所示。

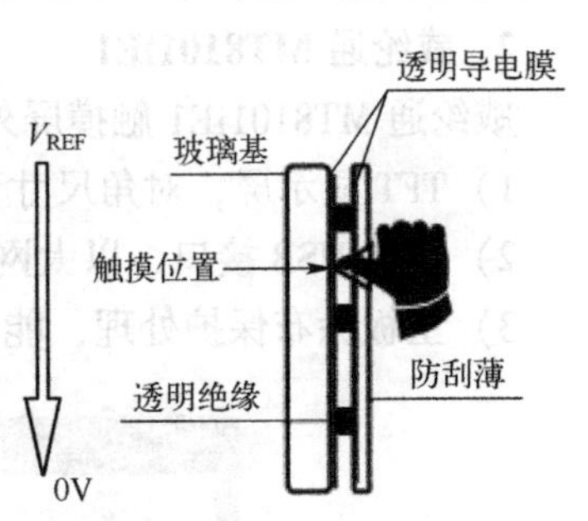

图 3-8 电阻式触摸屏结构图

当手指触摸到触摸屏时，平时因不接触而绝缘的透明导电膜在手指触摸的位置有一个接触点，因其中一面导电层接通 Y 轴方向的 V_{REF}均匀电压场，使得侦测层的电压由零变为非零，这种接通状态被控制器侦测到后，进行 A-D 转换，并将得到的电压值与 V_{REF}相比即可得到触摸点的 Y 轴坐标，同理得出 X 轴的坐标，这就是电阻触摸屏最基本的原理。其中 A-D 转换器可以采用 ADI 公司的 AD7873，它是一款 12 位逐次逼近型 ADC，可同步串行接口并用于驱动触摸屏的低导通电阻开关，采用 2. 2~5. 25 V 单电源供电。

2. 电容式触摸屏

电容式触摸屏是利用人体的电流感应进行工作的。用户未触摸电容屏时，面板四个角因是同电位而没有电流；当用户触摸电容屏时，用户手指和工作面形成一个耦合电容，由于工作面上接有高频信号，手指吸收走一个很小的电流。这个电流分别从触摸屏四个角上的电极中流出，并且理论上流经这四个电极的电流与手指到四角的距离成比例，控制器通过对这四个电流比例的精密计算，得出触摸点的位置。

3. 红外线式触摸屏

红外触摸屏是在紧贴屏幕前密布 X、Y 方向上的红外线矩阵，通过不停地扫描判断是否有红外线被物体阻挡。当有触摸时，触摸屏将被阻挡的红外对管的位置报告给主机，经过计算判断出触摸点在屏幕的位置。

4. 表面声波式触摸屏

表面声波触摸屏原理是基于触摸时在显示器表面传递的声波来检测触摸位置。声波在触摸屏表面传播，当手指或其他能够吸收表面声波能量的物体触摸屏幕时，接收波形中对应于手指挡住部位的信号衰减了一个缺口，控制器由缺口位置判定触摸位置的坐标。

3.5.3 工业常用触摸屏产品介绍

工业用触摸屏相对一般用触摸屏具有防火、防水、防静电、防污染、防油脂、防刮伤、防闪烁、透光率高等优点。

目前工业中使用较广泛的触摸屏的生产厂家主要有西门子、施耐德、欧姆龙、三菱、威纶通等品牌，下面介绍两款常用的触摸屏。

1. 西门子 TP700

西门子 TP700 触摸屏外形如图 3-9 所示，其主要特点如下。

1）宽屏 TFT 显示屏，带有归档、脚本、PDF/Word/Excel 查看器、Internet Explorer、Media Player 等。

2）具有众多通信选件：内置 PROFIBUS 和 PROFINET 接口。

3）由于具有输入/输出字段、图形、趋势曲线、柱状图、文本和位图等要素，可以简单、轻松地显示过程值，带有预组态屏幕对象的图形库可全球使用。

2. 威纶通 MT8101iE1

威纶通 MT8101iE1 触摸屏外形如图 3-10 所示，其主要特点如下。

1）TFT 显示屏，对角尺寸为 10 in，分辨率为 800×480 像素，128 MB Flash，128 MB RAM。

2）内置 USB 接口、以太网接口、串行接口（包括 RS232 和 RS485）。

3）主板涂布保护处理，能防腐蚀。

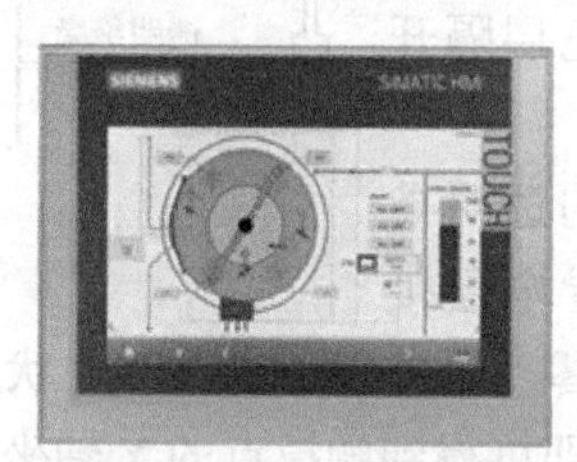

图 3-9 西门子 TP700

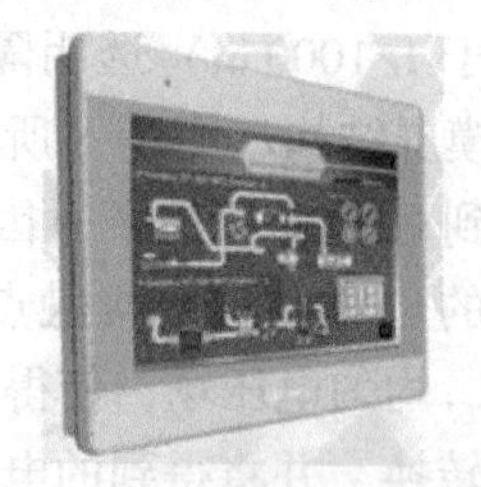

图 3-10 威纶通 MT8101iE1

3.5.4 触摸屏在工程中的应用

触摸屏在工程应用中，一般是与 PLC 连接。触摸屏与 PLC 进行连接时，使用的是 PLC 的内存，触摸屏也有少量内存，仅用于存储系统数据，即界面、控件等。触摸屏与 PLC 通信一般是主从关系，即触摸屏从 PLC 中读取数据，进行判断后再显示。触摸屏与 PLC 通信一般不需要单独的通信模块，PLC 上一般都集成了与触摸屏通信的端口。

触摸屏与 PLC 连接后，省略了按钮、指示灯等硬件，PLC 不需要任何单独的功能模块，只要在 PLC 控制程序中添加内部按钮，并将触摸屏上的组态触摸按钮与其对应就可以了。

触摸屏与 PLC 连接的系统结构如图 3-11 所示。

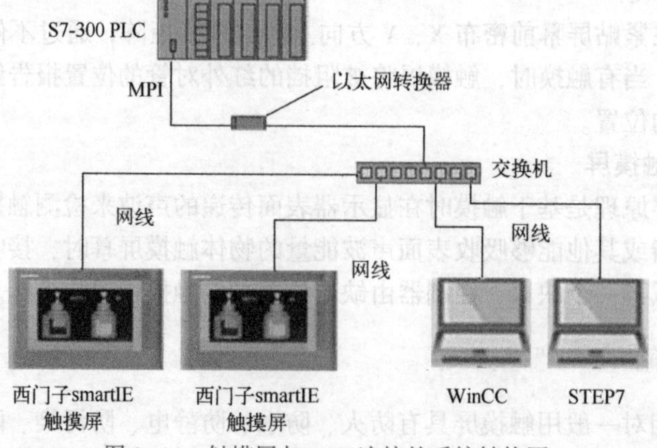

图 3-11 触摸屏与 PLC 连接的系统结构图

其中，触摸屏采用西门子公司的 SmartIE 系列，通过以太网连接到西门子 S7-300 PLC。

3.6 打印机接口电路设计

在计算机控制系统中，打印机是重要的外设之一。随着计算机本身性能的不断完善和用户要求的提高，打印机技术正在向高速度、低噪声、字迹清晰美观、彩色化、图形化方向发展。

打印机的种类很多，从与计算机的接口方法上，可以分为并行打印机和串行打印机；从打印方式上，有打击式打印机和非打击式打印机之分；从打印字符的形式上，有点阵式和非点阵式之分。

3.6.1 标准 Centronics 接口

并行打印机接口通常按 Centronics 标准定义插头插座引脚，Centronics 标准中各引脚和信号之间的对应关系见表 3-1。

表 3-1　Centronics 标准

引脚号	信　　号	方向（对打印机）	说　　明
1	$\overline{\text{STROBE}}$	入	选通脉冲为低电平时，接收数据
2	DATA1	入	数据最低位
3	DATA2	入	—
4	DATA3	入	—
5	DATA4	入	—
6	DATA5	入	—
7	DATA6	入	—
8	DATA7	入	—
9	DATA8	入	数据最高位
10	$\overline{\text{ACKNLG}}$	出	低电平时，表示打印机准备接收数据
11	BUSY	出	高电平时，表示打印机不能接收数据
12	PE	出	高电平时，表示无打印纸
13	SLCT	出	高电平时，指出打印机能工作
14	$\overline{\text{AUTO FEED XT}}$	出	低电平时，在打印一行后会自动走纸
15	不用	入	—
16	逻辑地	—	—
17	机架地	—	—
18	不用	—	—
19~30	地	—	—
31	$\overline{\text{INIT}}$	入	低电平时，打印机复位
32	$\overline{\text{ERROR}}$	出	低电平时，表示出错
33	地	—	—
34	不用	—	—
35	不用	—	—
36	$\overline{\text{SLCTIN}}$	入	通过 4.7 kΩ 电阻接 5 V 低电平时，打印机才能接收数据

3.6.2 应用实例

在计算机控制系统中，常用的有并行和串行接口的针式打印机，下面介绍并行打印机与计算机的接口。

并行打印机与计算机的接口如图 3-12 所示。

在图 3-12 中，PRTCS 为打印机扩展口地址，由 CPU 地址线译码得到，写控制信号$\overline{\text{WR}}$、读控制信号$\overline{\text{RD}}$可以接 CPU 对应的控制信号，74HC123 单稳态触发器可以展宽$\overline{\text{WR}}$写控制信号，达到$\overline{STB}$写选通信号的宽度要求。

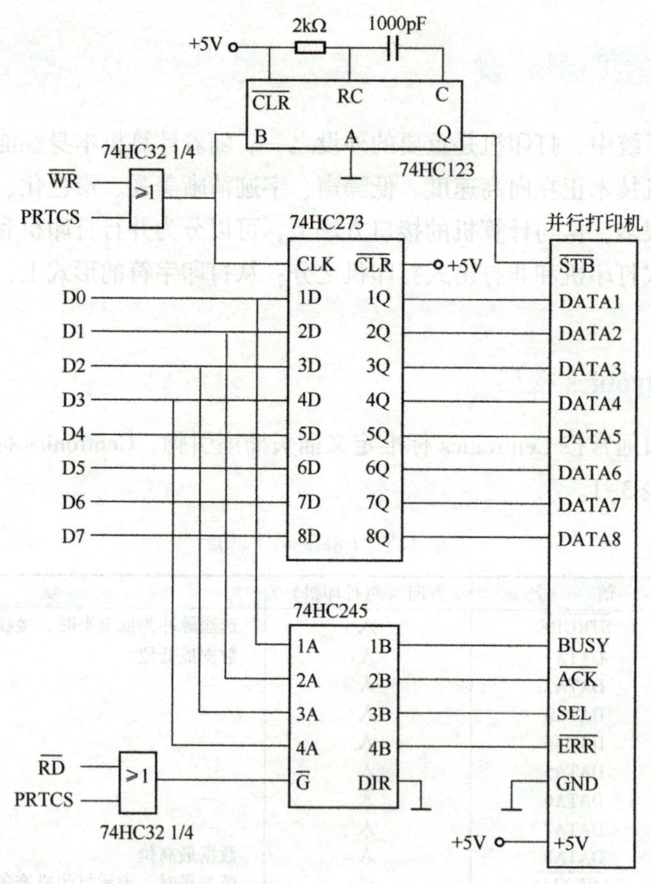

图 3-12 并行打印机与计算机的接口

如果不考虑$\overline{ACK}$、SEL 和$\overline{ERR}$信号，只考虑 BUSY 信号，程序设计较为简单。

习题

1. 什么是 HMI？简述其功能。
2. 电子显示器可分为哪两大类？简述其发光原理。
3. 按显示原理分类，电子显示器的主要类型有哪些？
4. LED 显示器的扫描方式有哪两种？简述其工作原理。
5. LCD 显示器的驱动方式有哪两种？LCD 与 LED 显示器件的主要区别是什么？LCD 显示器件为什么不能采用直流驱动？
6. 若有一个 4 位 LED 显示器，试采用某一语言，编写高位 0 不显示的处理程序，假设 4 位数放于 DPBUF 开始的 4 个单元，低位在前。
7. 触摸屏一般分为几类？简述电阻式触摸屏的工作原理。
8. 设计一打印机接口电路，并编写打印子程序。

微课视频：第 3 章
重点难点
知识讲解

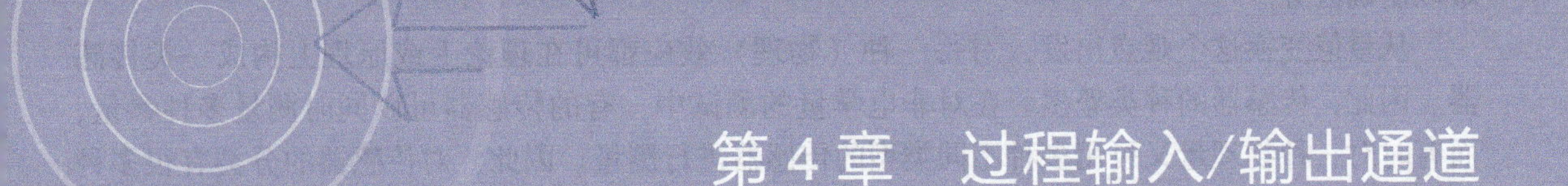

第 4 章　过程输入/输出通道

当计算机用作测控系统时，系统总要有被测量信号的输入通道，由计算机拾取必要的输入信息，对于测量系统而言，如何准确获取被测信号是其核心任务；而对测控系统来讲，对被控对象状态的测试和对控制条件的监察也是不可缺少的环节。

系统需要的被测信号，一般可分为开关量和模拟量两种。所谓开关量输入，是指输入信号为状态信号，其信号电平只有两种，即高电平或低电平。对于这类信号，只需经放大、整形和电平转换等处理后，即可直接送入计算机系统。对于模拟量输入，由于模拟信号的电压或电流是连续变化信号，其信号幅度在任何时刻都有定义，因此对其进行处理就较为复杂，在进行小信号放大、滤波量化等处理过程中需考虑干扰信号的抑制、转换精度及线性等诸多因素；而这种信号又是测控系统中最普通、最常见的输入信号，如对温度、湿度、压力、流量、液位、气体成分等信号的处理等。

对被测对象状态的拾取，一般都离不开传感器或敏感器件，这是因为被测对象的状态参数往往是一种非电物理量，而计算机只是一个能识别和处理电信号的数字系统，因此利用传感器将非电物理量转换成电信号才能完成测量和控制的任务。

然而，利用传感器转换后得到的电信号，尤其是模拟信号，往往是小信号，需经放大后才能进行有效的处理。对于多路输入情况，如多路参数巡回检测等，则需采用多路切换技术。另外，测控系统要对外部设备进行控制，则需要开关量及模拟量输出。本章主要讲述了传感器、变送器、执行器、IEEE 1451 智能变送器标准、量程自动转换与系统误差的自动校正、A-D 和 D-A 转换技术及数字量输入/输出电路等内容。

4.1　传感器

传感器的主要作用是拾取外界信息。如同人类在从事各种作业和操作时，必须由眼睛、耳朵等五官获取外界信息一样，否则就无法进行有效的工作和正确操作。传感器是测控系统中不可缺少的基础部件。

4.1.1　传感器的定义和分类及构成

1. 传感器的定义和分类

传感器的通俗定义可以说成“信息拾取的器件或装置”。传感器的严格定义是：把被测量的量值形式（如物理量、化学量、生物量等）变换为另一种与之有确定对应关系且便于计量的量值形式（通常是电学量）的器件或装置。它实现两种不同形式的量值之间的变换，目的是为了计量、检测。因此，除叫传感器（Sensor）外，也有叫换能器（Transducer）的，两者难以明确区分。

从量值变换这个观点出发，对每一种（物理）效应都可在理论上或原理上构成一类传感器。因此，传感器的种类繁多。在对非电学量的测试中，有的传感器可以同时测量多种参量，而有时对一种物理量又可用多种不同类型的传感器进行测量。因此，对传感器的分类有很多种方法。可以根据技术和使用要求、应用目的、测量方法、传感材料的物理特性、传感或变换原理等进行分类。

2. 传感器的构成

传感器一般是由敏感元件、传感元件和其他辅助件组成，有时也将信号调节与转换电路、辅助电源作为传感器的组成部分，如图 4-1 所示。

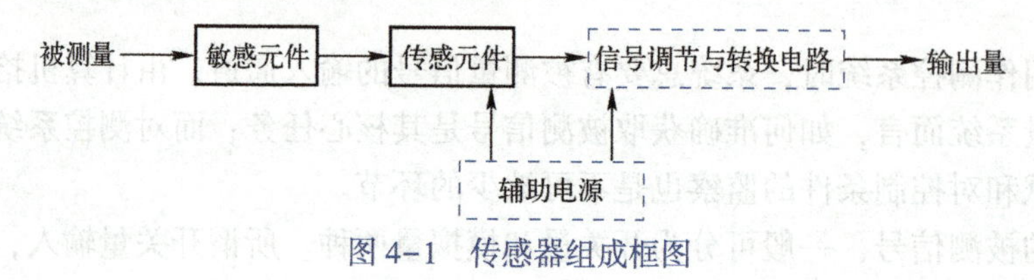

图 4-1 传感器组成框图

敏感元件是直接感受被测量（一般为非电学量），并输出与被测量成确定关系的其他量（一般为电学量）的元件。敏感元件是传感器的核心部件，它不仅拾取外界信息，还必须把变换后的量值传输出去。

图 4-1 中的信号调节与转换电路把传感元件输出的电信号经过放大、加工处理，输出有利于显示、记录、检测或控制的电信号。信号调节和转换电路或简或繁，视传感元件的类型而定，常见的电路有电桥电路、放大器、阻抗变换器等。

4.1.2 传感器的基本性能

利用传感器设计开发高性能的测量或控制系统，必须了解传感器的性能，根据系统要求，选择合适的传感器，并设计精确可靠的信号处理电路。

1. 精确度

传感器的精确度表示传感器在规定条件下允许的最大绝对误差相对于传感器满量程输出的百分数。

工程技术中为简化传感器精度的表示方法，引用了精度等级概念。精度等级以一系列标准百分比数值分档表示。如压力传感器的精度等级分别为 0.05、0.1、0.2、0.3、0.5、1.0、1.5、2.0 等。

传感器设计和出厂检验时，其精度等级代表的误差指传感器测量的最大允许误差。

2. 稳定性

1）稳定度：一般指时间上的稳定性。它是由传感器和测量仪表中随机性变动、周期性变动、漂移等引起示值的变化程度。

2）环境影响：室温、大气压、振动等外部环境状态变化给予传感器和测量仪表示值的影响，以及电源电压、频率等仪表工作条件变化对示值的影响统称环境影响，用影响系数来表示。

4.1.3 传感器的应用领域

现代信息技术的三大基础是信息的采集、传输和处理技术，即传感技术、通信技术和计算机技术，它们分别构成了信息技术系统的“感官”“神经”和“大脑”。信息采集系统的首要部件是传感器，且置于系统的最前端。在一个现代测控系统中，如果没有传感器，就无法监测与控制表征生产过程中各个环节的各种参量，也就无法实现自动控制。在现代技术中，传感器实际上是现代测控技术的基础。

传感器的应用领域如下。

1. 生产过程的测量与控制

在工农业生产过程中，对温度、压力、流量、位移、液位和气体成分等参量进行检测，从而实现对工作状态的控制。

2. 安全报警与环境保护

利用传感器可对高温、放射性污染以及粉尘弥漫等恶劣工作条件下的过程参量进行远距离测量与控制，并可实现安全生产。可用于监控、防灾、防盗等方面的报警系统。在环境保护方面可用于对大气与水质污染的监测、放射性和噪声的测量等方面。

3. 自动化设备和机器人

传感器可提供各种反馈信息，尤其是传感器与计算机的结合，使自动化设备的自动化程度大大提高。在现代机器人中大量使用了传感器，其中包括力、扭矩、位移、超声波、转速和射线等许多传感器。

4. 交通运输和资源探测

传感器可用于交通工具、道路和桥梁的管理，以保证提高运输的效率与防止事故的发生。还可用于陆地与海底资源探测以及空间环境、气象等方面的测量。

5. 医疗卫生和家用电器

利用传感器可实现对病患者的自动监测与监护，可进行微量元素的测定，食品卫生检疫等。

4.1.4 常用传感器

1. 温度传感器

温度是表征物体冷热程度的物理量。它与人类生活关系最为密切，是工业控制过程中的四大物理量（温度、压力、流量和物位）之一，也是人类研究最早、检测方法最多的物理量之一。

温度传感器测量被测介质温度的方式可分为两大类：接触式和非接触式。测温时使传感器与被测物体直接接触的称为接触式温度传感器。这类传感器种类较多，如热电偶、热电阻、PN 结等。传感器与被测物体不接触，而是利用被测物体的热辐射或热对流来测量的称为非接触式温度传感器，如红外测温传感器等，它们通常用于高温测量，如炼钢炉内温度测量。

2. 湿度传感器

湿度是指空气中含有湿空气的量，通常用绝对湿度、相对湿度和露点温度来表示。但一般在工业上使用时，常用相对湿度的概念来描述空气的含湿量。

湿度传感器常用于化纤、造纸、仓库、育种、机房、家电等领域，并随着精密加工和制造技术对环境要求的提高，以及人们对居室环境的进一步需求等而得到更广泛的应用。

湿度测量可以选择湿度变送器，输出为 4~20 mA 或 RS-485 数字接口。

另外，市场上已经出现 I^2C 接口输出的温湿度传感器。如 SENSIRION 公司生产的 I^2C 接口输出的温湿度传感器 SHT20、SHT7X 系列等。SHT20 数字温湿度传感器如图 4-2 所示，SHT71 通用型温湿度传感器如图 4-3 所示。

图 4-2 SHT20 数字温湿度传感器

图 4-3 SHT71 通用型温湿度传感器

3. 流量传感器

流量是工业生产过程及检测与控制中一个很重要的参数，凡是涉及具有流动介质的工艺流程，无论是气体、液体还是固体粉料，都与流量的检测与控制有着密切的关系。

流量有两种表示方式：一种是瞬时流量，即单位时间所通过的流体容积或质量；一种是累积流量，即在某段时间间隔内流过流体的总量。

检测流量的装置是多种多样的。从检测方法上说，可分为两大类：一类是直接检测，即从流量的定义出发，同时检测流体流过的体积（或重量）和时间；另一类是间接检测，即检测与流量或流速有关的其他物理参数并算出流量值。直接检测可以得到准确的结果，所得数据是在某一时间间隔内流过的总量。在瞬时流量不变的情况下，用这种方法可求出平均流量，但这种方法不能用来检测瞬时流量。一般流量检测装置是以间接检测为基础，然后用计算方法确定被测参数与流量之间的关系数据。

按流量计检测的原理，可分为差压流量计、转子流量计、容积流量计、涡轮流量计、漩涡流量计、电磁流量计和超声波流量计等。由于目前使用的流量计有上百种，测量原理、方法和结构特性各不相同，正确地予以分类是比较困难的。一般来说，一种测量原理是不能适用于所有情况的，必须充分地研究测量条件，根据仪表的价格、管道尺寸、被测流体的特性、被测流体的状态（是气体、液体还是蒸气）、流量计的测量范围以及所要求的精确度来选择流量计。

在空气流量的测量中，Honeywell 公司现在已生产出 HAF 系列数字式气流传感器，具有多种安装方式。

Honeywell 公司的 Zephyr™数字式气流传感器 HAF 系列——高准确度型为在指定的满量程流量范围及温度范围内读取气流数据提供一个数字接口。它们的绝热加热器和温度感应元件可帮助传感器对空气流或其他气流做出快速响应。

Zephyr 传感器设计用来测量空气和其他非腐蚀性气体的质量流量。它们采用标准流量测量范围，经过了全面校准，并利用一个设计在电路板上的“专用集成电路”（ASIC）进行温度补偿。

另外，Sensirion 公司也推出了 SDP500 系列数字式动态测量差压传感器，基于 CMOSens 传感器技术，将传感器元件、信号处理和数字标定集成于一个微芯片，具有较好的长期稳定性和重复性以及较宽的量程比，能够以超高精度，无漂移地测量空气和非腐蚀性气体的流量。

4. 热释电红外传感器

热释电红外传感技术是 20 世纪 80 年代迅速发展起来的一门新型学科。热释电红外线传感原理是：任何高于绝对温度的物体都会发出电磁辐射——红外线，但不同温度的物体所辐射的电磁能及能量随波长的分布是不同的。

物体的表面温度越高，它辐射的能量就越强。人体红外辐射的光谱在 7~14 μm，其中心波长在 9~11 μm 附近。

根据不同物体发出的红外光谱的不同，可对不同目标进行红外检测和判别，如温度的测定、火灾的预警、不同物体的识别、活动目标（人）的保安和防范、防盗等。为了区分人体（37℃左右）辐射的红外线和周围物体辐射的红外线，特别是近红外辐射，常在热释电传感探测元件前加一红外滤光片，以抑制人体以外的红外辐射干扰。

热释电红外线传感器件（PIR）有多种，但大都是由高热电系数的锆钛酸铅系陶瓷以及钽酸锂、硫酸三甘肽等配合滤波镜片窗口所组成的。利用这种传感器件，就能以非接触方式对物体辐射出的红外线进行检测，察觉红外线能量的变化，将其转换成相应的电信号。

PIR 传感器的品种较多，可按外形结构和内部构成的不同及性能分类。从封装、外形来分，有塑封式和金属封装（立式的和卧式的）等。从内部结构分，有单探测元、双元件、四元件及特殊形等。PIR 传感器的外形如图 4-4 所示。

PIR 传感器要求器件的灵敏度高，噪声系数低，使用温度范围广。热释电红外传感器为被动式红外线传感技术，它是利用红外光敏器件将活动生物体发出的微量红外线转换成相应的电信号，并进行放大、处理对被监控的对象实施控制。它能可靠地将运动着的生物体（人）和飘落的物体加以区别。同时，它还具有监控范围大、隐蔽性好、抗干扰性强和误报率低等特点。因而，被动式红外技术在自动控制、自动门启闭、接近开关、自动照明、遥控遥测等方面，特别是在保安、防火、报警方面越来越受到重视和采用。

图 4-4　PIR 传感器的外形图

5. 光电传感器

光电传感器的作用是将光信息转换为电信号，它是一种利用光敏器件作为检测元件的传感器。光电传感器对光的敏感主要是利用半导体材料的电学特性受光照射后发生变化的原理，即利用的是光电效应。光电效应通常分为以下两类。

1）外光电效应：即在光线作用下，物体内的电子受激逸出物体表面向外发射的现象。利用这类效应的传感器主要有光电管、光电倍增管等。

2）内光电效应：受光照射的物体电导率发生变化或产生光电动势的效应。它也可分为光电导效应（即电子吸收光子能量从键合状态转换为自由状态，从而引起电阻率变化）和光生伏特效应（物体在光线作用下产生一定方向的电动势）。

常用的光敏元件有光敏电阻、光敏二极管和光敏晶体管。

光电传感器可广泛用于报警、转速测量、电能计量、包装生产线等自动化领域。

6. 气敏传感器

气敏传感器是一种检测气体浓度、成分并把它转换成电信号的器件或装置，可用于工厂和车间的各种易燃易爆或对人体有害气体的检测、工业装置的废气成分检测、一般家庭的可燃性气体泄漏检测等。

为了适应各种被测的气体，气敏传感器的种类很多，主要有金属氧化物半导体式、接触燃烧式、热传导式、固体电解式、伽伐尼电池式、光干涉式以及红外线吸收式等。

半导体气敏元件是利用被测气体与半导体表面接触时，其电学特性（例如电导率）发生变化，以此来检测特定气体的成分或气体的浓度。

半导体气敏传感器主要用于检测低浓度的可燃性气体和毒性气体，如 CO、H_2S、NO_x、Cl_2及 CH_4等碳氢系气体，其测量范围为 0.001‰～1‰。气敏传感器的应用领域如表 4-1 所示。

表 4-1 气敏传感器应用领域

应用场合	检测气体	可用敏感元件类型
家用气体报警	碳氢化合物	半导体气敏元件
石油钻井、化工厂、制药厂、冶炼厂	碳氢化合物、硫化氢、含硫的化合物	接触燃烧式、半导体式
煤矿	甲烷、CO、其他可燃性气体	接触燃烧式、半导体式
地铁	碳氢化合物	接触燃烧式
停车场	CO	半导体气敏元件
汽车发动机控制、工业锅炉、内燃机控制	O_2、调节空/燃比	半导体 TiO_2 氧敏元件、电动势型
冷藏、食品	NH_3	接触燃烧式
火灾、事故预报	烟雾、司机呼出酒精	接触燃烧式、半导体式

7. 霍尔传感器

霍尔传感器是目前国内外应用最为广泛的一种磁敏传感器，它利用磁场作为媒介，可以检测很多的物理量，如微位移、加速度、转速、流量、角度等，也可用于制作高斯计、电流表、功率计、乘法器、接近开关、无刷直流电机等。它可以实现非接触测量，而且在很多情况下，可采用永久磁铁来产生磁场，不需附加能源。因此，这种传感器广泛应用于自动控制、电磁检测等领域。

霍尔传感器有霍尔元件和霍尔集成电路两种类型。霍尔元件是分立型结构，霍尔集成电路是把霍尔元件、放大器、温度补偿电路及稳压电源等做在一个芯片上的集成电路结构，与前者相比，霍尔集成电路更具有微型化、可靠性高、寿命长，功耗低以及负载能力强等优点。

8. 应变式电阻传感器

应变式电阻传感器是目前用于测量力、压力、重量等参数最广泛的传感器之一，它具有悠久的历史，但新型应变片仍在不断出现。它是利用应变效应制造的一种测量微小变化量（机械）的理想传感器。

应变式传感器的原理是：当导体或半导体在受到外界力的作用时，会产生机械变形，从而导致阻值的变化。

9. 压力传感器

（1）压力传感器

从压力计的构造来看，常用的压力计可分为机械式压力计和电学式压力传感器两大类。

电学式压力传感器的主要工作原理是：利用某种方法，将受力的弹性体的变形变换成电信号（或再加以放大等处理），从而输出一个与压力相对应的电学量。电学式压力传感器从其工作原理来分主要有：电阻式（应变）金属箔、金属丝、半导体式、磁式、电容式、差动变压器式、压电式、表面弹性波式和光电式等多种。

（2）数字式压力传感器

GE 公司已经推出 NPA 系列数字式表贴压力传感器，该系列产品尺寸小巧、内部集成了电路放大和数字化模块，可以简化传感器的周边电路设计，提高系统的可靠性和稳定性。

例如：NPA-700B-001G 是 GE 公司的一款数字式压力传感器，采用 14 引脚 SOIC 表贴封装，带有 2 个倒扣压力接口，测量范围为 0.36～1 psi（2.48～7kPa），其输出为已校准的 I^2C 数字输出，可以使用 I^2C 接口很方便地将测量数据传输到控制器，完成压力测量及数据读取过程。

Honeywell公司也可以提供I^2C接口或SPI接口的数字式压力传感器。如SSC系列、HSC系列等。

10. CCD图像传感器

图像传感器是采用光电转换原理，用来摄取平面光学图像并将其转换为电子图像信号的器件，图像传感器必须具有两个作用：一是具有把光信号转换为电信号的作用；二是具有将平面图像上的像素进行点阵取样，并把这些像素按时间取出的扫描作用。

由于电荷耦合器件（Charge Coupled Devices，CCD）图像传感器具有尺寸小、工作电压低（DC：7V~12V）、寿命长、坚固耐冲击以及电子自扫描等优点，促进了各种视频系统和自动化办公设备的普及和微型化。加之无图形扭折，信息容易处理的突出特点，非常适用于工业自动化检测和机器上的视觉系统，而且便于与计算机接口实现各种高速图像处理。CCD是一种无增益器件，它具有存储电荷的能力，因而能完成有源器件不能实现的功能。

11. 位移传感器

（1）位移传感器的定义和分类

位移传感器是把物体的运动位移转换成可测量的电学量的一种装置。按照运动方式可分为线位移传感器和角位移传感器；按被测量变换的形式可分为模拟式和数字式两种；按材料可分为导电塑料式、电感式、光电式、金属膜式、磁致伸缩式等。

小位移通常用应变式、电感式、差动变压器式、涡流式、霍尔传感器来测量，大位移通常用感应同步器、光栅、容栅、磁栅等传感器测量。常用的位移传感器有Omega公司的LD640系列、LD650系列，KEYENCE公司的GT2-A12、GT2-P12等。下面以直线式位移传感器为例介绍位移传感器的工作原理。

（2）直线位移传感器的工作原理

直线位移传感器也叫作电子尺，其作用是把直线机械位移量转换成电信号。通常可变电阻滑轨放置在传感器的固定部位，通过滑片在滑轨上的位移来测量不同的阻值。传感器滑轨连接稳态直流电压，滑片和始端之间的电压与滑片移动的长度成正比。其外形如图4-5所示。

（3）位移传感器的应用领域

生活中位移传感器的应用非常广泛，火车轮缘高度、宽度、轮辋厚度等方面的检测，各种液罐的液位计量和控制等领域都离不开位移传感器。

图4-5 直线位移传感器外形图

12. 加速度传感器

（1）加速度传感器的定义及原理

加速度传感器是能感受加速度并转换成可用输出信号的传感器。加速度传感器按运动方式可分为线加速度传感器和角加速度传感器；按材料可分为压电式、压阻式、电容式和伺服式。目前多数加速度传感器是根据压电效应的原理工作的，其原理是利用压电陶瓷或石英晶体的压电效应，在加速度计受振时，质量块加在压电元件上的力也随之变化。当被测振动频率远低于加速度计的固有频率时，力的变化与被测加速度成正比。

（2）加速度传感器的应用领域

加速度传感器广泛应用于手柄振动和摇晃、汽车制动启动检测、地震检测、工程测振、地质勘探、振动测试与分析以及安全保卫振动侦察等多个领域。

13. PM2.5 传感器

PM2.5传感器采用激光散射原理。即令激光照射在空气中的悬浮颗粒物上产生散射，同时在某一特定角度收集散射光，得到散射光强随时间变化的曲线。微控制器采集数据后，通过傅里叶变换得到时域与频域间的关系，随后经过一系列复杂算法得出颗粒物的等效粒径及单位体积内不同粒径的颗粒物数量。PM2.5传感器的工作原理框图如图4-6所示。

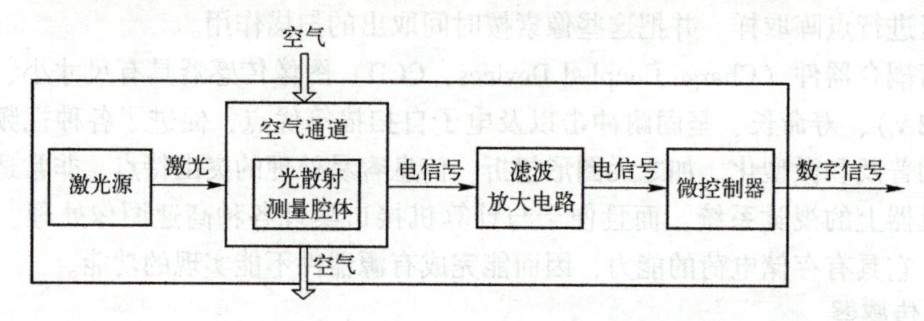

图4-6 PM2.5传感器的工作原理框图

4.2 变送器

变送器在自动检测和控制系统中，用于对各种工艺参数，如温度、压力、流量、液位、成分等物理量进行检测，以供显示、记录或控制。

4.2.1 变送器的构成原理

1. 模拟式变送器的构成原理

模拟式变送器从构成原理上可分为测量部分、放大器和反馈部分，在放大器的输入端还加有零点调整和零点迁移环节。

测量部分负责检测被测参数，并将其转换成放大器可以接收的信号，该信号与调零信号求取代数和，再与反馈信号在放大器的输入端进行比较，比较的差值由放大器放大，并转换成统一的标准信号输出。

2. 智能式变送器的构成原理

智能式变送器由以微处理器为核心的硬件电路和由系统程序、功能模块构成的软件两部分组成。

智能式变送器的硬件电路主要包括传感器组件、A-D转换器、微处理器、存储器和通信电路等部分；采用HART协议通信方式的智能式变送器还包括D-A转换器。

智能式变送器的软件部分中，系统程序用于对硬件部分进行管理，使变送器能完成基本功能；功能模块则提供各种用户需求的功能，供用户组态时有选择地调用。

4.2.2 差压变送器

差压变送器主要用来测量差压、流量、液位等参数，其输入信号为压力接口上的压差信号，输出为DC 0~10mA或DC 4~20mA的电流信号。智能式差压变送器，其输出为数字信号，对于采用HART协议通信方式的智能式变送器，输出为FSK信号。

按照检测元件的不同，差压变送器可分为膜盒式差压变送器、电容式差压变送器、扩散硅式差压变送器等。以横河EJA110A型差压变送器为例，其外形如图4-7所示。

1. 膜盒式差压变送器

膜盒式差压变送器以膜盒或膜片作为检测元件，由测量部分、杠杆系统、放大器和反馈机构组成，基于力矩平衡原理来工作。

被测差压信号经过测量部分转换成相应的输入力，与反馈力一起作用于杠杆系统，使杠杆产生微小位移，再经过放大器转换成标准统一信号输出，输出信号通过反馈机构再转换成反馈力。当输入力与反馈力对杠杆系统产生的力矩达到平衡时，系统达到稳定状态，此时变送器的输出信号反映了被测差压的大小。

图 4-7　横河 EJA110A 型差压变送器

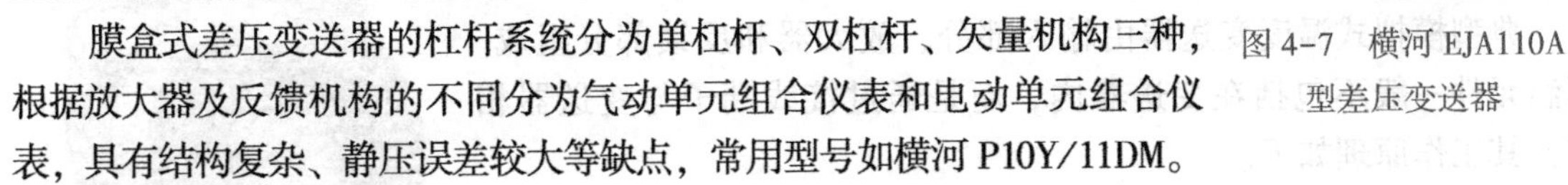

膜盒式差压变送器的杠杆系统分为单杠杆、双杠杆、矢量机构三种，根据放大器及反馈机构的不同分为气动单元组合仪表和电动单元组合仪表，具有结构复杂、静压误差较大等缺点，常用型号如横河 P10Y/11DM。

2. 电容式差压变送器

电容式差压变送器以电容式压力传感器为检测元件，由测量部分和放大部分组成，其工作原理如下。

输入差压信号作用于电容式压力传感器的中心感压膜片，从而使感压膜片（即可动电极）与两固定电极组成的差动电容的电容量发生变化，该电容变化量由电容/电流转换电路转换成电流信号送至放大器的输入端，与调零信号求取代数和后，再同反馈信号比较，其差值经放大器放大后，作为变送器的输出。

电容式差压变送器具有精度高、稳定性好、标准化程度高，易于装配及使用方便等特点。

3. 扩散硅式差压变送器

扩散硅式差压变送器以扩散硅压阻传感器为检测元件，由测量部分与放大转换部分组成，其工作原理如下。

输入差压信号作用于测量部分的扩散硅压阻传感器，压阻效应使硅材料上的扩散电阻（应变电阻）发生变化，从而使这些电阻组成的电桥产生不平衡电压信号，该信号由放大转换部分的前置放大器放大后，与调零信号求取代数和，送入电压-电流转换器转换为电流信号，作为变送器输出。

此类差压变送器具有低功耗、机械稳定性好等特点，与硅集成电路工艺有较好的兼容性。

4. 智能式差压变送器

智能式差压变送器种类较多，结构各有差异，但总体结构上有相似性，常用型号如 Honeywell ST3000、Rosemount 3051C 等。下面以 Honeywell ST3000 差压变送器为例进行介绍。

ST3000 差压变送器的检测元件采用复合型扩散硅压阻传感器，在单个芯片上集成了差压测量、温度测量、静压测量三种感测元件，其工作原理如下。

被测差压作用于正、负压侧隔离膜片，通过填充液传递到复合传感器，使传感器的扩散电阻阻值产生相应变化，导致单臂电桥的输出电压发生变化，该电压变化与复合传感器检测出的环境温度和静压参数经 A-D 转换器送入微处理器。微处理器从 EEPROM 中取出预先存入的各种补偿数据（如差压、温度、静压特性参数和输入输出特性等），对这三种数字信号进行运算处理，得到与被测差压相对应的 4~20 mA 直流电流信号和数字信号，作为变送器的输出。

ST3000 差压变送器采用复合传感器和综合误差自动补偿技术，有效克服了扩散硅压阻传感器对温度和静压变化敏感以及存在非线性的缺点，提高了变送器的测量精度。

4.2.3　温度变送器

温度变送器与测温元件配合使用来测量温度或温差信号，分为模拟式温度变送器和智能式温度变送器两大类。在结构上又分为测温元件和变送器连成整体的一体化结构，和测温元件另配的分体式结构。

温度变送器的输入信号为来自热电偶的直流毫伏电压信号或热电阻的电阻信号。目前，国内外主流变送器为DDZ-Ⅲ型温度变送器，输出为DC 4~20 mA电流信号。智能式温度变送器的输出为数字信号，对于采用HART协议通信方式的智能式变送器，输出为FSK信号。以横河YTA110型温度变送器为例，其外形如图4-8所示。

1. 典型模拟式温度变送器

典型模拟式温度变送器由输入部分、放大器和反馈部分组成。测温元件一般不包括在变送器内，而是通过接线端子与变送器相连，其工作原理如下。

检测元件把被测温度转换为变送器的输入信号，经输入回路变换成直流毫伏电压信号，与调零信号的代数和同反馈电路产生的反馈信号比较，差值送入放大器放大，得到变送器的输出信号。

图4-8 横河YTA110型温度变送器

模拟式温度变送器具有快速响应的优点，常用型号如施耐德RMTJ40BD。

2. 一体化温度变送器

一体化温度变送器由测温元件和变送器模块两部分组成，由变送器模块把测温元件的输出信号转换成统一标准信号，它将变送器模块安装在测温元件接线盒或专用接线盒内，可以直接安装在被测温度的工艺设备上，具有体积小、重量轻、现场安装方便以及输出抗干扰能力强、便于远距离输出等优点。其测温元件分为热电偶、热电阻两种类型，常用型号如上仪三厂SBWZ-4470。

3. 智能式温度变送器

智能式温度变送器采用HART协议通信方式或现场总线通信方式，具有通用性强、使用灵活方便等特点，可实现对不同分度号热电偶、热电阻的非线性补偿，热电阻的引线补偿，热电偶冷端补偿，零点、量程自校正，以及参数超限报警、输入输出回路断线报警等功能，其种类较多，常用型号如横河YTA320。

4.3 执行器

4.3.1 概述

执行器是自动控制系统中不可缺少的重要组成部分，它接收来自控制器的控制信号，通过执行机构将其转换成推力或位移，推动调节机构动作，以改变调节机构阀芯与阀座之间的流通面积，从而调节被控介质的流量。

1. 执行器及其分类

(1) 执行器的定义

控制系统中的执行器（Actuator）通常又称为驱动器、激励器、调节器等，它是驱动、传动、拖动、操纵等装置、机构或元器件的总称。

如把控制系统看作是一个信息系统，则传感器完成信息获取任务，计算机担当信息处理功能，执行器完成的是信息施效。执行器将控制信号转换为相应的物理量，如产生动力、改变阀门或其他机械装置位移、改变能量或物料输送量。执行器也是影响控制系统质量的重要部件。

(2) 执行器的分类

执行器按组成要素可分为结构型执行器和物性型执行器。

结构型执行器也称构造型执行器，这类执行器是通过物体的结构要素实现对目的物的驱动和操作，并可进一步按其采用的动力源分为液动执行器、气动执行器和电动执行器。

1）液动执行器的动力源由液压马达提供，其特点是推力大、防爆性能好，但体积和重量大。

2）气动执行器的动力源由压缩空气提供，其特点是结构简单、体积小、安全防爆，但控制精度低、噪声大。

3）电动执行器的动力源由电动机或电磁机构提供，其特点是控制灵活、精度高，但有电磁干扰。

物性型执行器主要是利用物体的物性效应（包括物理效应、化学效应、生物效应等）实现对目的物的驱动与操作。例如，利用逆压电效应的压电执行器，利用静电效应的静电执行器，利用电致与磁致伸缩效应的电与磁执行器，利用光化学效应的光化学执行器，利用金属的形状记忆效应的仿生执行器等。

执行器常见的执行机构有阀、泵、角度调节机构、位置调节机构和加热装置的功率调节机构，利用执行器可实现对执行机构的开关控制、速度控制、角度和位置控制、力矩和扭矩控制、功率控制等。

2. 伺服电机和步进电机

控制电机是一类用于信号检测、变换和传递的小型功率电机，既可作信号元件也可作执行元件，前者如测速发电机，后者如伺服电机和步进电机。在控制系统中，控制电机也是电动执行器的重要组成部分。

生产电动执行器的国外知名厂家有美国 Honeywell 公司、美国 Emerson 公司、德国 EMG 公司等，国内厂家有上仪十一厂、川仪执行器分公司等。以 Honeywell 公司 HercuLine 2000 系列执行器为例，其外形如图4-9所示。

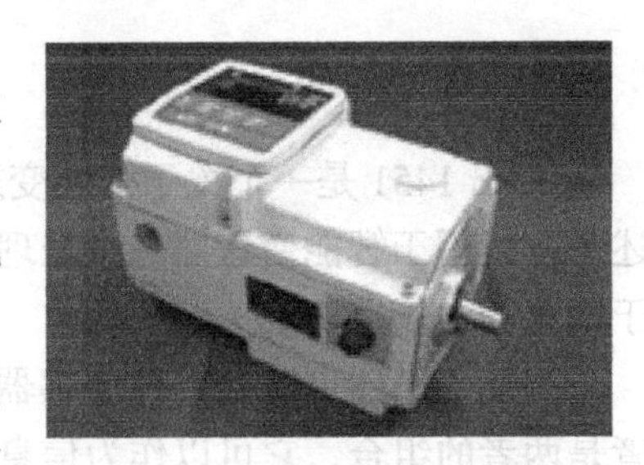

图4-9　HercuLine 2000 系列执行器

执行器由执行机构和调节机构组成，执行机构是其推动部分，调节机构是其调节部分。按其使用能源类型可分为气动执行器、电动执行器和液动执行器三类。

4.3.2　执行机构

1. 电动执行机构

电动执行机构接收来自控制器的 DC 0~10 mA 或 DC 4~20 mA 电流信号，并将其转换为相应的角位移（输出力矩）或直线位移（输出力），去操纵阀门、挡板等调节机构。

电动执行机构由伺服放大器、伺服电机、位置发送器和减速器四部分组成。伺服放大器将输入信号与位置反馈信号比较所得差值进行功率放大后，驱动伺服电机转动，再经减速器减速，带动输出轴产生位移，该位移通过位置发送器转换成相应的位置反馈信号。当输入信号与位置反馈信号差值为零时，系统达到稳定状态，此时输出轴稳定在与输入信号对应的位置上。

2. 气动执行机构

气动执行机构根据控制器或阀门定位器输出的 0.02~0.1 MPa 标准气压信号，产生相应的输出力和推杆直线位移，推动调节机构的阀芯动作。

气动执行机构具有正作用和反作用两种形式。当输入气压信号增加时，推杆向下运动称为正作用；反之，当输入信号增加时，推杆向上运动称为反作用。

气动执行机构主要有薄膜式和活塞式两类。其中，气动薄膜式执行机构因结构简单、价格低廉、运行可靠、维护方便而得到广泛应用；气动活塞式执行机构输出推力大、行程长，但价格较高。下面以正作用薄膜式执行机构为例说明其工作原理。

气动薄膜式执行机构由膜片、阀杆和平衡弹簧等组成。当标准气压信号进入薄膜气室时，在膜片上产生一个向下的推力，使阀杆下移。当弹簧的反作用力与薄膜上产生的推力平衡时，系统达到稳定状态，此时阀杆稳定在与输入气压信号相对应的位置上。

4.3.3 调节机构

调节机构也称为调节阀、控制阀，通常由上阀盖、下阀盖、阀体、阀座、阀芯、阀杆等零部件组成。它是一个局部阻力可变的节流元件。在执行机构输出力（力矩）作用下，阀芯在阀体内移动，改变了阀芯与阀座之间的流通面积，即改变了调节机构的阻力系数，从而对被控介质的流量进行调节。

4.4 IEEE 1451 智能变送器标准

4.4.1 IEEE 1451 简介

IEEE 1451 是一个关于智能变送器（Smart Transducer）的接口标准系列，这一标准系列描述了一组用于智能变送器与微处理器、仪表系统和控制网络相连接的、开放的、通用的、独立于网络的通信接口。

智能变送器可以是一种传感器或检测器（Sensor），也可以是一种执行器（Actuator），或者是两者的组合，它可以作为信息系统与外界联系的一个信息节点。但 IEEE 1451 标准定义的智能变送器习惯上也被称为"智能传感器"，因为它与传统意义上的传感器或早期的智能传感器已有所不同。

IEEE 1451 的目标是定义一组变送器与系统或网络之间有线/无线的公共接口，通过这些接口可以容易地访问变送器中的数据。使智能变送器与网络或其他设备的连接更为容易，使得智能变送器设计制造更为容易，这些变送器能够融合现有的和未来的网络技术。

IEEE 1451 标准由多个工作组来制订不同领域的接口标准。

4.4.2 IEEE 1451 标准综述

IEEE 1451 标准体系由八个子标准组成见表 4-2，包括如下内容。

1）建立智能变送器实现网络化的软件模型，包括构件与通信模型。

2）定义网络化智能变送器的硬件模型，其中包括网络适配器（NCAP）、智能变送器（STIM）及两者间的硬件接口模型。

3）定义网络适配器用来封装不同网络通信协议的接口，支持多种网络传输模式及总线标准。

4）定义智能变送器电子数据表格（TEDS）及其数据格式。

表 4-2 IEEE 1451 标准体系

协　议	名称与描述
IEEE 1451.0	智能变送器接口标准
IEEE 1451.1	网络适配器信息模型

（续）

协　议	名称与描述
IEEE 1451. 2	变送器微处理器通信协议与 TEDS 格式
IEEE 1451. 3	分布式多点系统数字通信与 TEDS 格式
IEEE 1451. 4	混合模式通信协议与 TEDS 格式
IEEE 1451. 5	无线通信协议与 TEDS 格式
IEEE 1451. 6	CAN 开放式协议变送器网络接口
IEEE 1451. 7	RFID 通信协议与 TEDS 格式

IEEE 1451 标准根据所针对的协议内容不同可以划分为软件和硬件的接口两部分。软件接口部分定义了一系列使智能变送器能够无差别接入不同网络的软件接口标准规范。同时还定义了 IEEE 1451 各子标准之间通用交互的命令集及电子数据表格式，大大加强了 IEEE 1451 系列标准簇之间的互操作性。软件接口部分主要由 IEEE 1451. 1 标准和 IEEE 1451. 0 标准规定。硬件接口部分是由标准簇中其余的子标准所规定，如 IEEE 1451. 2 标准定义了一种 10 线制的硬件通信接口，IEEE 1451. 4 定义了数字信号和模拟信号可以同时传输的混合接口。

4. 4. 3　IEEE 1451 标准结构

IEEE 1451 是一个关于智能变送器接口规范的标准簇，它定义了一系列为使智能变送器可以无差别地连接到测控系统和现场控制网络的开放、通用、独立于网络的协议标准。IEEE 1451 标准簇所有接口结构如图 4-10 所示。

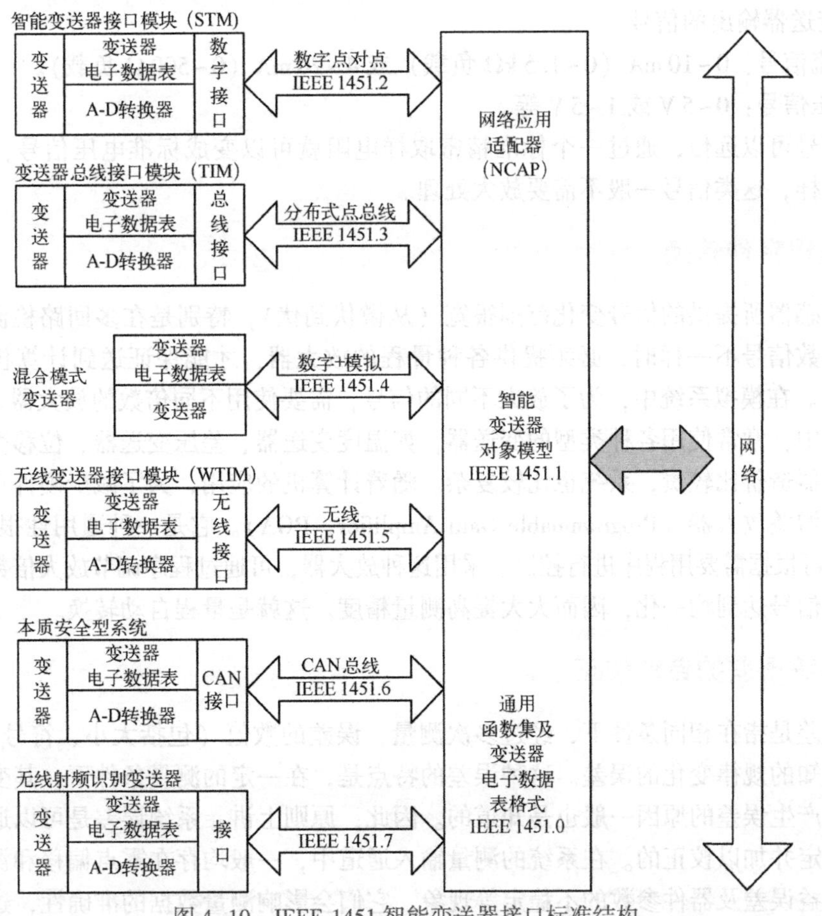

图 4-10　IEEE 1451 智能变送器接口标准结构

4.5 量程自动转换与系统误差的自动校正

4.5.1 模拟量输入信号类型

在接到一个具体的测控任务后，需根据被测控对象选择合适的传感器，从而完成非电学量到电学量的转换，经传感器转换后的量，如电流、电压等，往往信号幅度很小，很难直接进行模/数转换，因此，需对这些模拟电信号进行幅度处理和完成阻抗匹配、波形变换、噪声的抑制等要求，而这些工作需要放大器完成。

模拟量输入信号主要有以下两类。

(1) 传感器输出的信号

1）电压信号：一般为mV信号，如热电偶（TC）的输出或电桥输出。

2）电阻信号：单位为Ω，如热电阻（RTD）信号，通过电桥转换成mV信号。

3）电流信号：一般为μA信号，如电流型集成温度传感器AD590的输出信号，通过取样电阻转换成mV信号。

以上这些信号往往不能直接进行A-D转换，因为信号的幅值太小，需经运算放大器放大后，变换成标准电压信号，如0~5 V，1~5 V，0~10 V，-5 V~+5 V等，送往A-D转换器进行采样。有些双积分A-D转换器的输入为-200 mV~+200 mV或-2 V~+2 V，有些A-D转换器内部带有程控增益放大器（PGA），可直接接收mV信号。

(2) 变送器输出的信号

1）电流信号：0~10 mA（0~1.5 kΩ负载）或4~20 mA（0~500 Ω负载）。

2）电压信号：0~5 V或1~5 V等。

电流信号可以远传，通过一个标准精密取样电阻就可以变成标准电压信号，送往A-D转换器进行采样，这类信号一般不需要放大处理。

4.5.2 量程自动转换

由于传感器所提供的信号变化范围很宽（从微伏到伏），特别是在多回路检测系统中，当各回路的参数信号不一样时，必须提供各种量程的放大器，才能保证送到计算机的信号一致（如0~5 V）。在模拟系统中，为了放大不同的信号，需要使用不同倍数的放大器。而在电动单位组合仪表中，常常使用各种类型的变送器，如温度变送器、差压变送器、位移变送器等。但是这种变送器造价比较贵，系统也比较复杂。随着计算机的应用，为了减少硬件设备，已经研制出可编程增益放大器（Programmable Gain Amplifier，PGA）。它是一种通用性很强的放大器，其放大倍数可根据需要用程序进行控制。采用这种放大器，可通过程序调节放大倍数，使A-D转换器满量程信号达到均一化，因而大大提高测量精度。这就是量程自动转换。

4.5.3 系统误差的自动校正

系统误差是指在相同条件下，经过多次测量，误差的数值（包括大小、符号）保持恒定，或按某种已知的规律变化的误差。这种误差的特点是，在一定的测量条件下，其变化规律是可以掌握的，产生误差的原因一般也是知道的。因此，原则上讲，系统误差是可以通过适当的技术途径来确定并加以校正的。在系统的测量输入通道中，一般均存在零点偏移和漂移，产生放大电路的增益误差及器件参数的不稳定等现象，它们会影响测量数据的准确性，这些误差都属于系统误差。有时必须对这些系统误差进行校准。下面介绍一种实用的自动校正方法。

这种方法的最大特点是由系统自动完成，不需要人的介入，全自动校准电路如图 4-11 所示。该电路的输入部分加有一个多路开关。系统在刚通电时或每隔一定时间自动进行一次校准。这时，先把开关接地，测出这时的输入值 x_0；然后把开关接标准电压 V_R，测出输入值 x_1，设测量信号 x 与 y 的关系是线性关系，即 $y=a_1x+a_0$，由此得到如下两个误差方程。

$$\begin{cases} V_R = a_1x_1 + a_0 \\ 0 = a_1x_0 + a_0 \end{cases}$$

解此方程组，得：

$$\begin{cases} a_1 = V_R/(x_1 - x_0) \\ a_0 = V_Rx_0/(x_1 - x_0) \end{cases}$$

从而得到校正公式：

$$y = V_R(x - x_0)/(x_1 - x_0)$$

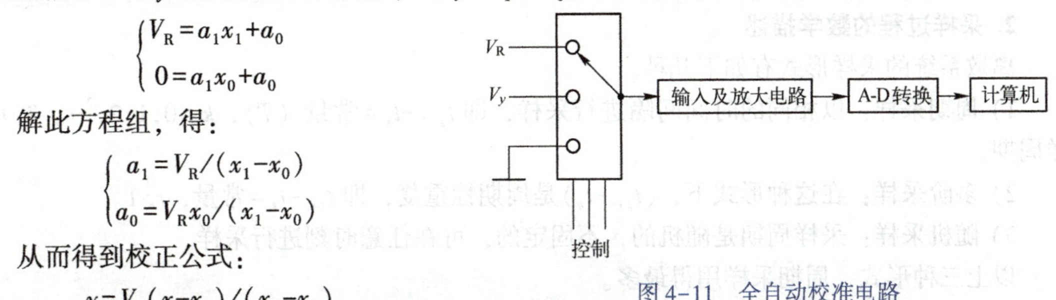

图 4-11　全自动校准电路

采用这种方法测得的 y 与放大器的漂移和增益变化无关，与 V_R 的精度也无关。这样可大大提高测量精度，降低对电路器件的要求。

4.6 采样和模拟开关

4.6.1 信号和采样定理

1. 信号类型

计算机控制系统中信号的具体变换与传输过程如图 4-12 所示。

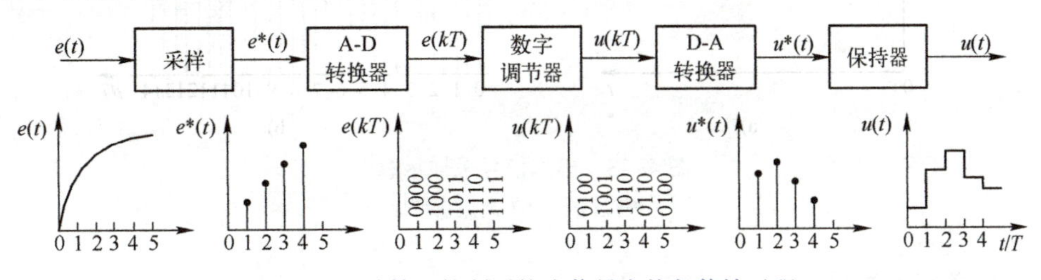

图 4-12　计算机控制系统中信号变换与传输过程

模拟信号——时间上、幅值上都连续的信号，如图中的 $e(t)$、$u(t)$。

离散模拟信号——时间上离散，幅值上连续的信号，如图中的 $e^*(t)$、$u^*(t)$。

数字信号——时间上离散，幅值也离散的信号，计算机中常用二进制表示，如图中的 $e(kT)$、$u(kT)$。

采样——将模拟信号抽样成离散模拟信号的过程。

量化——采用一组数码（如二进制数码）来逼近离散模拟信号的幅值，将其转换成数字信号。

从图 4-12 可以清楚地看出计算机获取信号的过程是由 A-D 转换器来完成。从模拟信号 $e(t)$ 到离散模拟信号 $e^*(t)$ 的过程就是采样，其中 T 是采样周期。显然合理地选择采样周期是必要的，T 过大会损失信息，T 过小会使计算机的负担过重，即存储的运算数据过多。A-D 转换的过程就是一个量化的过程。

D-A 转换的过程则是将数字信号解码为模拟离散信号并转换为相应时间的模拟信号的过程。

计算机引入控制系统之后，由于其运算速度快、精度高、存储容量大，以及它强大的运算功能和可编程性，一台计算机可以采用不同的复杂控制算法同时控制多个被控对象或控制量，可以实现许多连续控制系统难以实现的复杂控制规律。由于控制规律是用软件实现的，修改一个控制规律，无论复杂还是简单，只需修改软件即可，一般不需变动硬件进行在线修改，使系统具有很大的灵活性和适应性。

2. 采样过程的数学描述

离散系统的采样形式有如下几种。

1）周期采样：以相同的时间间隔进行采样，即 $t_{k+1}-t_k=$常量（T），$k=0,1,2,\cdots$。T为采样周期。

2）多阶采样：在这种形式下，$(t_{k+r}-t_k)$是周期性重复，即 $t_{k+r}-t_k=$常量，$r>1$。

3）随机采样：采样周期是随机的，不固定的，可在任意时刻进行采样。

以上三种形式，周期采样用得最多。

所谓采样，是指按一定的时间间隔 T 对时间连续的模拟信号 $x(t)$ 取值，得到 $x^*(t)$ 或 $x(nT)$，$n=\cdots,-1,0,+1,2,\cdots$的过程。我们称 T 为采样周期；称 $x^*(t)$ 或 $x(nT)$ 为离散模拟信号或时间序列。$n=\cdots,-1,0,+1,\cdots$。请注意，离散模拟信号是时间离散、幅值连续的信号。因此，对 $x(t)$ 采样得 $x^*(t)$ 的过程也称为模拟信号的离散化过程。模拟信号采样或离散化的示意图如图 4-13 所示。

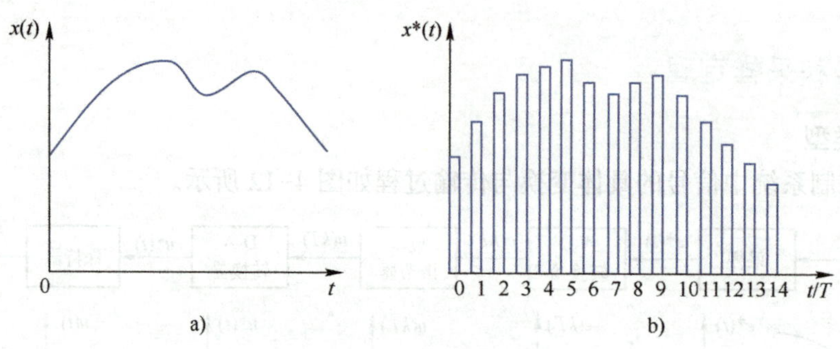

图 4-13 模拟信号采样示意图

a）模拟信号 b）离散模拟信号

4.6.2 采样/保持器

模拟信号经过采样变成了时间上离散的采样信号（频域中表现为无穷多个周期频谱），经过低通滤波和 A-D 转换器变成了数字上也离散的数字信号。相反地，数字信号经过 D-A 转换器变成了数值上连续信号，再经过低通的保持作用，仅保留基频滤去高频变成了时间上也连续的模拟信号，从而完成了信号恢复过程。

由于 D-A 转换器的输出信号只是幅值上连续而时间上离散的离散模拟信号，所以时间上还需要做连续化处理的保持作用。保持器就是把离散模拟信号通过时域中的保持效应变成时间上连续的模拟信号。

4.6.3 模拟开关

在用计算机进行测量和控制时，经常需要有多路和多参数的采集和控制，如果每一路都单独采用各自的输入回路，即每一路都采用放大、采样/保持、A-D 等环节，不仅成本比单路成倍增加，而且会导致系统体积庞大，且由于模拟器件、阻容元件参数特性不一致，给系统的校准带来很大困难；并且对于多路巡检如 128 路信号采集情况，每路单独采用一个回路几乎是不可能的。因此，除特殊情况下采用多路独立的放大、A-D 和 D-A 外，通常采用公共的采样/保持及 A-D 转换电路，而要实现这种设计，往往采用多路模拟开关。

1. CD4051

CD4051 为单端 8 通道低价格模拟开关，引脚如图 4-14 所示。

其中 INH 为禁止端，当 INH 为高电平时，8 个通道全部禁止；当 INH 为低电平时，由 A、B、C 决定选通的通道，COM 为公共端。

V_{DD}为正电源，V_{EE}为负电源，V_{SS}为地，要求 $V_{DD}+|V_{EE}|\leq 18$ V。例如，采用 CD4051 模拟开关切换 0~5V 电压信号时，电源可选取：$V_{DD}=+12V$，$V_{EE}=-5V$，$V_{SS}=0V$。

CD4051 可以完成 1 变 8 或 8 变 1 的工作。

2. MAX354

MAX354 是 MAXIM 公司生产的 8 选 1 多路模拟开关，引脚如图 4-15 所示。

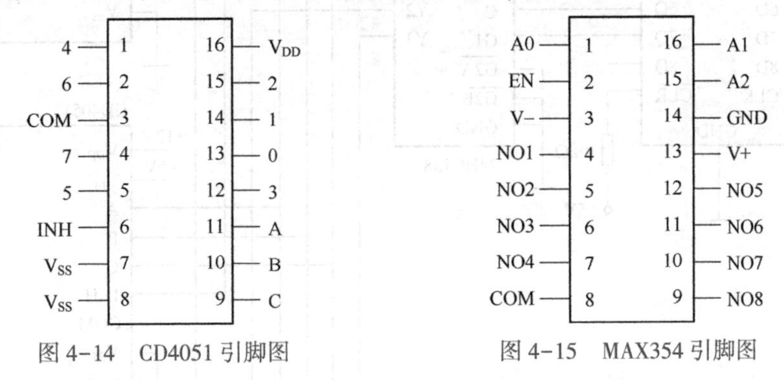

图 4-14　CD4051 引脚图　　　图 4-15　MAX354 引脚图

MAX354 的最大接通电阻为 350 Ω，具有超压关断功能，低输入漏电流，最大为 0.5 nA，无上电顺序，输入和 TTL、CMOS 电平兼容。

另外美国 ADI 公司的 ADG508F 与 MAX354 引脚完全兼容。

3. CD4052

CD4052 为低成本差动 4 通道模拟开关，引脚如图 4-16 所示。

其中 X、Y 分别为 X 组和 Y 组的公共端。

4. MAX355

MAX355 是 MAXIM 公司生产的差动 4 通道模拟开关，引脚如图 4-17 所示。

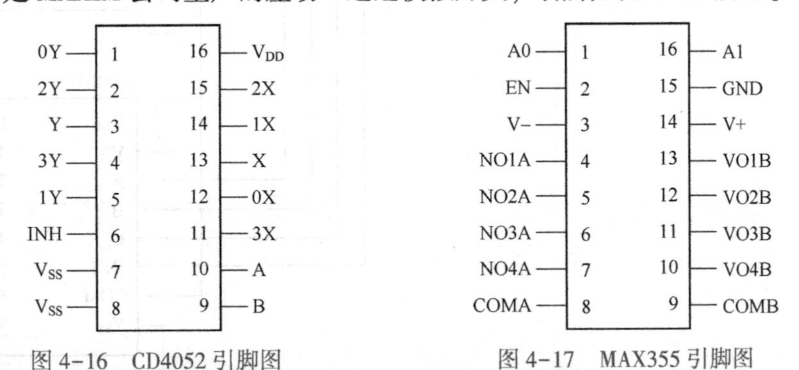

图 4-16　CD4052 引脚图　　　图 4-17　MAX355 引脚图

其中 COMA、COMB 分别为 A 组和 B 组的公共端。

MAX355 除为差动 4 通道外，其他性能参数与 MAX354 相同。

另外，美国 ADI 公司的 ADG509F 与 MAX355 引脚完全兼容。

4.6.4 32通道模拟量输入电路设计实例

在计算机控制系统中，往往有多个测量点，需要设计多路模拟量输入通道，下面以32通道模拟量输入电路为例介绍其设计方法。

1. 硬件电路

32通道模拟量输入电路如图4-18所示。

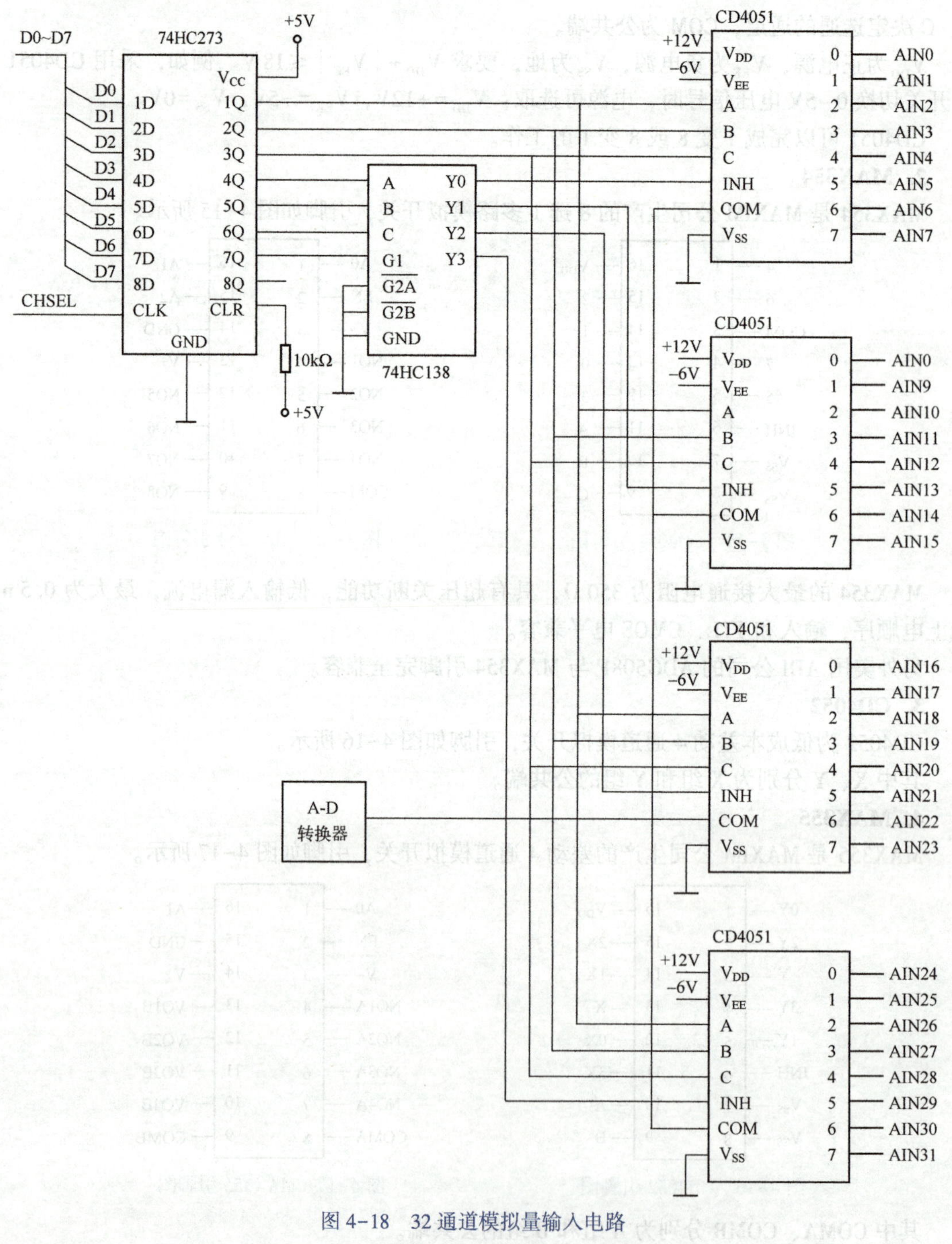

图4-18 32通道模拟量输入电路

在图4-18中，采用74HC273八D锁存器，74HC138译码器，CD4051模拟开关扩展了32路模拟量输入通道AIN0~AIN31。

2. 通道控制字

32 路模拟量输入的通道控制字如图 4-19 所示。

D7	D6	D5	D4	D3	D2	D1	D0	选中通道	控制字
未用为0	1	0	0	0	0	0	0	AIN0	40H
	1	0	0	0	0	0	1	AIN1	41H
	1	0	0	0	0	1	0	AIN2	42H
	1	0	0	0	0	1	1	AIN3	43H
	1	0	0	0	1	0	0	AIN4	44H
	1	0	0	0	1	0	1	AIN5	45H
	1	0	0	0	1	1	0	AIN6	46H
	1	0	0	0	1	1	1	AIN7	47H
	1	0	0	1	0	0	0	AIN8	48H
	1	0	0	1	0	0	1	AIN9	49H
	1	0	0	1	0	1	0	AIN10	4AH
	1	0	0	1	0	1	1	AIN11	4BH
	1	0	0	1	1	0	0	AIN12	4CH
	1	0	0	1	1	0	1	AIN13	4DH
	1	0	0	1	1	1	0	AIN14	4EH
	1	0	0	1	1	1	1	AIN15	4FH
	1	0	1	0	0	0	0	AIN16	50H
	1	0	1	0	0	0	1	AIN17	51H
	1	0	1	0	0	1	0	AIN18	52H
	1	0	1	0	0	1	1	AIN19	53H
	1	0	1	0	1	0	0	AIN20	54H
	1	0	1	0	1	0	1	AIN21	55H
	1	0	1	0	1	1	0	AIN22	56H
	1	0	1	0	1	1	1	AIN23	57H
	1	0	1	1	0	0	0	AIN24	58H
	1	0	1	1	0	0	1	AIN25	59H
	1	0	1	1	0	1	0	AIN26	5AH
	1	0	1	1	0	1	1	AIN27	5BH
	1	0	1	1	1	0	0	AIN28	5CH
	1	0	1	1	1	0	1	AIN29	5DH
	1	0	1	1	1	1	0	AIN30	5EH
	1	0	1	1	1	1	1	AIN31	5FH
	G1	C	B	A	C	B	A	—	—
	74HC138				CD4051			—	—

图 4-19　通道控制字

4.7 模拟量输入通道

模拟量输入通道根据应用要求的不同，可以有不同的结构形式。模拟量输入通道的组成如图 4-20 所示。

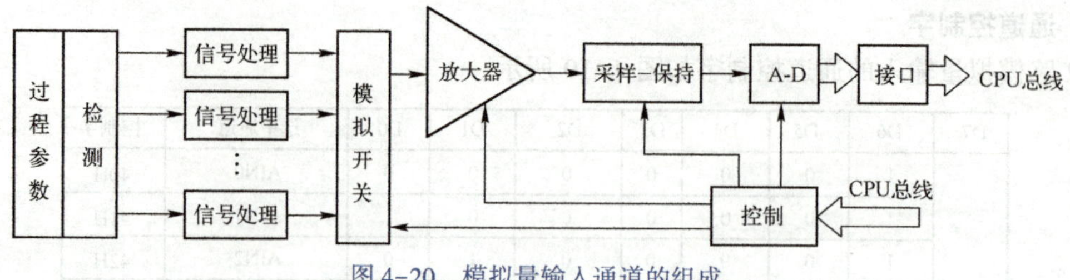

图 4-20 模拟量输入通道的组成

从图 4-20 可看出，模拟量输入通道一般由信号处理、模拟开关、放大器、采样-保持器和 A-D 转换器组成。

根据需要，信号处理可选择的内容包括小信号放大、信号滤波、信号衰减、阻抗匹配、电平变换、非线性补偿、电流/电压转换等。

4.8 22 位 Σ-Δ 型 A-D 转换器 ADS1213

ADS1213 为具有 22 位高精度的 Σ-Δ 型 A-D 转换器，它包括一个增益可编程的放大器（PGA）、一个二阶的 Σ-Δ 调制器、一个程控的数字滤波器以及一个片内微控制器等。通过微控制器，可对内部增益、转换通道、基准电源等进行设置。

ADS1213 具有 4 个差分输入通道，适合直接与传感器或小电压信号相连，可应用于智能仪表、血液分析仪、智能变送器，压力传感器等。

它包括一个灵活的异步串行接口，该接口与 SPI 接口兼容，可灵活配置成多种接口模式。ADS1213 提供多种校准模式，并允许用户读取片内校准寄存器。

4.8.1 ADS1213 的引脚介绍

ADS1213 具有 24 引脚 DIP、SOIC 封装及 28 引脚 SSOP 多种封装，引脚如图 4-21 所示。

ADS1213（DIP和SOIC）

引脚名	引脚号	引脚号	引脚名
$A_{IN}3N$	8	24	$A_{IN}3P$
$A_{IN}2P$	9	23	$A_{IN}4N$
$A_{IN}2N$	10	22	$A_{IN}4P$
$A_{IN}1P$	11	21	REF_{IN}
$A_{IN}1N$	12	20	REF_{OUT}
AGND	13	19	AV_{DD}
V_{BIAS}	14	18	MODE
$\overline{CS}$	15	17	$\overline{DRDY}$
$\overline{DSYNC}$	16	16	SDOUT
X_{IN}	17	15	SDIO
X_{OUT}	18	14	SCLK
DGND	12	13	DV_{DD}

ADS1213（SSOP）

引脚名	引脚号	引脚号	引脚名
$A_{IN}3N$	1	28	$A_{IN}3P$
$A_{IN}2P$	2	27	$A_{IN}4N$
$A_{IN}2N$	3	26	$A_{IN}4P$
$A_{IN}1P$	4	25	REF_{IN}
$A_{IN}1N$	5	24	REF_{OUT}
AGND	6	23	AV_{DD}
V_{BIAS}	7	22	MODE
NIC	8	21	NIC
NIC	9	20	NIC
$\overline{CS}$	10	19	$\overline{DRDY}$
$\overline{DSYNC}$	11	18	SDOUT
X_{IN}	12	17	SDIO
X_{OUT}	13	16	SCLK
DGND	14	15	DV_{DD}

图 4-21 ADS1213 引脚图

ADS1213 引脚介绍如下：

$A_{IN}3N$：通道 3 的反相输入端。可编程增益模拟输入端。与 $A_{IN}3P$ 一起使用，用作差分模拟输入对的负输入端。

$A_{IN}2P$：通道 2 的同相输入端。可编程增益模拟输入端。与 $A_{IN}2N$ 一起使用，用作差分模拟输入对的正输入端。

$A_{IN}2N$：通道 2 的反相输入端。可编程增益模拟输入端。与 $A_{IN}2P$ 一起使用，用作差分模拟输入对的负输入端。

$A_{IN}1P$：通道 1 的同相输入端。可编程增益模拟输入端。与 $A_{IN}1N$ 一起使用，用作差分模拟输入对的正输入端。

$A_{IN}1N$：通道 1 的反相输入端。可编程增益模拟输入端。与 $A_{IN}1P$ 一起使用，用作差分模拟输入对的负输入端。

AGND：模拟电路的地基准点。

V_{BIAS}：偏置电压输出端。此引脚输出偏置电压，大约为 1.33 倍的参考输入电压，一般情况下为 3.3 V，用以扩展模拟量的输入范围，由命令寄存器（CMR）的 BIAS 位控制引脚是否输出。

$\overline{CS}$：片选信号。用于选择 ADS1213 的低电平有效逻辑输入端。

$\overline{DSYNC}$：串行输出数据的同步控制端。当$\overline{DSYNC}$为低电平时，芯片不进行操作；当$\overline{DSYNC}$为高电平时，调制器复位。

X_{IN}：系统时钟输入端。

X_{OUT}：系统时钟输出端。

DGND：数字电路的地基准。

DV_{DD}：数字供电电压。

SCLK：串行数据传输的控制时钟。外部串行时钟加至此输入端以存取来自 ADS1213 的串行数据。

SDIO：串行数据输入/输出端。SDIO 不仅可作为串行数据输入端，还可作为串行数据的输出端，引脚功能由命令寄存器（CMR）的 SDL 位进行设置。

SDOUT：串行数据输出端。当 SDIO 作为串行数据输出引脚时，SDOUT 处于高阻状态；当 SDIO 只作为串行数据输入引脚时，SDOUT 用于串行数据输出。

$\overline{DRDY}$：数据状态线。当此引脚为低电平时，表示 ADS1213 数据寄存器（DOR）内有新的数据可供读取，全部数据读取完成时，$\overline{DRDY}$引脚将返回高电平。

MODE：SCLK 控制输入端。该引脚置为高电平时，芯片处于主站模式，在这种模式下，SCLK 引脚配置为输出端；该引脚置为低电平时，芯片处于从站模式，允许主控制器设置串行时钟频率和串行数据传输速度。

AV_{DD}：模拟供电电压。

REF_{OUT}：基准电压输出端。

REF_{IN}：基准电压输入端。

$A_{IN}4P$：通道 4 的同相输入端。可编程增益模拟输入端。与 $A_{IN}4N$ 一起使用，用作差分模拟输入对的正输入端。

$A_{IN}4N$：通道 4 的反相输入端。可编程增益模拟输入端。与 $A_{IN}4P$ 一起使用，用作差分模拟输入对的负输入端。

$A_{IN}3P$：通道 3 的同相输入端。可编程增益模拟输入端。与 $A_{IN}3N$ 一起使用，用作差分模拟输入对的正输入端。

4.8.2 ADS1213 的片内寄存器

芯片内部的一切操作大多是由片内的微控制器控制的，该控制器主要包括一个算术逻辑单元（ALU）及一个寄存器的缓冲区。在上电后，芯片首先进行自校准，而后以340Hz的速率输出数据。

在寄存器缓冲区内，一共有5个片内寄存器，见表4-3。

表4-3 ADS1213 的片内寄存器

英文简称	名　称	大　小
INSR	指令寄存器	8位
DOR	数据输出寄存器	24位
CMR	命令寄存器	32位
OCR	零点校准寄存器	24位
FCR	满刻度校准寄存器	24位

4.8.3 ADS1213 的应用特性

1. 模拟输入范围

ADS1213 包含4组差分输入引脚，由命令寄存器的 CH0～CH1 位进行模拟输入端的配置，一般情况下，输入电压范围为0～+5 V。

2. 输入采样频率

ADS1213 的外部晶振频率可在0.5～2 MHz之间选取，它的调制器工作频率、转换速率、数据输出频率都会随之变化。

3. 基准电压

ADS1213 有一个2.5 V的内部基准电压，当使用外部基准电压时，可在2～3 V之间选取。

4.8.4 ADS1213 与 STM32F103 的接口

ADS1213 的串行接口包含5个信号：CS、DRDY、SCLK、SDIO 和 SDOUT。该串行接口十分灵活，可配置成两线制，三线制或多线制。

1. 硬件电路设计

ADS1213 具有一个适应能力很强的串行接口，可以用多种方式与微控制器连接。引脚的连接方式可以是两线制的，也可以是三线制的或多线制的，可以根据需要设置。芯片的工作状态可以由硬件查询，还可以通过软件查询。ADS1213 与 STM32F103 的接口电路如图4-22所示。

2. 程序设计

① 写指令寄存器，设置操作模式、操作地址和操作字节数。

② 写命令寄存器，设置偏置电压、基准电压、数据输出格式、串行引脚、通道选择、增益大小等。

③ 轮询$\overline{DRDY}$输出。

④ 从数据寄存器读取数据。循环执行最后两步，直至取得所需的数据。

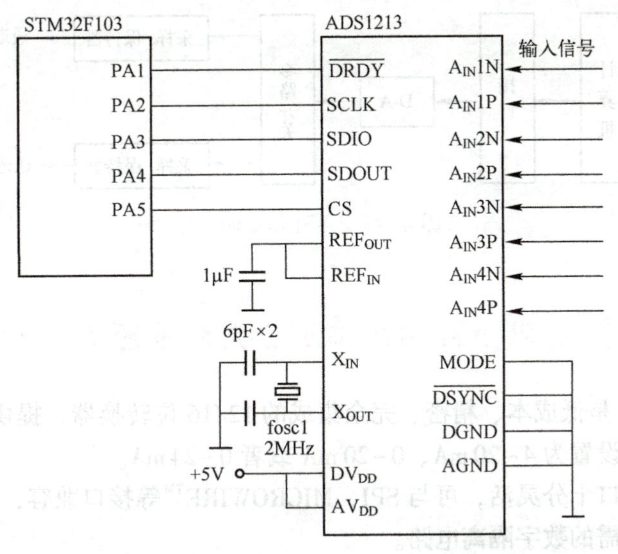

图 4-22 ADS1213 与 STM32F103 的接口电路

4.9 模拟量输出通道

模拟量输出通道是计算机的数据分配系统，它们的任务是把计算机输出的数字量转换成模拟量。这个任务主要是由 D-A 转换器来完成的。对该通道的要求，除了可靠性高、满足一定的精度要求外，输出还必须具有保持的功能，以保证被控制对象可靠地工作。

当模拟量输出通道为单路时，其组成较为简单，但在计算机控制系统中，通常采用多路模拟量输出通道。

多路模拟量输出通道的结构形式，主要取决于输出保持器的构成方式。输出保持器的作用主要是在新的控制信号到来之前，使本次控制信号维持不变。保持器一般有数字保持方案和模拟保持方案两种。这就决定了模拟量输出通道的两种基本结构形式。

1. 一个通道设置一片 D-A 转换器

在这种结构形式下，微处理器和通路之间通过独立的接口缓冲器传送信息，这是一种数字保持的方案。它的优点是转换速度快，工作可靠，即使某一路 D-A 转换器有故障，也不会影响其他通道的工作。缺点是使用了较多的 D-A 转换器。但随着大规模集成电路技术的发展，这个缺点正在逐步得到克服，这种方案较易实现。一个通道设置一片 D-A 转换器的形式，如图 4-23 所示。

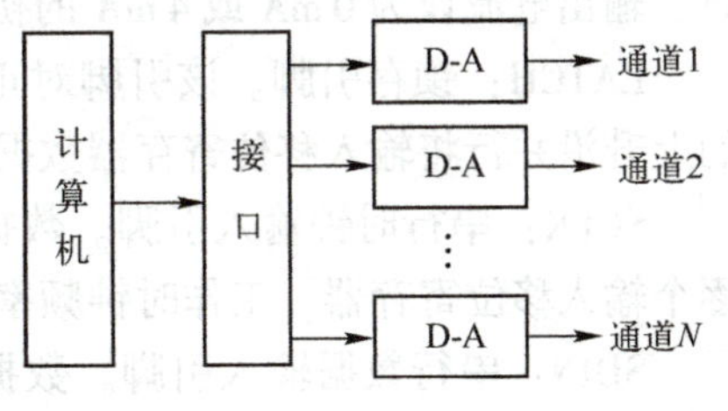

图 4-23 一个通道设置一片 D-A 转换器

2. 多个通道共用一片 D-A 转换器

由于共用一片 D-A 转换器，因此必须在计算机控制下分时工作，即依次把 D-A 转换器转换成的模拟电压（或电流）通过多路模拟开关传送给输出采样-保持器。这种结构形式的优点是节省了 D-A 转换器，但因为分时工作，只适用于通路数量多且速率要求不高的场合。它还要用多路模拟开关，且要求输出采样-保持器的保持时间与采样时间之比较大，这种方案工作可靠性较差。共用 D-A 转换器的形式如图 4-24 所示。

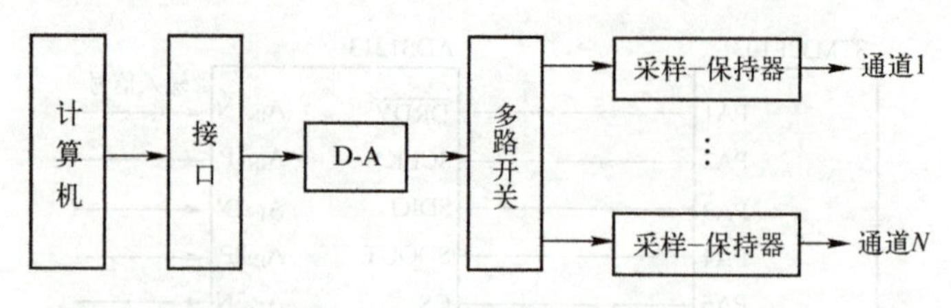

图 4-24 共用 D-A 转换器

4.10 12/16 位 4~20 mA 串行输入 D-A 转换器 AD5410/AD5420

AD5410/AD5420 是低成本、精密、完全集成的 12/16 位转换器，提供可编程电流源输出，输出电流范围可编程设置为 4~20 mA、0~20 mA 或者 0~24 mA。

该器件的串行接口十分灵活，可与 SPI、MICROWIRE™等接口兼容，该串口可在三线制模式下工作，减少了所需的数字隔离电路。

该器件包含一个确保在已知状态下的上电复位功能，以及一个将输出设定为所选电流范围低端的异步清零功能。该器件可方便地应用于过程控制、PLC 和 HART 网络中。

4.10.1 AD5410/AD5420 的引脚介绍

AD5410 和 AD5420 具有 24 引脚 TSSOP 和 40 引脚 LFCSP 两种封装，TSSOP 封装的引脚如图 4-25 所示。

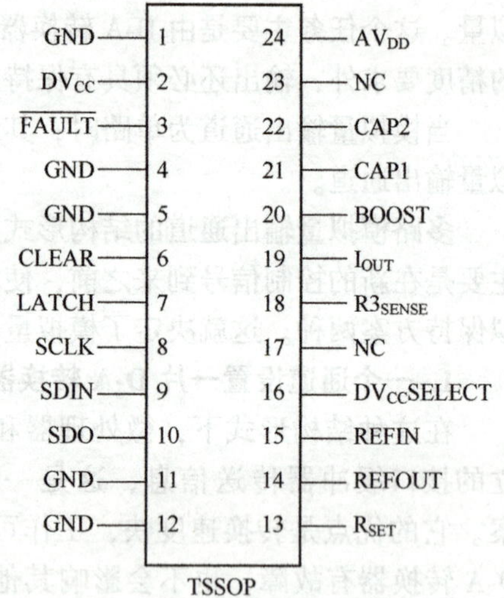

图 4-25 AD5410/AD5420 的 TSSOP 封装引脚图

AD5410/AD5420 引脚介绍如下。

GND：电源基准端。此类引脚必须接地。

DV_{CC}：数字电源引脚。电压范围为 2.7~5.5 V。

$\overline{FAULT}$：故障提醒引脚。当检测到 I_{OUT} 与 GND 之间开路或者检测到过温时，该引脚置为低电平，FAULT引脚为开漏输出。

CLEAR：异步清零引脚。高电平有效，置位该引脚时，输出电流设为 0 mA 或 4 mA 的初始值。

LATCH：锁存引脚。该引脚对正边沿敏感，在信号的上升沿并行将输入移位寄存器数据载入相关寄存器。

SCLK：串行时钟输入引脚。数据在 SCLK 的上升沿逐个输入移位寄存器，工作时钟频率最高可达 30 MHz。

SDIN：串行数据输入引脚。数据在 SCLK 的上升沿逐个输入。

X_{IN}SDO：串行数据输出引脚。数据在 SCLK 的下降沿逐个输出。

R_{SET}：可选外部电阻连接引脚。可以将一个高精度、低温漂的 15 kΩ 的电阻连接到该引脚与 GND 之间，构成器件内部电路的一部分，以改善器件的整体性能。

REFOUT：内部基准电压源输出引脚。当环境温度为 25℃时，引脚输出电压为 5 V，误差为±5 mV，典型温度漂移为 0.0018‰/℃。

REFIN：外部基准电压输入引脚。针对额定性能，外部输入基准电压应为 5 V±50 mV。

DV_{CC} SELECT：数字电源选择引脚。当该引脚接 GND 时，内部电源禁用，必须将外部电源接到 DV_{CC}引脚，不连接该引脚时，内部电源使能。

NC：非连接引脚。

$R3_{SENSE}$：输出电流反馈引脚。在该引脚与BOOST引脚之间测得的电压与输出电流成正比，可以用于监控和反馈输出电流特性，但不能从该引脚引出电流用于其他电路。

I_{OUT}：电流输出引脚。

BOOST：可选外部晶体管连接引脚。增加一个外部增强晶体管，连接外部晶体管可减小片内输出晶体管的电流，降低AD5410/AD5420的功耗。

CAP1：可选输出滤波电容的连接引脚。可在该引脚与AV_{DD}之间放置电容，这些电容会在电流输出电路上形成一个滤波器，可降低带宽和输出电流的压摆率。

CAP2：可选输出滤波电容的连接引脚。此引脚功能与CAP1引脚功能相同。

AV_{DD}：正模拟电源引脚。电压范围从10.8~40 V。

EPAD：裸露焊盘。接地基准连接。建议将裸露焊盘与一个铜片形成散热连接。

4.10.2 AD5410/AD5420的片内寄存器

器件的输入移位寄存器为24位宽度。在串行时钟输入SLCK的控制下，数据作为24位字以MSB优先的方式在SCLK上升沿逐个载入器件。输入移位寄存器由高8位的地址字节和低16位的数据字节组成。在LATCH的上升沿，输入移位寄存器中存在的数据被锁存。不同的地址字节对应的功能见表4-4。

表4-4 地址字节功能

地 址 字 节	功 能
00000000	无操作（NOP）
00000001	数据寄存器
00000010	按读取地址回读
01010101	控制寄存器
01010110	复位寄存器

读寄存器值时，首先写入读操作命令，24个数据的高8位为读命令字节（0x02），最后两位为要读取的寄存器的代码：00为状态寄存器、01为数据寄存器、10为控制寄存器，然后，再写入一个NOP条件（0x00），要读取的寄存器的数据就会在SDO线上输出。

4.10.3 AD5410/AD5420的应用特性

1. 故障报警

AD5410/AD5420配有一个$\overline{FAULT}$引脚，它为开漏输出，并允许多个器件一起连接到一个上拉电阻以进行全局故障检测。当存在开环电路、电源电压不足或器件内核温度超过约150℃时，都会使$\overline{FAULT}$引脚强制有效。该引脚可与状态寄存器的I_{OUT}故障位和过温位一同使用，以告知用户何种故障条件导致$\overline{FAULT}$引脚置位。

2. 内部基准电压源

AD5410/AD5420内置一个集成+5 V基准电压源，温度漂移系数最大值为10 ppm/℃。

3. 数字电源

DV_{CC}引脚默认采用2.7~5.5 V电源供电$f_{samp}=(f_{XIN}\times TurboMode\times GainSetting)/128$。但是，也可以将内部4.5V电源经由$DV_{CC}$ SELECT引脚输出到DV_{CC}引脚，以用作系统中其他器件的数字电源，这样做的好处是数字电源不必跨越隔离栅。使DV_{CC}SELECT引脚处于未连接状态，便可使能内部电源，若要禁用内部电源，DV_{CC} SELECT 应连接到 GND。DV_{CC}可以提供最高 5 mA 的电流。

4. 外部电流设置电阻

AD5410/AD5420 内部的 V/I 转换电路如图 4-26 所示，R_{SET}是一个内部检测电阻，构成电压电流转换电路的一部分，输出电流在温度范围内的稳定性取决于R_{SET}值的稳定性。AD5410/AD5420 的R_{SET}引脚与地之间可以连接一个 15 kΩ 外部精密低漂移电阻，以改善器件的整体性能，通过控制寄存器选择是否启用外部电阻。

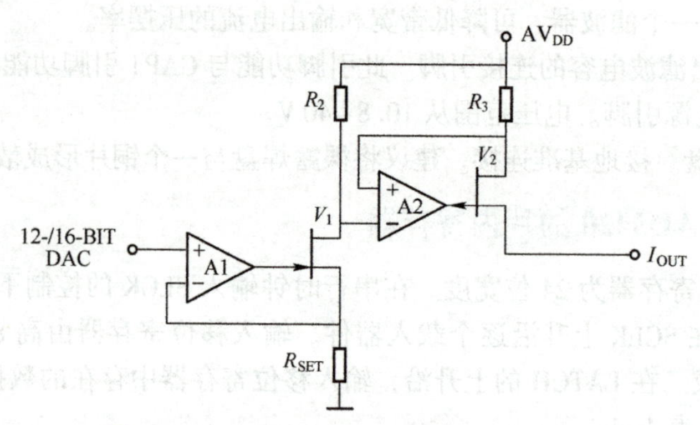

图 4-26 AD5410/AD5420 V/I 内部转换电路

4.10.4 AD5410/AD5420 的数字接口

AD5410/AD5420 通过多功能三线制串行接口进行控制，能够以最高 30 MHz 的时钟频率工作。串行接口既可配合连续 SCLK 工作，也可配合非连续 SCLK 工作。要使用连续 SCLK 源，必须在输入正确数量的数据位之后，将 LATCH 置为高电平。输入数据字 MSB 的 SCLK 第一个上升沿标志着写入周期的开始，LATCH 变为高电平之前，必须将正好 24 个上升时钟沿施加于 SCLK。如果 LATCH 在第 24 个 SCLK 上升沿之前或之后变为高电平，则写入的数据无效。

4.10.5 AD5410/AD5420 与 STM32F103 的接口

1. 硬件电路设计

AD5410/AD5420 具有一个三线制的串行接口，可方便地与 STM32F103 进行数据的传输，连接电路如图 4-27 所示，其中 BOOST、R_{SET}、DV_{CC}SELECT 引脚悬空，不连接。

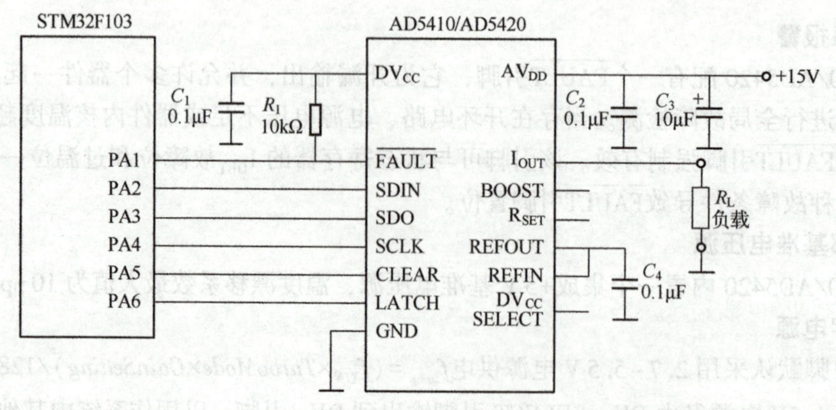

图 4-27 AD5410/AD5420 与 STM32F103 的连接电路图

2. 外部增强功能

外部增强晶体管连接电路如图4-28所示，使用外部增强功能可减少片内输出晶体管中的电流，从而降低AD5410/AD5420的功耗。外部晶体管可以使用击穿电压大于40 V的分立NPN型晶体管。外部增强功能使得AD5410/AD5420能够工作在电源电压、负载电流和温度范围的极值条件下。增强晶体管还可以减小温度所引起的漂移量，使片内基准电压源的温度漂移降至最小。

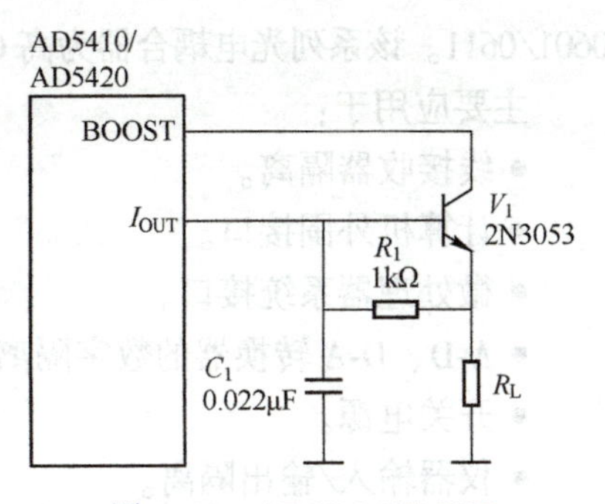

图4-28 AD5410/AD5420外部增强功能电路图

3. 程序设计

程序设计步骤如下。

1) 通过控制寄存器进行软件复位。

2) 写控制寄存器。设置是否启用外部电流设置电阻、是否启用数字压摆率控制、是否启用菊花链模式、电流输出范围，并使能输出。

3) 写数据寄存器。设置要输出的电流大小。

4) 不再需要电流输出时，写控制寄存器，关闭输出功能。

4.11 数字量输入/输出通道

4.11.1 光电耦合器

光电耦合器，又称光隔离器，是计算机控制系统中常用的器件，它能实现输入与输出之间隔离。光电耦合器的输入端为发光二极管，输出端为光电晶体管。当发光二极管中通过一定值的电流时发出一定的光，被光电晶体管接收，使其导通，而当该电流撤去时，发光二极管熄灭，晶体管截止，利用这种特性即可达到开关控制的目的。不同的光隔离器，其特性参数也有所不同。

光电耦合器的优点是：能有效地抑制尖峰脉冲及各种噪声干扰，从而使传输通道上的信噪比大大提高。

1. 一般隔离用光电耦合器

(1) TLP521-1/TLP521-2/TLP521-4

该系列产品为Toshiba公司推出的光电耦合器。

(2) PS2501-1/PC817

PS2501-1为NEC公司的产品，PC817为Sharp公司的产品。

(3) 4N25

4N25为Motorola公司的产品。

4N25光电耦合器有基极引线，可以不用，也可以通过几百kΩ以上的电阻，再并联一个几十pF的小电容接到地上。

2. AC交流用光电耦合器

该类产品如NEC公司的PS2505-1、Toshiba公司的TLP620。

AC交流用光电耦合器的输入端为反相并联的发光二极管，可以实现交流检测。

3. 高速光电耦合器

(1) 6N137系列

Agilent公司的6N137系列高速光电耦合器包括6N137、HCPL-2601/2611，HCPL-0600/

0601/0611。该系列光电耦合器为高CMR，高速TTL兼容的光电耦合器，传输速率为10 Mbaud。

主要应用于：

- 线接收器隔离。
- 计算机外围接口。
- 微处理器系统接口。
- A-D、D-A转换器的数字隔离。
- 开关电源。
- 仪器输入/输出隔离。
- 取代脉冲变压器。
- 高速逻辑系统的隔离。

6N137，HCPL-2601/2611为8引脚双列直插封装，HCPL-0600/0601/0611为8引脚表面贴封装。

（2）HCPL-7721/0721

HCPL-7721/0721为Agilent公司的另外一类超高速光电耦合器。

HCPL-7721为8引脚双列直插封装，HCPL-0721为8引脚表面贴封装。

HCPL-7721/0721为40 ns传播延迟CMOS光电耦合器，传输速度为25 Mbaud。

主要应用于：

- 数字现场总线隔离，如CC-LINK、DeviceNet、CAN、PROFIBUS、SDS。
- AC PDP。
- 计算机外围接口。
- 微处理器系统接口。

4. PhotoMOS继电器

该类器件输入端为发光二极管，输出为MOSFET。生产PhotoMOS继电器的公司有NEC公司和松下公司。

（1）PS7341-1A

PS7341-1A为NEC公司推出的一款常开PhotoMOS继电器。

输入二极管的正向电流为50 mA，功耗为50 mW。

MOSFET输出负载电压为AC/DC 400 V，连续负载电流为150 mA，功耗为560 mW。导通（ON）电阻典型值为20 Ω，最大值为30 Ω，导通时间为0.35 ms，断开时间为0.03 ms。

（2）AQV214

AQV214为松下公司推出的一款常开PhotoMOS继电器，引脚与NEC公司的PS7341-1A完全兼容。

输入二极管的正向电流为50 mA，功耗为75 mW。

MOSFET输出负载电压为AC/DC 400 V，连续负载电流为120 mA，功耗为550 mW。导通（ON）电阻典型值为30 Ω，最大值为50 Ω，导通时间为0.21 ms，断开时间为0.05 ms。

4.11.2 数字量输入通道

数字量输入通道将现场开关信号转换成计算机需要的电平信号，以二进制数字量的形式输入计算机，计算机通过三态缓冲器读取状态信息。

数字量输入通道主要由三态缓冲器、输入调理电路、输入口地址译码等电路组成，数字量输入通道结构如图4-29所示。

数字量（开关量）输入通道接收的状态信号可能是电压、电流、开关的触点，容易引起瞬时高压、过电压、接触抖动现象。为了将外部开关量信号输入到计算机，必须将现场输入的状态信号经转换、保护、滤波、隔离等措施转换成计算机能够接收的逻辑电平信号，此过程称为信号调理。三态缓冲器可以选用 74HC244 或 74HC245 等。

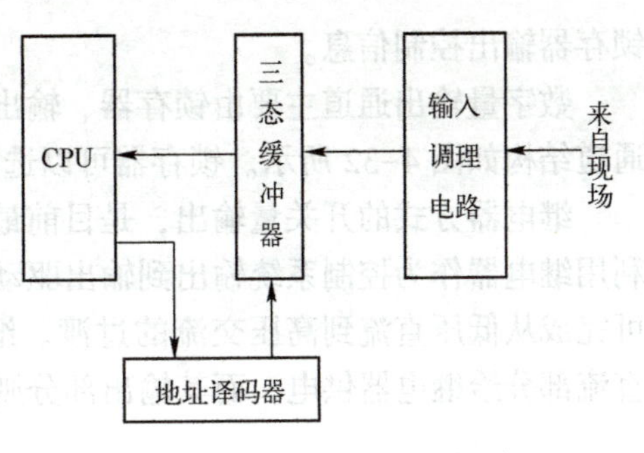

图 4-29　数字量输入通道结构

1. 数字量输入实用电路

数字量输入实用电路如图 4-30 所示。

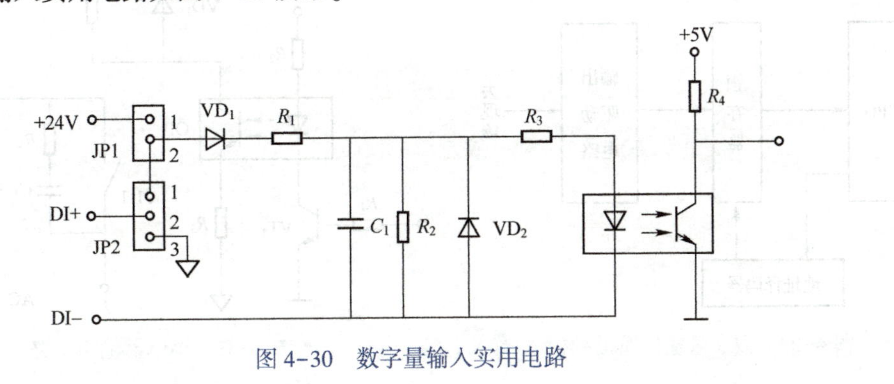

图 4-30　数字量输入实用电路

当 JP1 跳线器 1-2 短路，跳线器 JP2 的 1-2 断开、2-3 短路时，输入端 DI+和 DI−可以接一干接点信号。

当 JP1 跳线器 1-2 断开，跳线器 JP2 的 1-2 短路、2-3 断开时，输入端 DI+和 DI−可以接有源接点。

2. 交流输入信号检测电路

交流输入信号检测电路如图 4-31 所示。

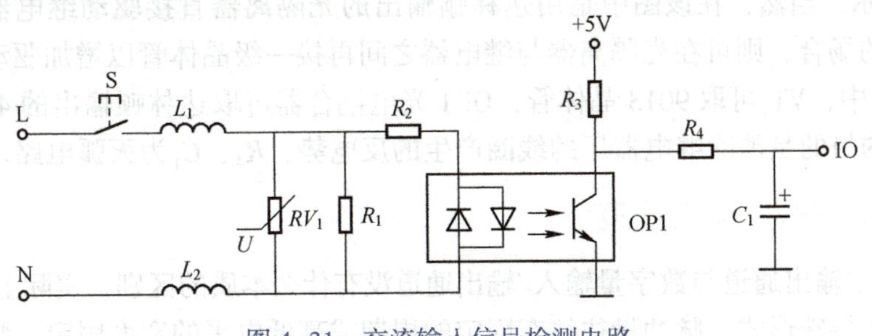

图 4-31　交流输入信号检测电路

在图 4-31 中，L_1、L_2为电感，一般取 1000 μH，RV_1为压敏电阻，当交流输入为 AC 110 V 时，RV_1取 270 V；当交流输入为 AC 220 V 时，RV_1取 470 V。R_1取 510 kΩ/0.5 W 电阻，R_2取 47 kΩ/3 W 电阻，R_3取 2.4 kΩ/0.25 W 电阻，电阻 R_4取 100 Ω/0.25 W，电容 C_1取 10 μF/25 V，光电耦合器 OP1 可取 TLP620 或 PS2505-1。

L、N 为交流输入端。当 S 按钮按下时，IO=0；当 S 按钮未按下时，IO=1。

4.11.3　数字量输出通道

数字量输出通道将计算机的数字输出转换成现场各种开关设备所需求的信号。计算机通过锁存器输出控制信息。

数字量输出通道主要由锁存器、输出驱动电路、输出口地址译码等电路组成，数字量输出通道结构如图 4-32 所示。锁存器可以选用 74HC273、74HC373 或 74HC573 等。

继电器方式的开关量输出，是目前最常用的一种输出方式，一般在驱动大型设备时，往往利用继电器作为控制系统输出到输出驱动级之间的第一级执行机构，通过第一级继电器输出，可完成从低压直流到高压交流的过渡。继电器输出电路如图 4-33 所示，在经光电耦合器后，直流部分给继电器供电，而其输出部分则可直接与 220 V 市电相接。

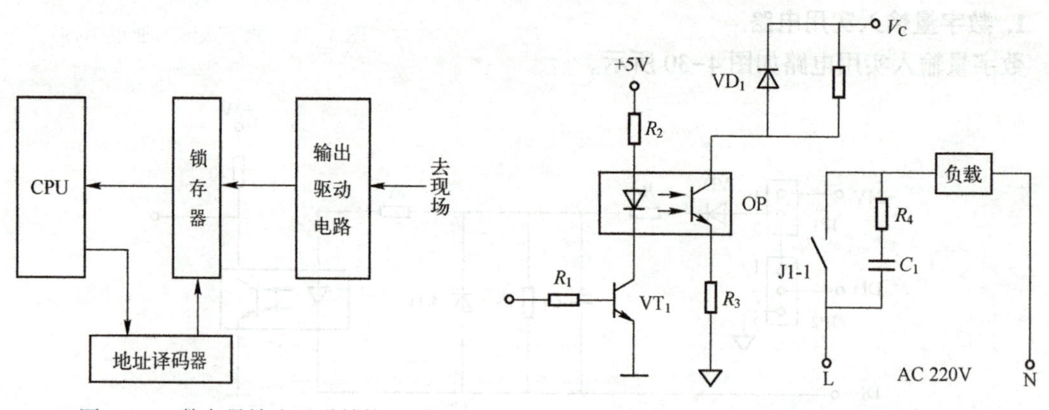

图 4-32 数字量输出通道结构　　图 4-33 继电器输出电路

继电器输出也可用于低压场合，与晶体管等低压输出驱动器相比，继电器输出时输入端与输出端有一定的隔离功能，但由于采用电磁吸合方式，在开关瞬间，触点容易产生火花，从而引起干扰；对于交流高压等场合使用，触点也容易氧化；由于继电器的驱动线圈有一定的电感，在关断瞬间可能会产生较大的电压，因此在继电器的驱动电路上常常反接一个保护二极管用于反向放电。

不同的继电器，允许的驱动电流也不一样，在电路设计时可适当加一限流电阻，如图 4-33 中的电阻 R_3所示，当然，在该图中是用达林顿输出的光隔离器直接驱动继电器，而在某些需较大驱动电流的场合，则可在光隔离器与继电器之间再接一级晶体管以增加驱动电流。

在图 4-33 中，VT_1可取 9013 晶体管，OP1 光电耦合器可取达林顿输出的 4N29 或 TIL113。加二极管 VD_1的目的是消除继电器厂的线圈产生的反电势，R_4、C_1为灭弧电路。

4.11.4 脉冲量输入/输出通道

脉冲量输入/输出通道与数字量输入/输出通道没有什么本质的区别，实际上是数字量输入/输出通道的一种特殊形式。脉冲量往往有固定的周期或高低电平的宽度固定、频率可变，有时高低电平的宽度与频率均可变。脉冲量是工业测控领域较典型的一类信号，如工业电度表输出的电能脉冲信号，水泥、化肥等物品包装生产线上通过光电传感器发出的物品件数脉冲信号，档案库房、图书馆、公共场所人员出入次数通过光电传感器发出的脉冲信号等，处理上述信号的过程称为脉冲量输入/输出通道。如果脉冲量的频率不太高，其接口电路同数字量输入/输出通道的接口电路；如果脉冲量的频率较高，应该使用高速光电耦合器。

1. 脉冲量输入通道

脉冲量输入通道应用电路如图 4-34 所示。

在图 4-34 中，R_1、C_1构成 RC 低通滤波电路，过零电压比较器 LM311 接成施密特电路，输出信号经光电耦合器 OP1 隔离后送往计算机脉冲测量 IO 端口。除可以采用 8253 对脉冲量进行计数外，还可以采用单片微控制器的捕获（Capture）定时器对脉冲量进行计数。

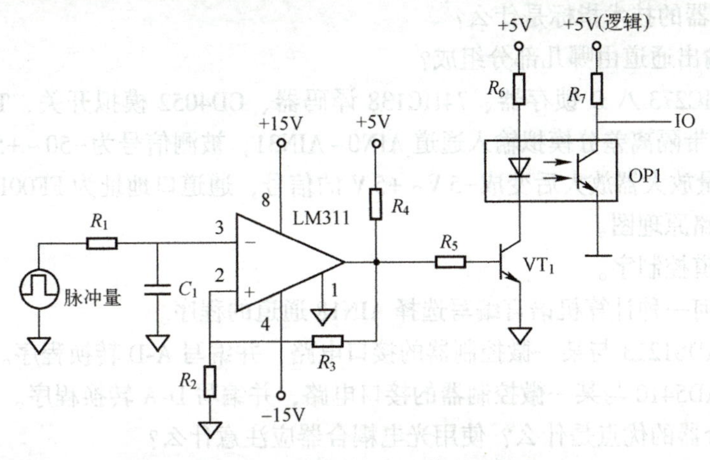

图 4-34　脉冲量输入通道应用电路

2. 脉冲量输出通道

脉冲量输出通道应用电路如图 4-35 所示。

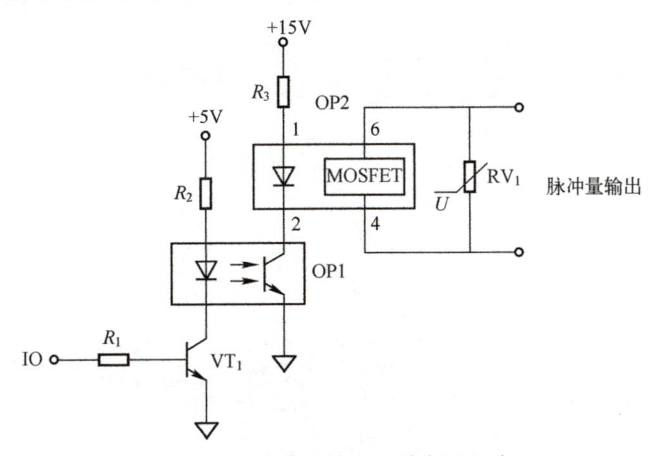

图 4-35　脉冲量输出通道应用电路

在图 4-35 中，IO 为计算机的输出端口，OP1 可选光电耦合器 PS2501-1，OP2 可选 PS7341-1 A 或 AQV214 PhotoMOS 继电器，RV_1 为压敏电阻，其电压值由所带负载电压决定，由于采用了两次光电隔离，此电路具有很强的抗干扰能力。

习题

1. 常用的传感器有哪些？
2. 变送器的作用是什么？
3. 执行器的作用是什么？
4. 模拟量输入信号主要有哪些？
5. 在计算机控制系统中，常用的信号有哪三种类型？
6. 离散系统的采样形式有哪些？
7. 采样/保持器的作用是什么？

微课视频：第4章 重点难点 知识讲解

8. 模拟量输入通道由哪几部分组成？

9. A/D 转换器的技术指标是什么？

10. 模拟量输出通道由哪几部分组成？

11. 使用 74HC273 八 D 锁存器、74HC138 译码器、CD4052 模拟开关、TLP521-4 光电耦合器，扩展 32 路带隔离差分模拟输入通道 AIN0～AIN31，被测信号为-50～+50 mV，模拟开关的输出信号经测量放大器放大后变成-5 V～+5 V 的信号，通道口地址为 FF00H。

（1）画出电路原理图。

（2）写出通道控制字。

（3）使用任何一种计算机语言编写选择 AIN18 通道的程序。

12. 试设计 ADS1213 与某一微控制器的接口电路，并编写 A-D 转换程序。

13. 试设计 AD5410 与某一微控制器的接口电路，并编写 D-A 转换程序。

14. 光电耦合器的优点是什么？使用光电耦合器应注意什么？

15. 简述数字量输入通道的组成，画出数字量输入通道的结构图。

16. 简述数字量输出通道的组成，画出数字量输出通道的结构图。

第5章 工业机器人与智能系统

5.1 工业机器人概述

5.1.1 工业机器人的定义

“机器人”（Robot）一词最早出现于1920年捷克作家卡雷尔·查培克（K. Capek）创作的剧本《罗莎姆万能机器人公司》中。

20世纪40年代，阿西莫夫（Asimov）为保护人类，在科幻小说《我，机器人》中对机器人做出了规定，发表了著名的“机器人三原则”。

第一条原则：机器人不得危害人类，不可因为疏忽危险的存在而使人类受到伤害。

第二条原则：机器人必须服从人类的命令，但当命令违反第一条内容时，则不受此限制。

第三条原则：在不违反第一条和第二条的情况下，机器人必须保护自己。

阿西莫夫也因此被称为“机器人学之父”。

三条原则的意义在于为人类规划了现代机器人发展应取的姿态。

目前，从终极人工智能的角度来讨论未来机器人是否会伤害到人类也成为科技进步很可能引发人类不希望出现的问题的焦点。

“机器人”的概念是随着科技发展而变迁的，受到能量供给、自动控制技术的限制。在18~19世纪由机械学者发明的各类“机器人”可以说是通过弹簧等储能元件或者蒸汽驱动、机械机构控制来实现的，类似于手动玩具如“机器鸭子”“机器人形玩偶”“木牛流马”“行走机器”之类的自动机械“机器人雏形”。

飞速发展的工业自动化对高性能的工业机器人的需求正变得日益强烈，工业机器人已成为自动化的核心装备，与一般的工业数控设备有明显的区别，主要体现在与工作环境的交互方面。

工业机器人一般指在工厂车间环境中为配合自动化生产的需要，代替人来完成材料的搬运、加工、装配等操作的一种机器人。能代替人完成搬运、加工、装配功能的工作可以是各种专用的自动机器，但是使用机器人则是为了利用它的柔性自动化功能，以达到最高的技术经济效益。有关工业机器人的定义有许多不同说法，通过比较这些定义，可以对工业机器人的主要功能有更深入的了解。

(1) 工业机器人协会（JIRA）对工业机器人的定义

工业机器人是“一种装备有记忆装置和末端执行装置的、能够完成各种移动来代替人类劳动的通用机器”。

它又分以下两种情况来定义。

1）工业机器人是“一种能够执行与人的上肢类似动作的多功能机器”。

2）智能机器人是“一种具有感觉和识别能力，并能够控制自身行为的机器”。

（2）美国机器人协会（RIA）对工业机器人的定义

工业机器人是“一种用于移动各种材料、零件、工具或专用装置的，通过程序动作来执行各种任务，并具有编程能力的多功能操作机”。

（3）国际标准化组织（ISO）对工业机器人的定义

工业机器人是“一种自动的、位置可控的、具有编程能力的多功能操作机，这种操作机具有几个轴，能够借助可编程操作来处理各种材料、零件、工具或专用装置，以执行各种任务”。

以上定义的各种机器人实际上均指操作型工业机器人。实际工业机器人是面向工业领域的多关节机械手或多自由度的机器人。工业机器人是自动执行工作的机器装置，是靠自身动力和控制能力来实现某种功能的一种机器。它可以接受人类指挥，也可以按预先编排的程序运行，现代的工业机器人还可以根据人工智能技术制定的原则纲领行动。

为了达到其功能要求，工业机器人的功能组成中应该有以下几个部分。

1）为了完成作业要求，工业机器人应该具有操作末端执行器的能力，并能正确控制其空间位置、工作姿态及运行程序和轨迹。

2）能理解和接受操作指令，把这种信息指令记忆、存储，并通过其操作臂各关节的相应运动复现出来。

3）能和末端执行器（如夹持器或其他操作工具）或其他周边设备（加工设备、工位器具等）协调工作。

机器人系统实际上是一个典型的机电一体化系统，其工作原理是：控制系统发出动作指令，控制驱动器动作，驱动器带动机械系统运动，使末端操作器到达空间某一位置和实现某一姿态，实施一定的作业任务。末端操作器在空间的实时位姿由感知系统反馈给控制系统，控制系统把实际位姿与目标位姿相比较，发出下一个动作指令，如此循环，直到完成作业任务为止。

21世纪是机器人与人共存的世纪，其终极目标是人工智能。

5.1.2 工业机器人的组成

工业机器人由三大部分六个子系统组成。这三大部分是机械部分、传感部分、控制部分。六个子系统是驱动系统、机械结构系统、感觉系统、机器人环境交互系统、人机交互系统和控制系统。其中传感部分包括感觉系统和机器人环境交互系统，控制部分由人机交互系统和控制系统构成，机械部分则包括驱动系统和机械结构系统。六个子系统的作用分述如下。

1. 驱动系统

若要使机器人运行起来，必须给各个关节即每个运动自由度安置传动装置，这就是驱动系统。驱动系统可以是液压、气压或电动的，也可以是把它们结合起来应用的综合系统。可以直接驱动，还可以通过同步带、链条、轮系和谐波齿轮等机械传动机构进行间接驱动。

2. 机械结构系统

工业机器人的机械结构系统由机身、手臂、手腕和末端操作器四大件组成。每一个大件都有若干自由度，构成一个多自由度的机械系统。若基座具备行走机构便构成行走机器人；若基座不具备行走及腰转机构，则构成单机器人臂（Single Robot Arm）。手臂一般由上臂、下臂和手腕组成。末端操作器是直接装在手腕上的一个重要部件，它可以是二手指或多手指的手爪，也可以是喷漆枪、焊具等作业工具。

3. 感觉系统

感觉系统由内部传感器和外部传感器组成，获取内部和外部环境状态中有意义的信息。现在也可以应用智能传感器提高机器人的机动性、适应性和智能化的水平。人类的感觉系统对感知外部世界信息是极其敏感的。但是，对于一些特殊的信息，机器人传感器比人类的感觉系统更有效、更准确。

4. 机器人环境交互系统

机器人环境交互系统是实现机器人与外部环境中的设备相互联系和协调的系统。工业机器人与外部设备集成为一个功能单元，如加工制造单元、焊接单元和装配单元等。当然，也可以是多台机器人、多台机床或设备和多个零件存储装置等组成一个执行复杂任务的功能单元。

5. 人机交互系统

人机交互系统是操作人员与机器人进行交互的装置，可分为两大类：指令给定装置，如示教盒、触摸屏等；信息显示装置，如显示器等。

6. 控制系统

控制系统的任务是根据机器人的作业指令程序以及从传感器反馈回来的信号支配机器人的执行机构完成规定的运动和功能。

一台典型的工业机器人系统包括机械部分（机器人的手指、手腕、手臂、手臂的连接部分和机座等）、执行装置（驱动机座上的机体、手臂、手指、手腕等运动的电机和电磁铁等）、能源（驱动电机的电源和驱动液压系统、气压系统的液压源和气压源）、传感器（检测旋转编码器和检速发动机等旋转角度和旋转角速度，用于检测机器人的运动）、计算机（根据来自旋转编码器或检速发电机的信号，判断机器人的当前状态，并计算和判断要达到所希望的状态或者移动到某一目标应该如何动作）。

5.1.3　工业机器人的主要特征与表示方法

1. 工业机器人的主要特征

自 20 世纪 60 年代初第一代机器人在美国问世以来，工业机器人的研制和应用便有了飞速的发展，但归纳起来，工业机器人有以下几个最显著的特点。

（1）可编程

生产自动化的进一步发展是柔性自动化。工业机器人可随其工作环境变化的需要而再编程，因此它在小批量多品种具有均衡高效率的柔性制造过程中能发挥很好的功用，是柔性制造系统（FMS）中的一个重要组成部分。

（2）拟人化

工业机器人在机械结构上有类似人的行走、腰转、大臂、小臂、手腕和手爪等部分，在控制上有计算机。此外，智能化工业机器人还有许多类似人类的“生物传感器”，如皮肤型接触传感器、力传感器、负载传感器、视觉传感器、声觉传感器和语言功能等。传感器提高了工业机器人对周围环境的自适应能力。

（3）通用性

除了专门设计的专用的工业机器人外，一般工业机器人在执行不同的作业任务时具有较好的通用性。比如，更换工业机器人手部末端操作器（手爪、工具等）便可执行不同的作业任务。

（4）机电一体化

工业机器人技术涉及的学科相当广泛，是由机械学和微电子学结合的机电一体化技术。第三代智能机器人不仅具有获取外部环境信息的各种传感器，而且还具有记忆能力、语言理解能力、图像识别能力和推理判断能力等人工智能，这些都和微电子技术的应用，特别是计算机技术的应用密切相关。

2. 工业机器人的主要特性表示方法

工业机器人的主要特性表示方法如下。

(1) 坐标系

工业机器人使用的坐标系符合右手定则。

(2) 工作空间

工作空间指工业机器人正常运行时，其手腕参考点在空间所能达到的区域，用来衡量机器人工作范围的大小。

(3) 其他特性

包括机械结构类型、用途、外形尺寸、重量、负载、速度、驱动方式、动力源、控制、编程方法、性能、分辨率和使用环境条件等。

5.2 工业机器人种类与应用领域

5.2.1 工业机器人种类

按机器人、工业机器人的种类、原理、用途对“移动”“操作”这两个概念归纳出具有内涵性的、完整的、将种类繁多的所有各类机器人或工业机器人涵盖进去的通用的概念是很难的。就如同物种多样性决定了只能给生物、动物下一个笼统的概念一样。

尽管如此，用归类图的形式来归纳、总结工业机器人种类与应用的轮廓对于认清工业机器人的主体脉络仍然是很有必要的。

从工业机器人的两大主题“移动（Mobile）”和“操作（Operation）”以及两者的组合“移动+操作”角度进行归类，工业机器人分类如图 5-1 所示。

5.2.2 工业机器人的应用领域与前沿技术

自20世纪60年代开始，随着对产品加工精度要求的提高，关键工艺生产环节逐步由工业机器人代替工人操作，再加上各国对工人工作环境的严格要求，高危、有毒等恶劣条件的工作逐渐由机器人替代作业，从而增加了对工业机器人的市场需求。

在工业发达国家中，工业机器人已经广泛应用于汽车及汽车零部件制造业、机械加工行业、电子电气行业、橡胶及塑料工业、食品工业、物流业和制造业等领域。

工业机器人技术已日趋成熟，已经成为一种标准设备被工业界广泛应用，相继形成了一批具有影响力的、著名的工业机器人公司，如瑞典的 ABB Robotics，日本的 FANUC 与 YASKAWA，德国的 KUKA Roboter，美国的 Adept Technology、American Robot 和 Emerson Industrial Automation，这些公司已经成为其所在地区的支柱性产业。

美国在2013年3月提出了“美国机器人发展路线图”，围绕制造业攻克工业机器人的强适应性和可重构的装配、仿人灵巧操作、基于模型的集成和供应链的机械设计、自主导航、非结构化环境的感知、教育训练、机器人与人共事的本质安全性等关键技术。

日本提出了“机器人路线图”，包含三个领域，即新世纪工业机器人、服务机器人和特种机器人。

工业机器人应用涉及的行业主要包括汽车制造、毛坯制造（冲压、压铸、铸造等）、机械加工、热处理、焊接、上下料磨削抛光、搬运码垛、装配、喷漆、涂覆、自动检测、航空航天等。

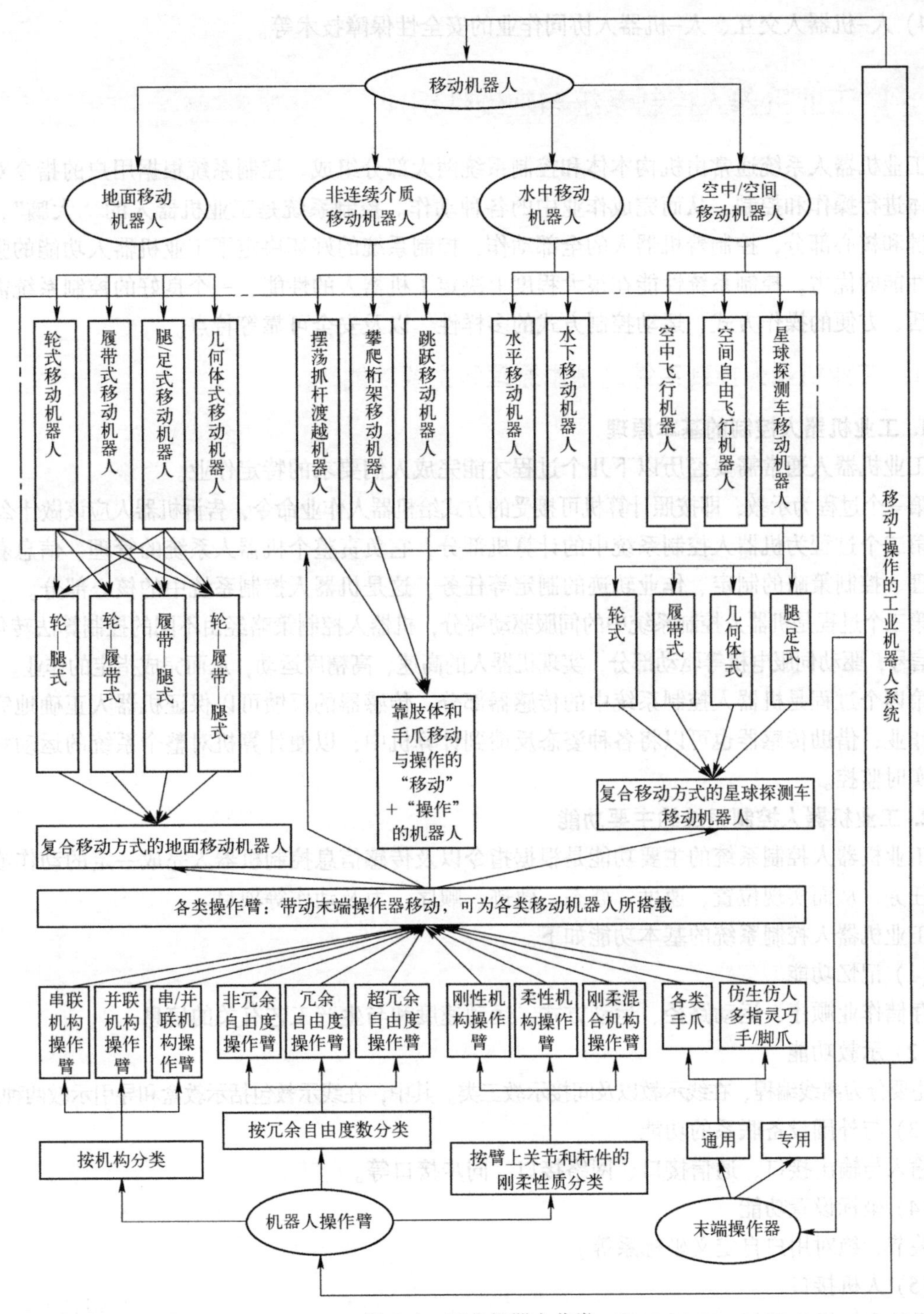

图5-1 工业机器人分类

无论哪个行业，只要想用工业机器人代替人工作业或者半自动化作业，就可选用工业机器人产品或者研发相应的工业机器人自动操作或移动操作技术来实现机器人化作业。

机器人前沿技术主要包括如下内容。

1）结构化/非结构化/有不确定性等特征的复杂环境及高难度作业要求下的灵巧操作技术。

2）自主导航技术。

3）环境感知技术。

4）人-机器人交互、人-机器人协同作业的安全性保障技术等。

5.3 工业机器人控制系统与软硬件组成

工业机器人系统通常由机构本体和控制系统两大部分组成。控制系统根据用户的指令对机构本体进行操作和控制，从而完成作业中的各种动作。控制系统是工业机器人的“大脑”，是其关键和核心部分，控制着机器人的全部动作，控制系统的好坏决定了工业机器人功能的强弱以及性能的优劣。控制系统性能在很大程度上决定了机器人的性能，一个良好的控制系统需具备灵活、方便的操作方式，运动控制方式的多样性，以及安全可靠等特点。

5.3.1 工业机器人控制系统的基本原理和主要功能

1. 工业机器人控制的基本原理

工业机器人通常需要经历以下几个过程才能完成人们要求的特定作业。

第一个过程为示教，即按照计算机可接受的方式给机器人作业命令，告诉机器人应该做什么。

第二个过程为机器人控制系统中的计算机部分，它负责整个机器人系统的管理、信息获取及处理、控制策略的制定、作业轨迹的制定等任务，这是机器人控制系统中的核心部分。

第三个过程是机器人控制系统中的伺服驱动部分，机器人控制策略经由不同的控制算法转化为驱动信号，驱动伺服电机等驱动部分，实现机器人的高速、高精度运动，从而完成指定的作业。

第四个过程是机器人控制系统中的传感器部分，传感器的反馈可以保证机器人正确地完成指定作业，借助传感器也可以将各种姿态反馈到计算机中，以便计算机对整个系统的运动状况进行实时监控。

2. 工业机器人控制系统的主要功能

工业机器人控制系统的主要功能是根据指令以及传感信息控制机器人完成一定的动作或者作业任务，从而实现位置、速度、姿态、轨迹、顺序、力及动作等项目。

工业机器人控制系统的基本功能如下。

(1) 记忆功能

存储作业顺序、运动路径、运动方式、运动速度和与生产工艺有关的信息。

(2) 示教功能

主要分为离线编程、在线示教以及间接示教三类。其中，在线示教包括示教盒和导引示教两种。

(3) 与外围设备联系的功能

输入与输出接口、通信接口、网络接口、同步接口等。

(4) 坐标设置功能

关节、绝对用户自定义坐标系等。

(5) 人机接口

示教盒、操作面板、显示屏等。

(6) 传感器接口

包括位置检测、视觉、触觉、力觉等。

(7) 位置伺服功能

包括机器人的多轴联动、运动控制、速度和加速度控制以及动态补偿等。

(8) 故障诊断安全保护功能

包括工业机器人运行过程中的系统状态监视、故障状态下的安全保护以及故障自诊断等。

5.3.2　工业机器人控制系统的分层结构

控制一个具有高度智能的工业机器人实际上包含了“运动规划”“动作规划”“轨迹规划”和“伺服控制”等多个层次，工业机器人控制分层结构如图5-2所示。

工业机器人首先由人机接口获取来自操作者的指令，指令的表现形式可以是人的自然语言，或者是由人发出的专用的指令语言，也可以是通过示教工具输入的示教指令，或者通过键盘输入的机器人指令语言以及计算机程序指令。

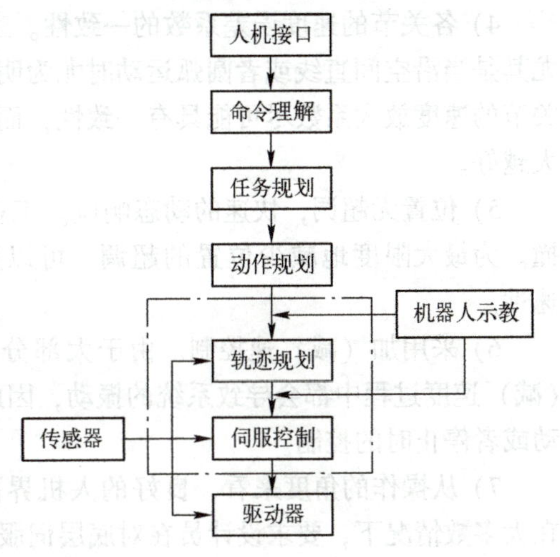

图5-2　工业机器人控制分层结构

由图5-2可知，机器人首先理解控制命令，把操作者的命令分解为可以实现的“任务”，即任务规划。然后计算机针对各个任务进行动作分解，即动作规划。为了实现机器人的一系列动作，应该对机器人每个关节的运动进行设计，即机器人的轨迹规划。最底层是关节运动的伺服控制。

在工业机器人的控制系统中，智能化程度越高，规划控制的层次越多，操作就越简单。反之，智能化程度越低，规划控制的层次越少，操作就越复杂。

要设计一个具有高度智能的机器人，设计者就要完成从命令理解到关节伺服控制的所有工作，而用户只需要发出简单的操作命令。这对设计者来说是一项非常艰巨的工作，因为要预知机器人未来的各种工作状态，并且设计出各种状态的解决方案。对智能化程度较低的机器人来说，设计时省去了很多工作，可以把具体的任务命令设计留给不同的用户去做，但这对用户提出了一些专业要求。

5.3.3　工业机器人控制系统的特性、要求与分类

1. 工业机器人系统的特性

在对机器人的控制中，为了保证实施有效性，其被控对象的特性占有很重要的地位。从动力学的角度来说，工业机器人应具有以下三点特性。

1）工业机器人实质上是一个复杂的非线性系统。传动件、驱动元件、结构方面等都是引起机器人成为非线性系统的重要因素。

2）各关节间的相互耦合作用，表现为某个关节的运动会引起其他关节的动力效应，使得其他关节运动所产生的扰动都会影响每一个关节运动。

3）工业机器人是一个时变系统，关节运动位置的变化会造成动力学参数随之变化。

2. 工业机器人对控制的要求

从用户的角度来看，工业机器人对控制的要求如下。

1）多轴运动相互协调控制，以达到需求的工作轨迹。因为所有关节运动的合成运动构成了机器人的手部运动，要使手部规律运动到达设定的要求，各关节协调动作就必须得到很好的控制，包括动作时序、运动轨迹等多方面的协调。

2）高标准的位置精度，大范围的调速区间。直角坐标式机器人的位置检测元件一般安放在机器人末端执行器上，除此之外，其他机器人关节上的位置检测元件都安装在各自的驱动轴上，为位置半闭环系统。此外，机器人的调速范围很大。这是因为在负载工作时，机器人加工工件的

作业速度往往极低，而在空载运行时，为提高生产效率，机器人将以高速运动到达指定位置。

3）工业机器人系统的小静差率。工业机器人在运动过程中需保证运动的平稳性，要求具有很强的抗外界干扰能力，因此系统的刚性必须得到保证，即要求有较小的静差率，否则位置误差将难以达到使用要求。

4）各关节的速度误差系数的一致性。工业机器人手臂各关节联合运动促使其在空间移动，尤其是当沿空间直线或者圆弧运动时尤为明显，即使系统存在跟踪误差，应使伺服系统在各轴关节的速度放大系数尽可能具有一致性，而且在不影响系统稳定性的前提下，速度放大系数越大越好。

5）位置无超调，快速的动态响应。工业机器人如果存在位置超调，将可能与工件发生碰撞。为最大限度地减少位置的超调，可以适当地增大阻尼。但增大阻尼却降低了系统的快速性。

6）采用加（减）速控制。由于大部分机器人具有很低的机械刚度，在进行大幅度的加（减）速度过程中都会导致系统的振动，因此常采用匀加（减）速运动指令来实现对机器人启动或者停止时的控制。

7）从操作的角度来看，良好的人机界面操作系统可以降低对操作者的技能要求。因此，在大多数情况下，要求设计员在对底层伺服控制器设计的同时，还要兼顾规划算法，而用户只需要设计简单的语言完成任务的描述即可。

3. 工业机器人控制系统分类

根据分类方式的不同，机器人控制方式可以分为不同的种类。总体来说，动作控制方式和示教控制方式为机器人的主要控制方式。按照被控对象来分，控制系统可以分为位置控制、速度控制、加速度控制、力控制、力矩控制、力和位置混合控制等。

机器人控制方式分类如图5-3所示。

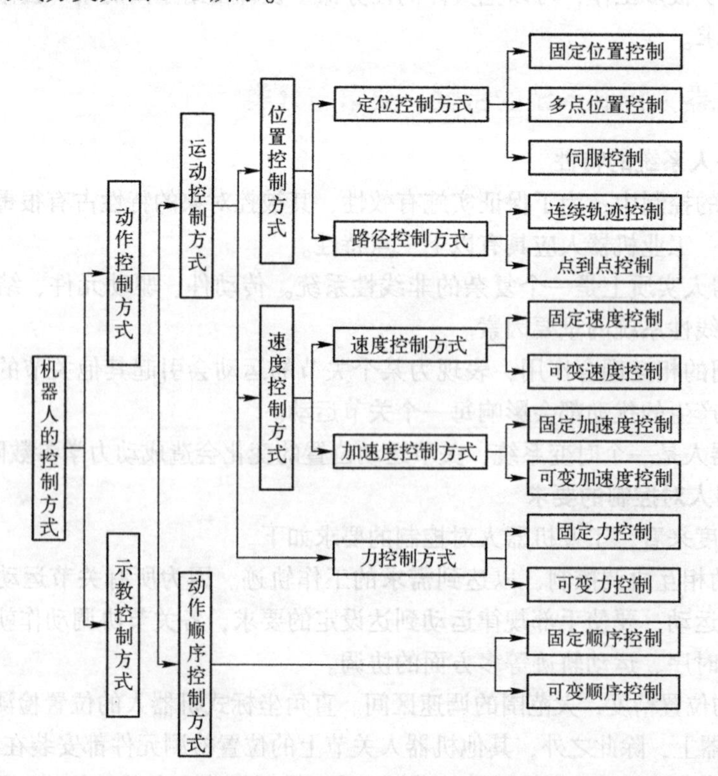

图5-3 机器人控制方式分类

随着运动复杂性的增加和控制难度的增大，分层递阶运动控制系统应运而生。运动控制系统的组成如图 5-4 所示。

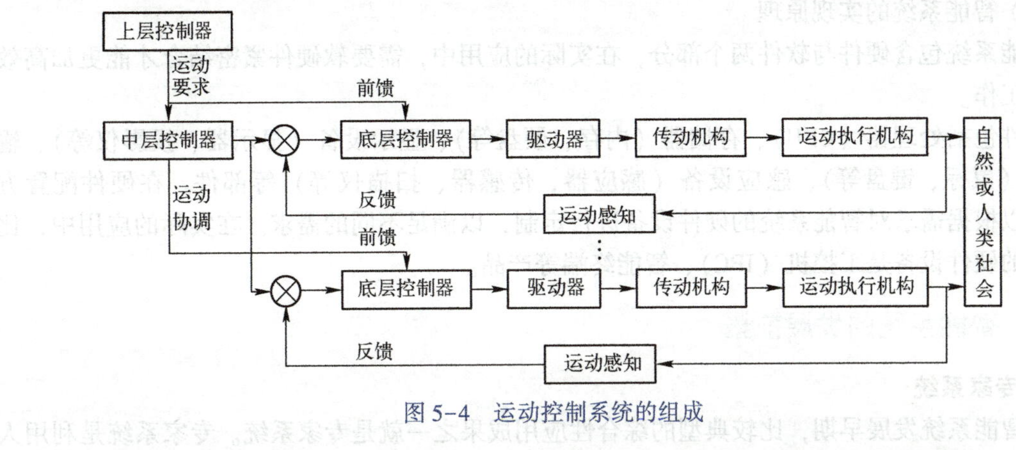

图 5-4 运动控制系统的组成

分层递阶运动控制器包含上层控制器、中层控制器和底层控制器。上层控制器需要计算能力强、智能程度高、知识粒度粗，但往往响应速度慢。底层控制器需要响应速度快，但往往智能程度低、知识粒度细。中层控制器主要完成运动的协调，计算能力和响应速度介于上层和底层之间。

5.4 智能系统

智能系统（Intelligence System）是具有专家解决问题能力的计算机程序系统，能运用大量领域专家水平的知识与经验，模拟领域专家解决问题的思维过程进行推理判断，有效地处理复杂问题。智能基于知识，信息有序化为知识，智能系统要研究知识的表示、获取、发现、保存、传播、使用方法；智能存在于系统中，系统是由部件组成的有序整体，智能系统要研究系统结构、组织原理协同策略、进化机制和性能评价等。

5.4.1 智能系统的主要特征

智能系统的主要特征如下。

(1) 处理对象

智能系统处理的对象，不仅有数据，还有知识。表示、获取、存取和处理知识的能力是智能系统与传统系统的主要区别之一。因此，一个智能系统也是一个基于知识处理的系统，它需要有知识表示语言，知识组织工具，建立、维护与查询知识库的方法与环境，并要求支持现存知识的重用。

(2) 处理结果

智能系统往往采用人工智能的问题求解模式来获得结果。它与传统系统所采用的求解模式相比，有三个明显特征，即其问题求解算法往往是非确定性的或称启发式的，其问题求解在很大程度上依赖知识，其问题往往具有指数型的计算复杂性。智能系统通常采用的问题求解方法大致分为搜索、推理和规划三类。

(3) 智能系统与传统系统的区别

智能系统与传统系统的另一个重要区别在于：智能系统具有现场感应（环境适应）的能力。所谓现场感应，是指它可能与所处现场依次进行交往，并适应这种现场。这种交往包括感知、学习、推理、判断，并做出相应的动作。这就是通常人们所说的自组织性与自适应性。

(4) 智能系统的实现原理

智能系统包含硬件与软件两个部分，在实际的应用中，需要软硬件紧密结合才能更加高效地完成工作。

硬件包括处理器（CPU）、存储器（内存、硬盘等）、显示设备（显示器、投影仪等）、输入设备（鼠标、键盘等）、感应设备（感应器、传感器、扫描仪等）等部件。在硬件配置方面，可以根据需求对智能系统的硬件设备进行定制，以满足不同的需求。在实际的应用中，比较常见的硬件设备是工控机（IPC）、智能终端等产品。

5.4.2 智能系统的发展前景

1. 专家系统

在智能系统发展早期，比较典型的综合性应用成果之一就是专家系统。专家系统是利用人工智能方法与技术开发的一类智能程序系统，主要模仿某个领域专家的知识经验来解决该领域特定的一类专业问题。其基本原理是利用形式化表征的专家知识与经验，模仿人类专家的推理与决策过程，从而解决原本需要人类专家解决的一些专门领域的复杂问题。

自1965年美国斯坦福大学开发出第一个化学结构分析专家系统DENDRAL以来，各种专家系统层出不穷，已经遍布了几乎所有专业领域，成为应用最为广泛、最为成功、最为实效的智能系统。

(1) 专家系统的主要特点

1) 专家系统主要运用专家的经验知识来进行推理、判断、决策，从而解决问题，因此可以启发并帮助大量非专业人员独立开展原本不熟悉的专业领域工作。

2) 用户使用专家系统不仅可以得到所需要的结论，而且可以了解获得结论的推导理由与过程，因此比直接向一些不善沟通的人类专家咨询来得更加方便、透明和可信赖。

3) 作为一种人工构造的智能程序系统，对专家系统中知识库的维护、更新与完善更加灵活迅速，可以满足用户不断增长的需要。

(2) 专家系统的分类

根据目前已开发的、数量众多的、应用广泛的专家系统求解问题的性质不同，可以将专家系统分为以下7类。

1) 解释型专家系统：主要任务是对已知信息和数据进行分析与解释，给出其确切的含义，应用范围包括语音分析、图像分析、电路分析、化学结构分析、生物信息结构分析、卫星云图分析和各种数据挖掘分析等。

2) 诊断型专家系统：主要任务是根据观察到的数据情况来推断观察对象的病症或故障及原因，主要应用范围有医疗诊断（包括中医诊断）、故障诊断、软件测试、材料失效诊断等。

3) 预测型专家系统：主要任务是通过对过去与现状的分析，来推断未来可能发生的情况，应用范围有气象预报、选举预测、股票预测、人口预测、经济预测、交通路况预测、军事态势预测和政治局势预测等。

4) 设计型专家系统：主要任务是根据设计目标的要求，给出满足设计问题约束条件的设计方案或图纸，应用范围有集成电路设计、建筑工程设计、机械产品设计、生产工艺设计和艺术图案设计等。

5) 规划型专家系统：主要任务是寻找某个实现给定目标的动作序列或动态实施步骤，应用范围包括机器人路径规划、交通运输调度、工程项目论证、生产作业调度、军事指挥调度和财务预算执行等。

6）监视型专家系统：主要任务是对某类系统、对象或过程的动态行为进行实时观察与监控，发现异常及时发出警报，应用范围包括生产安全监视、传染病疫情监控、国家财政运行状况监控、公共安全监控和边防口岸监控等。

7）控制型专家系统：主要任务是全面管理受控对象的行为，使其满足预期的要求，应用范围包括空中管制系统、生产过程控制和无人机控制等。

另外，还有调试型、教学型、修理型等类型的专家系统，这里不再赘述。

总之，专家系统具有以下能力：

- 存储知识能力，即具有存放专门领域知识的能力。
- 描述能力，即可以描述问题求解过程中涉及的中间过程。
- 推理能力，即具备解决问题所需要的推理能力。
- 问题解释，即对于求解问题与步骤能够给出合理的解释。
- 学习能力，即具备知识的获取、更新与扩展能力。
- 交互能力，即向专家或用户提供良好的人机交互手段与界面。

专家系统与一般应用程序的主要区别在于：专家系统将应用领域的问题求解知识独立形成一个知识库，可以随时进行更新、删减与完善等维护，这样就可以充分运用人工智能有关知识表示技术、推理引擎技术和系统构成技术；而一般应用程序将问题求解的知识直接隐含地编入程序，要更新知识就必须重新变动整个程序，并且难以引入有关的智能技术。

正因为专家系统有这么多的优点，随着技术的不断进步，其应用范围也越来越广，自专家系统诞生以来，其已经广泛应用到科学、工程、医疗、军事、教育、工业、农业、交通等领域，产生了良好的经济与社会效益，为社会技术进步做出了重大贡献。

2. 智能机器

智能机器是指能够在各类环境中自主或交互地执行各种拟人任务的机器，如智能机床、智能航天器、无人飞机、智能汽车及先进的智能武器等。大多数智能机器均具有高度自治能力、能够灵活适应不断变化的复杂环境，并高效自动地完成特定的任务。与专家系统的纯软件性不同，一般智能机器是智能软件与专用硬件设备相结合的产物。

通常，智能机器内部拥有一个智能软件，其通过机器装备的传感器和效应器捕获环境的变化并进行实时分析，然后对机器行为做适当的调整，以应对环境的变化，完成预定的各项任务。

智能软件是智能机器的大脑中枢，负责推理、记忆、想象、学习、控制等；传感器则负责收集外部或内部信息，如视觉、听觉、触觉、嗅觉、平衡觉等；效应器则主要实施智能机器人的言行动作，作用于周围环境，如整步电动机、扬声器、控制电路等，实现类似人类的嘴、手、脚、鼻子等的功能。智能机器的主体则是支架，其在不同形状、用途的智能机器中差异很大。

就智能机器人而言，其之所以称为智能机器人，是因为它有相当发达的“大脑”。在“脑”中起作用的是中央计算机，这种计算机与操作它的人有直接的联系，其可以根据目的实施相关的动作。对于可移动的智能机器或智能机器人，还要考虑机器人导航、路径规划等问题。

目前，智能机器人研制工作吸引了众多国家的人工智能领域的科学家与工程师参与，特别是在美国、日本、德国等一些发达国家，各种智能机器人层出不穷，并被应用到各个领域，从日常生活到太空、深海，到处都有智能机器人的身影。

据不完全统计，各类智能机器人分布在众多不同的应用领域，包括医疗、餐厅、军事、玩具、水下、太空、体育、社区、工业和农业等，为人类社会的进步做出了杰出贡献。

一般而言，智能机器人不同于普通机器人，应具备如下3个基本功能。

1）感知功能：能够认知周围环境状态及其变化，既包括视觉、听觉、距离等遥感型传感器，也包括压力、触觉、温度等接触型传感器。

2）运动功能：能够自主对环境做出行为反应，并能够进行无轨道自由行动，除了需要有移动机构，一般还需要配备机械手等能够进行作业的装置。

3）思维功能：根据获取的环境信息进行分析、推理、决策，并给出采取应对行动的控制指令，这是智能机器人的关键功能，是与普通机器人区分的标准。

按照智能机器人功能实现侧重点不同，可以将智能机器人分为传感型、交互型和自主型3类。

1）传感型机器人：又称外部受控机器人，这种机器人本身并没有智能功能，只有执行机构和感应机构；其智能功能主要由外部控制机器来完成，其通过发出控制指令来指挥机器人的动作。

2）交互型机器人：有一定的智能功能，主要通过人机对话来实现机器人的控制与操作；虽然交互型机器人具有了部分处理和决策功能，能够独立地实现一些（如轨迹规划、简单的避障等）功能，但还要受到外部的控制。

3）自主型机器人：无须人的干预，能够在各种环境下自动完成各项拟人任务；自主型机器人本身就具有感知、处理、决策、执行等模块，可以像一个自主的人一样独立地活动和处理问题。

科学技术进步的重要推动力是军事的需要。因此，一个国家的科学技术最高成就往往首先体现在军事装备上。作为智能机器先进技术的最高成就之一，上述各种类型的机器系统综合技术，集中体现在智能武器系统的开发方面。

所谓智能武器，就是结合了人工智能技术研制的武器装备，其除了具有传统武器的杀伤力，还集成了信息采集与处理、知识利用、智能辅助决策、智能跟踪等功能。因此，可以自行完成侦察、搜索、瞄准、跟踪、攻击任务，或者进行信息的收集、整理、分析等情报获取任务，使得武器装备更加灵活、智能。

因此，智能武器也称为具有智能性的现代高技术兵器，包括精确制导武器、无人驾驶飞机、智能坦克、无人操纵火炮、智能鱼雷及多用途自主智能作战机器人等。这些智能武器不同于常规武器，具备一定的智能。

总之，无论是民用的智能机器，还是军用的智能武器，随着智能科学技术的不断发展与进步，将来智能机器人也必将具备越来越多的智能功能。特别是随着对生物、神经、认知等方面认识的不断深化，这种直接利用脑机制来实现机器人行为控制的技术将大大加快智能机器人的发展步伐。另外，有关意识机器人研究工作的开展，也会使智能机器人发生质的飞跃。

3. 智能社会

延展心智的哲学观认为，人类的心智具有延展性，而分布式认知规则认为思维不仅是单个个体心智的事情，而且是经过群体心智相互合作而产生的。不管哪种观点，都可以看出人类心智能力均有社会性的一面。因此，智能科学技术的应用自然也会波及人们社会生活的各方面，包括智能社会的构建。

4. 智能产业

智能化指由现代通信与信息技术、计算机网络技术、行业技术、智能控制技术汇集而成的针对某个方面应用的智能集合。随着信息技术的不断发展，其技术含量及复杂程度也越来越高，智能化的概念开始逐渐渗透到各行各业及人们生活中的方方面面，相继出现了智能住宅小区、智能医院等。

智能产业的发展主要包括芯片产业、软件产业、大数据产业、通信技术、云技术等产业技术的发展。

1）芯片产业：包括 CPU（Central Processing Unit）芯片、存储芯片、图像处理芯片 GPU（Graphics Processing Unit）。

2）软件产业：行业软件需要对行业的需求、行业的业务流程、流程中的问题解决方案进行分析设计。

3）大数据产业：所有的智能处理都是建立在已有方案与未知问题的分析基础上的，数据越多越详细，越有助于信息的分析。

4）通信技术：数据的传播形式是无线、大流量、低延迟。

5）云技术：包括数据的云计算、云存储。

智能系统的发展，一方面促进了产业的发展，另一方面又对某些产业进行了淘汰。就像智能手机的出现，淘汰了之前广泛应用的卡片相机、随身播放器，甚至与手机毫不相干的纸质报纸。

智能系统对工业、农业、金融、医疗、无人驾驶、安全、智能教育、智能家居等行业也正在产生深远的影响。

在第一产业，天地一体化的智能农业信息遥感监测网络在农田实现全覆盖，智能牧场、智能农场、智能渔场、智能果园、智能加工车间、智能供应链等智能化集成应用成为现实。

在第二产业，随着智能制造核心支撑软件、关键技术装备、工业互联网等的广泛应用，流程和离散智能制造、网络化协同制造、远程诊断和服务等新型制造模式成为可能，企业的智能供给能力大幅度提升。

此外，在物流产业，随着搬运装卸、包装分拣、配送加工等深度感知智能物流系统的推广应用，以及深度感知智能仓储系统的研发建立，最终建立在智能化基础上的物流系统可将目前的仓储运营效率提升数十倍。

人工智能是产业升级的新引擎，一方面可以促进产业结构的优化升级，另一方面也将会给我国经济转型升级带来深刻影响。而人工智能之所以能够对产业结构升级产生促进作用，则源于其能够提高要素的使用效率，最终实现创新驱动型、资源再生型、内涵开发型的经济增长方式。

5.5 工业人工智能

5.5.1 工业人工智能概述

工业人工智能是指利用快速发展的人工智能技术改造工业的生产方式和决策模式，达到降本、增效、提质的目的，是当前工业发展的一个重要趋势。目前，世界各国纷纷出台相应政策，如美国的“先进制造业伙伴计划”、德国的“工业 4.0 战略计划”、英国的“英国工业 2050 战略”以及日本的“超智能社会 5.0 战略”等，大力支持工业智能化，提高本国制造业的竞争优势。

基于工业人工智能的工业智能化是新科技的集成，主要包含人工智能、工业物联网、大数据分析、云计算和信息物理系统（CPS）等技术，它将使得工业运行更加灵活、高效和节能，因此，工业人工智能具有广阔的应用前景。

工业人工智能是一门严谨的系统科学，分析技术、大数据技术、云或网络技术、专业领域知识、证据理论是工业人工智能的5个关键要素。

作为工业智能化的载体，阿里云的“工业大脑”集成设备数据、产品生命周期类数据以及周边数据，利用人工智能技术将行业知识机理与海量产业数据相融合，形成以数据、算力和算法三者融合为核心的智能制造技术体系，实现工业生产的降本、增效、提质和安全。

智能制造作为工业人工智能的主要应用场景，人工智能的应用贯穿于产品设计、制造、服务等各个环节，表现为人工智能技术与先进制造技术的深度融合，不断提升企业的产品质量、效益、服务水平，减少资源能耗。

工业人工智能的整体研究框架如图5-5所示。

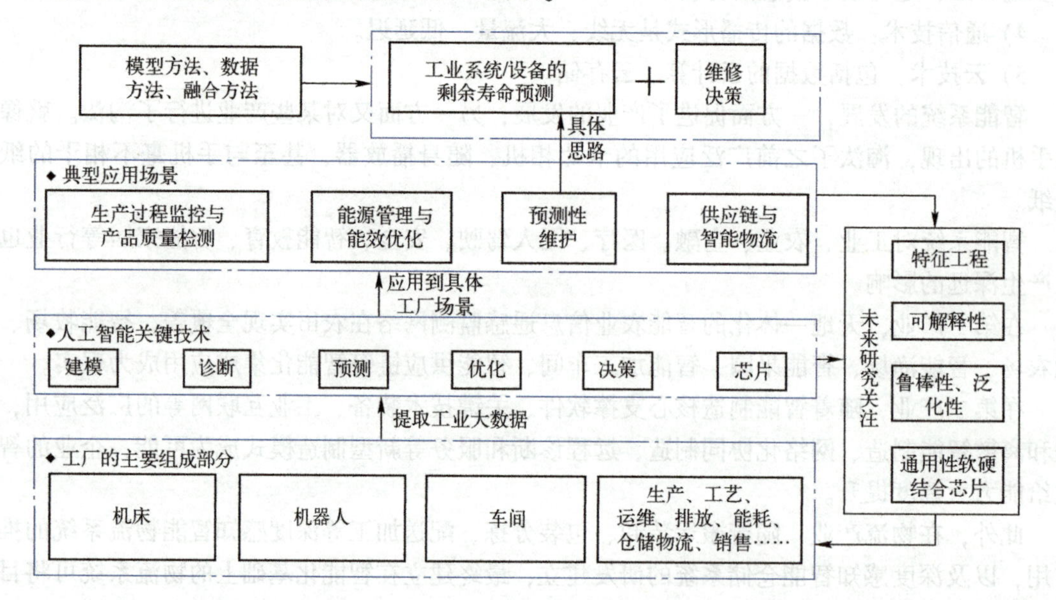

图5-5 工业人工智能的整体研究框架

5.5.2 工业人工智能的关键技术

完整的工业过程是一个复杂的系统工程，涉及产品类（包括设计、生产、工艺、装配、仓储物流和销售等）、设备类（包括传感器、制造设备、产线、车间和工厂等）、相关类（包括运维、售后、市场、排放、能耗和环境等）等方面的生产、决策和服务。

另外，人工智能基于数据，利用机器学习、深度学习等算法，研究计算机视觉、语音工程、自然语言处理以及规划决策等问题。工业人工智能综合工业大数据和工业运行中的知识经验，利用人工智能技术，通过自感知、自比较、自预测、自优化和自适应，实现工业生产过程的优质、高效、安全、可靠和低耗的多目标优化运行。围绕上述的目标，工业人工智能需要大力发展以下6个关键技术。

1. 建模

建模在工业生产中具有重要意义，模型包含的工业机理与工业知识，揭示了设备或部件的退化机理、工艺参数和产品质量间的映射关系、产线运行状况和部件工序之间的耦合关系等，反映了制造业的核心工艺和生产运行过程，体现了企业的生产能力和竞争力。

2. 诊断

安全是工业生产的基本条件，对工业生产来说，设备、生产过程的异常运行将导致产品的质量下降，严重时甚至造成安全事故以及人员伤亡。因此，利用传感器广泛采集关键设备、产线运行以及产品质量检测获得的图像、视频以及时序等多元异构数据，利用大数据分析、机器学习、深度学习等方法进行有监督或无监督的分类和聚类，实现工业生产过程的智能在线异常检测、诊断和溯源。

3. 预测

预测对工业生产具有重要的促进作用，大数据技术、云服务技术和人工智能技术的快速发展促进了预测效果的不断提高。基于数据驱动的预测技术在预测性维护、需求预测、质量预测等方面获得了广泛的应用。对预测性维护来说，利用工业设备运行数据和退化机理经验知识，预测设备的剩余有效使用时间并制定维修策略，实现高效的预测性维护。

4. 优化

优化是提高工业生产效率的重要手段，主要分为设备级和系统级的优化。机床等工业设备的参数对产品的质量具有重要影响，因此常用监督式特征筛选（如 Fisher score、Lasso 等）和非监督式特征筛选（Principal component analysis、Laplacian score、Auto-encoder 等）方法，提取影响加工精度的关键工艺参数，运用智能优化算法实时优化，实现工业提质增效。复杂工业生产通常由一系列工业设备组成生产工序码，进而由多个生产工序构成生产线，利用监测设备和生产线运行状态的数据，借助智能优化算法，协同各个生产工序共同实现生产全流程的产品质量、产量、消耗、成本等综合生产指标，保证生产全流程的整体优化运行。

5. 决策

决策是形成工业生产闭环的关键，主要包括工业过程智能优化决策和设备的维护决策。工业过程智能优化决策由生产指标优化决策系统、生产全流程智能协同优化控制系统和智能自主运行优化控制系统组成，能够实时感知市场信息、生产条件以及运行工况，实现企业目标、计划调度、运行指标、生产指令与控制指令一体化优化决策。工业设备的维护决策主要分为修复性维护、预防性维护以及预测性维护等决策，其中预测性维护被预言为工业互联网的“杀手级”应用之一，可以有效地降低维护成本、消除生产宕机、降低设备或流程的停机以及提高生产率等优点。

6. AI 芯片

人工智能的快速发展得益于数据、算法、算力的大力发展。人工智能芯片作为人工智能应用的底层硬件，为其提供算力支撑。

人工智能芯片按架构体系分为通用芯片 CPU 和 GPU、半定制芯片 FPGA（Field Programmable Gate Array）、全定制芯片 ASIC（Application Specific Integrated Circuits）和模拟人脑的新型类脑芯片；按使用的场景分为云端训练芯片、云端推断芯片、终端计算芯片。

人工智能的功能实现包括训练和推断，即先采用云端训练芯片训练数据得出核心模型，接着利用云端推断芯片对新数据进行判断推理得出结论，终端计算芯片主要提供简单的，或者需要实时性能的边缘计算的能力。目前，在云侧主要利用 CPU、GPU、FPGA 等芯片进行训练获得模型；端侧以推理任务为主，无须承担巨大的运算量，所以芯片架构以 ASIC 为主。

5.5.3 工业人工智能应用的典型场景

工业人工智能将促进工业的快速发展，并且开始应用到工业生产的各个领域。目前，工业人工智能应用的典型场景包括产品质量检测与生产过程监制、能源管理与能效优化、供应链与智能物流、设备预测性维护等。

1. 生产过程监控与产品质量检测

产品质量是企业竞争力的一个重要指标，现代的高精尖企业对产品的次品率有着极其苛刻的要求。因此，在长链条加工产线的制造业中，利用工业人工智能技术，建立长链条工艺参数与加工精度之间的映射关系，通过监测工艺参数的异常，及时溯源，检查生产设备或主动优化工艺参数，尽量避免次品出现。对完成的产品，利用视频、图像、红外、超声等技术进行产品的尺寸或表面缺陷检测，获取产品二维/三维图像信息。基于人工智能的机器视觉技术，实现快速的产品批量检测与分类，具有自动、客观、非接触和高精度的特点，有效提升工作效率，降低劳动强度。

2. 能源管理与能效优化

工业生产中的能耗节省与能效优化是企业成本控制的一个重要方面。在智能电网和工厂设备节能管理中利用人工智能优化算法进行管理优化，可有效降低企业成本。人工智能在智能电网的发电、输电、变电、配电、用电及电力调动等环节发挥了重要作用。利用人工智能技术，在变电环节可有效减少变电站的数量，提高变电效率，使变电站在占地少的同时达到安全高效；从能耗指标PUE智能优化和能量智能管理调度角度，提供智慧能源管理解决方案；设计中央空调能源管理智能优化系统，通过系统参数在线监测和非线性动态预测分析，预测并判断下一时段系统的冷负荷工况、系统能耗及能效优化控制参量，对系统载冷剂实施调节控制，实现系统能耗的实时调节，达到节能减排的目的。

3. 供应链与智能物流

随着中国物流行业的快速发展，智能物流取得了显著的成绩，一些企业基于如仓库的位置、成本、库存、运输工具、车辆和人员等信息，利用人工智能技术制定调度策略，取得了显著的效果。在人工智能技术的驱动下，供应链与物流的智能化体现在如下三个方面。

(1) 实时决策

在承担大量复杂的运输任务时，借助人工智能优化算法，供应链专业人员可在车辆、路线和时间等选择中进行自动分析并做出最优决策。

(2) 流程优化

通过人工智能计算对物流运作流程进行重新构建，在快速计算和诸多物流数据和信息基础上做出诸如货物是否装卸、车辆是否检修等决策，实现物流运行流程自动化，提升作业的效率和精准性。

(3) 自动分类

通过智能机器人使用摄像头对货物、包裹和快件分类，通过拍摄货物照片进行损坏检测并进行必要的修正。

4. 预测性维护

工业设备在长期运行中，其性能和健康状态不可避免地下降。同时，随着大型设备的组成部件增多、运行的环境更加复杂多样，设备发生退化的概率逐渐增大。不能及时发现其退化或异常，轻则造成设备失效或故障，重则造成财产损失甚至人员伤亡、环境破坏。根据设备运行的监测数据和退化机理模型的先验知识，利用人工智能技术，及时检测到异常并预测设备剩余使用寿命（Remaining Useful Life，RUL），接着设计合理的最优维修方案，将有效保障设备运行的安全性和可靠性。

基于寿命预测和维修决策的预测性维护（Predictive Maintenance，PdM）技术是实现以上功能的一项关键技术，它不仅能够保障设备的可靠性和安全性，而且能够有效降低维修成本、减少停机时间以及提高任务的完成率。因此，PdM 技术广泛应用到航空航天、武器装备、石油化工装备、船舶、高铁、电力设备、数控机床以及道路桥梁隧道等领域。

PdM 技术主要由数据采集与处理、状态监测、健康评估与 RUL 预测及维修决策等模块组成，它是故障诊断思想和内涵的进一步发展，其核心功能是根据监测数据预测设备的 RUL，然后利用获得的预测信息和可用的维修资源，设计合理的维修方案，实现降低保障费用、增加使用时间、提高设备安全性和可靠性等功能。RUL 预测对维修决策具有指导性价值，是 PdM 技术的基础；维修决策是设备 RUL 预测的目的，是实现 PdM 功能、节约维修成本和保证设备安全性的主要途径。

5.6 智能制造

5.6.1 智能制造和技术体系

1. 智能制造的概念

“智能制造”一词的定义有多种，并且一直在变化。

1）由日、美、欧共同发起实施的“智能制造国际合作研究计划”定义“智能制造系统是一种在整个制造过程中贯穿智能活动，并将这种智能活动与智能机器有机融合，将整个制造过程从订货、产品设计、生产到市场销售等各个环节以柔性方式集成起来的能发挥最大生产力的先进生产系统”。

2）由美国智能制造领导联盟发表的《21 世纪智能制造》报告定义“智能制造是先进智能系统强化应用、新产品制造快速、产品需求动态响应，以及工业生产和供应链网络实时优化的制造。智能制造的核心技术是网络化传感器、数据互操作性、多尺度动态建模与仿真、智能自动化，以及可扩展的多层次的网络安全”。

3）在中国《2015 年智能制造试点示范专项行动实施方案》中，定义“智能制造是基于新一代信息技术，贯穿设计、生产、管理、服务等制造活动各个环节，具有信息深度自感知、智慧优化自决策、精准控制自执行等功能的先进制造过程、系统与模式的总称。具有以智能工厂为载体、以关键制造环节智能化为核心、以端到端数据流为基础、以网络互联为支撑等特征，可有效缩短产品研制周期、降低运营成本、提高生产效率、提升产品质量、降低资源能源消耗”。

从上述定义可以看出，随着各种制造新模式的产生和新一代信息技术的快速发展，智能制造的内涵在不断变化，智能制造的范围也在扩大，横向上从传统制造环节延伸到产品全生命周期，纵向上从制造装备延伸到制造车间、制造企业甚至企业的生态系统。

总之，智能制造主要包括如下内容。

1）智能制造面向产品全生命周期而非狭义的加工生产环节，产品是智能制造的目标对象。

2）智能制造以物联网、大数据、云计算等新一代信息技术为基础，是泛在感知条件下的信息化制造。

3）智能制造的载体是制造系统，从微观到宏观有不同的层次，例如制造装备、制造单元、制造车间、制造企业和企业生态系统等。制造系统的构成包括产品、制造资源（机器、生产线、人等）、各种过程活动（设计、制造、管理、服务等），以及运行与管理模式。

4）智能制造系统，具有自主性的感知、学习、分析、决策、通信与协调控制能力，这是其区别于“自动化制造系统”和“数字化制造系统”的根本之处，同时，“能动态地适应制造环境的变化”也非常重要，一个只具有优化计算能力的系统和一个智能的系统是不同的。

2. 智能制造的目标

智能制造的目标包含增强用户体验、提高设备运行可靠性、提高产品生产效率、提升产品质量、缩短产品生产周期和拓展产品价值链空间等。

(1) 满足客户个性化定制需求

在家电、3C（计算机、通信和消费量电子产品）等行业，面对客户多样化与不断变化的产品需求，企业必须具备提供个性化产品的能力，才能在激烈的市场竞争中生存下来。智能制造技术可以从多方面为个性化产品的快速推出提供支持，如通过智能设计手段缩短产品的研制周期，通过智能制造装备（如柔性化生产线工业机器人、3D 打印设备）提高生产的柔性，从而适应单件小批量生产模式等。这样，企业在一次性生产且产量很低（批量为 1）的情况下也能获利。

(2) 保证高效率的同时，实现可持续制造

可持续发展定义为“能满足当代人的需要，又不对后代人满足其需要的能力构成危害的发展。”

可持续制造是可持续发展对制造业的必然要求。从环境方面考虑，可持续制造首先要考虑的因素是能源和原材料消耗。智能制造技术能够有力地支持高效可持续制造，首先，通过传感器等手段可以实时掌握能源利用情况；其次，通过能耗和效率的综合智能优化，获得最佳的生产方案并进行能源的综合调度，提高能源的利用率。

(3) 提升产品价值，拓展价值链

产品的价值体现在“研发—制造—服务”的产品全生命周期的每一个环节，根据“微笑曲线”理论，制造过程的利润空间通常比较低，而研发与服务阶段的利润往往较高，通过智能制造技术，有助于企业拓展价值空间。一方面，通过产品智能化升级和产品智能设计技术，实现产品创新，提升产品价值；另一方面，通过产品个性化定制、产品使用过程的在线实时监测、远程故障诊断等智能服务手段，创造产品新价值，拓展价值链。

3. 智能制造的技术体系

智能制造技术体系框架如图 5-6 所示，智能制造系统包括智能产品、智能制造过程和智能制造模式三部分内容，而新一代信息技术等基础关键技术为智能制造系统的建设提供了支撑。

(1) 智能产品

智能产品是指深度嵌入信息技术，在制造使用和服务过程中，能够体现出自感知、自诊断、自适应、自决策等智能特征的产品。

产品智能化是产品创新的重要手段，智能产品通常具有如下特点。

1) 能够实现对自身状态、环境的自感知，具有故障诊断功能。

2) 具有网络通信功能，提供标准和开放的数据接口，能够实现与制造商、服务商、用户之间的状态和位置等数据的传送。

3) 具有自适应能力，能够根据感知的信息调整自身的运行模式使其处于最优状态。

(2) 智能制造过程

作为制造过程创新的重要手段，智能制造过程包括设计、工艺、生产和服务过程的智能化。

通过智能数据分析手段获取设计需求，进而通过智能创新方法进行概念生成，通过智能仿真和优化策略实现产品的性能提升，辅之以智能并行协同策略来实现设计制造信息的有效反馈，从而大幅缩短产品研发周期，提高产品设计品质。

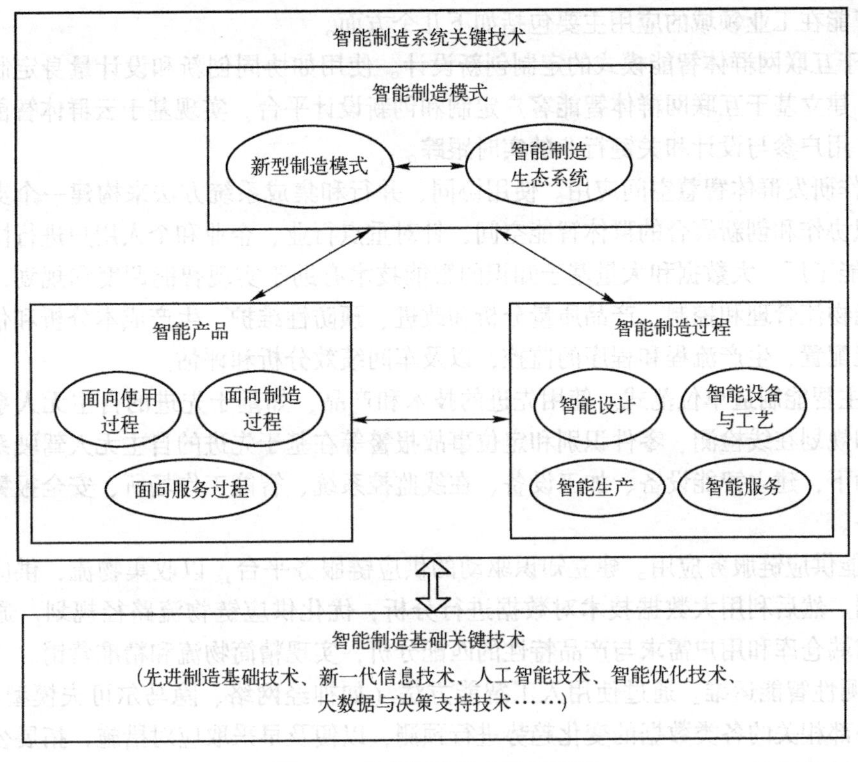

图 5-6　智能制造技术体系框架

智能制造装备的技术核心是装备能对自身和加工过程进行自感知，对与装备、加工状态、工件材料和环境有关的信息进行自分析，根据零件的设计要求与实时动态信息进行自决策，依据决策指令进行自执行，通过“感知—分析—决策—执行与反馈”大闭环过程，不断提升装备性能及其适应能力，实现高效、高品质及安全可靠的加工。

在工厂或生产车间引入智能技术与管理手段，实现生产资源最优化配置、生产任务和物流实时优化调度、生产过程精细化管理和智慧管理决策。

智能服务的目标是将大数据分析技术应用于生产管理服务和产品售后服务环节，实现科学的管理决策，提升供应链运作效率和能源利用效率，并拓展价值链，为企业创造新价值。

(3) 智能制造模式

智能制造技术发展的同时，也产生了许多新型制造模式，例如家用电器、汽车等行业的客户个性化定制模式，电力航空装备行业的异地协同开发和云制造模式，食品、药材、建材、钢铁、服务等行业的电子商务模式，以及众包设计（众包指的是一个公司或机构把过去由员工执行的工作任务，以自由自愿的形式外包给非特定的大众志愿者的做法）、协同制造、城市生产模式等。智能制造模式以互联网、大数据、3D 打印等新技术为实现前提，极大地拓展了企业的价值空间。

新模式下，智能制造系统将演变为复杂的“大系统”，其结构更加动态，企业间的协同关系也更分散化。制造过程由集中生产向网络化异地协同生产转变，企业之间的边界逐渐变得模糊，而制造生态系统则显得更加清晰和重要，企业必须融入智能制造生态系统，才能生存和发展。

(4) 智能制造与人工智能

物联网、云计算、大数据、人工智能等新一代信息技术是实现智能制造的技术基础。

人工智能在工业领域的应用主要包括如下几个方面。

1）基于互联网群体智能模式的定制创新设计。使用如协同创新和设计量身定制应用等产品和技术，建立基于互联网群体智能客户定制和创新设计平台，实现基于云群体智能的产品选择、体验、用户参与设计和关键行业的实时跟踪。

2）合作研发群体智慧空间应用。使用协同、并行和集成系统方法来构建一个支持大数据处理、知识协作和创新聚合的群体智能空间，针对重点行业、企业和个人用户进行协同研发。

3）智能工厂。大数据和大量基于知识的智能技术有助于实现智能调度和规划、过程参数优化、智能物流管理和控制、产品质量分析和改进、预防性维护、生产成本分析和估算、能耗监控和智能配置、生产流程和程序的监控，以及车间绩效分析和评估。

4）自主智能制造单位范式。使用先进的技术和产品，如基于先进的自主无人系统的智能制造分销和规划在线检测、零件识别和定位事故报警等在基于先进的自主无人驾驶系统的控制中心的帮助下，建立智能设备、加工设备、在线监控系统、智能工作场所、安全报警系统和自动装卸设备。

5）智能供应链服务应用。建立知识驱动的供应链服务平台，以收集物流、供应链、仓库和市场数据。然后利用大数据技术对数据进行分析，优化供应链物流路径规划，通过预先交付，以及前端仓库和用户需求与产品特性的匹配分析，实现精简物流和精准营销。

6）预测性智能运维。通过使用人工智能方法（如神经网络、隐马尔可夫模型等），对企业积累或外部相关的各类数据的变化趋势进行预测，以便及早采取应对措施，拓展公司业务或解决问题、排除风险。

5.6.2 智能制造技术

智能制造技术针对工厂内部生产制造过程的智能化，从关键制造环节和工厂两个层面实现设备、系统和数据的互联互通，以及制造流程与业务的数字化管控。智能制造技术将云计算、物联网、大数据及人工智能等新一代信息技术与产品全生命周期活动的各个环节（设计、生产、检验、管理和服务等）相融合，通过关键生产加工环节智能化、数据传输集成化、泛在网络互联化，实现自主感知制造信息、智能化决策优化生产过程、精准智能执行控制指令等，提升产品生产过程自动化、智能化水平，提高制造效率，降低能耗、人力等制造成本，是个性化定制化生产的内在需求，对推动制造业转型升级具有重要意义。

智能制造围绕企业“三个集成”，通过工业设备、伺服系统和工控系统的自适应感知互联以及生产制造过程中设计、生产等环节相关数据的采集处理，融合虚拟网络世界与现实物理世界，提升关键智能设备和装备的自主化能力，以及产品生产加工、供应链、仓储和服务的智能化水平。智能制造应用技术包括基于CPS的工业现场制造执行技术、智能工厂技术、赛博制造技术和智能服务技术等。

1. 基于CPS的工业现场制造执行技术

基于CPS的工业现场制造执行技术涉及人机设备、加工对象、环境之间的互联、感知，以及生产加工的进度、现场质量检验、设备状态及利用率等现场信息的实时传递、反馈以及分析处理，实现工业现场人、机、物的智能协同。工业现场人、机、物交互程度的高低，是智能制造技术水平的重要体现之一。基于CPS的工业现场制造执行主要涉及以下关键技术。

（1）多协议、多类型融合的工业网络技术

基于无线传感网络、时间敏感性分组网络和面向物联网的蜂窝窄带无线（NB-IoT）网络，形成面向多协议、多类型的工业网络接入设备，搭建稳定、高效、低功耗的工厂现场有线/无线网络，支撑基于CPS的工业现场对低功耗、大接入容量、实时、时间敏感以及大数据量传输需求。

(2) 控制一体化集成技术

通过综合运用RFID传感器、声音视频等非接触式感知、声光电等传感器、条码/二维码、雷达等感知技术，实现工业设备、工业控制系统、伺服系统的感知互联，并通过工业网络传输数据和指令，完成生产制造过程中设计、生产等环节相关数据的采集、分析和控制，向下能使物理设备具有计算、通信、精确控制、远程协调和自治等功能，向上解决内部信息孤岛的问题，形成基于CPS的可自律操作的智能生产系统。再纵向贯穿至生产设备，实现人、机、物和系统的互联，实现端到端的集成；再横向延伸到全球互联网，打通内外部的协作通道，实现横向集成。

(3) 工业关键设备互联技术

基于多模型的CPS架构、多代理智能的泛在感知、协调交互以及伺服控制，集成并行处理多源、异构、海量数据，实时融合、交互赛博空间与物理过程，形成工业环境关键设备/系统互联中间件产品，实现生产制造环境、制造加工设备、工业控制系统、感知伺服系统等关键工业设备的互联互通以及数据的智能采集，解决工业现场与工业软件、管理信息系统之间数据割裂，不能有效支撑业务管控问题，支撑面向生产任务的生产资源动态调度、作业任务排程与优化等管理执行创新应用。

2. 智能工厂技术

智能工厂涵盖企业经营业务各个环节，包含产品设计、工艺设计、生产加工、采购、销售和供应链等产业链上下游的相关活动。智能工厂生产制造工业现场层、感知执行层和应用层等多个不同层级的硬件设备和系统，在应用中，基于传感器和工业互联网感知和连接工业现场设备、流程、管理系统和人员，在互联互通的基础上，基于人工智能技术自主决策和执行生产过程的相关指令，形成自动化、柔性化和智能化的生产形态。建设智能工厂主要涉及以下关键技术。

(1) 智能化的装备与产线技术

智能化的装备与产线是智能工厂的硬件基础，通过建设智能生产设备、工业机器人和智能工具（刀具、卡具、量具等）管理系统等，实现工业现场产品加工、检测和流转等过程的自动化，实现控制指令、程序的数字化和设备状态、生产数据的闭环反馈。

(2) 智能化的仓储与物流技术

智能化的仓储与物流是智能工厂的重要组成部分，自动化立体库房可以极大提高进出库的工作效率，降低人为因素造成的进出库错误；AGV智能小车、公共资源定位系统、智能物流管控能够极大提高物品转运过程中的精准化，减少物料配送的等待时间，提升生产作业与物流的协同能力。

(3) 智能化的生产计划排程与过程管控技术

智能化的生产计划排程与过程管控是智能工厂的核心部分，通过高级计划云排程可以充分利用社会化的资源，跨企业进行安排计划，从而加快生产进度，提升企业效率；过程执行管控系统使生产加工进度、产品质量等过程管理透明化，配合现代移动互联网技术，实现异地实时的生产管理。

(4) 虚拟工厂与自主决策技术

虚拟工厂与自主决策是智能工厂的应用部分，虚拟工厂连接工业现场设备和环境进行线上展示和控制线下生产加工过程，并统计、分析生产制造过程采集的工业数据（如设备状态数据、车间物流数据和供应链数据等)，支撑企业经营管理决策。

3. 赛博制造技术

赛博制造是在计算机虚拟空间建立真实物理制造过程的投影，通过建立设计、仿真分析、试验、生产和维护等不同阶段的数字化设计模型、仿真模型、试验模型、生产模型、维护模型和人体模型以及工厂模型，充分利用大数据、仿真等信息化手段，对物理产品的制造过程进行模拟、仿真、分析，不断验证、改进、优化，并最终反馈到物理产品研制过程贯彻执行。在应用过程中首先对产品生命周期设计、仿真分析、试验、生产和维护等不同阶段的设备、装备和环境开展建模，运用AR/VR/MR等先进交互技术，在赛博空间映射现实世界的生产及其制造工艺过程相关的设备；然后建立包含产品研制过程和活动的设计、试验、生产、维护和人体的仿真模型与智能虚拟样机；进而完成设计、生产和维保等验证过程的虚拟仿真分析，包括驱动智能样机进行设计方案的测试、分析和优化，基于AR/VR/MR评估、测试工艺路径合理性人工工效和作业操作可达性，进一步开展基于AR/VR/MR的生产制造，评估设备性能、测试生产线效率、验证生产线布局、优化生产流程等，实现赛博制造与物理制造的完美融合。

赛博制造涉及的关键技术主要包括以下三种。

(1) 基于AR/VR的赛博制造虚拟环境与人机交互技术

包括音、视频指挥调度，音响、中央控制器、电源控制器、音响控制器等设备的集中控制系统，以及立体显示系统、沉浸式头显设备、混合现实显示设备和增强现实型显示设备等多种虚拟现实显示系统，以及数据手套、头部跟踪器及操作手柄和肌电手环等虚拟现实交互系统，为赛博空间的构建提供所需的软硬件环境以及相应的交互、控制。

(2) 赛博制造建模技术

基于虚拟环境开发工具集，如平面图处理工具、三维模型建模工具等，以及图形视景系统包括图像处理、可视化管理、实时交互软件，通过对产品生命周期设计、生产、试验和维护等不同阶段的产品、人和环境开展建模，实现与现实世界的生产、试验、维护等过程相关设备的映射。

(3) 赛博、物理空间的集成与交互式运行技术

基于物理制造过程在赛博空间的集成与映射，开展设计、生产和维护等物理过程的仿真分析，进行设计方案的测试、分析和优化，评估、测试工艺路径合理性、人工功效性能和生产制造的可达性，测试生产线效率、验证生产线布局、优化生产流程、评估优化设备性能等。

4. 智能服务技术

智能服务通过工业互联网平台接入工业现场产品、需求、供应和人力资源等信息，采集采购、库存、销售、运输及回收等供应链环节的业务数据和制造资源的技术参数信息、工况信息等，分析用户需求、设备/产品的运行状态、性能参数及操作行为，挖掘与制造过程人、机、物相关的复杂隐性关联信息，提供精准、高效的服务，如供应链分析、优化，以及基于大数据的故障预测与诊断等。

(1) 供应链分析和优化服务

通过工业互联网收集从用户订单到产品采购、物流以及供应商等供应链各个环节的数据，运用大数据技术实时监测供应链全过程，并分析、挖掘工业大数据优化库存、采购和物流规划等，推动供应链成为企业发展的核心竞争力。

(2) 基于大数据的故障诊断与预测服务

基于大数据的故障诊断与预测服务包括设备运行监测、交互式故障诊断和远程技术支援等。

5.6.3 工业大数据与流程工业智能制造

流程工业大数据与一般工业企业相比，来源更为复杂。以炼油化工行业大数据为例，一方面来自原料、中间产品、成品的物性分析，另一方面来自中间控制过程和生产管理过程。单就原料中的原油而言，每种原油的详细评价数据就多达两三百个。生产过程则更为复杂，各种类型的数据来自分布于炼油化工装置现场的各类检测仪器，如何对这些多源数据进行分析、处理和存储，成为炼油化工大数据应用面临的首要问题。

流程工业智能制造与一般意义上的智能制造相比，必须解决以下几方面的技术创新，而工业大数据在其中扮演着核心角色。

1. 生产全流程一体化控制

流程工业综合自动化是采用自动化技术，以计算机和网络技术为手段，将生产过程的生产工艺技术、设备运行技术和生产过程管理技术进行集成，实现生产过程的控制、运行、管理的优化集成，从而实现管理的扁平化与精细化，以及与产品质量、产量、成本、消耗相关的综合生产指标的优化控制。因此，需要从总体上创新生产全流程一体化控制的体系结构、设计技术、集成技术和实现技术。

主要内容如下：

1）生产全流程一体化过程控制系统的模型体系、模型结构与建模。

2）大数据、机理分析和知识驱动的复杂工业过程整体优化控制。

3）生产制造全流程运行优化控制。

4）流程运行优化控制和企业生产与运作管理的优化集成。

5）综合自动化系统的半实物仿真系统的研制与仿真。

6）综合自动化系统的体系结构、设计方法和实现技术。

2. 企业生产与运作管理中的建模与优化决策

生产管理与经营决策是综合自动化的一项核心内容。“管理与决策”将设备级的底层自动化系统与企业面临的产品、原料两个市场联系起来，使企业成为一个“资源配置合理、物料流动有序、生产井井有条”的有机整体，在整个综合自动化系统中起着“提纲挈领”的作用。

主要内容如下：

1）大数据和模型相融合的多目标非线性智能优化。

2）企业运作管理中的建模与优化决策。

3）流程工业生产计划调度和物流与供应链计划调度中的建模与优化理论和技术。

4）流程工业一体化计划调度。

5）制造执行系统的体系结构、设计方法与实现技术。

6）企业资源计划系统的体系结构、设计方法与实现技术。

3. 具有综合复杂性的工业过程混合智能建模与控制

主要内容如下：

1）复杂工业过程混合智能建模。

2）非线性鲁棒自适应控制。

3）多变量智能解耦控制。

4）大数据驱动的具有综合复杂性的工业过程智能控制。

5）复杂工业系统的分析与优化控制。

6）重大耗能设备智能优化控制系统。

4. 难测工艺参数与生产指标的软测量与检测技术及装置

流程工业工艺参数与生产指标是确保生产全流程安全、可靠、高效运行的关键参数与指标。其检测、监控、分析、测试技术和装置是综合自动化系统的“神经中枢”。

主要内容如下：

1）黑体空腔辐射测温理论及钢水、板坯测温。

2）气力输送粉体流动参数检测。

3）高精度固液相混合流体流量检测。

4）管道破损内检测与实时泄漏检测定位。

5）难测工艺参数与性能指标的软测量。

6）与生产过程质量、效率、能耗、物耗相关的生产指标在线检测。

5. 生产过程的运行工况故障预测、诊断与自愈控制

生产过程的故障诊断与安全运行技术是大型生产制造装备安全、可靠运行的前提，是保证生产制造全流程优化运行的关键技术，也是综合自动化系统正常运行的保障。其涉及的理论与方法是对已有的以控制器、执行机构和检测装置为对象的故障诊断与容错控制方法的挑战。

主要内容如下：

1）复杂工业过程的监控。

2）模型与大数据驱动的复杂工业过程运行工况的故障预报、诊断与自愈控制。

3）生产过程全流程控制与管理决策中的故障诊断、预报与安全运行控制。

4）工业过程故障诊断与安全运行系统的体系结构、设计方法与实现技术。

流程工业基本是连续化生产和自动化控制，在生产领域从20世纪70年代开始就可由计算机集散控制系统（DCS）采集用于过程控制与设备状态监控的传感器数据，主要是各种物料的连续物理化学状态信息，还有部分在线分析的物料组成信息。所以，流程工业的数据基础非常好，数据存储量高于其他行业，而且增速远高于其他行业。

另外，流程工业在企业经营领域普遍建设了大量企业信息系统，包括传统工业设计和制造类软件、企业资源计划、产品生命周期管理、供应链管理、客户关系管理和环境管理等系统，通过这些企业信息系统已积累大量的产品研发数据、生产性数据、经营性数据、客户信息数据、物流供应数据和环境数据。

流程工业大数据具有数据量大、类型多样、存储格式复杂及数据分散等特点。必须通过大数据技术的创新与应用，帮助流程工业应对节能、新能源发展、两化融合等方面的挑战。

首先，大数据为流程工业决策管理提供了手段。可通过语义分析技术和元搜索引擎，完成相关信息采集，并对数据进行存储、检索和智能分析，从数据深度关联、可视化查询、数据报告等方面，为企业实现决策和生产管理智能化提供数据支持。

其次，大数据积累和大数据分析是流程工业生产稳定运行的保障。对流程工业的海量历史数据进行深层分析挖掘，有望快速获取有价值的信息，形成可供推广的生产操作指导方案和风险评估技术，开创应用大数据技术解决装置生产问题的新途径。另外，可将远程在线监测及故障诊断系统升级为远程工业智能服务平台，把各类动设备、静设备、仪表、备件的参数、振动、工艺信号等数据纳入其中，应用大数据关联分析技术，预测检修，保证不发生事故、少发生事故，提高装置的在线率。

再则，大数据是流程工业取得经济效益的重要手段。通过掌握大数据的用法，寻找有效数据用于生产优化，并通过分析重点数据寻找生产规律，实现生产优化，并降低能耗。最后，大数据是提升流程工业安全管控水平的手段。

习题

1. 阿西莫夫发表的“机器人三原则”是什么？
2. 工业机器人的种类有哪些？
3. 机器人前沿技术主要包括哪些内容？
4. 说明工业机器人控制的基本原理。
5. 机器人控制系统的主要功能有哪些？
6. 画出工业机器人控制分层结构图。
7. 工业机器人系统具有哪些特性？
8. 什么是智能系统？
9. 智能系统的主要特征有哪些？
10. 专家系统的主要特点是什么？
11. 专家系统主要有哪几种分类？
12. 什么是智能机器？
13. 智能机器人有哪三类？
14. 什么是工业人工智能？
15. 工业人工智能的关键技术是什么？
16. 工业人工智能应用有哪些典型场景？

微课视频：第 5 章
重点难点
知识讲解

第 6 章　计算机控制系统的控制算法

6.1 被控对象的数学模型与性能指标

在对过程控制系统进行分析、设计前，必须首先掌握构成系统的各个环节的特性，特别是被控对象的特性，即建立系统（或环节）的数学模型。建立被控对象数学模型的目的是将其用于过程控制系统的分析和设计，以及新型控制系统的开发和研究。建立控制系统中各组成环节和整个系统的数学模型，不仅是分析和设计控制系统方案的需要，也是过程控制系统投入运行、控制器参数整定的需要，它在操作优化、故障检测和诊断、操作方案的制定等方面也是非常重要的。

6.1.1 被控对象的动态特性

在过程控制中，被控对象是工业生产过程中的各种装置和设备，如换热器、工业窑炉、蒸汽锅炉、精馏塔、反应器等。被控变量通常是温度、压力、流量、液位（或物位）、成分和物性等。

被控对象内部所进行的物理、化学过程可以是各式各样的，但是从控制的观点看，它们在本质上有许多相似之处。被控对象在生产过程中有两种状态，即动态和静态，而且动态是绝对存在的，静态则是相对的。显然，要评价一个过程控制系统的工作质量，只看静态是不够的，首先应该考查它在动态过程中被控变量随时间的变化情况。

在生产过程中，控制作用能否有效地克服扰动对被控变量的影响，关键在于选择一个可控性良好的操作变量，这就要对被控对象的动态特性进行研究。因此，研究被控对象动态特性的目的是为了配置合适的控制系统，以满足生产过程的要求。

1. 被控对象的分析

工业生产过程的数学模型有静态和动态之分。静态数学模型是过程输出变量和输入变量之间不随时间变化时的数学关系。动态数学模型是过程输出变量和输入变量之间随时间变化的动态关系的数学描述。过程控制中通常采用动态数学模型，也称为动态特性。

过程控制中涉及的被控对象所进行的过程几乎都离不开物质或能量的流动。可以把被控对象视为一个隔离体，从外部流入对象内部的物质或能量称为流入量，从对象内部流出的物质或能量称为流出量。显然，只有流入量与流出量保持平衡，对象才会处于稳定平衡的工况，平衡关系一旦遭到破坏，就必然会反映在某一个量的变化上，如液位变化就反映物质平衡关系遭到破坏，温度变化则反映热量平衡遭到破坏，转速变化可以反映动量平衡遭到破坏。

过程控制中的被控对象大多属于慢过程，也就是说被控变量的变化十分缓慢，时间尺度往往以若干分钟甚至若干小时计。这是因为被控对象往往具有很大的储蓄容积，而流入量、流出量的差额只能是有限值的缘故。

被控对象的动态特性大多具有纯迟延，即传输迟延，它是信号传输途中出现的迟延。

2. 被控对象的特点

过程控制涉及的被控对象（被控过程）大多具有如下特点。

(1) 对象的动态特性是单调不振荡的

对象的阶跃响应通常是单调曲线。在频率特性上，表现为工业对象的幅频特性和相频特性，随着频率的增大都是单调衰减没有峰值的；在根平面上，表现为对象只有分布在根左平面的实数根。

(2) 大多被控对象属于慢过程

由于大多被控对象具有很大的储蓄容积，或者由多个容积组成，所以对象的时间常数比较大，变化过程较慢。

(3) 对象动态特性的迟延性

迟延的主要来源是多个容积的存在，容积的数目可能有数个甚至数十个。容积越大或数目越多，容积迟延时间越长。有些被控对象还具有传输迟延。由于迟延的存在，调节阀动作的效果往往需要经过一段迟延时间后才会在被控变量上表现出来。

(4) 被控对象的自平衡与非自平衡特性

有些被控对象，当受到扰动作用致使原来的物料或能量平衡关系遭到破坏后，无须外加任何控制作用，依靠对象本身即可自动调整平衡，随着被控变量的变化，其不平衡量会越来越小，最后能够稳定在新的平衡点上。

(5) 被控对象往往具有非线性特性

严格来说，几乎所有被控对象的动态特性都呈现非线性特性，只是程度不同而已。如许多被控对象的增益就不是常数。除存在于对象内部的连续非线性特性外，在控制系统中还存在另一类非线性，如调节阀和继电器等元件的饱和、死区和滞环等典型的非线性特性。虽然这类非线性通常并不是被控对象本身所固有的，但考虑到在过程控制系统中，往往把被控对象、测量变送装置和调节阀三部分串联在一起统称为广义被控对象，因而它包含了这部分非线性特性。

对于被控对象的非线性特性，如果控制精度要求不高或负荷变化不大，则可用线性化方法进行处理。但是，如果非线性不可忽略时，必须采用其他方法，如分段线性的方法、非线性补偿器的方法或利用非线性控制理论来进行系统的分析和设计。

6.1.2 数学模型的表达形式与要求

研究被控过程的特性，就是要建立描述被控过程特性的数学模型。从最广泛的意义上说，数学模型是事物行为规律的数学描述。根据所描述的事物是在稳态下的行为规律还是在动态下的行为规律，数学模型有静态模型和动态模型之分。

1. 建立数学模型的目的

在过程控制中，建立被控对象数学模型的目的主要有以下4种。

(1) 设计过程控制系统和整定控制器的参数

在设计过程控制系统时，选择控制通道、确定控制方案、分析质量指标、探讨最佳工况以及控制器参数的整定，都以被控过程的数学模型为重要依据。

(2) 控制器参数的整定和系统的调试

在对控制器的参数进行整定，特别是PID控制器参数整定时，要以被控过程的数学模型为基础。在系统的调试阶段也需要了解被控过程的数学模型。

(3) 利用数学模型进行仿真研究

利用被控过程的数学模型，在计算机上对系统进行计算、分析，以获取代表或逼近真实过程的定量关系，可以为过程控制系统的设计与调试提供所需的信息数据，从而大大降低设计实验成本，加快设计进程。

(4) 进行工业过程优化

在生产过程中，需要充分掌握被控过程的数学模型，只有深刻了解被控过程的数学模型，才能实现工业过程的优化设计。

2. 对被控对象数学模型的要求

工业过程数学模型的要求因其用途不同而不同，总的来说是既简单又准确可靠，但这并不意味着越准确越好，应根据实际应用情况提出适当的要求。超过实际需要的准确性要求，必然造成不必要的浪费。在线运用的数学模型还有一个实时性的要求，它与准确性要求往往是矛盾的。

实际生产过程的动态特性是非常复杂的。在建立其数学模型时，往往要抓住主要因素，忽略次要因素，否则就得不到可用的模型。为此需要做很多近似处理，如线性化、分布参数系统集中化和模型降阶处理等。

一般来说，用于控制的数学模型并不一定要求非常准确。因为闭环控制本身具有一定的鲁棒性，对模型的误差可视为干扰，而闭环控制在某种程度上具有自动消除干扰影响的能力。

3. 建立数学模型的依据

要想建立一个好的数学模型，要掌握好以下三类主要的信息源。

(1) 要确定明确的输入量与输出量

因为同一个系统可以有很多个研究对象，这些研究对象将规定建模过程的方向。只有确定了输出量（被控变量），目标才得以明确。而影响研究对象的输出量发生变化的输入信号也可能有多个，通常选一个可控性良好、对输出量影响最大的一个输入信号作为控制变量，而其余的输入信号则为干扰量。

(2) 要有先验知识

在建模中，所研究的对象是工业生产中的各种装置和设备。而被控对象内部所进行的物理、化学过程可以是各种各样的，但它们必定符合已经发现的许多定理、原理及模型。因此在建模中必须掌握建模对象所要用到的先验知识。

(3) 试验数据

在进行建模时，关于过程的信息也能通过对对象的试验与测量而获得。合适的定量观测和实验是验证模型或建模的重要依据。

4. 被控对象数学模型的表达形式

被控对象的数学模型可以采取各种不同的表达形式，主要可以从以下3个方面加以划分。

1) 按系统的连续性划分：连续系统模型和离散系统模型。

2) 按模型的结构划分：输入/输出模型和状态空间模型。

3) 输入/输出模型又可按论域划分：时域表达（阶跃响应、脉冲响应）和频域表达（传递函数）。

在计算机控制系统的设计中，所需的被控对象数学模型在表达方式上是因情况而异的。各种控制算法无不要求过程模型以某种特定形式表达出来。例如，一般的PID控制要求过程模型用传递函数表达；二次型最优控制要求用状态空间表达；基于参数估计的自适应控制通常要求用脉冲传递函数表达；预测控制要求用阶跃响应或脉冲响应表达。

6.1.3　计算机控制系统被控对象的传递函数

计算机控制系统主要由数字控制器（或称数字调节器）、执行器、测量元件、被控对象组成，下面只介绍被控对象。

计算机控制系统的被控对象是指所要控制的装置或设备，如工业锅炉、水泥立窑、啤酒发酵罐等。

被控对象用传递函数来表征时，其特性可以用放大系数 K、惯性时间常数 T_m，积分时间常数 T_i 和纯滞后时间 τ 来描述。被控对象的传递函数可以归纳为如下几类。

1. 放大环节

放大环节的传递函数

$$G(s)=K \tag{6-1}$$

2. 惯性环节

惯性环节的传递函数为

$$G(s)=\frac{K}{(1+T_1s)(1+T_2s)\cdots(1+T_ns)},\ n=1,2,\cdots \tag{6-2}$$

当 $T_1=T_2=\cdots=T_m$ 时，$G(s)=\dfrac{K}{(1+T_ms)^n}$，$n=1,2,\cdots$

3. 积分环节

积分环节的传递函数为

$$G(s)=\frac{K}{T_is^n},\ n=1,2,\cdots \tag{6-3}$$

4. 纯滞后环节

纯滞后环节的传递函数为

$$G(s)=e^{-\tau s} \tag{6-4}$$

实际对象可能是放大环节与惯性环节、积分环节或纯滞后环节的串联。

放大环节、惯性环节与积分环节的串联：

$$G(s)=\frac{K}{T_is^n\ (1+T_ms)^l},\ l=1,2,\cdots;n=1,2,\cdots \tag{6-5}$$

放大环节、惯性环节、纯滞后环节的串联：

$$G(s)=\frac{K}{(1+T_ms)^l}e^{-\tau s},\ l=1,2,\cdots \tag{6-6}$$

放大环节、积分环节与纯滞后环节串联：

$$G(s)=\frac{K}{T_is^n}e^{-\tau s},\ n=1,2,\cdots \tag{6-7}$$

被控对象经常受到 $n(t)$ 的扰动，为了分析方便，可以把对象特性分解为控制通道和扰动通道，如图 6-1 所示。

扰动通道的动态特性同样可以用放大系数 K_n、惯性时间常数 T_n 和纯滞后时间 τ_n 来描述。

被控对象也可以按照输入、输出量的个数分类，当对象仅有一个输入 $U(s)$ 和一个输出 $Y(s)$ 时，称为单输入单输出对象，如图 6-2 所示。

当对象有多个输入和单个输出时，称为多输入单输出对象，如图 6-3 所示。

当对象具有多个输入和多个输出时，称为多输入多输出对象，如图 6-4 所示。

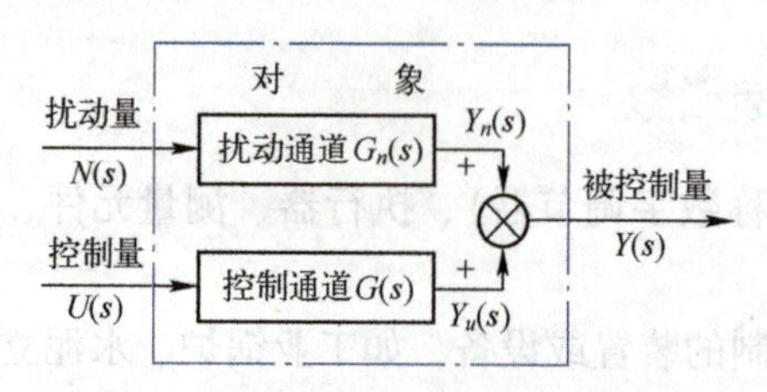

图 6-1 对象的控制通道和扰动通道

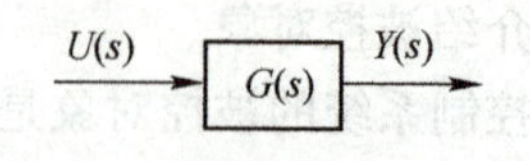

图 6-2 单输入单输出对象

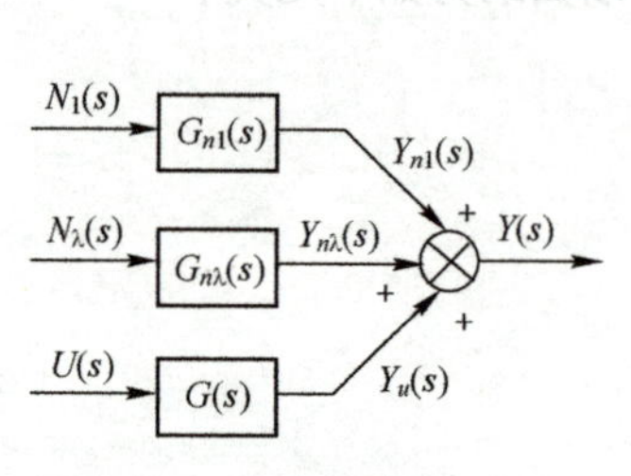

图 6-3 多输入单输出对象

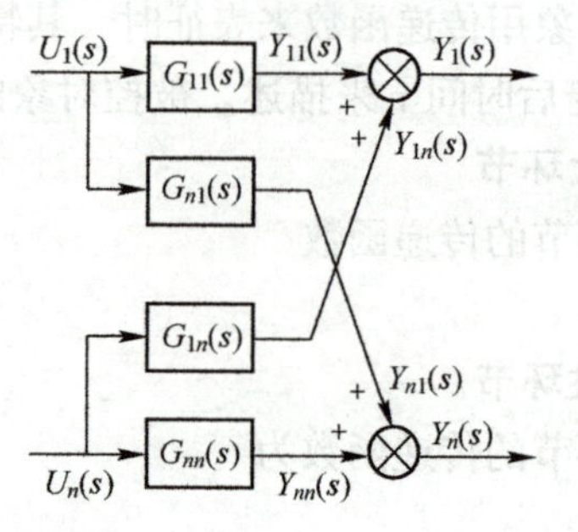

图 6-4 多输入多输出对象

6.1.4 计算机控制系统的性能指标

计算机控制系统的性能与连续系统类似，可以用稳定性、能控性、能观测性、稳态特性、动态特性来表征，相应地可以用稳定裕量、稳态指标、动态指标和综合指标来衡量一个系统的优劣。

1. 系统的稳定性

计算机控制系统在给定输入作用或外界扰动作用下，过渡过程可能有四种情况，如图 6-5 所示。

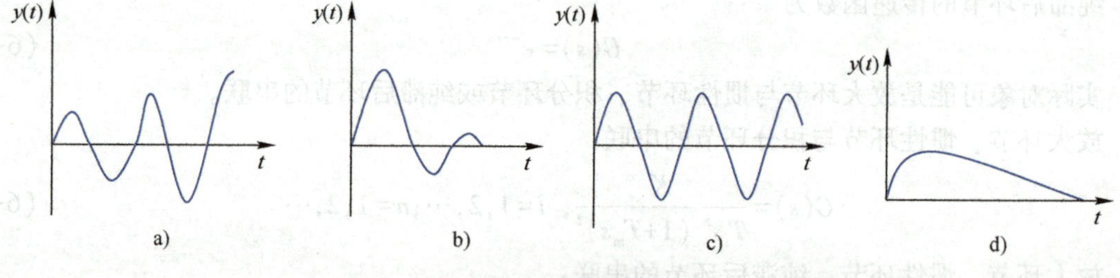

图 6-5 过渡过程曲线

a）发散振荡 b）衰减振荡 c）等幅振荡 d）非周期衰减

（1）发散振荡

被控参数 $y(t)$ 的幅值随时间逐渐增大，偏离给定值越来越远，如图 6-5a 所示。这是不稳定的情况，在实际系统中是不允许的，容易造成严重事故。

（2）等幅振荡

被控参数 $y(t)$ 的幅值随时间做等幅振荡，系统处于临界稳定状态，如图 6-5b 所示。在实际系统中也是不允许的。

（3）衰减振荡

被控参数 $y(t)$ 在输入或扰动作用下，经过若干次振荡以后，回复到给定状态，如图 6-5c 所示。当调节器参数选择合适时，系统可以在比较短的时间内，以比较少的振荡次数，比较小的振荡幅度回复到给定值状态，得到比较满意的性能指标。

(4) 非周期衰减

系统在输入或扰动作用下，被控参数 $y(t)$ 单调、无振荡地回复到给定值状态，如图 6-5d 所示。同样，只要调节器参数选择得合适，可以使系统既无振荡，又较快地结束过渡过程。

从上面四种情况可以看出：(1) 和 (2) 两种情况是实际系统中不希望、也不允许出现的情况，前者称为系统不稳定，后者称为临界稳定。(3) 和 (4) 两种情况则是控制系统中常见的两种过渡过程状况，这种系统称为稳定系统。控制系统只有稳定，才有可能谈得上控制系统性能的优劣，因此计算机控制系统的稳定性与连续控制系统的稳定性一样，也是一个重要概念，组建一个计算机控制系统，首先必须稳定，才有可能进一步分析该系统的性能指标。

在连续系统中为了衡量系统稳定的程度，引进了稳定裕量的概念，稳定裕量包括相角裕量和幅值裕量。同样，在计算机控制系统中，可以引用连续系统中稳定裕量的概念，因此，也可用相角裕量和幅值裕量来衡量计算机控制系统的稳定程度。

2. 系统的能控性和能观测性

控制系统的能控性和能观测性在多变量最优控制中是两个重要的概念，能控性和能观测性从状态的控制能力和状态的测辨能力两个方面揭示了控制系统的两个基本问题。

如果所研究的系统是不能控的，那么，最优控制问题的解就不存在。

3. 动态指标

在古典控制理论中，用动态时域指标来衡量系统性能的优劣。

动态指标能够比较直观地反映控制系统的过渡过程特性，动态指标包括超调量 σ_p，调节时间 t_s，峰值时间 t_p，衰减比 η 和振荡次数 N。系统的过渡过程特性如图 6-6 所示。

(1) 超调量 σ_p

σ_p 表示了系统过冲的程度，设输出量 $y(t)$ 的最大值为 y_m，$y(t)$ 输出量的稳态值为 y_∞，则超调量定义为

$$\sigma_p = \frac{|y_m| - |y_\infty|}{|y_\infty|} \times 100\% \tag{6-8}$$

超调量通常以百分数表示。

(2) 调节时间 t_s

调节时间 t_s 反映了过渡过程时间的长短，当 $t>t_s$ 时，若 $|y(t)-y_\infty|<\Delta$，则 t_s 定义为调节时间，式中 y_∞ 是输出量 $y(t)$ 的稳态值，Δ 取 $0.02y_\infty$ 或 $0.05y_\infty$。

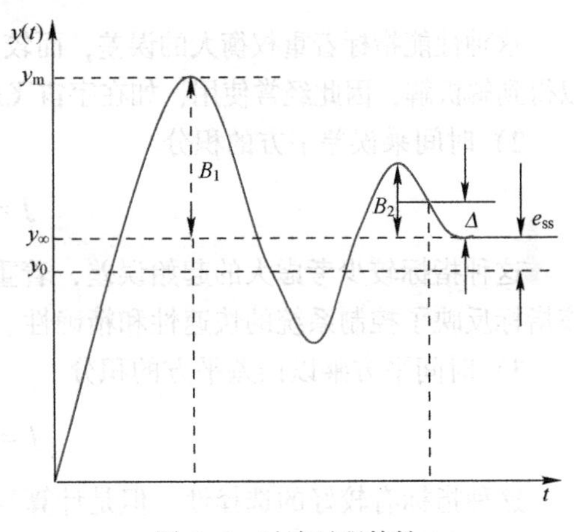

图 6-6　过渡过程特性

(3) 峰值时间 t_p

峰值时间 t_p 表示过渡过程到达第一个峰值所需要的时间，它反映了系统对输入信号反应的快速性。

(4) 衰减比 η

衰减比 η 表示了过渡过程衰减快慢的程度，它定义为过渡过程第一个峰值 B_1 与第二个峰值 B_2 的比值，即

$$\eta = \frac{B_1}{B_2} \tag{6-9}$$

通常，希望衰减比为 4∶1。

(5) 振荡次数 N

振荡次数 N 反映了控制系统的阻尼特性。它定义为输出量 $y(t)$ 进入稳态前，穿越 $y(t)$ 的

稳态值 y_∞ 的次数的一半。对于图 6-6 的过渡过程特性，$N=1.5$。

以上 5 项动态指示也称作时域指标，用得最多的是超调量 σ_p 和调节时间 t_s，在过程控制中衰减比 η 也是一个较常用的指标。

4. 稳态指标

稳态指标是衡量控制系统精度的指标，用稳态误差来表征，稳态误差是表示输出量 $y(t)$ 的稳态值 y_∞ 与要求值 y_0 的差值，定义为

$$e_{ss}=y_0-y_\infty \tag{6-10}$$

e_{ss} 表示了控制精度，因此希望 e_{ss} 越小越好。稳态误差 e_{ss} 与控制系统本身的特性有关，也与系统的输入信号的形式有关。

5. 综合指标

在现代控制理论中，如设计最优控制系统时，经常使用综合性指标来衡量一个控制系统。设计最优控制系统时，选择不同的性能指标，使得系统的参数、结构等也不同。所以，设计时应当根据具体情况和要求，正确选择性能指标。选择性能指标时，既要考虑到能对系统的性能做出正确的评价，又要考虑到数字上容易处理以及工程上便于实现。因此，选择性能指标时，通常需要做一定的比较。

综合性指标通常有以下三种类型。

（1）积分型指标

1）误差平方的积分

$$J=\int_0^t e^2(t)\,\mathrm{d}t \tag{6-11}$$

这种性能指标着重权衡大的误差，而较少顾及小的误差，但是这种指标数学上容易处理，可以得到解析解，因此经常使用，如在宇宙飞船控制系统中按 J 最小设计，可使动力消耗最少。

2）时间乘误差平方的积分

$$J=\int_0^t te^2(t)\,\mathrm{d}t \tag{6-12}$$

这种指标较少考虑大的起始误差，着重权衡过渡特性后期出现的误差，有较好的选择性。该指标反映了控制系统的快速性和精确性。

3）时间平方乘以误差平方的积分

$$J=\int_0^t t^2e^2(t)\,\mathrm{d}t \tag{6-13}$$

这种指标有较好的选择性，但是计算复杂，并不实用。

4）误差绝对值的各种积分

$$J=\int_0^t |e(t)|\,\mathrm{d}t \tag{6-14}$$

$$J=\int_0^t t|e(t)|\,\mathrm{d}t \tag{6-15}$$

$$J=\int_0^t t^2|e(t)|\,\mathrm{d}t \tag{6-16}$$

式（6-14）~式（6-16）三种积分指标，可以看作与式（6-11）~式（6-13）相对应的性能指标，由于绝对值容易处理，因此使用比较多。对于计算机控制系统，使用式（6-15）积分指标比较合适，即

$$J=\int_0^t t|e(t)|\,\mathrm{d}t \quad 或 \quad J=\sum_{j=0}^{k}(jT)\,|e(jT)|\,T=\sum_{j=0}^{k}|e(jT)|\,(jT^2)$$

5）加权二次型性能指标

对于多变量控制系统，应当采用误差平方的积分指标

$$J = \int_0^t \boldsymbol{e}^{\mathrm{T}}\boldsymbol{e}\mathrm{d}t = \int_0^t (e_1^2 + e_2^2 + \cdots)\mathrm{d}t \tag{6-17}$$

若引入加权矩阵 $\boldsymbol{Q}$，则

$$J = \int_0^t \boldsymbol{e}^{\mathrm{T}}\boldsymbol{Q}\boldsymbol{e}\mathrm{d}t = \int_0^t (q_1 e_1^2 + q_2 e_2^2 + \cdots)\mathrm{d}t \tag{6-18}$$

若系统中考虑输入量的约束，则

$$J = \int_0^t (\boldsymbol{e}^{\mathrm{T}}\boldsymbol{Q}\boldsymbol{e} + \boldsymbol{u}^{\mathrm{T}}\boldsymbol{R}\boldsymbol{u})\mathrm{d}t \tag{6-19}$$

加权矩阵 $\boldsymbol{Q}$ 和 $\boldsymbol{R}$ 的选择是根据对 $\boldsymbol{e}$ 和 $\boldsymbol{u}$ 的各个分量的要求来确定的。

当用状态变量 $x(t)$ 的函数 $F[x(t),t]$ 作为被积函数时，积分型性能指标的一般形式为

$$J = \int_{t_0}^{t_f} F[x(t),t]\mathrm{d}t \tag{6-20}$$

当 $F[x(t),t]$ 为实数二次型齐次式时，则 J 即为二次型性能指标。

在离散系统中，二次型性能指标的典型形式为

$$J = \sum_{k=0}^{n-1}\left[\frac{1}{2}\boldsymbol{x}^{\mathrm{T}}(k)\boldsymbol{Q}\boldsymbol{x}(k) + \frac{1}{2}\boldsymbol{u}^{\mathrm{T}}(k)\boldsymbol{R}\boldsymbol{u}(k)\right] \tag{6-21}$$

式中，$\boldsymbol{x}$ 为 n 维状态向量；$\boldsymbol{u}$ 为 m 维控制微量；$\boldsymbol{Q}$ 为 $n\times n$ 半正定对称矩阵；$\boldsymbol{R}$ 为 $m\times m$ 正定对称矩阵。

（2）末值型指标

$$J=S[x(t_f),t_f] \tag{6-22}$$

J 是末值时刻 t_f 和末值状态 $x(t_f)$ 的函数，这种性能指标称为末值型性能指标。

要求在末值时刻 t_f，系统具有最小稳态误差，最准确的定位或最大射程的末值控制中，就可用式（6-22）末值型指标。如 $J=\|x(t_f)-x_d(t_f)\|$，$x_d(t_f)$ 是目标的末值状态。

（3）复合型指标

$$J = S[x(t_f),t_f] + \int_{t_0}^{t_f} F[x(t),t]\mathrm{d}t \tag{6-23}$$

其实复合型指标是积分型指标和末值型指标的复合，是一个更普遍的性能指标形式。

6.1.5　对象特性对控制性能的影响

假设控制对象的特性归结为对象放大系数 K 和 K_n，对象的惯性时间常数 T_m 和 T_n，以及对象的纯滞后时间 τ 和 τ_n。

设反馈控制系统如图 6-7 所示。

控制系统的性能，通常可以用超调量 σ_p、调节时间 t_s 和稳态误差 e_{ss} 等来表征。

1. 对象放大系数对控制性能的影响

对象可以等效看作由扰动通道 $G_n(s)$ 和控制通道 $G(s)$ 构成，如图 6-7 所示。控制通道的放大系数 K_m，扰动通道的放大系数 K_n，经过推导可以得出如下的结论。

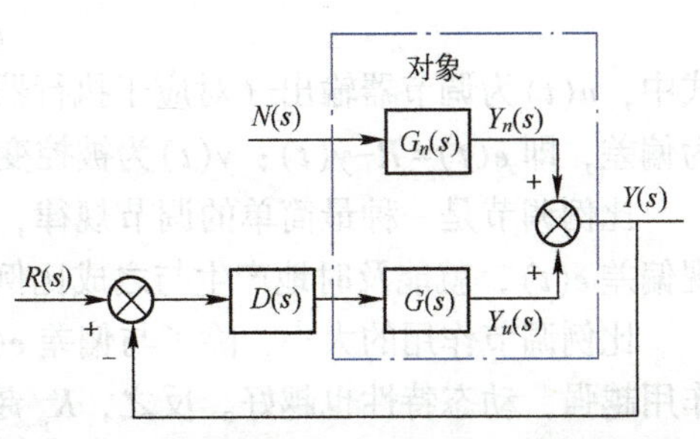

图 6-7　对象特性对反馈控制系统性能的影响

1）扰动通道的放大系数 K_n 影响稳态误差 e_{ss}，K_n 越小，e_{ss} 也越小，控制精度越高，所以

希望 K_n 尽可能小。

2）控制通道的放大系数 K_m 对系统的性能没有影响，因为 K_m 完全可以由调节器 $D(s)$ 的比例系数 K_p 来补偿。

2. 对象的惯性时间常数对控制性能的影响

设扰动通道的惯性时间常数为 T_n，控制通道的惯性时间常数为 T_m。

1）当 T_n 加大或惯性环节的阶次增加时，可以减少超调量 σ_p。

2）T_m 越小，反应越灵敏，控制越及时，控制性能越好。

3. 对象的纯滞后时间对控制性能的影响

设扰动通道的纯滞后时间 τ_n、控制通道的纯滞后时间 τ。

1）设扰动通道纯滞后时间 τ_n 对控制性能无影响，只是使输出量 $y_n(t)$ 沿时间轴平移了 τ_n，如图6-8所示。

2）控制通道纯滞后时间 τ 使系统的超调量 σ_p 加大，调节时间 t_s 加长，纯滞后时间 τ 越大，控制性能越差。

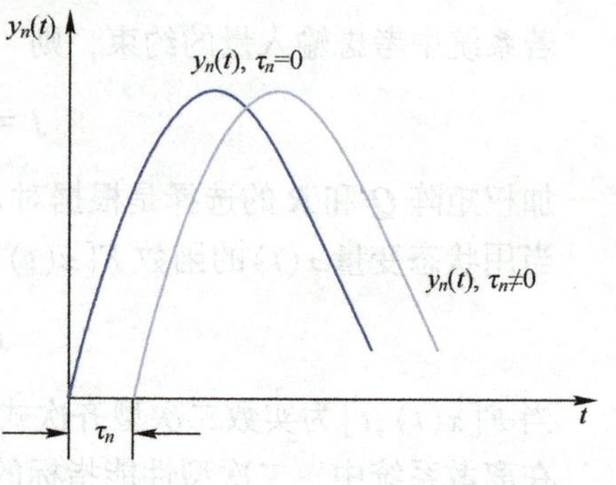

图6-8 τ_n 对输出量 $y_n(t)$ 的影响

6.2 PID 控制

6.2.1 概述

按偏差的比例、积分和微分进行控制（简称 PID 控制）是连续系统控制理论中技术最成熟，应用最广泛的一种控制技术。它结构简单、参数调整方便，是在长期的工程实践中总结出来的一套控制方法。在工业过程控制中，由于难以建立精确的数学模型，系统的参数经常发生变化，所以人们往往采用 PID 控制技术，根据经验进行在线调整，从而得到满意的控制效果。

6.2.2 PID 调节的作用

PID 调节按其调节规律可分为比例调节、比例积分调节和比例积分微分调节等。下面分别说明它们的作用。

1. 比例调节

比例调节的控制规律为

$$u(t)=K_p e(t) \tag{6-24}$$

式中，$u(t)$ 为调节器输出（对应于执行器开度）；K_p 为比例系数；$e(t)$ 为调节器的输入，一般为偏差，即 $e(t)=R-y(t)$；$y(t)$ 为被控变量；R 为 $y(t)$ 的设定值。

比例调节是一种最简单的调节规律，调节器的输出 $u(t)$ 与输入偏差 $e(t)$ 成正比，只要出现偏差 $e(t)$，就能及时地产生与之成比例的调节作用。比例调节的阶跃响应，如图6-9所示。

比例调节作用的大小，除了与偏差 $e(t)$ 有关外，主要取决于比例系数 K_p，K_p 越大，调节作用越强，动态特性也越好。反之，K_p 越小，调节作用越弱。但对于大多数惯性环节，K_p 太大，会引起自激振荡。其关系如图6-10所示。

比例调节的缺点是存在静差，是有差调节，对于扰动较大，且惯性也较大的系统，若采用单纯的比例调节，则很难兼顾动态和静态特性。因此，需要采用比较复杂的调节规律。

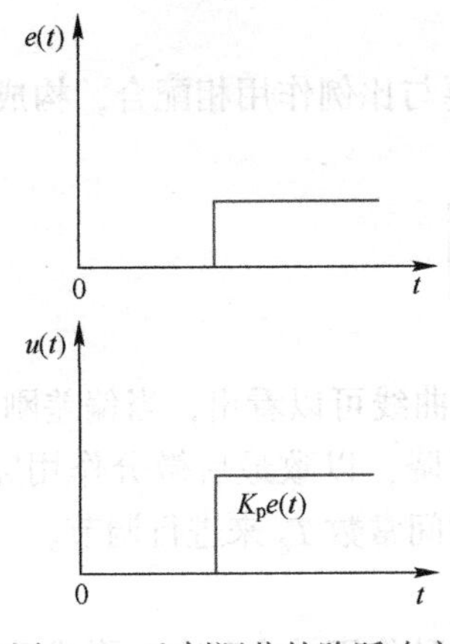

图 6-9 比例调节的阶跃响应

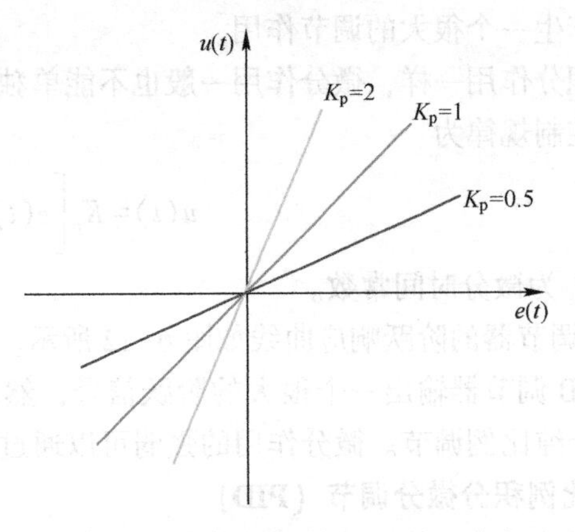

图 6-10 比例调节输入输出关系曲线

2. 比例积分调节

比例调节的缺点是存在静差，影响调节精度。消除静差的有效方法是在比例调节的基础上加积分调节，构成比例积分（PI）调节。PI 调节的控制规律为

$$u(t)=K_{\mathrm{p}}\left[e(t)+\frac{1}{T_{\mathrm{i}}}\int e(t)\,\mathrm{d}t\right] \tag{6-25}$$

对于 PI 调节器，只要有偏差 $e(t)$ 存在，积分调节就不断起作用，对输入偏差进行积分，使调节器的输出及执行器开度不断变化，直到达到新的稳定值而不存在静差，所以 PI 调节器能够将比例调节的快速性与积分调节消除静差的作用结合起来，以改善系统特性。

从式（6-25）可知，PI 调节由两部分组成，即比例调节和积分调节。

比例调节为 $u_{\mathrm{p}}(t)=K_{\mathrm{p}}e(t)$

积分调节为 $u_{\mathrm{i}}(t)=\dfrac{K_{\mathrm{p}}}{T_{\mathrm{i}}}\int e(t)\,\mathrm{d}t$

调节器的输出为 $u(t)=u_{\mathrm{p}}(t)+u_{\mathrm{i}}(t)$

其输出特性曲线，如图 6-11 所示。

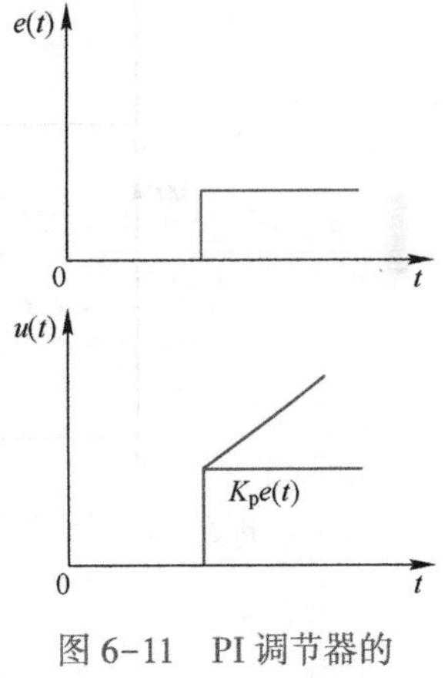

图 6-11 PI 调节器的输出特性曲线

由图 6-11 可以看出，在偏差 $e(t)$ 做阶跃变化时，比例作用立即输出 $u_{\mathrm{p}}(t)$，而积分作用最初为 0，随着时间的增加而直线上升。由此可见，PI 调节既克服了单纯比例调节有静差存在的缺点，又避免了积分调节响应慢的缺点，即静态和动态特性均得到了改善，所以，应用比较广泛。

式（6-25）中 T_{i} 为积分时间常数，它表示积分速度的快慢，T_{i} 越大，积分速度越慢，积分作用越弱。反之 T_{i} 越小，积分速度越快，积分作用越强。

3. 比例微分调节

加入积分调节可以消除静差，改善系统的静态特性。然而，当控制对象具有较大的惯性时，用 PI 调节就无法得到满意的调节品质。如果在调节器中加入微分作用，即在偏差刚出现，偏差值尚不大时，根据偏差变化的速度，提前给出较大的调节作用，将使偏差尽快消除。由于调节及时，可以大大减小系统的动态偏差及调节时间，从而改善过程的动态品质。

微分作用的特点是，输出只能反应偏差输入变化的速度，而对于一个固定不变的偏差，无论其数值多大，都不会有微分作用输出。因此，微分作用不能消除静差，而只能在偏差刚出现

的时刻产生一个很大的调节作用。

同积分作用一样，微分作用一般也不能单独使用，需要与比例作用相配合，构成PD调节器，其控制规律为

$$u(t)=K_{\mathrm{p}}\left[e(t)+T_{\mathrm{d}}\frac{\mathrm{d}e(t)}{\mathrm{d}t}\right] \tag{6-26}$$

式中，T_{d}为微分时间常数。

PD调节器的阶跃响应曲线如图6-12所示。从图6-12曲线可以看出，当偏差刚一出现的瞬间，PD调节器输出一个很大的阶跃信号，然后按指数下降，以致最后微分作用完全消失，变成一个纯比例调节。微分作用的强弱可以通过改变微分时间常数T_{d}来进行调节。

4. 比例积分微分调节（PID）

为了进一步改善调节品质，往往把比例、积分、微分三种作用结合起来，形成PID三作用调节器，其控制规律为

$$u(t)=K_{\mathrm{p}}\left[e(t)+\frac{1}{T_{\mathrm{i}}}\int e(t)\,\mathrm{d}t+T_{\mathrm{d}}\frac{\mathrm{d}e(t)}{\mathrm{d}t}\right] \tag{6-27}$$

PID调节器的阶跃响应曲线，如图6-13所示。由图6-13可以看出，PID调节器在阶跃信号作用下，首先进行比例、微分作用，使其调节作用加强，然后再进行积分，直到最后消除静差为止。因此，PID调节器，无论从静态还是动态的角度看，调节品质均得到了改善，从而使PID调节器成为一种应用最广泛的调节器。

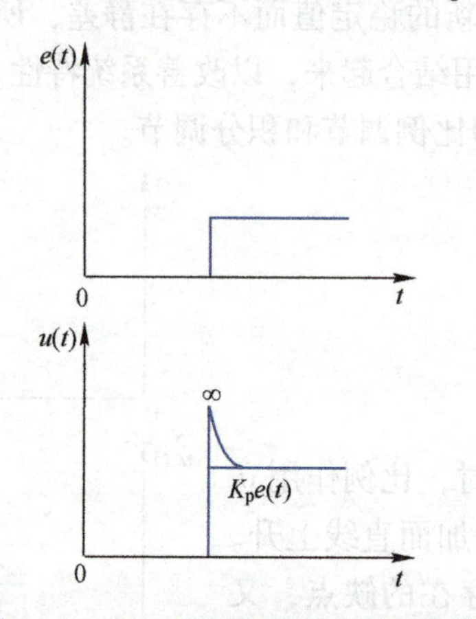

图6-12 PD调节器的阶跃响应曲线

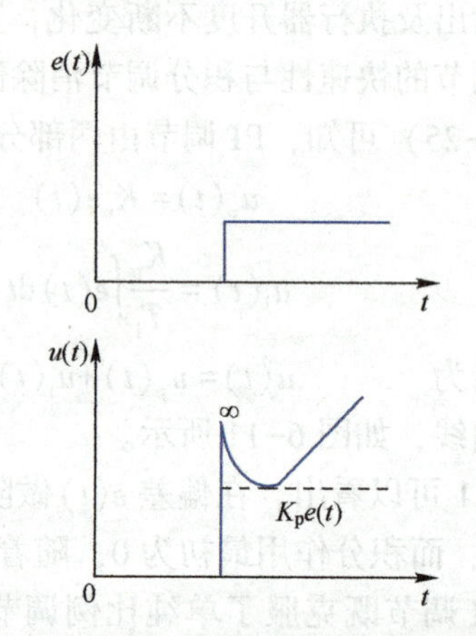

图6-13 PID调节器的阶跃响应曲线

6.3 数字PID算法

什么是算法？

简而言之，任何定义明确的计算步骤都可称为算法，接受一个或一组值为输入，输出一个或一组值。

可以这样理解，算法是用来解决特定问题的一系列步骤，算法必须具备如下3个重要特性。

1）有穷性：执行有限步骤后，算法必须中止。

2）确切性：算法的每个步骤都必须确切定义。

3）可行性：特定算法须可以在特定的时间内解决特定问题。

其实，算法虽然广泛应用在计算机或自动控制领域，但却完全源自数学。实际上，最早的数学算法可追溯到公元前1600年——古巴比伦有关求因式分解和平方根的算法。

数字PID算法是计算机控制中应用最广泛的一种控制算法。实际运行经验及理论分析充分证明，这种控制算法用于多数被控对象能够获得较满意的控制效果。因此，在计算机控制系统中广泛地采用PID控制算法。

6.3.1 PID 算法

1. PID 算法的离散化

对被控对象的静态和动态特性的研究表明，由于绝大多数系统中存在储能部件，使系统对外作用有一定的惯性，这种惯性可以用时间常数来表征。另外，在能量和信息传输时还会因管道、长线等原因引入一些时间上的滞后。在工业生产过程的实时控制中，总是会存在外界的干扰和系统中各种参数的变化，它们将会使系统性能变差。为了改善系统性能，提高调节品质，除了按偏差的比例调节以外，还可引入偏差的积分，以克服余差，提高精度，加强对系统参数变化的适应能力；引入偏差的微分来克服惯性滞后，提高抗干扰能力和系统的稳定性，由此构成的单参数PID控制回路如图6-14所示。图中$y(t)$是被控变量，R是$y(t)$的设定值。

$$e(t)=R-y(t)$$

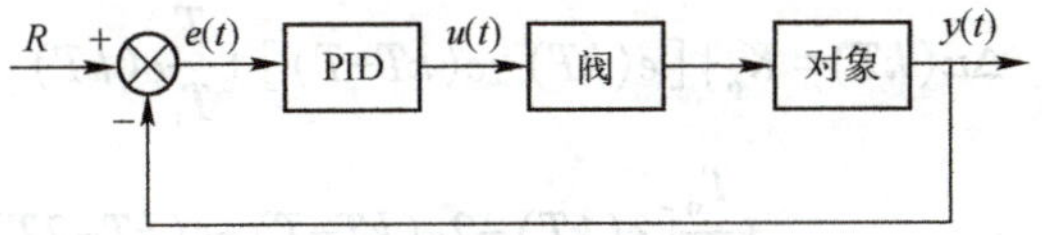

图6-14 单参数PID控制

$e(t)$是调节器的输入偏差，$u(t)$是调节器输出的控制量，它相应于控制阀的阀位。理想模拟调节器的PID算式为

$$u(t)=K_p\left[e(t)+\frac{1}{T_i}\int e(t)\,\mathrm{d}t+T_d\frac{\mathrm{d}e(t)}{\mathrm{d}t}\right] \tag{6-28}$$

式中，K_p为比例系数；T_i为积分时间常数；T_d为微分时间常数。

计算机控制系统通常利用采样方式实现对生产过程的各个回路进行巡回检测和控制，它属于采样调节。因而，描述连续系统的微分方程应由相应的描述离散系统的差分方程来代替。

离散化时，令

$$t=kT$$

$$u(t)\approx u(kT)$$

$$e(t)\approx e(kT)$$

$$\int_0^t e(t)\,\mathrm{d}t\approx T\sum_{j=0}^{k}e(jT)$$

$$\frac{\mathrm{d}e(t)}{\mathrm{d}t}\approx\frac{e(kT)-e(kT-T)}{T}=\frac{\Delta e(kT)}{T}$$

式中，$e(kT)$为第k次采样所获得的偏差信号；$\Delta e(kT)$为本次和上次测量值偏差的差。

在给定值不变时，$\Delta e(kT)$可表示为相邻两次测量值之差：

$$\Delta e(kT)=e(kT)-e(kT-T)=(R-y(kT))-(R-y(kT-T))=y(kT-T)-y(kT)$$

式中，T为采样周期（两次采样的时间间隔），采样周期必须足够短，才能保证有足够的精度；k为采样序号，$k=0, 1, 2, \cdots$

则离散系统的PID算式为

$$u(kT)=K_{\mathrm{p}}\left\{e(kT)+\frac{T}{T_{\mathrm{i}}}\sum_{j=0}^{k}e(jT)+\frac{T_{\mathrm{d}}}{T}[e(kT)-e(kT-T)]\right\} \tag{6-29}$$

在式（6-29）所表示的控制算式中，其输出值与阀位是一一对应的，通常称为PID的位置算式。在位置算式中，每次的输出与过去的所有状态有关。它不仅要计算机对 e 进行不断累加，而且当计算机发生任何故障时，会造成输出量 u 的变化，从而大幅度地改变阀门位置，这将对安全生产带来严重后果，故目前计算机控制的PID算式常作如下的变化。

第 k-1 次采样有：

$$u(kT-T)=K_{\mathrm{p}}\left\{e(kT-T)+\frac{T}{T_{\mathrm{i}}}\sum_{j=0}^{k-1}e(jT)+\frac{T_{\mathrm{d}}}{T}[e(kT-T)-e(kT-2T)]\right\} \tag{6-30}$$

式（6-29）减去式（6-30），得到两次采样时输出量之差

$$\Delta u(kT)=u(kT)-u(kT-T)=K_{\mathrm{p}}\left\{[e(kT)-e(kT-T)]+\frac{T}{T_{\mathrm{i}}}e(kT)+\frac{T_{\mathrm{d}}}{T}[\Delta e(kT)-\Delta e(kT-T)]\right\}$$

因为

$$\Delta e(kT)=e(kT)-e(kT-T)$$
$$\Delta e(kT-T)=e(kT-T)-e(kT-2T)$$

所以

$$\Delta u(kT)=K_{\mathrm{p}}\left\{[e(kT)-e(kT-T)]+\frac{T}{T_{\mathrm{i}}}e(kT)+\frac{T_{\mathrm{d}}}{T}[e(kT)-2e(kT-T)+e(kT-2T)]\right\} \tag{6-31}$$

$$=K_{\mathrm{p}}[e(kT)-e(kT-T)]+K_{\mathrm{i}}e(kT)+K_{\mathrm{d}}[e(kT)-2e(kT-T)+e(kT-2T)] \tag{6-32}$$

式中，$K_{\mathrm{i}}=K_{\mathrm{p}}\dfrac{T}{T_{\mathrm{i}}}$为积分系数；$K_{\mathrm{d}}=K_{\mathrm{p}}\dfrac{T_{\mathrm{d}}}{T}$为微分系数。

在计算机控制系统中，一般采用恒定的采样周期 T，当确定了 K_{p}、K_{i}、K_{d} 时，根据前后三次测量值偏差即可由式（6-32）求出控制增量。由于它的控制输出对应每次阀门的增量，所以称为PID控制的增量式算式。

实际上，位置式与增量式控制对整个闭环系统并无本质区别，只是将原来全部由计算机承担的算式，分出一部分由其他部件去完成。例如用步进电机作为系统的输出控制部件时，就能起此作用。它作为一个积分元件，并兼作输出保持器，对计算机的输出增量 $\Delta u(kT)$ 进行累加，实现了 $u(kT)=\sum\Delta u(kT)$ 的作用，而步进电机转过的角度对应于阀门的位置。

增量算式具有如下优点：

1）由于计算机每次只输出控制增量——每次阀位的变化，故机器故障时影响范围就小。必要时可通过逻辑判断限制或禁止故障时的输出，从而不会严重影响系统的工况。

2）手动-自动切换时冲击小。由于传输给阀门的位置信号总是绝对值，不论位置式还是增量式，在投运或手动改为自动时总要事先设定一个与手动输出相对应的 $u(kT-T)$ 值，然后再改为自动，才能做到无冲击切换。增量式控制时阀位与步进机转角对应，设定时较位置式简单。

3）算式中不需要累加，控制增量的确定仅与最近几次的采样值有关，较容易通过加权处理以获得比较好的控制效果。

【例6-1】在单输入单输出计算机控制系统中，试分析 K_{P} 对系统性能的影响及 K_{P} 的选择方法。

单输入单输出计算机控制系统如图 6-15 所示。采样周期 $T=0.1\,\text{s}$，数字控制器 $D(z)=K_{\text{P}}$。

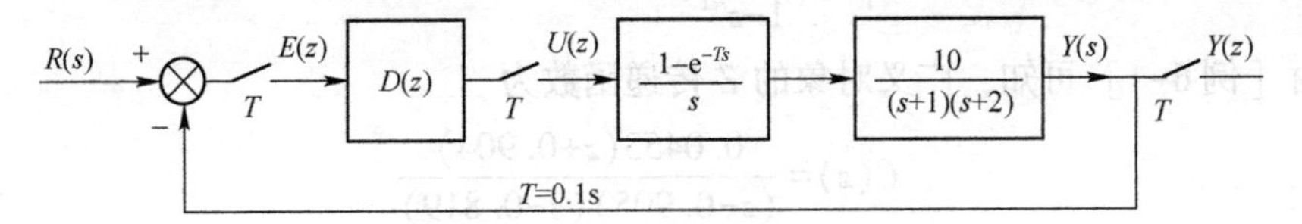

图 6-15　单输入单输出计算机控制系统

解　系统广义对象的 Z 传递函数为

$$
\begin{aligned}
G(z)&=Z\left[\frac{1-e^{-Ts}}{s}\cdot\frac{10}{(s+1)(s+2)}\right]\\
&=Z\left\{(1-e^{-Ts})\left[\frac{5}{s}-\frac{10}{s+1}+\frac{5}{s+2}\right]\right\}\\
&=\frac{0.0453z^{-1}(1+0.904z^{-1})}{(1-0.905z^{-1})(1-0.819z^{-1})}\\
&=\frac{0.0453(z+0.904)}{(z-0.905)(z-0.819)}
\end{aligned}
\tag{6-33}
$$

若数字控制器 $D(z)=K_{\text{p}}$，则系统的闭环 Z 传递函数为

$$
\begin{aligned}
G_{\text{c}}(z)&=\frac{Y(z)}{R(z)}=\frac{D(z)G(z)}{1+D(z)G(z)}\\
&=\frac{0.0453(z+0.904)K_{\text{p}}}{z^2-1.724z+0.741+0.0453K_{\text{p}}z+0.04095K_{\text{p}}}
\end{aligned}
\tag{6-34}
$$

当 $K_{\text{p}}=1$，系统在单位阶跃输入时，输出量的 Z 变换为

$$
Y(z)=\frac{0.0453z^2+0.04095z}{z^3-2.679z^2+2.461z-0.782}
\tag{6-35}
$$

由式（6-35）及 Z 变换性质，可求出输出序列 $y(kT)$。

系统在单位阶跃输入时，输出量的稳态值为

$$
\begin{aligned}
y(\infty)&=\lim_{z\to1}(z-1)G_{\text{c}}(z)R(z)\\
&=\lim_{z\to1}\frac{0.0453z(z+0.904)K_{\text{p}}}{z^2-1.724z+0.741+0.0453K_{\text{p}}z+0.04095K_{\text{p}}}\\
&=\frac{0.08625K_{\text{p}}}{0.017+0.08625K_{\text{p}}}
\end{aligned}
\tag{6-36}
$$

当 $K_{\text{p}}=1$ 时，$y(\infty)=0.835$，稳态误差 $e_{\text{ss}}=0.165$；

当 $K_{\text{p}}=2$ 时，$y(\infty)=0.910$，稳态误差 $e_{\text{ss}}=0.09$；

当 $K_{\text{p}}=5$ 时，$y(\infty)=0.9621$，稳态误差 $e_{\text{ss}}=0.038$。

从以上分析可知，当 K_{p} 加大时，系统的稳态误差将减小。一般情况下，比例系数是根据系统的静态速度误差系数 K_{p} 的要求来确定的。

$$
K_{\text{v}}=\lim_{z\to1}(z-1)G(z)K_{\text{p}}
\tag{6-37}
$$

在 PID 控制中，积分控制可用来消除系统的稳态误差，因为只要存在偏差，它的积分所产生的输出总是用来消除稳态误差的，直到偏差为零，积分作用才停止。

【例 6-2】在单输入单输出计算机控制系统中，如图 6-15 所示，试分析积分作用及参数的选择。

采用数字 PI 控制器，$D(z)=K_p+K_i\dfrac{1}{1-z^{-1}}$。

解 由 [例 6-1] 可知，广义对象的 Z 传递函数为

$$G(z)=\frac{0.0453(z+0.904)}{(z-0.905)(z-0.819)}$$

系统的开环 Z 传递函数为

$$G_0(z)=D(z)G(z)=\left(K_p+K_i\frac{1}{1-z^{-1}}\right)\frac{0.0453(z+0.904)}{(z-0.905)(z-0.819)}$$

$$=\frac{(K_p+K_i)\left(z-\dfrac{K_p}{K_p+K_i}\right)\times 0.0453(z+0.904)}{(z-0.905)(z-0.819)(z-1)} \tag{6-38}$$

为了确定积分系数 K_i，可以使用积分控制增加的零点$\left(z-\dfrac{K_p}{K_0+K_i}\right)$抵消极点$(z-0.905)$。

由此可得

$$\frac{K_p}{K_p+K_i}=0.905 \tag{6-39}$$

假设放大倍数 K_p 已由静态速度误差系数确定，若选定 $K_p=1$，则由式（6-39）可以确定 $K_i\approx 0.105$，数字调节器的 Z 传递函数为

$$G_c(z)=\frac{Y(z)}{R(z)}=\frac{D(z)G(z)}{1+D(z)G(z)}$$

$$=\frac{0.05(z+0.904)}{(z-1)(z-0.819)+0.05(z+0.904)} \tag{6-40}$$

系统在单位阶跃输入时，输出量的 Z 变换

$$Y(z)=G_c(z)R(z)$$

$$=\frac{0.05(z+0.904)}{(z-1)(z-0.819)+0.05(z+0.904)}\cdot\frac{z}{z-1} \tag{6-41}$$

由式（6-41）可以求出输出响应 $y(kT)$。

系统在单位阶跃输入时，输出量的稳态值

$$y(\infty)=\lim_{z\to 1}(z-1)Y(z)$$

$$=\lim_{z\to 1}\frac{0.05z(z+0.904)}{(z-1)(z-0.819)+0.05z(z+0.904)}=1$$

因此，系统的稳态误差 $e_{ss}=0$，由此可见系统加积分校正以后，消除了稳态误差，提高了控制精度。

系统采用数字 PI 控制可以消除稳态误差。但是，由式（6-41）做出的输出响应曲线可以看到，系统的超调量达到 45%，而且调节时间也很长。为了改善动态性能还必须引入微分校正，即采用数字 PID 控制。

微分控制的作用，实质上与偏差的变化速度有关，也就是微分的控制作用与偏差的变化率有关系。微分控制能够预测偏差，产生超前的校正作用，因此可以较好地改善动态性能。

【例 6-3】在单输入单输出计算机控制系统中，如图 6-15 所示。试分析微分作用及参数的选择。

采用数字 PID 控制器，$D(z)=K_p+\dfrac{K_i}{1-z^{-1}}+K_d(1-z^{-1})$。

解　广义对象的 Z 传递函数同［例 6-1］。

$$G(z)=\frac{0.0453(z+0.904)}{(z-0.905)(z-0.819)}$$

PID 数字控制器的 Z 传递函数为

$$D(z)=\frac{K_p(1-z^{-1})+K_i+K_d(1-z^{-1})^2}{(1-z^{-1})}$$

$$=\frac{(K_p+K_i+K_d)\left(z^2-\dfrac{K_p+2K_d}{K_p+K_i+K_d}z+\dfrac{K_d}{K_p+K_i+K_d}\right)}{z(z-1)} \tag{6-42}$$

假设 $K_p=1$，并要求 $D(z)$ 的两个零点抵消 $G(z)$ 的两个极点 $z=0.905$ 和 $z=0.819$，则

$$z^2-\frac{K_p+2K_d}{K_p+K_i+K_d}z+\frac{K_d}{K_p+K_i+K_d}=(z-0.905)(z-0.819) \tag{6-43}$$

由式（6-43）可得方程

$$\frac{K_p+2K_d}{K_p+K_i+K_d}=1.724 \tag{6-44}$$

$$\frac{K_d}{K_p+K_i+K_d}=0.7412 \tag{6-45}$$

由 $K_p=1$ 及式（6-44）、式（6-45）解得

$$K_i=0.069,\quad K_d=3.062 \tag{6-46}$$

数字 PID 控制器的 Z 传递函数

$$D(z)=\frac{4.131(z-0.905)(z-0.819)}{z(z-1)} \tag{6-47}$$

系统的开环 Z 传递函数为

$$G_0(z)=D(z)G(z)$$

$$=\frac{4.131(z-0.905)(z-0.819)\times 0.0453(z+0.904)}{z(z-1)(z-0.905)(z-0.819)}$$

$$=\frac{0.187(z+0.904)}{z(z-1)}$$

系统的闭环 Z 传递函数为

$$G_c(z)=\frac{D(z)G(z)}{1+D(z)G(z)}=\frac{0.187(z+0.904)}{z(z-1)+0.187(z+0.904)}$$

系统在单位阶跃输入时，输出量的 Z 变换为

$$Y(z)=G_c(z)R(z)=\frac{0.187(z+0.904)}{z(z-1)+0.187(z+0.904)}\cdot\frac{z}{z-1} \tag{6-48}$$

由式（6-48）可以求出输出响应 $y(kT)$。

系统在单位阶跃输入时，输出量的稳态值为

$$y(\infty)=\lim_{z\to 1}(z-1)Y(z)=\lim_{z\to 1}\frac{0.187(z+0.904)z}{z(z-1)+0.187(z+0.904)}=1$$

系统的稳态误差 $e_{ss}=0$，所以系统在 PID 控制时，由于积分的控制作用，对于单位阶跃输

入，稳态误差也为零。由于微分控制作用，系统的动态特性也得到很大改善，调节时间 t_s 缩短，超调量 σ_p 减小。

【例 6-4】设有一温度控制系统，温度测量范围是 0~600℃，温度控制指标为 450℃±2℃。

若 $K_p=4$，K_p 是比例系数；$T_i=1\,\text{min}$，T_i 是积分时间；$T_d=15\,\text{s}$，T_d 是微分时间，$T=5\,\text{s}$，T 是采样周期。

当测量值 $y(kT)=448$，$y(kT-T)=449$，$y(kT-2T)=452$ 时，计算 $\Delta u(kT)$，$\Delta u(kT)$ 为增量输出。若 $u(kT-T)=1860$，计算 $u(kT)$，$u(kT)$ 是 k 次阀位输出。

解

$$K_p=4$$

$$K_i=K_p\frac{T}{T_i}=4\times\frac{5}{1\times60}=\frac{1}{3}$$

$$K_d=K_p\frac{T_d}{T}=4\times\frac{15}{5}=12$$

$$R=450$$

$$e(kT)=R-y(kT)=450-448=2$$

$$e(kT-T)=R-y(kT-T)=450-449=1$$

$$e(kT-2T)=R-y(kT-2T)=450-452=-2$$

$$\begin{aligned}\Delta u(kT)&=K_p[e(kT)-e(kT-T)]+K_ie(kT)+K_d[e(kT)-2e(kT-T)+e(kT-2T)]\\&=4\times(2-1)+\frac{1}{3}\times2+12\times[2-2\times1-(-2)]\\&=4+\frac{2}{3}-24\approx-19\end{aligned}$$

$$u(kT)=u(kT-T)+\Delta u(kT)=1860+(-19)=1841$$

2. PID 算法程序设计

PID 算法程序设计分位置式和增量式两种。

(1) 位置式 PID 算法程序设计

第 k 次采样位置式 PID 的输出算式为

$$u(kT)=K_pe(kT)+K_i\sum_{j=0}^{k}e(jT)+K_d[e(kT)-e(kT-T)]$$

其中，设 $u_P(kT)=K_pe(kT)$

$$\begin{aligned}u_I(kT)&=K_i\sum_{j=0}^{k}e(jT)=K_ie(kT)+K_i\sum_{j=0}^{k-1}e(jT)\\&=K_ie(kT)+u_I(kT-T)\end{aligned}$$

$$u_D(kT)=K_d[e(kT)-e(kT-T)]$$

因此，$u(kT)$ 可写为

$$u(kT)=u_P(kT)+u_I(kT)+u_D(kT)$$

上式为离散化的位置式 PID 编程表达式。

1) 程序流程图

位置式 PID 算法的程序流程图如图 6-16 所示。

2) 程序设计

各参数和中间结果内存分配如表 6-1 所示。

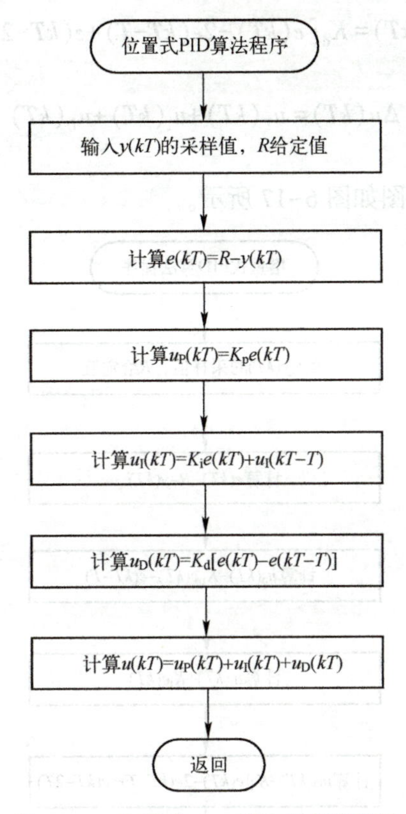

图 6-16　位置式 PID 算法程序流程图

表 6-1　位置式 PID 算法内存分配表

符号地址	参　数	注　释
SAMP	$y(kT)$	第 k 次采样值
SPR	R	给定值
COFKP	K_p	比例系数
COFKI	K_i	积分系数
COFKD	K_d	微分系数
EK	$e(kT)$	第 k 次测量偏差
EK1	$e(kT-T)$	第 k-1 次测量偏差
UI1	$u_I(kT-T)$	第 k-1 次积分项
UPK	$u_P(kT)$	第 k 次比例项
UIK	$u_I(kT)$	第 k 次积分项
UDK	$u_D(kT)$	第 k 次微分项
UK	$u(kT)$	第 k 次位置输出

程序清单从略。

(2) 增量式 PID 算法程序设计

第 k 次采样增量式 PID 的输出算式为

$$\Delta u(kT)=K_p[e(kT)-e(kT-T)]+K_ie(kT)+K_d[e(kT)-2e(kT-T)+e(kT-2T)]$$

其中，设 $u_P(kT)=K_p[e(kT)-e(kT-T)]$

$$u_I(kT)=K_ie(kT)$$

$$u_D(kT)=K_d[e(kT)-2e(kT-T)+e(kT-2T)]$$

所以，$\Delta u(kT)$可写为

$$\Delta u(kT)=u_P(kT)+u_I(kT)+u_D(kT)$$

1）程序流程图

增量式PID算法程序流程图如图6-17所示。

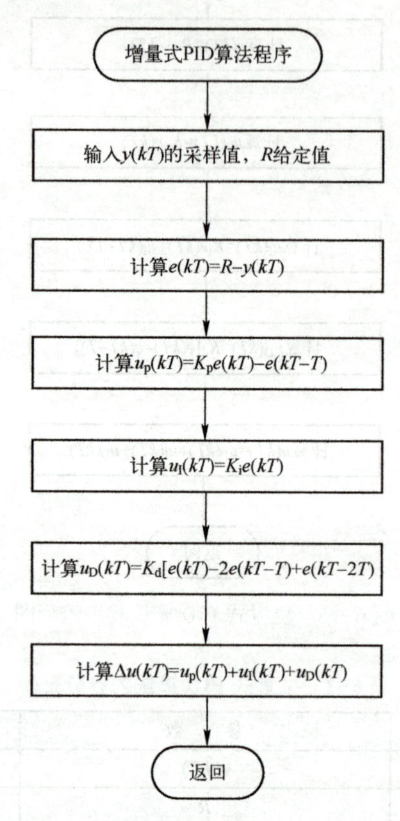

图6-17 增量式PID算法程序流程图

2）程序设计

各参数和中间结果内存分配如表6-2所示。

表6-2 增量式PID算法内存分配表

符号地址	参数	注释
SAMP	$y(kT)$	第k次采样值
SPR	R	给定值
COFKP	K_p	比例系数
COFKI	K_i	积分系数
COFKD	K_d	微分系数
EK	$e(kT)$	第k次测量偏差
EK1	$e(kT-T)$	第$k-1$次测量偏差
EK2	$e(kT-2T)$	第$k-2$次测量偏差
UPK	$u_P(kT)$	比例项
UIK	$u_I(kT)$	积分项
UDK	$u_D(kT)$	微分项
UK	$\Delta u(kT)$	第k次增量输出

程序清单从略。

6.3.2 PID 算法的仿真

通过 LabVIEW 虚拟仪器开发平台或 MATLAB 仿真软件可以对上面讲述的比例控制 P、比例积分控制 PI 和比例积分微分控制 PID 进行系统输出响应仿真，从中可以分析和比较比例、积分、微分控制的作用与它们的控制效果。

1. LabVIEW 虚拟仪器开发平台

LabVIEW 是实验室虚拟仪器集成环境（Laboratory Virtual Instrument Engineering Workbench）的简称，是美国国家仪器公司（National Instruments，NI）的软件产品，也是目前应用最广、发展最快、功能最强的图形化软件开发集成环境之一，又称为 G 语言。和 Visual Basic、Visual C++、Delphi、Perl 等基于文本型程序代码的编程语言不同，LabVIEW 采用图形模式的结构框图构建程序代码。因而，在使用这种语言编程时，基本上不需要写程序代码，取而代之的是用图标、连线构成的流程图。它尽可能地利用了开发人员、科学家、工程师所熟悉的术语、图标和概念，因此，LabVIEW 是一个面向最终用户的工具。它可以增强用户构建自己的工程系统能力，提供了实现仪器编程和数据采集系统的便捷途径。使用它进行原理研究、设计、测试并实现仪器系统时，可以大大提高工作效率。

LabVIEW 是一个标准的图形化开发环境，它结合了图形化编程方式的高性能与灵活性以及专为测试、测量与自动化控制应用设计的高端性能与配置功能，能为数据采集、仪器控制、测量分析与数据显示等各种应用提供必要的开发工具，因此，LabVIEW 通过降低应用系统开发时间与项目筹建成本帮助科学家与工程师们提高工作效率。

LabVIEW 被广泛应用于各种行业中，包括汽车、半导体、航空航天、交通运输、科学实验、电信、生物医药与电子等。

无论在哪个行业，工程师与科学家们都可以使用 LabVIEW 创建功能强大的测试、测量与自动化控制系统，在产品开发中进行快速原型创建与仿真工作。在产品的生产过程中，工程师们也可以利用 LabVIEW 进行生产测试，监控各个产品的生产过程。总之，LabVIEW 可用于各行各业产品开发的阶段。

LabVIEW 的功能非常强大，它是可扩展函数库和子程序库的通用程序设计系统，不仅可以用于一般的 Windows 桌面应用程序设计，而且还提供了用于 GPB 设备控制、VX 总线控制、串行口设备控制，以及数据分析、显示和存储等应用程序模块，其强大的专用函数库使得它非常适合编写用于测试、测量以及工业控制的应用程序。

LabVIEW 可方便地调用 Windows 动态链接库和用户自定义的动态链接库中的函数，还提供了 CIN（Code Interface Node），使得用户可以使用由 C 或 C++语言等编译的程序模块，使得 LabVIEW 成为一个开放的开发平台。

LabVIEW 还直接支持动态数据交换（DDE）、结构化查询语言（SQL）、TCP 和 UDP 网络协议等。此外，LabVIEW 还提供了专门用于程序开发的工具箱，使得用户可以很方便地设置断点，动态地执行程序可以非常直观形象地观察数据的传输过程，而且可以方便地进行调试。

当人们困惑基于文本模式的编程语言，陷入函数、数组、指针、表达式乃至对象、封装、继承等枯燥的概念和代码中时，迫切需要一种代码直观、层次清晰、简单易用且功能强大的语言。G 语言就是这样一种语言，而 LabVIEW 则是 G 语言应用的杰出代表。

LabVIEW 基于 G 语言的基本特征——用图标和框图产生块状程序，这对于熟悉仪器结构和硬件电路的硬件工程师、现场工程技术人员及测试技术人员来说，编程就像是设计电路图一样。因此，硬件工程师、现场技术人员及测试技术人员学习 LabVIEW 可以驾轻就熟，在很短的时间内就能够学会并应用 LabVIEW。

从运行机制上看，LabVIEW 这种语言的运行机制就宏观上讲已经不再是传统的冯·诺伊曼计算机体系结构的执行方式了。传统的计算机语言（如 C 语言）中的顺序执行结构在 LabVIEW 中被并行机制所代替；从本质上讲，它是一种带有图形控制流结构的数据流模式（Data Flow Mode），这种方式确保了程序中的函数节点（Function Node），只有在获得它的全部数据后才能够被执行。也就是说在这种数据流程序的概念中，程序的执行是数据驱动的，它不受操作系统、计算机等因素的影响。

LabVIEW 的程序是数据流驱动的。数据流程序设计规定，一个目标只有当它的所有输入都有效时才能执行；而目标的输出，只有当它的功能完全时才是有效的。这样，LabVIEW 中被连接的框图之间的数据流控制程序的执行次序，而不像文本程序受到行顺序执行的约束。因而，可以通过相互连接功能框图快速简洁地开发应用程序，甚至还可以有多个数据通道同步运行。

无论是设计测试领域还是加工制造领域，LabVIEW 都允许用户在同一个项目中使用不同工程领域的设计仿真工具，并能够适应从原型设计到测试验证，直到最后产品发布的所有场景，为工程师高效地开发可靠性产品提供了良好的技术平台。

2. MATLAB/Simulink

MATLAB 是美国 MathWorks 公司出品的商业数学软件，用于数据分析、无线通信、深度学习、图像处理与计算机视觉、信号处理、量化金融与风险管理、机器人、控制系统等领域。

MATLAB 是 Matrix 与 Laboratory 两个词的组合，意为矩阵实验室，软件主要面对科学计算、可视化以及交互式程序设计的高科技计算环境。它将数值分析、矩阵计算、科学数据可视化以及非线性动态系统的建模和仿真等诸多强大功能集成在一个易于使用的视窗环境中，为科学研究、工程设计以及必须进行有效数值计算的众多行业提供了一种全面的解决方案，并在很大程度上摆脱了传统非交互式程序设计语言（如 C、Fortran）的编辑模式。

MATLAB 和 Mathematica、Maple 并称为三大数学软件。MATLAB 的基本数据单位是矩阵，它的指令表达式与数学、工程中常用的形式十分相似，故用 MATLAB 来解算问题要比用 C、Fortran 等语言完成相同的事情简捷得多，并且 MATLAB 也吸收了像 Maple 等软件的优点，使 MATLAB 成为一个强大的数学软件。在新的版本中也加入了对 C、Fortran、C++、Java 的支持。

MATLAB 由一系列工具组成。这些工具方便用户使用 MATLAB 的函数和文件，其中许多工具采用的是图形用户界面，包括 MATLAB 桌面和命令窗口、历史命令窗口、编辑器和调试器、路径搜索和用于用户浏览帮助、工作空间、文件的浏览器。随着 MATLAB 的商业化以及软件本身的不断升级，MATLAB 的用户界面也越来越精致，更加接近 Windows 的标准界面，人机交互性更强，操作更简单。而且新版本的 MATLAB 提供了完整的联机查询、帮助系统，极大地方便了用户的使用。简单的编程环境提供了比较完备的调试系统，程序不必经过编译就可以直接运行，而且能够及时地报告出现的错误并分析出错原因。

MATLAB 具有如下特点：

1）高效的数值计算及符号计算功能，能使用户从繁杂的数学运算分析中解脱出来。

2）具有完备的图形处理功能，实现计算结果和编程的可视化。

3）友好的用户界面及接近数学表达式的自然化语言，使学者易于学习和掌握。

4）功能丰富的应用工具箱（如信号处理工具箱、通信工具箱等），为用户提供了大量方便实用的处理工具。

Simulink 是集成在 MATLAB 中的一种可视化仿真工具。Simulink 是一个模块图环境，用于多域仿真以及基于模型的设计。它支持系统设计、仿真、自动代码生成以及嵌入式系统的连续测试和验证。Simulink 提供图形编辑器、可自定义的模块库以及求解器，能够进行动态系统建模和仿真。

由 Simulink 搭建的图 6-15 所示控制系统如图 6-18 所示。

PID(z)
Discrete PID Controller
10
s²+3s+2

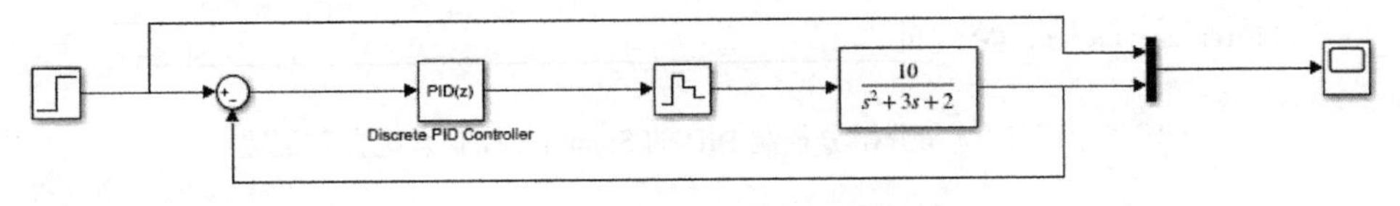

图 6-18　Simulink 搭建的控制系统

比例控制 P、比例积分控制 PI 和比例积分微分控制 PID 的 Simulink 控制系统的 P、I、D 参数配置如图 6-19~图 6-21 所示。

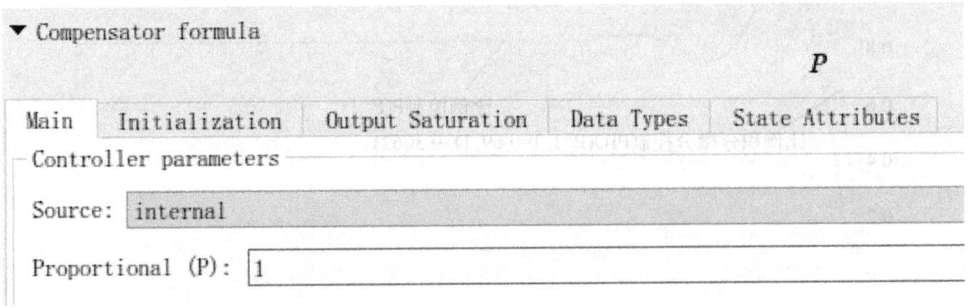

▼ Compensator formula
P
Main
Initialization
Output Saturation
Data Types
State Attributes
Controller parameters
Source:
internal
Proportional (P):
1

图 6-19　比例控制 P 的 Simulink 控制系统参数配置

▼ Compensator formula
P+I·Ts 1/(z-1)
Main
Initialization
Output Saturation
Data Types
State Attributes
Controller parameters
Source:
internal
Proportional (P):
1
Integral (I):
1.05

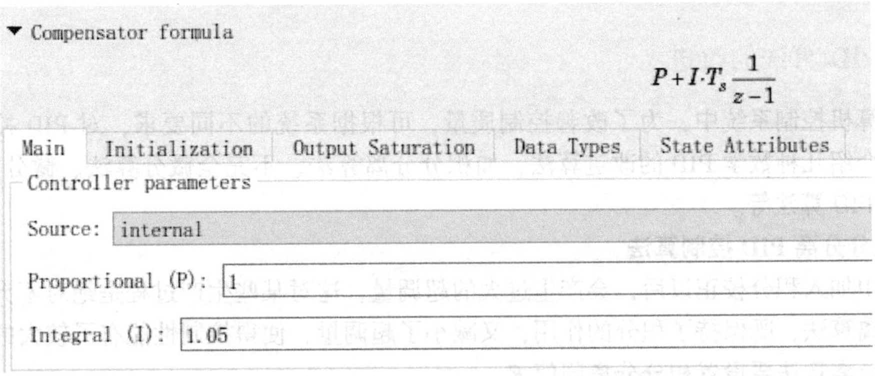

图 6-20　比例积分控制 PI 的 Simulink 控制系统参数配置

比例控制 P、比例积分控制 PI 和比例积分微分控制 PID 的系统输出响应过渡过程曲线如图 6-22 所示。

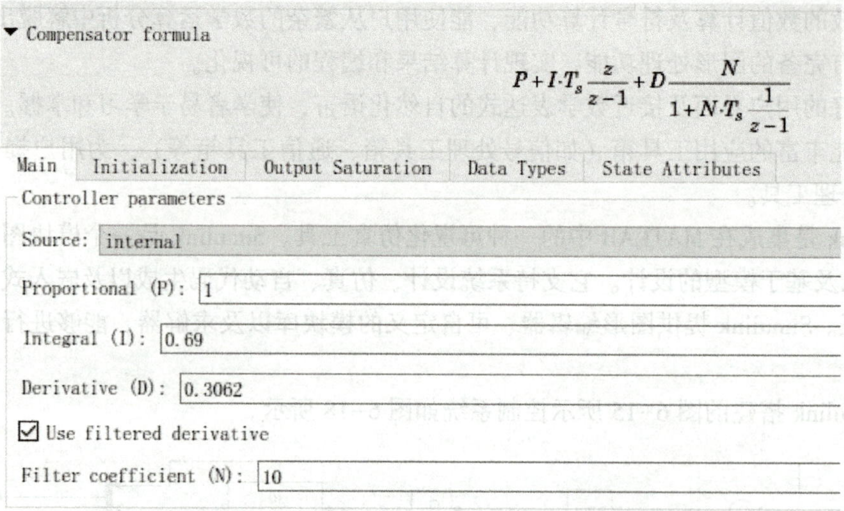

Compensator formula
P+I·Ts z/(z-1) + D N/(1+N·Ts 1/(z-1))
Main
Initialization
Output Saturation
Data Types
State Attributes
Controller parameters
Source: internal
Proportional (P): 1
Integral (I): 0.69
Derivative (D): 0.3062
Use filtered derivative
Filter coefficient (N): 10

图 6-21　比例积分微分控制 PID 的 Simulink 控制系统参数配置

比例积分控制PI(P=1, I=1.05)
比例控制P(P=1)
比例积分微分控制PID(P=1, I=0.69, D=0.3062)
0
0.2
0.4
0.6
0.8
1
1.2
1.4
1.6
0
1
2
3
4
5
6
7
8
9
10

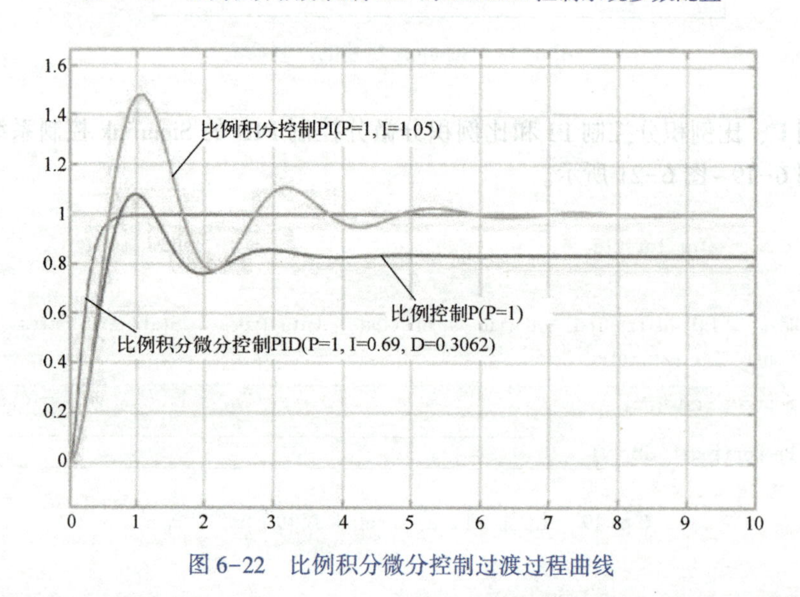

图 6-22　比例积分微分控制过渡过程曲线

6.3.3 PID 算法的改进

在计算机控制系统中，为了改善控制质量，可根据系统的不同要求，对 PID 控制进行改进。下面介绍几种数学 PID 的改进算法，如积分分离算法、不完全微分算法、微分先行算法、带死区的 PID 算法等。

1. 积分分离 PID 控制算法

系统中加入积分校正以后，会产生过大的超调量，这对某些生产过程是绝对不允许的，引进积分分离算法，既保持了积分的作用，又减小了超调量，使得控制性能有了较大的改善。

积分分离算法要设置积分分离阈值 E_0。

当 $|e(kT)| \leqslant |E_0|$ 时，即偏差值 $|e(kT)|$ 比较小时，采用 PID 控制，可保证系统的控制精度。

当 $|e(kT)| > |E_0|$ 时，即偏差值 $|e(kT)|$ 比较大时，采用 PD 控制，可使超调量大幅度降低。积分分离 PID 算法可表示为

$$u(kT)=K_pe(kT)+K_lK_i\sum_{j=0}^{k}e(jT)+K_d[e(kT)-e(kT-T)] \tag{6-49}$$

$$K_l=\begin{cases}1, & |e(kT)|\leqslant|E_0|\\0, & |e(kT)|>|E_0|\end{cases} \tag{6-50}$$

式中，K_l 称为逻辑系数。

积分分离 PID 系统如图 6-23 所示。

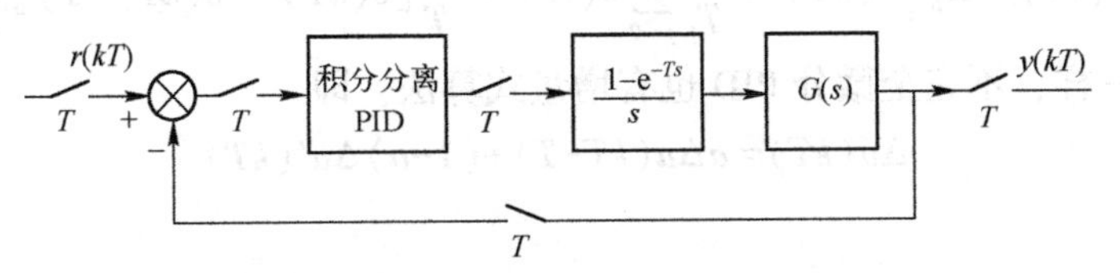

图 6-23　积分分离 PID 计算机控制系统

采用积分分离 PID 算法以后，控制效果如图 6-24 所示。由图可见，采用积分分离 PID 使得控制系统的性能有了较大的改善。

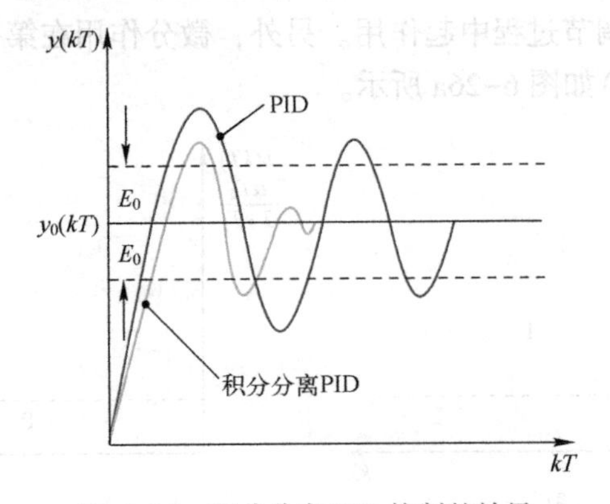

图 6-24　积分分离 PID 控制的效果

2. 不完全微分 PID 算法

众所周知，微分作用容易引进高频干扰，因此数字调节器中串接低通滤波器（一阶惯性环节）来抑制高频干扰，低通滤波器的传递函数为

$$G_f(s)=\frac{1}{1+T_fs} \tag{6-51}$$

不完全微分 PID 控制如图 6-25 所示。

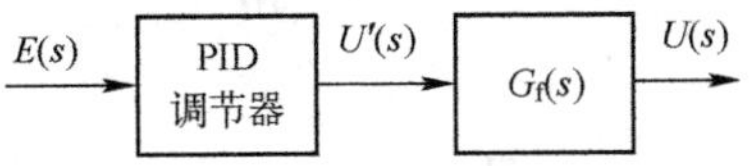

图 6-25　不完全微分控制

由图 6-25 可得

$$u'(t)=K_p\left[e(t)+\frac{1}{T_i}\int_0^t e(t)\,dt+T_d\frac{de(t)}{dt}\right]$$

$$T_f\frac{du(t)}{dt}+u(t)=u'(t)$$

所以

$$T_{\mathrm{f}}\frac{\mathrm{d}u(t)}{\mathrm{d}t}+u(t)=K_{\mathrm{p}}\left[e(t)+\frac{1}{T_{\mathrm{i}}}\int_{0}^{t}e(t)\mathrm{d}t+T_{\mathrm{d}}\frac{\mathrm{d}e(t)}{\mathrm{d}t}\right] \tag{6-52}$$

对式（6-52）离散化，可得差分方程

$$u(kT)=au(kT-T)+(1-a)u'(kT) \tag{6-53}$$

式中，$a=T_{\mathrm{f}}/(T+T_{\mathrm{f}})$

$$u'(kT)=K_{\mathrm{p}}\left\{e(kT)+\frac{T}{T_{\mathrm{i}}}\sum_{j=0}^{k}e(jT)+\frac{T_{\mathrm{d}}}{T}[e(kT)-e(kT-T)]\right\}$$

与普通 PID 一样，不完全微分 PID 也有增量式算法，即

$$\Delta u(kT)=a\Delta u(kT-T)+(1-a)\Delta u'(kT) \tag{6-54}$$

式中，$a=\dfrac{T_{\mathrm{f}}}{T+T_{\mathrm{f}}}$

$$\Delta u'(kT)=K_{\mathrm{p}}\left\{\Delta e(kT)+\frac{T}{T_{\mathrm{i}}}e(kT)+\frac{T_{\mathrm{d}}}{T}[\Delta e(kT)-\Delta e(kT-T)]\right\}$$

普通的数字 PID 调节器在单位阶跃输入时，微分作用只有在第一个周期里起作用，不能按照偏差变化的趋势在整个调节过程中起作用。另外，微分作用在第一个采样周期里作用很强，容易溢出。控制作用 $u(kT)$ 如图 6-26a 所示。

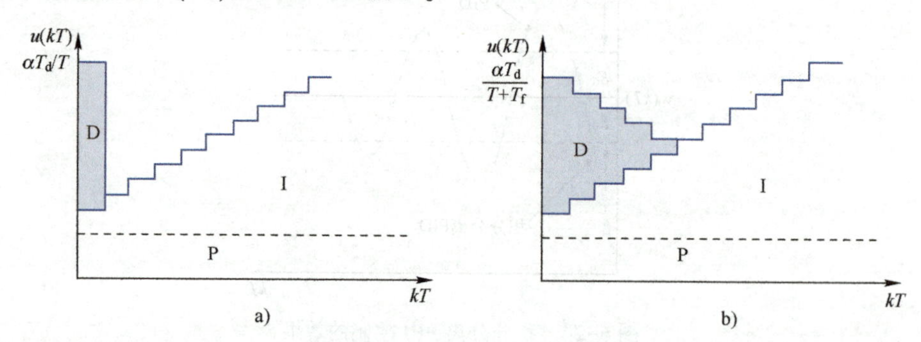

图 6-26 数字 PID 调节器的控制作用

a）普通数字 PID 控制 b）不完全微分数字 PID 控制

设数字微分调节器的输入为阶跃序列 $e(kT)=a,k=0,1,2,\cdots$。

当使用完全微分算法时

$$U(s)=T_{\mathrm{d}}sE(s)$$

或

$$u(t)=T_{\mathrm{d}}\frac{\mathrm{d}e(t)}{\mathrm{d}t}$$

离散化上式，可得

$$u(kT)=\frac{T_{\mathrm{d}}}{T}[e(kT)-e(kT-T)] \tag{6-55}$$

由式（6-55），可得

$$u(0)=\frac{T_{\mathrm{d}}}{T}a$$

$$u(T)=u(2T)=\cdots=0$$

可见普通数字 PID 中的微分作用，只有在第一个采样周期内起作用，通常 $T_{\mathrm{d}}\gg T$，所以 $u(0)\gg a$。

不完全微分数字PID不但能抑制高频干扰，而且克服了普通数字PID控制的缺点，数字调节器输出的微分作用能在各个周期里按照偏差变化的趋势，均匀地输出，真正起到了微分作用，改善了系统的性能。不完全微分数字PID调节器在单位阶跃输入时，输出的控制作用如图6-26b所示。

对于数字微分调节器，当使用不完全微分算法时

$$U(s)=\frac{T_d s}{1+T_f s}E(s)$$

或

$$u(t)+T_f\frac{du(t)}{dt}=T_d\frac{de(t)}{dt}$$

对上式离散化，可得

$$u(kT)=\frac{T_f}{T+T_f}u(kT-T)+\frac{T_d}{T+T_f}[e(kT)-e(kT-T)] \tag{6-56}$$

当$k \geqslant 0$时，$e(kT)=a$，由式（6-56）可得

$$u(0)=\frac{T_d}{T+T_f}a$$

$$u(T)=\frac{T_f T_d}{(T+T_f)^2}a$$

$$u(2T)=\frac{T_f^2 T_d}{(T+T_f)^3}a$$

$$\vdots$$

显然，$u(kT)\neq 0, k=1,2,\cdots$，并且

$$u(0)=\frac{T_d}{T+T_f}a \ll \frac{T_d}{T}a$$

因此，在第一个采样周期里不完全微分数字调节器的输出比完全微分数字调节器的输出幅度小得多。而且调节器的输出十分近似于理想的微分调节器，所以不完全微分具有比较理想的调节性能。

尽管不完全微分PID比普通PID的算法复杂，但是，由于其良好的控制特性，因此使用越来越广泛，越来越受到重视。

3. 微分先行PID算法

微分先行是把微分运算放在比较器附近。它有两种结构，如图6-27所示。图6-27a是输出量微分，图6-27b是偏差微分。

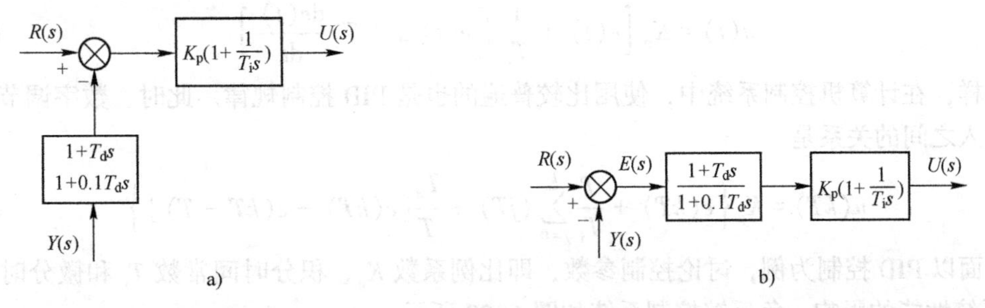

图6-27　微分先行PID控制

a）输出量微分　b）偏差微分

输出量微分是只对输出量 $y(t)$ 进行微分，而对给定值 $r(t)$ 不进行微分，这种输出量微分控制适用于给定值频繁提降的场合，可以避免因提降给定值时所引起的超调量过大、阀门动作过分剧烈的振荡。

偏差微分是对偏差值进行微分，也就是对给定值 $r(t)$ 和输出量 $y(t)$ 都有微分作用，偏差微分适用于串级控制的副控回路，因为副控回路的给定值是由主控调节器给定的，也应该对其进行微分处理。因此，应该在副控回路中采用偏差微分 PID。

4. 带死区的 PID 控制

在要求控制作用少变动的场合，可采用带死区的 PID，带死区的 PID 实际上是非线性控制系统，当

$$|e(kT)|>|e_0|\text{时，}e'(kT)=e(kT)$$
$$|e(kT)|\leqslant|e_0|\text{时，}e'(kT)=0 \tag{6-57}$$

带死区 PID 的结构如图 6-28 所示。

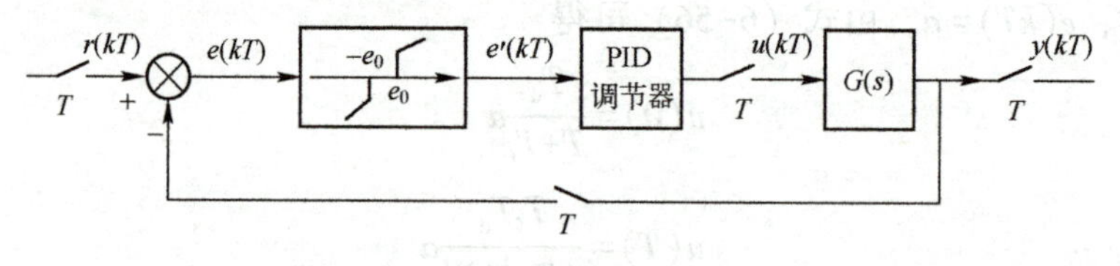

图 6-28 带死区的 PID 控制

对于带死区的 PID 数字调节器，当 $|e(kT)|\leqslant|e_0|$ 时，数字调节器的输出为零，即 $u(kT)=0$。当 $|e(kT)|>|e_0|$ 时，数字调节器有 PID 输出。

6.4 PID 参数整定

数字 PID 算式参数整定主要是确定 K_p、K_i、K_d 和采样周期 T。对一个结构和控制算式的形式已定的控制系统，控制质量的好坏主要取决于选择的参数是否合理。由于计算机控制系统的采样周期 T 很短，数字 PID 算式与模拟 PID 算式十分相似。因此，其整定方法采用扩充临界比例度法。

6.4.1 PID 参数对控制性能的影响

在连续控制系统中使用最普遍的控制规律是 PID，即调节器的输出 $u(t)$ 与输入 $e(t)$ 之间成比例、积分、微分的关系。

$$u(t)=K_p\left[e(t)+\frac{1}{T_i}\int_0^t e(t)\mathrm{d}t+T_d\frac{\mathrm{d}e(t)}{\mathrm{d}t}\right] \tag{6-58}$$

同样，在计算机控制系统中，使用比较普遍的也是 PID 控制规律。此时，数字调节器的输出与输入之间的关系是

$$u(kT)=K_p\left\{e(kT)+\frac{T}{T_i}\sum_{j=0}^{k}(jT)+\frac{T_d}{T}[e(kT)-e(kT-T)]\right\} \tag{6-59}$$

下面以 PID 控制为例，讨论控制参数，即比例系数 K_p、积分时间常数 T_i 和微分时间常数 T_d 对系统性能的影响，负反馈控制系统如图 6-29 所示。

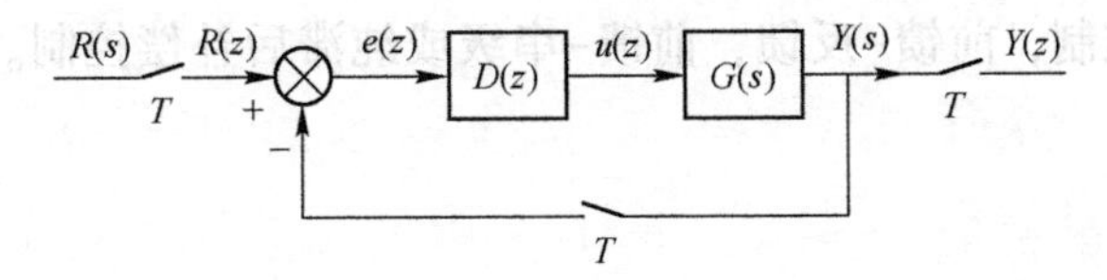

图 6-29　负反馈控制系统的框图

1. 比例控制 K_p 对控制性能的影响

（1）对动态特性的影响

比例控制 K_p 加大，使系统的动作灵敏度增强，K_p 偏大，振荡次数增多，调节时间加长。当 K_p 太大时，系统会趋于不稳定。若 K_p 太小，又会使系统的动作缓慢。

（2）对稳态特性的影响

加大比例控制 K_p，在系统稳定的情况下，可以减小稳态误差 e_{ss}，提高控制精度，但是加大 K_p 只是减少 e_{ss}，却不能完全消除稳态误差。

2. 积分控制 T_i 对控制性能的影响

积分控制通常与比例控制或微分控制联合作用，构成 PI 控制或 PID 控制。

（1）对动态特性的影响

积分控制 T_i 通常使系统的稳定性下降。T_i 太小系统将不稳定。T_i 偏小，振荡次数较多。T_i 太大，对系统性能的影响减少。当 T_i 合适时，过渡特性比较理想。

（2）对稳态特性的影响

积分控制 T_i 能消除系统的稳态误差，提高控制系统的控制精度。但是若 T_i 太大，则积分作用太弱，以至不能减小稳态误差。

3. 微分控制 T_d 对控制性能的影响

微分控制经常与比例控制或积分控制联合作用，构成 PD 控制或 PID 控制。

微分控制可以改善动态特性，如超调量 σ_p 减少，调节时间 t_s 缩短，允许加大比例控制，使稳态误差减小，提高控制精度。

当 T_d 偏大时，超调量 σ_p 较大，调节时间 t_s 较长。

当 T_d 偏小时，超调量 σ_p 也较大，调节时间 t_s 也较长。只有合适时，可以得到比较满意的过渡过程。

4. 控制规律的选择

PID 调节器长期以来应用十分普遍，为广大工程技术人员所接受和熟悉。究其原因，可以证明对于特性为 $Ke^{-\tau s}/(1+T_m s)$ 和 $Ke^{-\tau s}/[(1+T_1 s)(1+T_2 s)]$ 的控制对象，PID 控制是一种最优的控制算法；PID 控制参数 K_p、T_i、T_d 相互独立，参数整定比较方便；PID 算法比较简单，计算工作量比较小，容易实现多回路控制。使用中根据对象特性、负荷情况，合理选择控制规律是至关重要的。

根据分析可以得出如下几点结论：

1）对于一阶惯性的对象，负荷变化不大，工艺要求不高，可采用比例（P）控制。例如，用于压力、液位、串级副控回路等。

2）对于一阶惯性与纯滞后环节串联的对象，负荷变化不大，要求控制精度较高，可采用比例积分（PI）控制。例如，用于压力、流量、液位的控制。

3）对于纯滞后时间 τ 较大，负荷变化也较大，控制性能要求高的场合，可采用比例积分微分（PID）控制。例如，用于过热蒸汽温度控制，pH 值控制。

4）当对象为高阶（二阶以上）惯性环节又有纯滞后特性，负荷变化较大，控制性能要求也高时，应采用串级控制，前馈-反馈，前馈-串级或纯滞后补偿控制。例如，用于原料气出口温度的串级控制。

6.4.2 采样周期 T 的选取

采样周期的选择应视具体对象而定，反应快的控制回路要求选用较短的采样周期，而反应缓慢的回路可以选用较长的 T。实际选用时，应注意下面几点：

1）采样周期应比对象的时间常数小得多，否则采样信息无法反映瞬变过程。

采样频率应远大于信号变化频率。按香农（Shannon）采样定理，为了不失真地复现信号的变化，采样频率至少应为有用信号最高频率的2倍，实际常选用4~10倍。

2）采样周期的选择应注意系统主要干扰的频谱，特别是工业电网的干扰。一般希望它们有整倍数的关系，这对抑制在测量中出现的干扰和进行计算机数字滤波大为有益。

3）当系统纯滞后占主导地位时，采样周期应按纯滞后大小选取，并尽可能使纯滞后时间接近或等于采样周期的整倍数。

实际上，用理论计算来确定采样周期存在一定的困难。如信号最高频率、噪声干扰源频率都不易确定。因此，一般按表6-3的经验数据进行选用，然后在运行试验时进行修正。

表6-3 常见对象选择采样周期的经验数据

控制回路类别	采样周期/s	备 注
流量	1~5	优先选用（1~2）s
压力	3~10	优先选用（6~8）s
液位	6~8	优先选用7 s
温度	15~20	取纯滞后时间常数
成分	15~20	优先选用18 s

一个计算机控制系统，往往含有多个不同类别的回路，采样周期一般应按采样周期最小的回路来选取。如有困难时，可采用对某些要求周期特别小的回路多采样几次的方法，来缩短采样间隔。

6.4.3 扩充临界比例度法

扩充临界比例度法是整定模拟调节器参数的临界比例度法的扩充，其步骤是：

1）根据对象反应的快慢，结合表6-3选用足够短的采样周期 T。

2）用选定的 T，求出临界比例系数 K_k 及临界振荡周期 T_k。具体方法是使计算机控制系统只采用纯比例调节，逐渐增大比例系数，直至出现临界振荡，这时的 K_p 和振荡周期就是 K_k 和 T_k。

3）选定控制度。控制度是指以模拟调节器为基准，将计算机控制效果和模拟调节器的控制效果相比较。控制效果的评价函数 Q 采用误差平方面积表示，即

$$Q=\frac{\left[\left(\int_0^{\infty} e^2 dt\right)_{\min}\right]_{DDC}}{\left[\left(\int_0^{\infty} e^2 dt\right)_{\min}\right]_{模拟调节器}} \tag{6-60}$$

4）根据选用的控制度按表6-4求取 T、K_p、T_i、T_d 的值。表6-4为按扩充临界比例度法整定的参数值。

表6-4 扩充临界比例度法整定的参数值表

Q	控制算式	T/T_k	K_p/K_k	T_i/T_k	T_d/T_k
1.05	PI	0.03	0.55	0.88	—
	PID	0.014	0.63	0.49	0.14
1.20	PI	0.05	0.49	0.91	—
	PID	0.043	0.47	0.47	0.16
1.50	PI	0.14	0.42	0.99	—
	PID	0.09	0.34	0.43	0.20
2.00	PI	0.22	0.36	1.05	—
	PID	0.16	0.27	0.40	0.22
模拟调节器	PI	—	0.57	0.85	—
	PID	—	0.70	0.50	0.13
简化的扩充临界比例度法	PI	—	0.45	0.83	—
	PID	—	0.60	0.50	0.125

5）按计算参数进行在线运行，观察结果。如果性能欠佳，可适当加大 Q 值，重新求取各个参数，继续观察控制效果，直至满意为止。

Roberts P. D. 在1974年提出简化扩充临界比例度整定法。

设PID的增量算式为

$$\Delta u(kT)=K_p\{[e(kT)-e(kT-T)]+\frac{T}{T_i}[e(kT)]+\frac{T_d}{T}[e(kT)-2e(kT-T)+e(kT-2T)]\}$$
$$=K_p[(1+\frac{T}{T_i}+\frac{T_d}{T})e(kT)-(1+2\frac{T_d}{T})e(kT-T)+\frac{T_d}{T}e(kT-2T)]$$
$$=K_p[d_0e(kT)+d_1e(kT-T)+d_2e(kT-2T)] \tag{6-61}$$

式中，T 为采样周期；T_i 为积分时间常数；T_d 为微分时间常数。

$$\left.\begin{aligned} d_0&=1+\frac{T}{T_i}+\frac{T_d}{T}\\ d_1&=-\left(1+2\frac{T_d}{T}\right)\\ d_2&=\frac{T_d}{T}\end{aligned}\right\} \tag{6-62}$$

对式（6-61）做 Z 变换，可得数字PID调节器的 Z 传递函数为

$$D(z)=\frac{U(z)}{E(z)}=\frac{K_p(d_0+d_1z^{-1}+d_2z^{-2})}{1-z^{-1}} \tag{6-63}$$

式中，$U(z)$ 和 $E(z)$ 分别为数字调节器输出量和输入量的 Z 变换。

前面介绍的数字PID调节器参数的整定，就是要确定 T、K_p、T_i 和 T_d 四个参数，为了减少在线整定参数的数目，根据大量实际经验的总结，人为假设约束的条件，以减少独立变量的个数。例如取

$$\left.\begin{aligned} T &\approx 0.1T_K \\ T_i &\approx 0.5T_K \\ T_d &\approx 0.125T_K \end{aligned}\right\} \tag{6-64}$$

式中，T_K 是纯比例控制时的临界振荡周期。

将式（6-64）代入式（6-62）、式（6-63）可得到数字调节器的 Z 传递函数

$$D(z)=\frac{K_p(2.45-3.5z^{-1}+1.25z^{-2})}{1-z^{-1}} \tag{6-65}$$

相应的差分方程为

$$\Delta u(kT)=K_p[2.45e(kT)-3.5e(kT-T)+1.25e(kT-2T)] \tag{6-66}$$

由式（6-66）可看出，对四个参数的整定变成了对一个参数 K_p 的整定，使问题明显简化了。

应用约束条件减少整定参数数目的归一参数整定法是有发展前途的，因为它不仅对数字PID调节器的整定有意义，而且对实现PID自整定系统也将带来许多方便。

6.5 串级控制

串级控制技术是改善调节品质的有效方法之一，它是在单回路PID控制的基础上发展起来的一种控制技术，并且得到了广泛应用。在串级控制中，有主回路、副回路之分。一般主回路只有一个，而副回路可以是一个或多个。主回路的输出作为副回路的设定值修正的依据，副回路的输出作为真正的控制量作用于被控对象。

图6-30是一个炉温串级控制系统，目的是使炉温保持稳定。如果煤气管道中的压力是恒定的，为了保持炉温恒定，只需测量出料实际温度，并使其与温度设定值比较，利用二者的偏差控制煤气管道上的阀门。当煤气总管压力恒定时，阀位与煤气流量保持一定的比例关系，一定的阀位，对应一定的流量，也就是对应一定的炉子温度，在进出料数量保持稳定时，不需要串级控制。

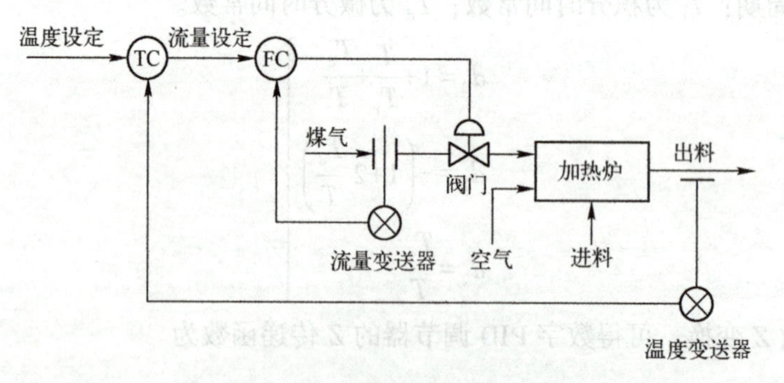

图6-30 炉温串级控制系统

但实际的煤气总管同时向许多炉子供应煤气，煤气压力不可能恒定，此时煤气管道阀门位置并不能保证一定的流量。在单回路调节时，煤气压力的变化引起流量的变化，且随之引起炉温的变化，只有在炉温发生偏离后才会引起调整，因此，时间滞后很大。由于时间滞后，上述系统仅靠一个主控回路不能获得满意的控制效果，而通过主、副回路的配合将会获得较好的控制质量。为了及时检测系统中可能引起被控量变化的某些因素并加以控制，在该炉温控制系统

的主回路中，增加煤气流量控制副回路，构成串级控制结构，如图 6-31 所示。图中主控制器 $D_1(s)$ 和副控制器 $D_2(s)$ 分别表示温度调节器 TC 和流量调节器 FC 的传递函数。

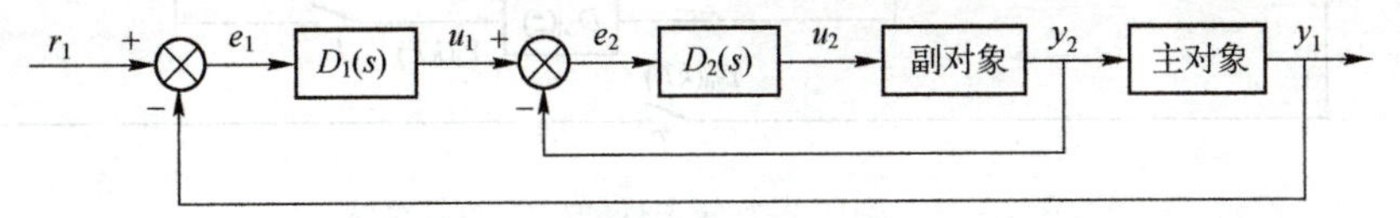

图 6-31　炉温与煤气流量的串级控制结构图

6.5.1　串级控制算法

根据图 6-31，$D_1(s)$ 和 $D_2(s)$ 若由计算机来实现，则计算机串级控制系统如图 6-32 所示，图中的 $D_1(z)$ 和 $D_2(z)$ 是由计算机实现的数字控制器，$H(s)$ 是零阶保持器，T 为采样周期，$D_1(z)$ 和 $D_2(z)$ 通常是 PID 控制规律。

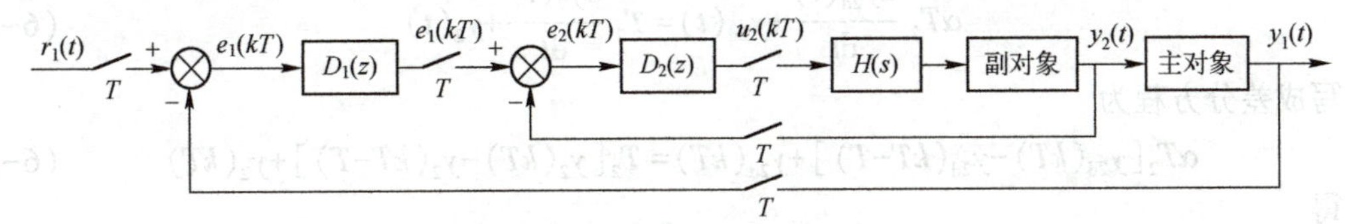

图 6-32　计算机串级控制系统

无论串级控制有多少级，计算的顺序总是从最外面的回路向内进行。对图 6-32 所示的双回路串级控制系统，其计算步骤为

1）计算主回路的偏差 $e_1(kT)$。

$$e_1(kT)=r_1(kT)-y_1(kT) \tag{6-67}$$

2）计算主回路控制器 $D_1(z)$ 的输出 $u_1(kT)$。

$$u_1(kT)=u_1(kT-T)+\Delta u(kT) \tag{6-68}$$

$$\Delta u(kT)=K_{p1}[e_1(kT)-e_1(kT-T)]+K_{i1}e_1(kT)+K_{d1}[e_1(kT)-2e_1(kT-T)+e_1(kT-2T)] \tag{6-69}$$

其中，K_{p1} 为比例增益；$K_{i1}=K_{p1}\dfrac{T}{T_{i1}}$ 为积分系数；$K_{d1}=K_{p1}\dfrac{T_{d1}}{T}$ 为微分系数。

3）计算副回路的偏差 $e_2(kT)$。

$$e_2(kT)=u_1(kT)-y_2(kT) \tag{6-70}$$

4）计算副回路控制器 $D_2(z)$ 的输出 $u_2(kT)$。

$$\Delta u_2(kT)=K_{p2}[e_2(kT)-e_2(kT-T)]+K_{i2}e_2(kT)+K_{d2}[e_2(kT)-2e_2(kT-T)+e_2(kT-2T)] \tag{6-71}$$

其中，K_{p2} 为比例增益；$K_{i2}=K_{p2}\dfrac{T}{T_{i2}}$ 为积分系数；$K_{d2}=K_{p2}\dfrac{T_{d2}}{T}$ 为微分系数

且

$$u_2(kT)=u_2(kT-T)+\Delta u_2(kT) \tag{6-72}$$

6.5.2　副回路微分先行串级控制算法

为了防止主控制器输出（也就是副控制器的给定值）过大而引起副回路的不稳定，同时，也为了克服副对象惯性较大而引起调节品质的恶化，在副回路的反馈通道中加入微分控制，称为副回路微分先行，系统的结构如图 6-33 所示。

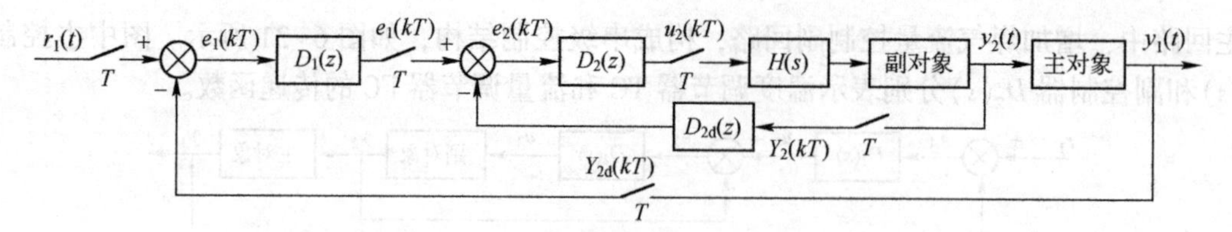

图 6-33 副回路微分先行的串级控制系统

微分先行部分的传递函数为

$$D_{2d}(s)=\frac{Y_{2d}(s)}{Y_2(s)}=\frac{T_2s+1}{\alpha T_2s+1} \tag{6-73}$$

其中，α 为微分放大系数。

式（6-73）相应的微分方程为

$$\alpha T_2\frac{\mathrm{d}y_{2d}(t)}{\mathrm{d}t}+y_{2d}(t)=T_2\frac{\mathrm{d}y_2(t)}{\mathrm{d}t}+y_2(t) \tag{6-74}$$

写成差分方程为

$$\alpha T_2[y_{2d}(kT)-y_{2d}(kT-T)]+y_{2d}(kT)=T_2[y_2(kT)-y_2(kT-T)]+y_2(kT) \tag{6-75}$$

整理得

$$\begin{aligned}y_{2d}(kT)&=\frac{\alpha T_2}{\alpha T_2+T}y_{2d}(kT-T)+\frac{T_2+T}{\alpha T_2+T}y_2(kT)-\frac{T_2}{\alpha T_2+T}y_2(kT-T)\\&=\varphi_1y_{2d}(kT-T)+\varphi_2y_2(kT)-\varphi_3y_2(kT-T)\end{aligned} \tag{6-76}$$

式中，$\phi_1=\frac{\alpha T_2}{\alpha T_2+T}$；$\phi_2=\frac{T_2+T}{\alpha T_2+T}$；$\phi_3=\frac{T_2}{\alpha T_2+T}$。

系数 ϕ_1、ϕ_2、ϕ_3 可先离线计算，并存入内存指定单元，以备控制计算时调用。下面给出副回路微分先行的步骤（主控制器采用 PID，副控制器采用 PI）。

1）计算主回路的偏差 $e_1(kT)$。

$$e_1(kT)=r_1(kT)-y_1(kT) \tag{6-77}$$

2）计算主控制器的输出 $u_1(kT)$。

$$u_1(kT)=u_1(kT-T)+\Delta u_1(kT) \tag{6-78}$$

$$\begin{aligned}\Delta u_1(kT)=&K_{p1}[e_1(kT)-e_1(kT-T)]+K_{i1}e_1(kT)\\&+K_{d1}[e_1(kT)-2e_1(kT-T)+e_1(kT-2T)]\end{aligned} \tag{6-79}$$

3）计算微分先行部分的输出 $y_{2d}(kT)$。

$$y_{2d}(kT)=\varphi_1y_{2d}(kT-T)+\varphi_2y_2(kT)-\varphi_3y_2(kT-T) \tag{6-80}$$

4）计算副回路的偏差 $e_2(kT)$。

$$e_2(kT)=u_1(kT)-y_{2d}(kT) \tag{6-81}$$

5）计算副控制器的输出 $u_2(kT)$。

$$u_2(kT)=u_2(kT-T)+\Delta u_2(kT) \tag{6-82}$$

$$\Delta u_2(kT)=K_{p2}[e_2(kT)-e_2(kT-T)]+K_{i2}e_2(kT) \tag{6-83}$$

串级控制系统中，副回路给系统带来了一系列的优点：串级控制较单回路控制系统有更强的抑制扰动的能力，通常副回路抑制扰动的能力比单回路控制高出十几倍乃至上百倍，因此设计串级控制系统时应遵循如下的原则。

1）系统中主要的扰动应该包含在副控回路中。把主要扰动包含在副控回路中，通过副控回路的调节作用，可以在扰动影响到主控被调参数之前，大大削弱扰动的影响。

2）副控回路应该尽量包含积极分环节。积分环节的相角滞后是−90°，当副控回路包含积分环节时，相角滞后将可以减少，有利于改善调节系统的品质。

3）用一个可以测量的中间变量作为副控被调参数。

4）主控回路的采样周期 $T_{主}$ 与副控回路的采样周期 $T_{副}$ 不相等时，应该选择 $T_{主} \geqslant 3T_{副}$ 或 $3T_{主} \leqslant T_{副}$，即 $T_{主}$ 和 $T_{副}$ 之间相差 3 倍以上，以避免主控回路和副控回路之间发生相互干扰和共振。

6.6 前馈-反馈控制

反馈控制是按偏差进行控制的。也就是说，在干扰的作用下，被控量先偏离设定值，然后按偏差产生控制作用去抵消干扰的影响。如果干扰不断施加，则系统总是跟在干扰作用后面波动。特别是系统存在严重滞后时，波动会更加厉害。前馈控制是按扰动量进行补偿的开环控制，即当影响系统的扰动出现时，按照扰动量的大小直接产生校正作用，以抵消扰动的影响。如果控制算法和参数选择恰当，可以达到很高的控制精度。

6.6.1 前馈控制的结构

前馈控制的结构如图 6-34 所示。

在图 6-34 中，$G_n(s)$ 是被控对象扰动通道的传递函数，$D_n(s)$ 是前馈控制器的传递函数，$G(s)$ 是被控对象控制通道的传递函数，n、u 和 y 分别是扰动量、控制量和被控量。

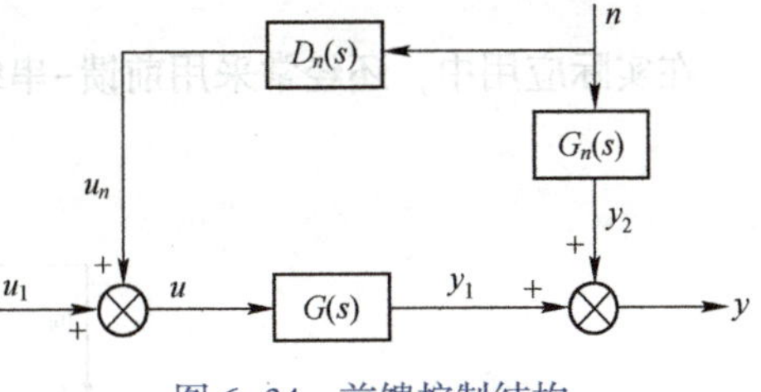

图 6-34　前馈控制结构

为了便于分析扰动量的影响，假定 $u_1=0$，则有

$$Y(s)=Y_1(s)+Y_2(s)=[D_n(s)G(s)+G_n(s)]N(s) \tag{6-84}$$

若要使前馈作用完全补偿扰动作用，则应使扰动引起的被控量变化为零，即 $Y(s)=0$，因此完全补偿的条件为

$$D_n(s)G(s)+G_n(s)=0 \tag{6-85}$$

由此可得前馈控制器的传递函数为

$$D_n(s)=-\frac{G_n(s)}{G(s)} \tag{6-86}$$

在实际生产过程控制中，因为前馈控制是一个开环系统，因此，很少只采用前馈控制的方案，常常采用前馈-反馈控制相结合的方案。

6.6.2 前馈-反馈控制的结构

前馈控制虽然具有很多优点，但也有不足之处。首先表现在前馈控制中不存在被控量的反馈，即对于补偿的结果没有检验的手段。因而，当前馈控制作用没有最后消除偏差时，系统无法得知这一信息而做校正。另外，前馈控制是针对具体的扰动进行补偿的。在实际工作对象中，扰动因素往往很多，有些甚至是无法测量的。人们不可能根据所有扰动加以补偿，最多也只能就两个以内的主要扰动进行前馈控制，这样就不能补偿其他扰动引起的被控量变化。再者，前馈控制模型的精度也受到多种因素的限制，对象特性要受负荷和工况等因素的影响而产生漂移，因此一个事先固定的模型难以获得良好的控制质量。

为了克服前馈控制的这些局限性，可以将前馈控制与反馈控制结合起来，采用前馈-反馈控制技术。这样，既发挥了前馈控制作用及时的优点，又保持了反馈控制能克服多个扰动和具有对被控量实行反馈检验的长处。

前馈-反馈控制结构如图 6-35 所示。

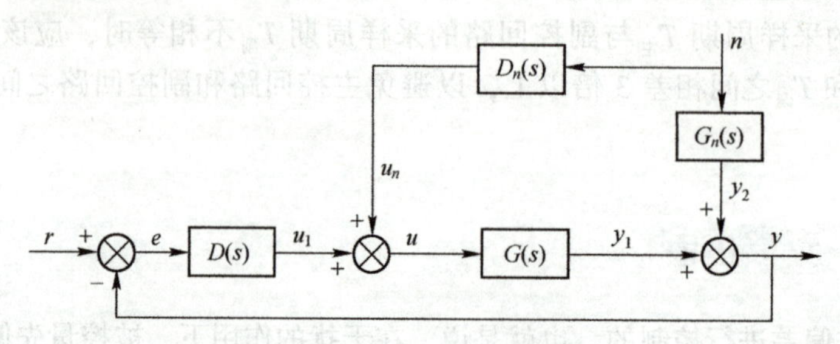

图 6-35 前馈-反馈控制结构图

由图 6-35 可知，前馈-反馈控制结构是在反馈控制的基础上，增加了一个扰动的前馈控制。由于完全补偿的条件未变，因此仍有

$$D_n(s)=-\frac{G_n(s)}{G(s)}$$

在实际应用中，还经常采用前馈-串级控制结构，如图 6-36 所示。

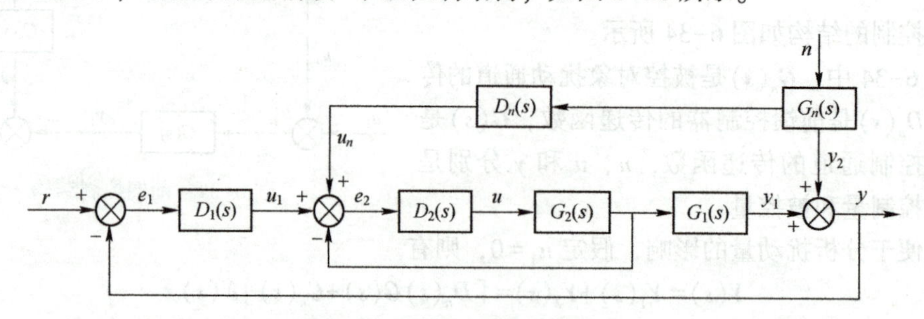

图 6-36 前馈-串级控制结构图

在图 6-32 中，$D_1(s)$、$D_2(s)$ 分别为主、副控制器的传递函数；$G_1(s)$、$G_2(s)$ 分别为主、副对象。

前馈-串级控制能及时克服进入前馈回路和串级副回路的干扰对被控量的影响，因为前馈控制的输出不是直接作用于执行机构，而是补充到串级控制副回路的给定值中，这样就降低了对执行机构动态响应性能的要求，这也是前馈-反馈控制结构广泛被采用的原因。

6.6.3 数字前馈-反馈控制算法

下面以前馈-反馈控制系统为例，介绍计算机前馈控制系统的算法步骤和算法流程图。图 6-37 是计算机前馈-反馈控制系统的框图。

在图 6-37 中，T 为采样周期；$D_n(z)$ 为前馈控制器；$D(z)$ 为反馈控制器；$H(s)$ 为零阶保持器。

$D_n(z)$、$D(z)$ 是由数字计算机实现的。

若 $G_n(s)=\dfrac{K_1}{1+T_1s}e^{-\tau_1 s}$ $\quad G(s)=\dfrac{K_2}{1+T_2s}e^{-\tau_2 s}$

令 $\tau=\tau_1-\tau_2$，则

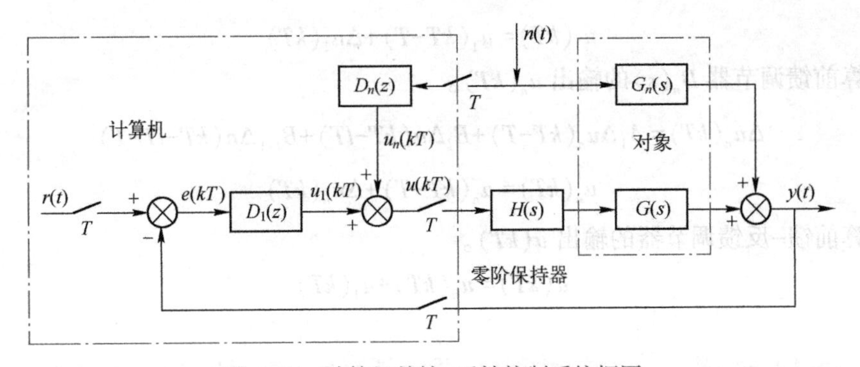

图 6-37　计算机前馈-反馈控制系统框图

$$D_n(s)=\frac{U_n(s)}{N(s)}=K_f\frac{s+\dfrac{1}{T_2}}{s+\dfrac{1}{T_1}}e^{-\tau s} \tag{6-87}$$

式中，$K_f=-\dfrac{K_1T_2}{K_2T_1}$。

由式（6-87）可得前馈调节器的微分方程

$$\frac{du_n(t)}{dt}+\frac{1}{T_1}u_n(t)=K_f\left[\frac{dn(t-\tau)}{dt}+\frac{1}{T_2}n(t-\tau)\right] \tag{6-88}$$

假如选择采样频率 f_s 足够高，也即采样周期 $T=\dfrac{1}{f_s}$ 足够短，可对微分方程进行离散化，得到差分方程。

设纯滞后时间 τ 是采样周期 T 的整数倍，即 $\tau=lT$，离散化时，令

$$u_n(t)\approx u_n(kT)$$

$$n(t-\tau)\approx n(kT-lT)$$

$$dt\approx T$$

$$\frac{du_n(t)}{dt}\approx\frac{u_n(kT)-u_n(kT-T)}{T}$$

$$\frac{dn(t-\tau)}{dt}\approx\frac{n(kT-lT)-n(kT-lT-T)}{T}$$

由式（6-87）和式（6-88）可得到差分方程

$$u_n(kT)=A_1u_n(kT-T)+B_ln(kT-lT)+B_{l+1}n(kT-lT-T) \tag{6-89}$$

式中，$A_1=\dfrac{T_1}{T+T_1}$；$B_l=K_f\dfrac{T_1(T+T_2)}{T_2(T+T_1)}$；$B_{l+1}=-K_f\dfrac{T_1}{T+T_1}$。

根据差分方程式（6-89），便可编制出相应的软件，由计算机实现前馈调节器。

下面给出计算机前馈-反馈控制算法的步骤。

1）计算反馈控制的偏差 $e(kT)$。

$$e(kT)=r(kT)-y(kT) \tag{6-90}$$

2）计算反馈控制器（PID）的输出 $u_1(kT)$。

$$\Delta u_1(kT)=K_p\Delta e(kT)+K_ie(kT)+K_d[\Delta e(kT)-\Delta e(kT-T)] \tag{6-91}$$

$$u_1(kT)=u_1(kT-T)+\Delta u_1(kT) \tag{6-92}$$

3）计算前馈调节器 $D_n(s)$ 的输出 $u_n(kT)$。

$$\Delta u_n(kT)=A_1\Delta u_n(kT-T)+B_l\Delta n(kT-lT)+B_{l+1}\Delta n(kT-lT-T) \tag{6-93}$$

$$u_n(kT)=u_n(kT-T)+\Delta u_n(kT) \tag{6-94}$$

4）计算前馈-反馈调节器的输出 $u(kT)$。

$$u(kT)=u_n(kT)+u_1(kT) \tag{6-95}$$

6.7 万能试验机控制系统的仿真与快速电压电流转换电路

6.7.1 万能试验机概述

万能试验机是测定材料机械性能的基本设备之一，主要用于做金属、橡胶、塑料、陶瓷和水泥等材料的拉伸、压缩、弯曲和剪切等机械性能试验，可完成对材料的强度、塑性、弹性及韧性的检测。在电子万能试验机中，控制器是万能试验机系统的核心部分，其控制规模大，功能复杂。

1. 主机组成

电液伺服动静万能试验机主要由主机、液压系统、单通道伺服控制器、计算机以及试验夹具等附件组成。

万能试验机主机的组成如图 6-38 所示。主要由横梁、液压夹头、操作按钮台、伺服作动器、夹头及横梁控制模块等几部分组成。

2. 夹头与横梁控制模块

夹头与横梁控制模块分为夹头控制模块和横梁控制模块两部分。夹头与横梁控制模块主要结构如图 6-39 所示。

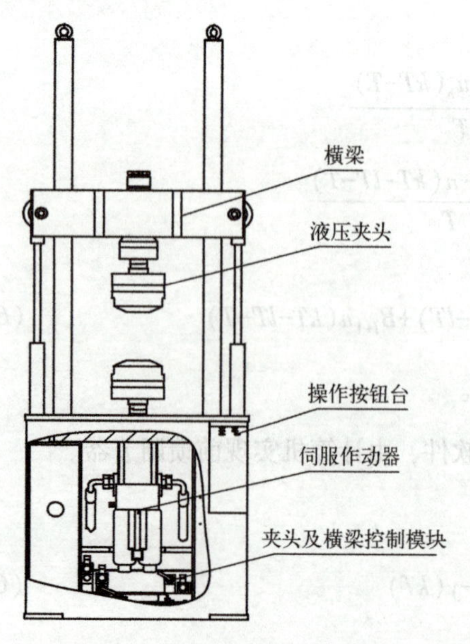

图 6-38 万能试验机主机的组成

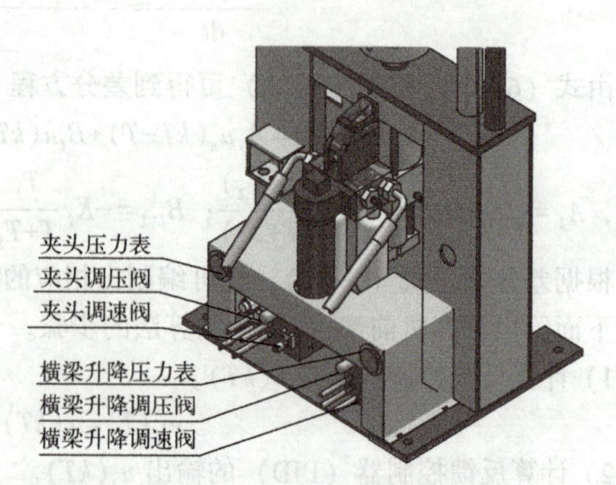

图 6-39 夹头与横梁控制模块主要结构

(1) 夹头控制模块

该模块由单向阀、电磁换向阀、夹头调压阀、夹头压力表和夹头调速阀等组成。电磁换向阀实现对液压夹头夹紧、松开的控制；单向阀实现对液压夹头夹紧、松开油路方向的控制，夹头调压阀可对液压夹头压力大小进行调整，压力的大小由夹头压力表显示。

(2) 横梁控制模块

该模块由电磁换向阀、横梁升降调压阀、横梁升降调速阀和横梁升降压力表等组成。电磁换向阀实现对横梁的升降、夹紧和松开的控制；横梁升降调压阀可调节升降压力，压力大小由横梁升降压力表显示。横梁升降调速阀可调节横梁的升降速度，万能试验机在出厂时横梁升降压力和横梁升降速度均已经调整好，通常情况下用户一般不需调整。

3. 伺服作动器

伺服作动器是万能试验机的执行元件。伺服作动器由电液伺服阀、精密滤油器、LVDT 位移传感器和进回油路蓄能器等组成。

4. 横梁

万能试验机横梁为液压夹紧、弹性松开式结构。这种结构的特点是无论是万能试验机在运行状态还是在非运行状态，万能试验机的横梁都不会产生滑移现象。

6.7.2　万能试验机控制系统仿真

通过 Simulink 搭建万能试验机控制系统，通过 PID 控制器对输出量进行调节，来观察系统能否得到期望的输出。系统的输入信号在正弦信号 $y=\sin(20\pi t)$ 上每间隔 0.002 s 进行一次采样，并在每个 0.002 s 内保持采样值不变，即输入连续的阶跃信号。仿真采用位置速度双闭环控制系统，内环是速度负反馈，外环是位置负反馈，并增加速度前馈控制。通过仿真实验逐步解释各个环节的作用。

万能试验机控制系统的被控对象是液压伺服阀，伺服阀控制作动器在竖直方向产生位移来进行拉伸试验。在实际控制过程中，位置传感器检测到位置信号，位置外环反馈位置信号，速度内环反馈速度信号。系统位置 PID 控制器和速度 PID 控制器会根据误差进行调节，经过 D-A 转换器把数字量转换成模拟量，再经过功率放大器将所得模拟量放大并以此来控制伺服阀，最终控制作动器，使得作动器的运动达到期望的位置要求。

1. 确定系统输入信号

系统输入每隔 0.002 s 在函数 $y=\sin(20\pi t)$ 取一个函数值，并且在每个 0.002 s 内保持函数值不变。输入周期为 0.1 s，每个周期被等分成 50 个 0.002 s 的时间间隔，每个时间间隔内函数值不变，可以看作连续的阶跃输入。

2. 确定系统被控对象

液压伺服系统伺服阀的传递函数经过简化，可以用二阶环节来表示。仿真过程中为方便观察结果，取一个具体特例来近似代替被控对象的传递函数。这里所取被控对象的传递函数如下：

$$G(s)=\frac{1}{s(0.1s+1)}$$

3. 速度前馈控制仿真过程

在控制系统中增加速度前馈控制有助于提高系统控制精度和响应速度。

为了输出结果更容易观察和比较，系统输入正弦信号 $y=\sin(20\pi t)$，未加速度前馈的控制系统如图 6-40 所示。改变 PID 控制器的参数值，系统的输出曲线如图 6-41 所示。

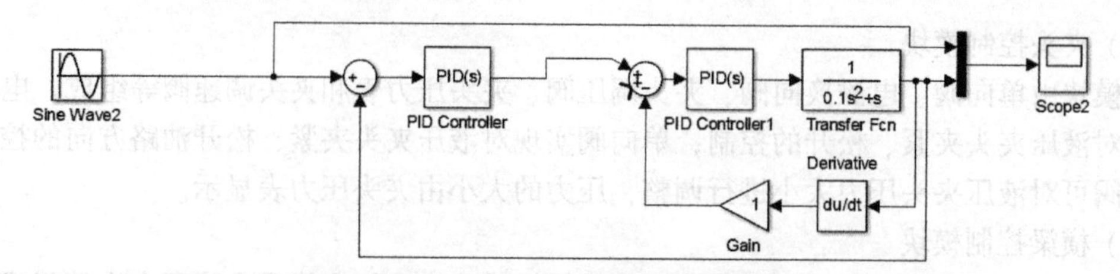

图 6-40 未加速度前馈控制的系统框图

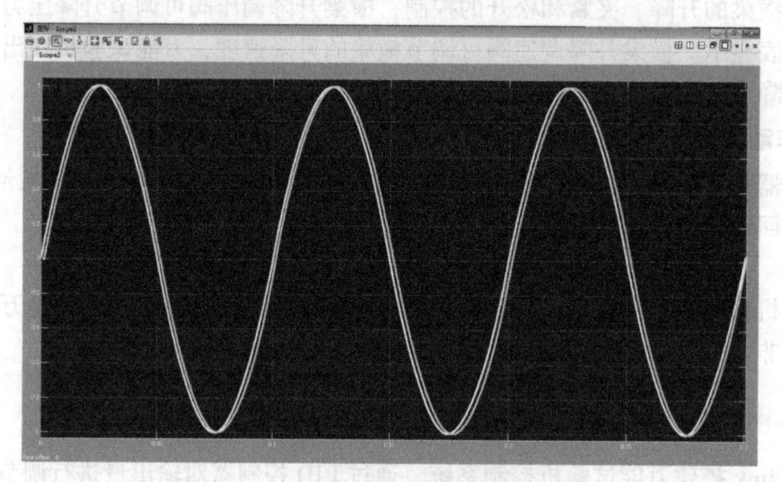

图 6-41 无速度前馈控制的系统输出曲线

保持系统的输入信号和 PID 控制器参数值不变，给控制系统加上速度前馈控制，此时控制系统如图 6-42 所示。增加速度前馈控制的系统的输出曲线如图 6-43 所示。

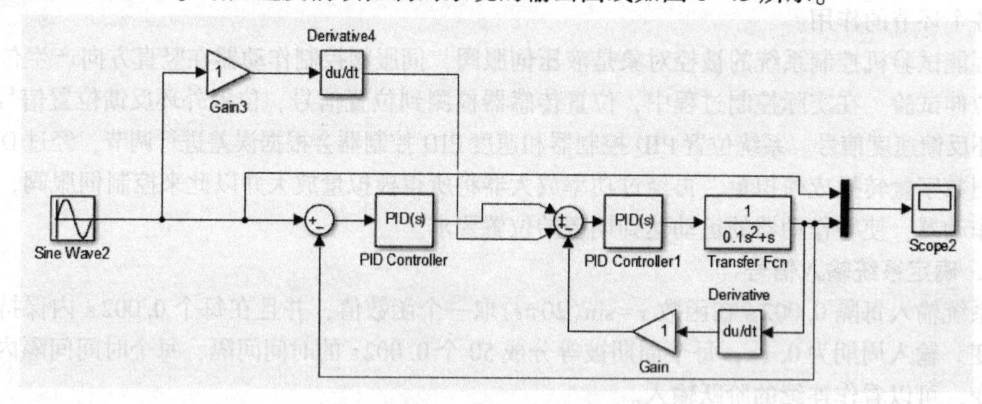

图 6-42 增加加速度前馈控制的系统框图

速度前馈控制是将系统输入进行一次微分后直接送到速度负反馈内环，通过比较图 6-41 和图 6-43 可以看出，在保持 PID 控制器参数不变的情况下增加速度前馈控制，使得输出曲线和输入曲线直接的相位差减小，输出曲线的精度得到改善。

万能试验机控制系统的仿真采用了位置速度双闭环，并增加了速度前馈控制，通过仿真得出了如下结论。

1）和单闭环控制系统相比，采用位置速度双闭环控制系统，可以提高控制系统的响应速度，使被控系统有效地跟随迅速变化的输入信号，得到较为理想的输出曲线。

2）给控制系统增加速度前馈环节，可以减小输出曲线与输入曲线之间的相位差，提高输

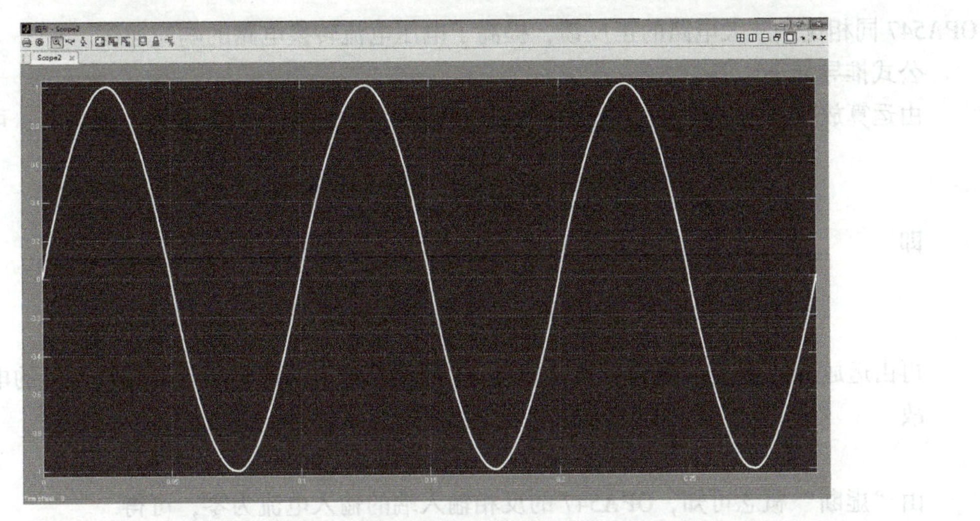

图 6-43　增加速度前馈控制的系统的输出曲线

出曲线的精度。

6.7.3　带有正反馈的快速电压电流转换电路

伺服控制器的 D-A 输出通过带有正反馈的快速电压电流转换电路去控制伺服作动器。带有正反馈的快速电压电流转换电路如图 6-44 所示。

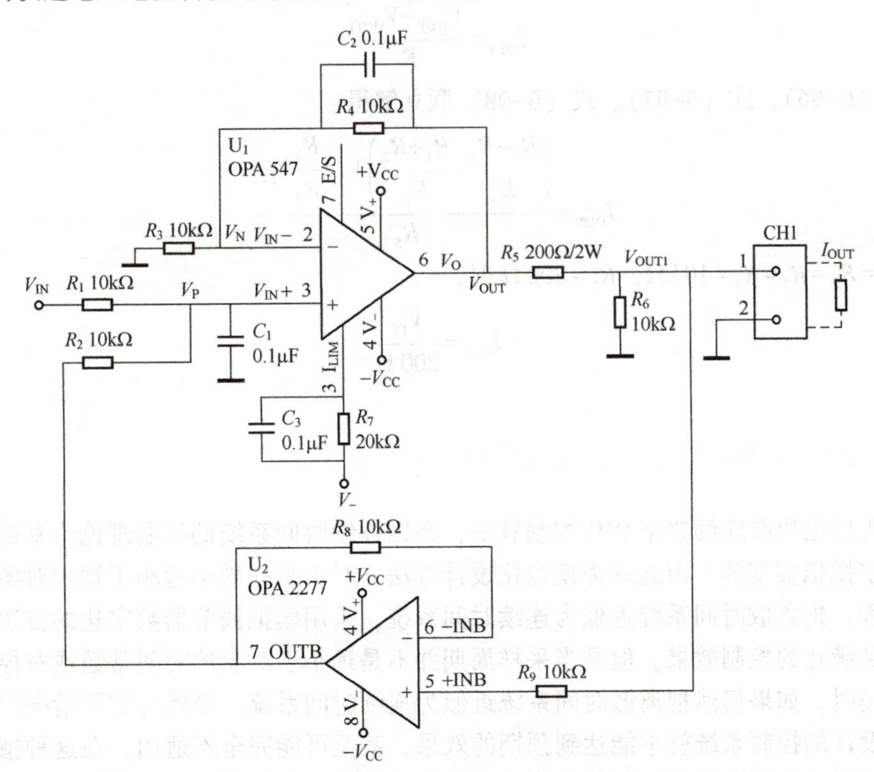

图 6-44　带有正反馈的快速电压电流转换电路

图 6-44 是一个典型的电压电流转换电路。其中，U1 为高电压大电流运算放大器 OPA547，构成一个同相比例放大电路。U2 为高精度运算放大器 OPA2277，构成一个电压跟随器，作为

OPA547同相比例放大电路的正反馈，提高了电压电流转换电路的响应速度。

公式推导如下：

由运算放大器的"虚断"概念可知，OPA547的同相输入端的输入电流为零，可得

$$\frac{V_{IN}-V_P}{R_1}+\frac{V_{OUT1}-V_P}{R_2}=0$$

即

$$V_{OUT1}=\frac{R_1+R_2}{R_1}V_P-\frac{R_2}{R_1}V_{IN} \tag{6-96}$$

再由运放的"虚短"概念可知，OPA547的反相输入端的电压与同相输入端的电压相同，故

$$V_N=V_P$$

由"虚断"概念可知，OPA547的反相输入端的输入电流为零，可得

$$\frac{V_{OUT}-V_N}{R_4}=\frac{V_N-0}{R_3}$$

即

$$V_{OUT}=\frac{R_3+R_4}{R_3}V_N=\frac{R_3+R_4}{R_3}V_P \tag{6-97}$$

流过负载 R_L 的电流 I_{OUT} 为

$$I_{OUT}=\frac{V_{OUT}-V_{OUT1}}{R_5} \tag{6-98}$$

由式（6-96）、式（6-97）、式（6-98）联立解得

$$I_{OUT}=\frac{\left(\frac{R_3+R_4}{R_3}-\frac{R_1+R_2}{R_1}\right)V_P+\frac{R_2}{R_1}V_{IN}}{R_5}$$

当 $R_1=R_2=R_3=R_4=10\,\text{k}\Omega$，$R_5=200\,\Omega$ 时，

$$I_{OUT}=\frac{V_{IN}}{200\,\Omega}$$

6.8 数字控制器的直接设计方法

前面所讨论的准连续数字PID控制算法，是以连续时间系统的控制理论为基础，并在计算机上数字模拟实现的，因此称为模拟化设计方法。对于采样周期远小于被控对象时间常数的生产过程，把离散时间系统近似为连续时间系统，采用模拟调节器数字化的方法来设计系统，可达到满意的控制效果。但是当采样周期并不是远小于对象的时间常数或对控制的质量要求比较高时，如果仍然把离散时间系统近似为连续时间系统，必然与实际情况产生很大差异，据此设计的控制系统就不能达到预期的效果，甚至可能完全不适用。在这种情况下应根据采样控制理论直接设计数字控制器，这种方法称为直接数字设计。直接数字设计比模拟化设计具有更一般的意义，它完全根据采样系统的特点进行分析与综合，并导出相应的控制规律。本节主要介绍在计算机中易于实现的数字控制器的直接设计方法，所用数学工具为 Z 变换及 Z 传递函数。

6.8.1　基本概念

为了说明问题，将连续控制系统和计算机（离散）控制系统做一比较，如图 6-45 和图 6-46 所示。

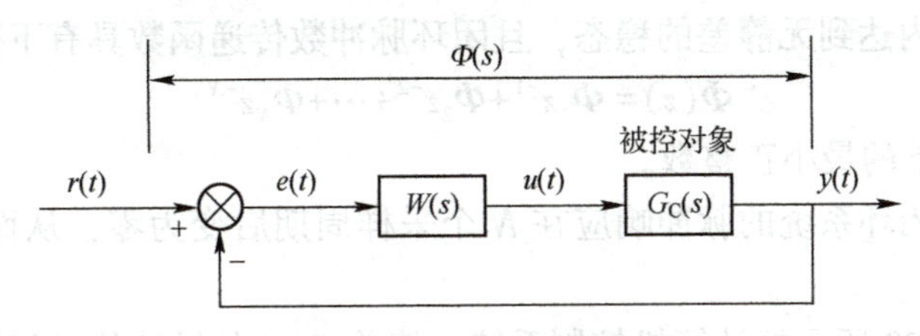

图 6-45　连续控制系统框图

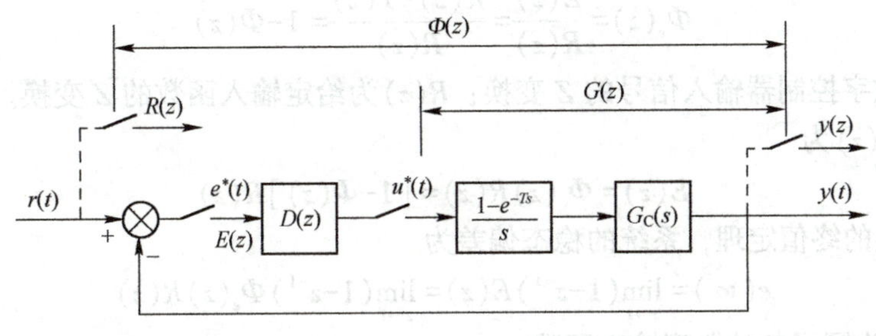

图 6-46　计算机（离散）控制系统框图

图 6-45 中，$G_C(s)$是被控对象的传递函数，$W(s)$是连续控制系统的串联校正元件，其作用是改变零极点配置，实现所需要的连续控制规律 $u(t)$。图 6-35 中，$D(z)$为数字控制器的脉冲传递函数，它对应于图 6-34 中的串联校正元件，实现所需要的采样控制规律 $u^*(t)$。为了将 $u^*(t)$转变为连续信号作用于被控对象，保持器的作用必须考虑进去。较常用的保持器为零阶保持器，其传递函数为$(1-e^{-Ts})/s$。由于 $D(z)$可以实现除 PID 以外更复杂的控制规律，因此能较大幅度地提高控制系统的性能。

在图 6-39 中，系统的闭环脉冲传递函数为

$$\Phi(z)=\frac{D(z)G(z)}{1+D(z)G(z)} \tag{6-99}$$

式中，$\Phi(z)$为闭环脉冲传递函数；$G_C(s)$为被控对象的传递函数；$D(z)$为数字控制器的脉冲传递函数；$G(z)=Z\left[\frac{1-e^{-Ts}}{s}G_C(s)\right]$称为广义对象的脉冲传递函数。

由式（6-99）可得

$$D(z)=\frac{1}{G(z)}\cdot\frac{\Phi(z)}{1-\Phi(z)} \tag{6-100}$$

若已知 $G(z)$，并根据性能指标要求定出 $\Phi(z)$，则数字控制器 $D(z)$就可唯一确定。设计数字控制器的步骤如下。

1）依控制系统的性能指标要求和其他约束条件，确定所需的闭环脉冲传递函数 $\Phi(z)$。

2）根据式（6-100）确定计算机的脉冲传递函数 $D(z)$。

3）根据 $D(z)$，编制控制算法的程序。

这种设计方法称为直接设计方法。显然，设计过程中的第一个步骤是最关键的。下面结合快速系统说明这种方法的设计过程。

6.8.2 最少拍无差系统的设计

在数字随动控制系统中，要求系统的输出值尽快地跟踪给定值的变化，最少拍控制就是为满足这一要求的一种离散化设计方法。所谓最少拍控制，就是要求闭环系统对于某种特定的输入在最少个采样周期内达到无静差的稳态，且闭环脉冲数传递函数具有下列形式。

$$\Phi(z)=\Phi_1 z^{-1}+\Phi_2 z^{-2}+\cdots+\Phi_N z^{-N} \tag{6-101}$$

式中，N是可能情况下的最小正整数。

这一形式表明，闭环系统的脉冲响应在N个采样周期后变为零，从而意味着系统在N拍之内达到稳定。

接下来研究图6-39所示的计算机控制系统，偏差$E(z)$的脉冲传递函数为

$$\Phi_e(z)=\frac{E(z)}{R(z)}=\frac{R(z)-Y(z)}{R(z)}=1-\Phi(z) \tag{6-102}$$

式中，$E(z)$为数字控制器输入信号的Z变换；$R(z)$为给定输入函数的Z变换。

于是偏差$E(z)$为

$$E(z)=\Phi_e(z)R(z)=[1-\Phi(z)]R(z) \tag{6-103}$$

根据Z变换的终值定理，系统的稳态偏差为

$$e(\infty)=\lim_{z\to1}(1-z^{-1})E(z)=\lim_{z\to1}(1-z^{-1})\Phi_e(z)R(z) \tag{6-104}$$

对于时间t为幂函数的典型输入函数

$$r(t)=A_0+A_1t+\frac{A_2}{2!}t^2+\cdots+\frac{A_{q-1}}{(q-1)!}t^{q-1} \tag{6-105}$$

查Z变换表可知，它的Z变换为

$$R(z)=\frac{B(z)}{(1-z^{-1})^q} \tag{6-106}$$

式中，$B(z)$是不包含$(1-z^{-1})$因子的关于z^{-1}的多项式。对于阶跃、等速、等加速输入函数，q分别等于1、2、3。

由式（6-104）和式（6-102）可知，要使稳态偏差$e(\infty)$为零，则要求$\Phi_e(z)$中至少应包含$(1-z^{-1})^q$的因子，即

$$\Phi_e(z)=1-\Phi(z)=(1-z^{-1})^pF(z) \tag{6-107}$$

式中$p\geqslant q$，q是典型输入函数$R(z)$分母$(1-z^{-1})$因子的阶次，$F(z)$是待定的关于z^{-1}的多项式，偏差$E(z)$的Z变换展开式为

$$E(z)=\sum_{n=0}^{\infty}e(nT)z^{-n}=e(0)+e(T)z^{-1}+e(2T)z^{-2}+\cdots \tag{6-108}$$

要使偏差尽快为零，应使式（6-108）中关于z^{-1}的多项式项数为最少，因此式（6-107）中的p应选择为

$$p=q$$

综上所述，从准确性的要求来看，为使系统对式（6-105）或式（6-106）的典型输入函数无稳态偏差，$\Phi_e(z)$应满足

$$\Phi_e(z)=1-\Phi(z)=(1-z^{-1})^qF(z) \tag{6-109}$$

式（6-109）是设计最少拍的一般公式。但若要使设计的数字控制器形式最简单、阶数最低，必须取$F(z)=1$，这就是说，使$F(z)$不含z^{-1}的因子，$\Phi_e(z)$才能使$E(z)$中关于z^{-1}的项数最少。

$$\Phi_e(z)=1-\Phi(z)=(1-z^{-1})^q \tag{6-110}$$

所以
$$\Phi(z)=1-\Phi_e(z)=1-(1-z^{-1})^q$$

下面结合几种常见的典型输入函数介绍如何寻找最少拍无差系统的闭环脉冲传递函数 $\Phi(z)$。

1. 典型输入下的最少拍系统

(1) 阶跃输入

已知输入函数为 $r(t)=1(t)$，其 Z 变换式为

$$R(z)=\frac{1}{1-z^{-1}}$$

要满足式（6-104）为零的条件是使 $\Phi_e(z)$ 能消去 $R(z)$ 的分母 $1-z^{-1}$，令式（6-110）中 $q=1$

$$\Phi_e(z)=1-\Phi(z)=1-z^{-1}$$

所以
$$\Phi(z)=z^{-1} \tag{6-111}$$

由式（6-103）可求出偏差的 Z 变换为

$$E(z)=R(z)[1-\Phi(z)]=\frac{1}{1-z^{-1}}(1-z^{-1})=1$$

结合式（6-108）有

$$E(z)=1=1\cdot z^0+0\cdot z^{-1}+0\cdot z^{-2}+\cdots$$

以上说明只需一拍（一个采样周期）输出就能跟随输入，偏差为零，过渡过程结束。

由闭环传递函数 $\Phi(z)$ 可算出输出 $y(z)$

$$y(z)=\Phi(z)\cdot R(z)=\frac{z^{-1}}{1-z^{-1}}$$

用长除法求 $y(z)$ 的展开式

$$y(z)=z^{-1}+z^{-2}+\cdots$$

这说明：$y(0)=0, y(T)=1, y(2T)=1, \cdots$ 输出序列如图 6-47 所示。

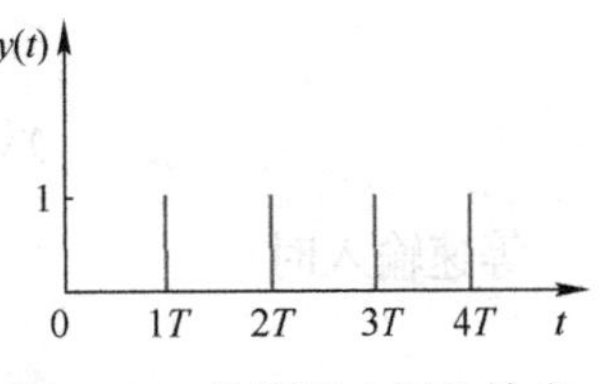

图 6-47　阶跃输入时的输出

(2) 等速输入

输入函数为 $r(t)=t$，其 Z 变换式为

$$R(z)=\frac{Tz^{-1}}{(1-z^{-1})^2}$$

要使静差为零，过渡过程为最少拍，应使式（6-107）中 $q=2$，即

$$\begin{cases}\Phi_e(z)=1-\Phi(z)=2(1-z^{-1})\\ \Phi(z)=2z^{-1}-z^{-2}\\ E(z)=R(z)[1-\Phi(z)]=Tz^{-1}\end{cases} \tag{6-112}$$

说明两拍（两个采样周期）以后过渡过程结束。系统输出

$$y(z)=R(z)\cdot\Phi(z)=\frac{Tz^{-1}}{(1-z^{-1})^2}(2z^{-1}-z^{-2})=2Tz^{-2}+3Tz^{-3}+4Tz^{-4}+\cdots$$

输出序列如图 6-48 所示。

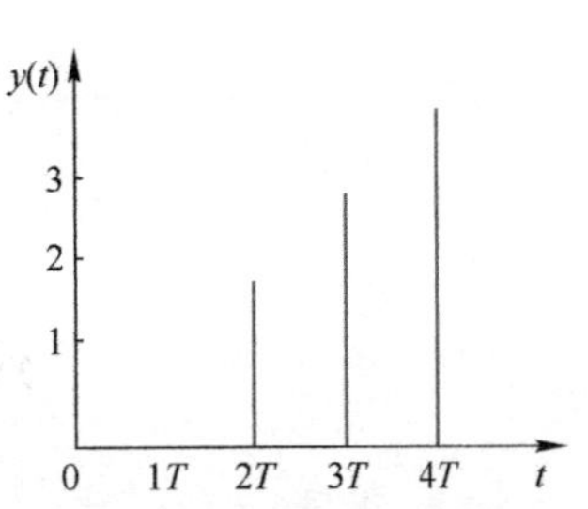

图 6-48　等速输入时的输出

(3) 等加速输入

已知输入函数 $r(t)=\frac{1}{2}t^2$，其 Z 变换式为

$$R(z)=\frac{T^2z^{-1}(1+z^{-1})}{2\ (1-z^{-1})^3}$$

要满足最少拍无偏差的要求，应使式（6-107）中 $q=3$，即

$$\Phi_e(z)=1-\Phi(z)=(1-z^{-1})^3$$

$$\Phi(z)=1-(1-z^{-1})^3=3z^{-1}-3z^{-2}+z^{-3} \tag{6-113}$$

过渡过程需三拍，因为

$$E(z)=R(z)[1-\Phi(z)]=\frac{1}{2}T^2z^{-1}+\frac{1}{2}T^2z^{-2}$$

以上给出了对于阶跃输入、等速输入和等加速输入时最少拍无差系统的闭环脉冲传递函数$\Phi(z)$应有的形式。已知 $\Phi(z)$、$G(z)$，就可根据式（6-97）求出数字控制器的脉冲传递函数 $D(z)$。

2. 最少拍无差系统对典型输入函数的适应性

上面介绍的是最少拍无差系统闭环脉冲传递函数的求法，式（6-111）~式（6-113）给出的结果能抵消输入函数中分母所含的$(1-z^{-1})$因子，没有引入 z^{-1}，z^{-2}，…延迟项，这表示系统本身不引入新的滞后，也就是能以最快速度（如一拍、二拍或三拍）跟上给定值的变化而且保持无差。但是这种设计方法得到的系统对各种典型输入函数的适应性较差，即对于不同的输入 $R(z)$，要求使用不同的闭环脉冲传递函数 $\Phi(z)$，否则就得不到最佳的性能。

例如，当 $\Phi(z)$为等速输入设计时有

$$\Phi(z)=2z^{-1}-z^{-2}$$

当输入为三种典型的输入函数时，其对应的输出分别是：

阶跃输入时

$$r(t)=1(t)$$

$$R(z)=\frac{1}{1-z^{-1}}$$

$$y(z)=R(z)\Phi(z)=\frac{2z^{-1}-z^{-2}}{1-z^{-1}}=2z^{-1}+z^{-2}+z^{-3}+\cdots$$

等速输入时

$$r(t)=t$$

$$R(z)=\frac{Tz^{-1}}{(1-z^{-1})^2}$$

$$y(z)=\frac{Tz^{-1}}{(1-z^{-1})^2}(2z^{-1}-z^{-2})=2Tz^{-2}+3Tz^{-3}+4Tz^{-4}+\cdots$$

等加速输入时

$$r(t)=\frac{1}{2}t^2$$

$$R(z)=\frac{T^2z^{-1}(1+z^{-1})}{2\ (1-z^{-1})^3}$$

$$y(z)=R(z)\Phi(z)=\frac{T^2z^{-1}(1+z^{-1})}{2\ (1-z^{-1})^3}(2z^{-1}-z^{-2})$$

$$=T^2z^{-2}+3.5T^2z^{-3}+7T^2z^{-4}+\cdots$$

图6-49为以上三种典型输入下的系统输出序列，由图可知，阶跃输入时，超调严重（达100%），加速输入时有静差。

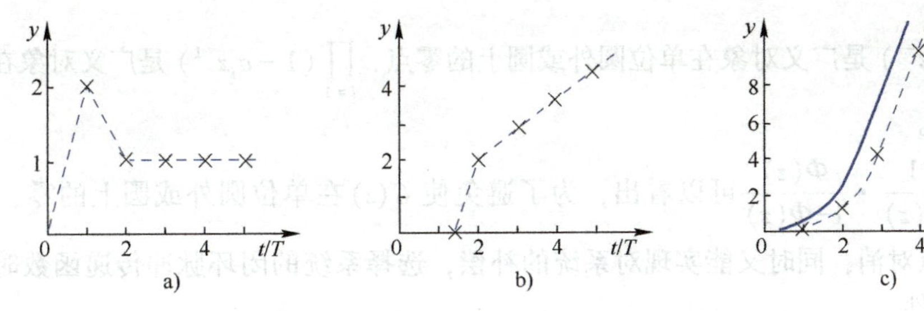

图 6-49　按速度输入设计的最少拍系统对不同输入的响应
a）阶跃输入　b）速度输入　c）加速度输入

一般来说，针对一种典型的输入函数 $R(z)$ 设计，得到系统的闭环脉冲传递函数 $\Phi(z)$，用于次数较低的输入函数 $R(z)$ 时，系统将出现较大的超调，响应时间也会增加，但在采样时刻的误差为零。反之，当一种典型的最少拍特性用于次数较高的输入函数时，输出将不能完全跟踪输入，存在静差。由此可见，一种典型的最少拍闭环脉冲传递函数 $\Phi(z)$ 只适应一种特定的输入而不能适应于各种输入。

实际上，在一个系统中可能有几种典型的输入。在这种情况下，应采用适当的方法进行处理。

3. 最少拍无差系统中确定 $\Phi(z)$ 的一般方法

在前面讨论的设计过程中，对由零阶保持器和控制对象组成的脉冲传递函数 $G(z)$ 并没有提出限制条件。实际上，只有当 $G(z)$ 是稳定的（即在 z 平面单位圆上和圆外没有极点），不含有纯延滞环节 z^{-1} 时，式（6-107）才是成立的。如果 $G(z)$ 不满足稳定条件，则需对设计原则做相应的限制。由式（6-99）

$$\Phi(z)=\frac{D(z)G(z)}{1+D(z)G(z)}$$

可以看出，在系统闭环脉冲传递函数中，$D(z)$ 总是和 $G(z)$ 成对出现的，但却不允许它们的零、极点互相对消。这是因为，简单地利用 $D(z)$ 的零点去对消 $G(z)$ 中的不稳定极点，虽然从理论上来说可以得到一个稳定的闭环系统，但是这种稳定是建立在零极点完全对消的基础上的。当系统的参数产生漂移，或者辨识的参数有误差时，这种零极点对消不可能准确实现，从而将引起闭环系统不稳定。上述分析说明在单位圆外 $D(z)$ 和 $G(z)$ 不能对消零极点，但并不意味含有这种对象的系统不能补偿成稳定的系统，只是在选择闭环脉冲传递函数 $\Phi(z)$ 时必须多加一个约束条件。这种约束条件称为稳定性条件。

设广义对象的脉冲传递函数为

$$G(z)=Z\left[\frac{1-\mathrm{e}^{-Ts}}{s}G_{\mathrm{c}}(s)\right]=\frac{z^{-m}(p_0+p_1z^{-1}+\cdots+p_bz^{-b})}{q_0+q_1z^{-1}+\cdots+q_az^{-a}}$$
$$=z^{-m}(g_0+g_1z^{-1}+g_2z^{-2}+\cdots)$$

并设 $G(z)$ 有 u 个零点 b_1、b_2、…、b_u 及 v 个极点 a_1、a_2、…、a_v 在 z 平面的单位圆外或圆上。这里，当连续部分 $G_{\mathrm{c}}(s)$ 中不含有延迟环节时，$m=1$；当 $G_{\mathrm{c}}(s)$ 中含有延迟环节时，通常 $m>1$。

设 $G'(z)$ 是 $G(z)$ 中不含单位圆外或圆上的零极点部分，广义对象的传递函数可写为

$$G(z)=\frac{\prod\limits_{i=1}^{u}(1-b_iz^{-1})}{\prod\limits_{i=1}^{v}(1-a_iz^{-1})}G'(z)$$

其中，$\prod_{i=1}^{u}(1-b_iz^{-1})$ 是广义对象在单位圆外或圆上的零点，$\prod_{i=1}^{v}(1-a_iz^{-1})$ 是广义对象在单位圆外或圆上的极点。

由 $D(z)=\dfrac{1}{G(z)}\cdot\dfrac{\Phi(z)}{1-\Phi(z)}$ 可以看出，为了避免使 $G(z)$ 在单位圆外或圆上的零、极点与 $D(z)$ 的零、极点对消，同时又能实现对系统的补偿，选择系统的闭环脉冲传递函数时必须满足下面的约束条件。

(1) $\Phi_e(z)$ 中的零点中，包含 $G(z)$ 在 z 平面单位圆外与圆上的所有极点，即

$$\Phi_e(z)=1-\Phi(z)=\left[\prod_{i=1}^{v}(1-a_iz^{-1})\right]F_1(z)$$

$F_1(z)$ 是关于 z^{-1} 的多项式，且不包含 $G(z)$ 中的不稳定极点 a_i。

(2) $\Phi(z)$ 的零点中，包含 $G(z)$ 在 z 平面单位圆外与圆上的所有零点。即

$$\Phi(z)=\left[\prod_{i=1}^{u}(1-b_iz^{-1})\right]F_2(z)$$

$F_2(z)$ 是关于 z^{-1} 的多项式，且不包含 $G(z)$ 中的不稳定零点 b_i。

考虑上述约束条件后，设计的数字控制器 $D(z)$ 不再包含 $G(z)$ 的单位圆外或圆上的零极点：

$$D(z)=\frac{1}{G(z)}\cdot\frac{\Phi(z)}{1-\Phi(z)}=\frac{1}{G'(z)}\cdot\frac{F_2(z)}{F_1(z)}$$

综合考虑闭环系统的稳定性、快速性、准确性，闭环脉冲传递函数 $\Phi(z)$ 必须选择为

$$\Phi(z)=z^{-m}\prod_{i=1}^{u}(1-b_iz^{-1})(\varphi_0+\varphi_1z^{-1}+\cdots+\varphi_{q+v-1}z^{-q-v+1}) \tag{6-114}$$

式中，m 为广义对象的瞬变滞后；b_i 为 $G(z)$ 在 z 平面单位圆外或圆上零点；u 为 $G(z)$ 在 z 平面单位圆外或圆上零点数；v 为 $G(z)$ 在 z 平面单位圆外或圆上极点数。

q 值的确定方法如下：当典型输入函数为阶跃、等速、等加速输入时，q 值分别为 1、2、3。$q+v$ 个待定系数 φ_0、φ_1、…、φ_{q+v-1} 由下列 $q+v$ 个方程所确定。

$$\left.\begin{aligned}
&\Phi(1)=1\\
&\Phi'(1)=\left.\frac{\mathrm{d}\Phi(z)}{\mathrm{d}z}\right|_{z=1}=0\\
&\cdots\cdots\\
&\Phi^{(q-1)}(1)=\left.\frac{\mathrm{d}^{q-1}\Phi(z)}{\mathrm{d}z^{q-1}}\right|_{z=1}=0\\
&\Phi(a_j)=1\quad(j=1,2,\cdots,v)
\end{aligned}\right\} \tag{6-115}$$

式中，a_j 为 $G(z)$ 在 z 平面单位圆外或圆上的非重极点；v 为非重极点的个数。

显然，由准确性条件式（6-107）可以得到 q 个方程，另外由于 $a_j(j=1,2,\cdots,v)$ 是 $G(z)$ 的极点，可得到 v 个方程。

应当指出，当 $G(z)$ 中有 z 平面单位圆上的极点时，稳定性条件（即 $1-\Phi(z)$ 中必须包含 $G(z)$ 在 z 平面单位圆上的极点）与准确性条件（即 $1-\Phi(z)$）是一致的。由式（6-112）中 $\Phi(1)=1$ 与 $\Phi(a_j)=1$ 可以看出，当有单位圆上的极点时，$a_j=1$。因此，$\Phi(z)$ 中待定系数的数目小于 $(q+v)$ 个。通过下例来说明这个问题的解决办法。

【例 6-5】在如图 6-50 所示的计算机控制系统中，设被控对象的传递函数 $G_c(s)=\dfrac{10}{s(T_m s+1)}$，已知：$T=T_m=0.025\,\text{s}$，试针对等速输入函数设计快速有纹波系统，画出数字控制器和系统的输出波形。

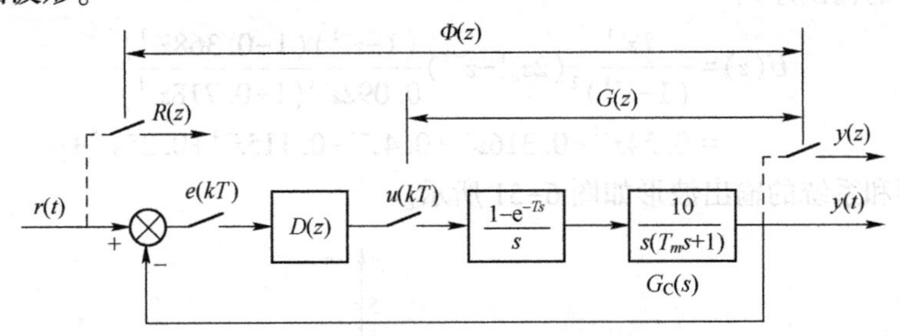

图 6-50　快速有纹波系统框图

解
$$G(s)=\frac{1-e^{-Ts}}{s}\cdot\frac{10}{s(T_m s+1)}$$

将 $G(s)$ 展开得

$$G(s)=10(1-e^{-Ts})\left[\frac{1}{s^2}-T_m\left(\frac{1}{s}-\frac{T_m}{T_m s+1}\right)\right]$$

$$G(z)=10(1-z^{-1})\left[\frac{Tz^{-1}}{(1-z^{-1})^2}-\frac{T_m}{1-z^{-1}}+\frac{T_m}{1-e^{-T/T_m}z^{-1}}\right]$$

代入 $T=T_m=0.025\,\text{s}$

$$G(z)=\frac{0.092z^{-1}(1+0.718z^{-1})}{(1-z^{-1})(1-0.368z^{-1})}$$

可以看出，$G(z)$ 的零点为 -0.7189（单位圆内）、极点为 1（单位圆上）、0.368（单位圆内），故 $u=0,v=1,m=1$。根据稳定性要求，$G(z)$ 中 $z=1$ 的极点应包含在 $\Phi_e(z)$ 的零点中，由于系统针对等速输入进行设计，$q=2$。为满足准确性条件，另有 $\Phi_e(z)=(1-z^{-1})^2$，显然准确性条件中已满足了稳定性要求，于是有

$$\Phi(z)=z^{-1}(\phi_0+\phi_1 z^{-1})$$

$$\begin{cases}\Phi(1)=\phi_0+\phi_1=1\\ \Phi'(1)=\phi_0+2\phi_1=0\end{cases}$$

解得
$$\begin{cases}\Phi_0=2\\ \Phi_1=-1\end{cases}$$

闭环脉冲传递函数

$$\Phi(z)=z^{-1}(2-z^{-1})=2z^{-1}-z^{-2}$$

$$1-\Phi(z)=(1-z^{-1})^2$$

$$D(z)=\frac{1}{G(z)}\cdot\frac{\Phi(z)}{1-\Phi(z)}=\frac{21.8(1-0.5z^{-1})(1-0.368z^{-1})}{(1-z^{-1})(1+0.718z^{-1})}$$

这就是计算机要实现的数字控制器的脉冲传递函数。

由图 6-50 可知，$Y(z)=R(z)\Phi(z)$，另外 $Y(z)=U(z)G(z)$，求得

$$U(z)=\frac{Y(z)}{G(z)}=\frac{R(z)\Phi(z)}{G(z)}$$

系统的输出序列

$$y(z)=\frac{Tz^{-1}}{(1-z^{-1})^2}(2z^{-1}-z^{-2})=T(2z^{-2}+3z^{-3}+4z^{-4}+\cdots)$$

数字控制器的输出序列

$$U(z)=\frac{Tz^{-1}}{(1-z^{-1})^2}(2z^{-1}-z^{-2})\frac{(1-z^{-1})(1-0.368z^{-1})}{0.092z^{-1}(1+0.718z^{-1})}$$
$$=0.54z^{-1}-0.316z^{-2}+0.4z^{-3}-0.115z^{-4}+0.25z^{-5}+\cdots$$

数字控制器和系统的输出波形如图 6-51 所示。

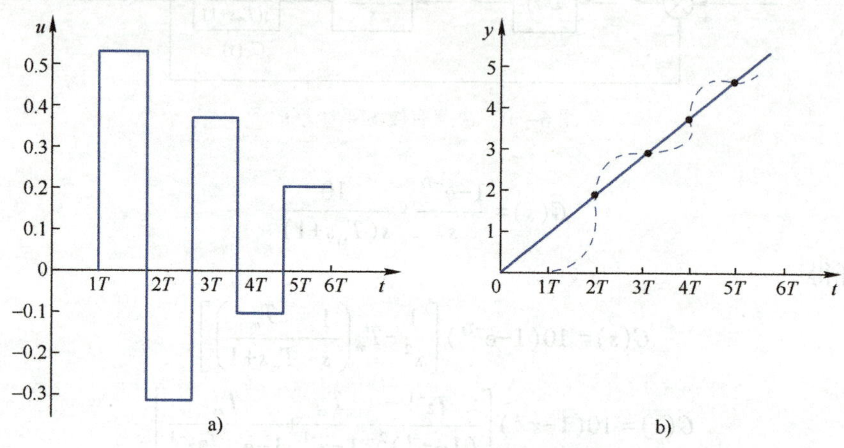

图 6-51 输出序列波形图
a）数字控制器输出波形 b）系统的输出波形

6.8.3 最少拍无纹波系统

按快速有纹波系统设计方法所设计出来的系统，其输出值跟随输入值后，在非采样时刻有纹波存在。原因在于数字控制器的输出序列 $u(kT)$ 经若干拍数后，不为常值或零，而是振荡收敛的。非采样时刻的纹波现象不仅造成系统在非采样时刻有偏差，而且浪费执行机构的功率，增加机械磨损。下面讨论消除非采样点纹波的方法。

1. 设计最少拍无纹波系统的必要条件

无纹波系统要求系统的输出信号在采样点之间不出现纹波，必须满足：

1）对阶跃输入，当 $t\geqslant NT$ 时，有 $y(t)=$ 常数。

2）对速度输入，当 $t\geqslant NT$ 时，有 $\dot{y}(t)=$ 常数。

3）对加速度输入，当 $t\geqslant NT$ 时，有 $\ddot{y}(t)=$ 常数。

这样，被控对象 $G_c(s)$ 必须有能力给出与系统输入 $r(t)$ 相同的且平滑的输出 $y(t)$。如果针对速度输入函数进行设计，那么稳态过程中 $G_c(s)$ 的输出也必须是速度函数。为了产生这样的速度输出函数，$G_c(s)$ 中必须至少有一个积分环节，使得控制信号 $u(kT)$ 为常值（包括零）时，$G_c(s)$ 的稳态输出是所要求的速度函数。同理，若针对加速度输入函数设计的无纹波控制器，则 $G_c(s)$ 中必须至少有两个积分环节。因此，设计最少拍无纹波控制器时，$G_c(s)$ 中必须含有足够的积分环节，以保证 $u(t)$ 为常数时，$G_c(s)$ 的稳态输出完全跟踪输入，且无纹波。

2. 最少拍无纹波系统中确定闭环脉冲传递函数 $\Phi(z)$ 的约束条件

首先分析系统中出现纹波的原因。如果系统进入稳态后，输入到被控对象 $G_c(s)$ 的控制信

号 $u_s(t)$ 还有波动，则稳态过程中系统就有纹波。因此，要使系统在稳态过程中无纹波，就要求稳态时的控制信号 $u(t)$ 或者为零，或者为常值。

采样控制信号 $u^*(t)$ 的 Z 变换幂级数展开式为

$$U(z)=\sum_{n=0}^{k}u(n)z^{-n}=u(0)+u(1)z^{-1}+\cdots+u(l)z^{-l}+u(l+1)z^{-(l+1)}+\cdots$$

如果系统经过 l 个采样周期到达稳态，无纹波系统要求 $u(l)$、$u(l+1)\cdots$或为零，或相等。由于

$$\frac{Y(z)}{R(z)}=\Phi(z),\quad \frac{Y(z)}{U(z)}=G(z) \tag{6-116}$$

把式（6-116）中的两式相除，得到控制信号 $U(z)$。对输入 $R(z)$ 的脉冲传递函数为

$$\frac{U(z)}{R(z)}=\frac{\Phi(z)}{G(z)} \tag{6-117}$$

设广义对象 $G(z)$ 是关于 z^{-1} 的有理分式

$$G(z)=\frac{P(z)}{Q(z)}$$

将上式代入式（6-117）得

$$\frac{U(z)}{R(z)}=\frac{\Phi(z)Q(z)}{P(z)} \tag{6-118}$$

要使控制信号 $u^*(t)$ 在稳态过程中或为零或为常值，那么它的 Z 变换 $U(z)$ 对输入 $R(z)$ 的脉冲传递函数之比 $\dfrac{U(z)}{R(z)}$ 只能是关于 z^{-1} 的有限项多项式。因此，式（6-118）中的闭环脉冲传递函数 $\Phi(z)$ 必须包含 $G(z)$ 的分子多项式 $P(z)$。即

$$\Phi(z)=P(z)A(z)$$

式中，$A(z)$ 是关于 z^{-1} 的多项式。

综上所述，确定最少拍无纹波系统 $\Phi(z)$ 的附加条件是：$\Phi(z)$ 必须包含广义对象 $G(z)$ 的所有零点，不仅包含 $G(z)$ 在 z 平面单位圆外或圆上的零点，还必须包含 $G(z)$ 在 z 平面单位圆内的零点。这样处理后，无纹波系统比有纹波系统的调整时间要增加若干拍，增加的拍数等于 $G(z)$ 在单位圆内的零点数。

3. 最少拍无纹波系统中闭环脉冲传递函数 $\Phi(z)$ 的确定方法

确定最少拍无纹波系统的闭环脉冲传递函数 $\Phi(z)$ 时，必须满足下列要求。

1）无纹波的必要条件是被控对象 $G_c(s)$ 中含有无纹波系统所必需的积分环节数。

2）满足有纹波系统的性能要求和 $D(z)$ 的物理可实现的约束条件全部适用。

3）无纹波的附加条件是，$\Phi(z)$ 的零点中包括 $G(z)$ 在 z 平面单位圆外，圆上和圆内的所有零点。

根据以上三条要求，无纹波系统的闭环脉冲传递函数中 $\Phi(z)$ 必须选择为

$$\Phi(z)=z^{-m}\prod_{i=1}^{w}(1-b_iz^{-1})(\phi_0+\phi_1z^{-1}+\cdots+\phi_{q+v-1}z^{-q-v+1})$$

式中，m 为广义对象 $G(z)$ 的瞬变滞后；q 为典型输入函数 $R(z)$ 分母的 $(1-z^{-1})$ 因子的阶次；b_1、b_2、$\cdots b_w$ 为 $G(z)$ 所有的 w 个零点；v 为 $G(z)$ 在 z 平面单位圆外或圆上的极点数，这些极点是 a_1、a_2、$\cdots$、a_v。

待定系数 ϕ_0、ϕ_1、$\cdots$、ϕ_{q+v-1} 由下列 $q+v$ 个方程所确定

$$\left.\begin{aligned}&\Phi(1)=1\\&\Phi'(1)=0\\&\vdots\\&\Phi^{(q-1)}(1)=0\\&\Phi(a_j)=1\quad(j=1,2,\cdots,v)\end{aligned}\right\}\text{共 } q+v \text{ 个}$$

【例 6-6】 在［例 6-5］中，试针对等速输入函数设计最少拍无纹波系统，并绘出数字控制器和系统的输出序列波形图。

解 被控对象的传递函数 $G_c(s)=\dfrac{10}{s(1+T_m s)}$，其中有一个积分环节，说明它有能力平滑地产生等速输出响应，满足无纹波的必要条件。

由［例 6-5］知，零阶保持器和被控对象组成的广义对象的脉冲传递函数为

$$G(z)=\frac{0.092z^{-1}(1+0.718z^{-1})}{(1-z^{-1})(1-0.368z^{-1})}$$

可以看出，$G(z)$的零点为-0.718（单位圆内），极点为1（单位圆上）和0.368（单位圆内），故 $w=1,v=1,m=1,q=2$。

根据最少拍无纹波系统对闭环脉冲传递函数 $\Phi(z)$ 的要求，得到闭环脉冲传递函数为

$$\Phi(z)=z^{-1}(1+0.718z^{-1})(\phi_0+\phi_1 z^{-1})$$

求得式中两个待定参数 ϕ_0、ϕ_1 分别为1.407和-0.826，得到最少拍无纹波系统的闭环脉冲传递函数为

$$\Phi(z)=z^{-1}(1+0.718z^{-1})(1.407-0.826z^{-1})$$

最后求得数字控制器的脉冲传递函数为

$$D(z)=\frac{1}{G(z)}\cdot\frac{\Phi(z)}{1-\Phi(z)}=\frac{15.29(1-0.368z^{-1})(1-0.587z^{-1})}{(1-z^{-1})(1+0.592z^{-1})}$$

闭环系统的输出序列为

$$\begin{aligned}Y(z)&=R(z)\Phi(z)\\&=\frac{Tz^{-1}}{(1-z^{-1})^2}\cdot z^{-1}(1+0.718z^{-1})(1.407-0.826z^{-1})\\&=1.41Tz^{-2}+3Tz^{-3}+4Tz^{-4}+5Tz^{-5}+\cdots\end{aligned}$$

数字控制器的输出序列为

$$\begin{aligned}U(z)&=\frac{Y(z)}{G(z)}\\&=\frac{Tz^{-1}}{(1-z^{-1})^2}z^{-1}(1+0.718z^{-1})(1.407-0.826z^{-1})\cdot\frac{(1-z^{-1})(1-0.368z^{-1})}{0.092z^{-1}(1+0.718z^{-1})}\\&=0.38z^{-1}+0.02z^{-2}+0.09z^{-3}+0.09z^{-4}+\cdots\end{aligned}$$

无纹波系统数字控制器和系统的输出波形如图 6-52 所示。

对比［例 6-5］和［例 6-6］的输出序列波形图可以看出，有纹波系统的调整时间为两个采样周期$(2T)$，系统输出跟随输入函数后，由于数字控制器的输出仍在波动，所以系统的输出在非采样时刻有纹波。无纹波系统的调整时间为三个采样周期$(3T)$，系统输出跟随输入函数所需时间比有纹波系统增加了$1T$。由于系统中数字控制器的输出经$3T$后为常值，所以无纹波系统在采样点之间不存在纹波。

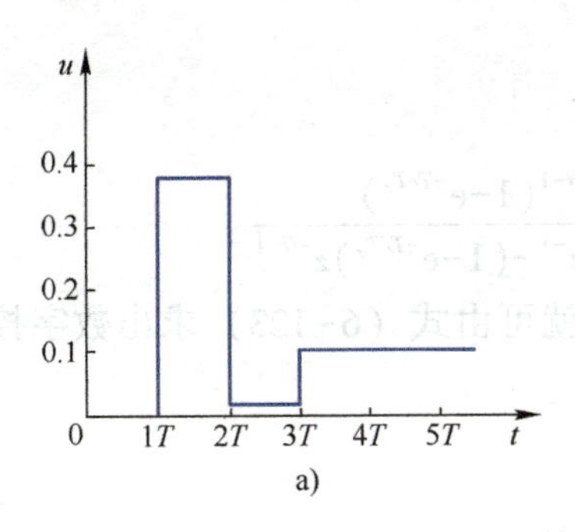

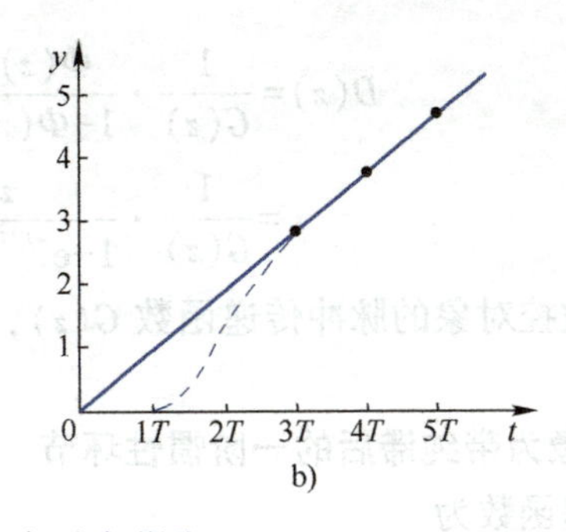

图 6-52 输出序列波形图

a) 数字控制器输出 b) 系统输出

6.9 大林算法

数字控制器的直接设计方法适用于某些随动系统，对于工业中的热工或化工过程含有纯滞后环节，容易引起系统超调和持续的振荡。这些过程对快速性要求是次要的，而对稳定性、不产生超调的要求却是主要的，采用上述方法并不理想。本节介绍一种能满足这些性能指标的直接设计数字控制器的方法——大林（Dahlin）算法。

6.9.1 大林算法的基本形式

大林算法适用于被控对象具有纯滞后的一阶或二阶惯性环节，它们的传递函数分别为

$$G_c(s)=\frac{K}{1+T_1 s}e^{-\tau s} \tag{6-119}$$

和

$$G_c(s)=\frac{K}{(1+T_1 s)(1+T_2 s)}e^{-\tau s} \tag{6-120}$$

式中，τ 为纯滞后时间；T_1、T_2为时间常数；K 为放大系数。

大林算法的设计目标是使整个闭环系统所期望的传递函数 $\Phi(s)$ 相当于一个延迟环节和一个惯性环节相串联，即

$$\Phi(s)=\frac{1}{T_\tau s+1}e^{-\tau s} \tag{6-121}$$

并期望整个闭环系统的纯滞后时间和被控对象 $G_c(s)$ 的纯滞后时间 τ 相同。式（6-121）中 T_τ 为闭环系统的时间常数，纯滞后时间 τ 与采样周期 T 有整数倍关系

$$\tau=NT \qquad (N=1,2,\cdots)$$

由计算机组成的数字控制系统如图 6-39 所示。

用脉冲传递函数近似法求得与 $\Phi(s)$ 对应的闭环脉冲传递函数 $\Phi(z)$

$$\Phi(z)=\frac{Y(z)}{R(z)}=Z\left[\frac{1-e^{-Ts}}{s}\cdot\frac{e^{-\tau s}}{T_\tau s+1}\right]$$

代入 $\tau=NT$，并进行 Z 变换

$$\Phi(z)=\frac{(1-e^{-T/T_\tau})z^{-N-1}}{1-e^{-T/T_\tau}z^{-1}} \tag{6-122}$$

由式（6-100）有

$$D(z)=\frac{1}{G(z)}\cdot\frac{\Phi(z)}{1-\Phi(z)}$$

$$=\frac{1}{G(z)}\cdot\frac{z^{-N-1}(1-\mathrm{e}^{-T/T_\tau})}{1-\mathrm{e}^{-T/T_\tau}z^{-1}-(1-\mathrm{e}^{-T/T_\tau})z^{-N-1}} \tag{6-123}$$

假若已知被控对象的脉冲传递函数 $G(z)$，就可由式（6-123）求出数字控制器的脉冲传递函数 $D(z)$。

1. 被控对象为带纯滞后的一阶惯性环节

其脉冲传递函数为

$$G(z)=Z\left[\frac{1-\mathrm{e}^{-Ts}}{s}\cdot\frac{K\mathrm{e}^{-\tau s}}{T_1s+1}\right]$$

代以 $\tau=NT$，得

$$G(z)=Z\left[\frac{1-\mathrm{e}^{-Ts}}{s}\cdot\frac{K\mathrm{e}^{-NTs}}{T_1s+1}\right]=Kz^{-N-1}\frac{1-\mathrm{e}^{-T/T_1}}{1-\mathrm{e}^{-T/T_1}z^{-1}} \tag{6-124}$$

将式（6-124）代入式（6-123）得到数字控制器的算式

$$D(z)=\frac{(1-\mathrm{e}^{-T/T_\tau})(1-\mathrm{e}^{-T/T_1}z^{-1})}{K(1-\mathrm{e}^{-T/T_1})[1-\mathrm{e}^{-T/T_\tau}z^{-1}-(1-\mathrm{e}^{-T/T_\tau})z^{-N-1}]}$$

2. 被控对象为带纯滞后的二阶惯性环节

其脉冲传递函数为

$$G(z)=Z\left[\frac{1-\mathrm{e}^{-Ts}}{s}\cdot\frac{K\mathrm{e}^{-\tau s}}{(T_1s+1)(T_2s+1)}\right]$$

代以 $\tau=NT$，并进行 Z 变换，得到

$$G(z)=\frac{K(C_1+C_2z^{-1})z^{-N-1}}{(1-\mathrm{e}^{-T/T_1}z^{-1})(1-\mathrm{e}^{-T/T_2}z^{-1})} \tag{6-125}$$

其中

$$\begin{cases}C_1=1+\dfrac{1}{T_2-T_1}(T_1\mathrm{e}^{-T/T_1}-T_2\mathrm{e}^{-T/T_2})\\ C_2=\mathrm{e}^{-T(1/T_1+1/T_2)}+\dfrac{1}{T_2-T_1}(T_1\mathrm{e}^{-T/T_2}-T_2\mathrm{e}^{-T/T_1})\end{cases} \tag{6-126}$$

将式（6-125）代入式（6-123），得

$$D(z)=\frac{(1-\mathrm{e}^{-T/T_\tau})(1-\mathrm{e}^{-T/T_1}z^{-1})(1-\mathrm{e}^{-T/T_2}z^{-1})}{K(C_1+C_2z^{-1})[1-\mathrm{e}^{-T/T_\tau}z^{-1}-(1-\mathrm{e}^{-T/T_\tau})z^{-N-1}]}$$

6.9.2 振铃现象的消除

振铃（Ringing）现象，是指数字控制器的输出以1/2的采样频率大幅度衰减的振荡。这与前面所介绍的快速有纹波系统中的纹波是不一样的。纹波是由于控制器输出一直是振荡的，影响到系统的输出一直有纹波。而振铃现象中的振荡是衰减的。由于被控对象中惯性环节的低通特性，使得这种振荡对系统的输出几乎无任何影响。但是振铃现象却会增加执行机构的磨损，在有交互作用的多参数控制系统中，振铃现象还有可能影响到系统的稳定性。

1. 振铃现象的分析

在图6-46中，系统的输出 $Y(z)$ 和数字控制器的输出 $U(z)$ 间有下列关系：

$$Y(z)=U(z)G(z)$$

系统的输出 $Y(z)$ 和输入函数的 $R(z)$ 之间有下列关系：

$$Y(z)=\Phi(z)R(z)$$

由上面两式得到数字控制器的输出 $U(z)$ 与输入函数的 $R(z)$ 之间的关系：

$$\frac{U(z)}{R(z)}=\frac{\Phi(z)}{G(z)} \tag{6-127}$$

记

$$K_u(z)=\frac{\Phi(z)}{G(z)} \tag{6-128}$$

显然可由式（6-127）得到

$$U(z)=K_u(z)R(z)$$

$K_u(z)$ 表达了数字控制器的输出与输入函数在闭环时的关系，是分析振铃现象的基础。

对于单位阶跃输入函数 $R(z)=1/(1-z^{-1})$，含有极点 $z=1$，如果 $K_u(z)$ 的极点在 z 平面的负实轴上，且与 $z=-1$ 点相近，那么数字控制器的输出序列 $u(k)$ 中将含有这两种幅值相近的瞬态项，而且瞬态项的符号在不同时刻是不同的。当两瞬态项符号相同时，数字控制器的输出控制作用加强，符号相反时，控制作用减弱，从而造成数字控制器的输出序列大幅度波动。分析 $K_u(z)$ 在 z 平面负实轴上的极点分布情况，就可得出振铃现象的有关结论。下面分析带纯滞后的一阶或二阶惯性环节系统中的振铃现象。

（1）带纯滞后的一阶惯性环节

被控对象为带纯滞后的一阶惯性环节时，其脉冲传递函数 $G(z)$ 为式（6-124），闭环系统的期望传递函数为式（6-122），将二式代入式（6-128），有

$$K_u(z)=\frac{\Phi(z)}{G(z)}=\frac{(1-e^{-T/T_\tau})(1-e^{-T/T_1}z^{-1})}{K(1-e^{-T/T_1})(1-e^{-T/T_\tau}z^{-1})} \tag{6-129}$$

求得极点 $z=e^{-T/T_\tau}$，显然 z 永远是大于零的。故得出结论：在带纯滞后的一阶惯性环节组成的系统中，数字控制器输出对输入的脉冲传递函数不存在负实轴上的极点，这种系统不存在振铃现象。

（2）带纯滞后的二阶惯性环节

被控对象为带纯滞后的二阶惯性环节时，其脉冲传递函数 $G(z)$ 为式（6-125），闭环系统的期望传递函数仍为式（6-122），将二式代入式（6-128）后有

$$K_u(z)=\frac{\Phi(z)}{G(z)}=\frac{(1-e^{-T/T_\tau})(1-e^{-T/T_1}z^{-1})(1-e^{-T/T_2}z^{-1})}{KC_1(1-e^{-T/T_\tau}z^{-1})\left(1+\frac{C_2}{C_1}z^{-1}\right)} \tag{6-130}$$

式（6-130）有两个极点，第一个极点在 $z=e^{-T/T_\tau}$，不会引起振铃现象；第二个极点在 $z=-\frac{C_2}{C_1}$。由式（6-126）可知，在 $T\to0$ 时，有

$$\lim_{T\to0}\left[-\frac{C_2}{C_1}\right]=-1$$

说明可能出现负实轴上与 $z=-1$ 相近的极点，这一极点将引起振铃现象。

2. 振铃幅度 RA

振铃幅度 RA 用来衡量振铃强烈的程度。为了描述振铃强烈的程度，应找出数字控制器输出量的最大值 u_{max}。由于这一最大值与系统参数的关系难以用解析式描述，所以常用单位阶跃作用下数字控制器第 0 次输出量与第一次输出量的差值来衡量振铃现象的强烈程度。

由式（6-128）可知，$K_u(z)=\dfrac{\Phi(z)}{G(z)}$是$z$的有理分式，写成一般形式为

$$K_u(z)=\frac{1+b_1z^{-1}+b_2z^{-2}+\cdots}{1+a_1z^{-1}+a_2z^{-2}+\cdots} \tag{6-131}$$

在单位阶跃输入函数的作用下，数字控制器输出量的Z变换是

$$\begin{aligned}U(z)=R(z)K_u(z)&=\frac{1}{1-z^{-1}}\cdot\frac{1+b_1z^{-1}+b_2z^{-2}+\cdots}{1+a_1z^{-1}+a_2z^{-2}+\cdots}\\&=\frac{1+b_1z^{-1}+b_2z^{-2}+\cdots}{1+(a_1-1)z^{-1}+(a_2-a_1)z^{-2}+\cdots}\\&=1+(b_1-a_1+1)z^{-1}+\cdots\end{aligned}$$

所以

$$\mathrm{RA}=1-(b_1-a_1+1)=a_1-b_1 \tag{6-132}$$

对于带纯滞后的二阶惯性环节组成的系统，其振铃幅度由式（6-130）可得

$$\mathrm{RA}=\frac{C_2}{C_1}-\mathrm{e}^{-T/T_\tau}+\mathrm{e}^{-T/T_1}+\mathrm{e}^{-T/T_2} \tag{6-133}$$

根据式（6-126）及式（6-133），当$T\to0$时，可得

$$\lim_{T\to0}\mathrm{RA}=2$$

3. 振铃现象的消除

有两种方法可用来消除振铃现象。

第一种方法是先找出$D(z)$中引起振铃现象的因子（$z=-1$附近的极点），然后令其中的$z=1$，根据终值定理，这样处理不影响输出量的稳态值。下面具体说明这种处理方法。

前面已介绍在带纯滞后的二阶惯性环节系统中，数字控制器的$D(z)$为

$$D(z)=\frac{(1-\mathrm{e}^{-T/T_\tau})(1-\mathrm{e}^{-T/T_1}z^{-1})(1-\mathrm{e}^{-T/T_2}z^{-1})}{K(C_1+C_2z^{-1})[1-\mathrm{e}^{-T/T_\tau}z^{-1}-(1-\mathrm{e}^{-T/T_\tau})z^{-N-1}]}$$

其极点$z=-\dfrac{C_2}{C_1}$将引起振铃现象。令极点因子$(C_1+C_2z^{-1})$中$z=1$，就可消除这个振铃极点。由式（6-123）得

$$C_1+C_2=(1-\mathrm{e}^{-T/T_1})(1-\mathrm{e}^{-T/T_2})$$

消除振铃极点$z=-\dfrac{C_2}{C_1}$后，数字控制器的形式为

$$D(z)=\frac{(1-\mathrm{e}^{-T/T_\tau})(1-\mathrm{e}^{-T/T_1}z^{-1})(1-\mathrm{e}^{-T/T_2}z^{-1})}{K(1-\mathrm{e}^{-T/T_1})(1-\mathrm{e}^{-T/T_2})[1-\mathrm{e}^{-T/T_\tau}z^{-1}-(1-\mathrm{e}^{-T/T_\tau})z^{-N-1}]}$$

这种消除振铃现象的方法虽然不影响输出稳态值，但却改变了数字控制器的动态特性，将影响闭环系统的瞬态性能。

第二种方法是从保证闭环系统的特性出发，选择合适的采样周期T及系统闭环时间常数T_τ，使得数字控制器的输出避免产生强烈的振铃现象。从式（6-133）中可以看出，带纯滞后的二阶惯性环节组成的系统中，振铃幅度与被控对象的参数T_1、T_2有关，与闭环系统期望的时间常数T_τ以及采样周期T有关。通过适当选择T和T_τ，可以把振铃幅度抑制在最低限度以内。有的情况下，系统闭环时间常数T_τ作为控制系统的性能指标被首先确定了，但仍可通过式（6-130）选择采样周期T来抑制振铃现象。

6.9.3　大林算法的设计步骤

大林算法所考虑的主要性能是控制系统不允许产生超调并要求系统稳定。系统设计中一个值得注意的问题是振铃现象。下面是考虑振铃现象影响时设计数字控制器的一般步骤。

1）根据系统的性能，确定闭环系统的参数 T_τ，给出振铃幅度 RA 的指标。

2）由式（6-133）所确定的振铃幅度 RA 与采样周期 T 的关系，解出给定振铃幅度下对应的采样周期，如果 T 有多解，则选择较大的采样周期。

3）确定纯滞后时间 τ 与采样周期 T 之比(τ/T)的最大整数 N。

4）求广义对象的脉冲传递函数 $G(z)$ 及闭环系统的脉冲传递函数 $\Phi(z)$。

5）求数字控制器的脉冲传递函数 $D(z)$。

上面介绍了直接设计数字控制器的方法，结合快速的随动系统和带有纯滞后及惯性环节的系统，设计出不同形式的数字控制器。由此可见数字控制器直接设计方法比起模拟调节规律离散化方法更灵活、使用范围更广泛。但是，数字控制器直接设计法使用的前提，必须已知被控对象的传递函数。如果不知道传递函数或者传递函数不准确，设计的数字控制器控制效果将不会是理想的，这是直接设计法的局限。

6.10　史密斯预估控制

在工业生产过程控制中，由于物料或能量的传输延迟，许多被控对象往往具有不同程度的纯滞后。由于纯滞后的存在，被控量不能及时反映系统所承受的扰动，即使测量信号到达控制器，执行机构接收信号后立即动作，也需要经过纯滞后时间 τ 以后，才影响被控量，使之受到控制。这样的过程必然会产生较明显的超调量和较长的调节时间，使过渡过程变坏，系统的稳定性降低。因此，具有纯滞后的过程被认为是较难控制的过程，其难度将随着纯滞后 τ 占整个过程动态份额的增加而增加。一般将纯滞后时间 τ 与过程的时间常数 T_p 之比大于 0.3 的过程认为是具有大滞后的过程。

对于具有较大惯性滞后的工艺过程，最简单的控制方案是利用常规控制技术适应性强、调整方便等特点，在常规 PID 控制的基础上稍加改动，并对系统进行特别整定，在控制要求不太苛刻的情况下，满足生产过程的要求。

6.10.1　史密斯预估控制原理

大滞后系统中采用的控制方法是：按过程特性设计出一种模型加入反馈控制系统中，以补偿过程的动态特性。史密斯（Smith）预估控制技术是得到广泛应用的技术之一。它的特点是预先估计出过程在基本扰动下的动态特性，然后由预估器进行补偿，力图使滞后了 τ 的被控量超前反映到控制器，使控制器提前动作，从而明显地减小超调量，加速调节过程。

图 6-53 为具有纯滞后的对象进行常规 PID 调节的反馈控制系统，设对象的特性

$$G_{pc}(s)=G_p(s)e^{-\tau s} \tag{6-134}$$

式中，$G_p(s)$ 为对象传递函数中不包含纯滞后的部分，调节器的传递函数为 $G_C(s)$，干扰通道的传递函数为 $G_D(s)$。此时，系统对给定作用的闭环传递函数为

$$\frac{Y(s)}{R(s)}=\frac{G_C(s)G_P(s)e^{-\tau s}}{1+G_C(s)G_P(s)e^{-\tau s}} \tag{6-135}$$

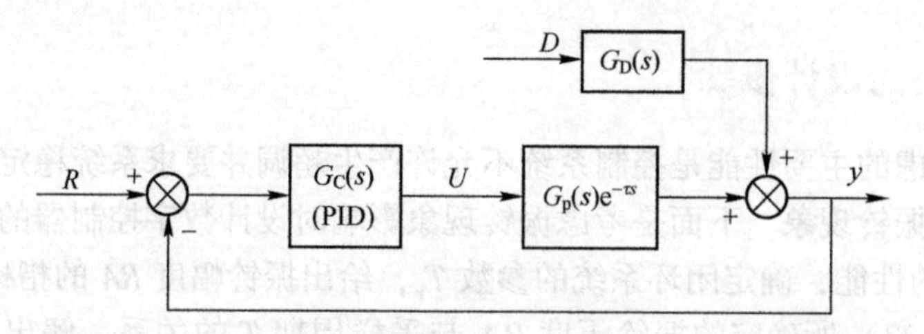

图 6-53 具有纯滞后的常规 PID 调节的反馈控制系统

系统对干扰作用的传递函数为

$$\frac{Y(s)}{D(s)}=\frac{G_D(s)}{1+G_C(s)G_p(s)e^{-\tau s}} \tag{6-136}$$

它们的特征方程为

$$1+G_C(s)G_p(s)e^{-\tau s}=0 \tag{6-137}$$

假设在反馈回路中附加一个补偿通路 $G_L(s)$，如图 6-54 所示。则

$$\frac{Y_1(s)}{U(s)}=G_p(s)e^{-\tau s}+G_L(s) \tag{6-138}$$

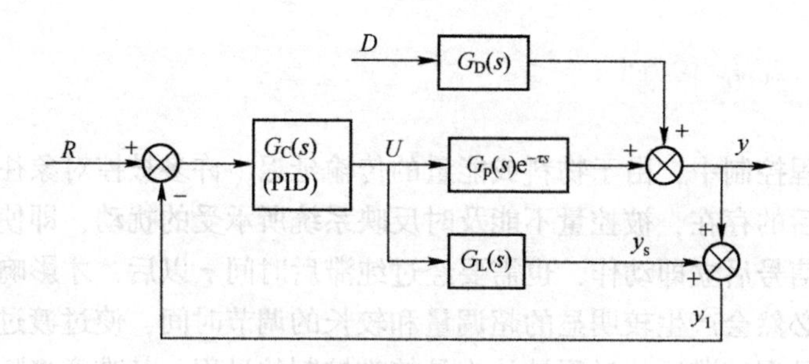

图 6-54 带有时间补偿的控制系统

为了补偿对象的纯滞后，要求

$$\frac{Y_1(s)}{U(s)}=G_p(s)e^{-\tau s}+G_L(s)=G_p(s)$$

所以

$$G_L(s)=G_p(s)(1-e^{-\tau s}) \tag{6-139}$$

式（6-139）即为 Smith 补偿函数，相应的框图如图 6-55 所示。

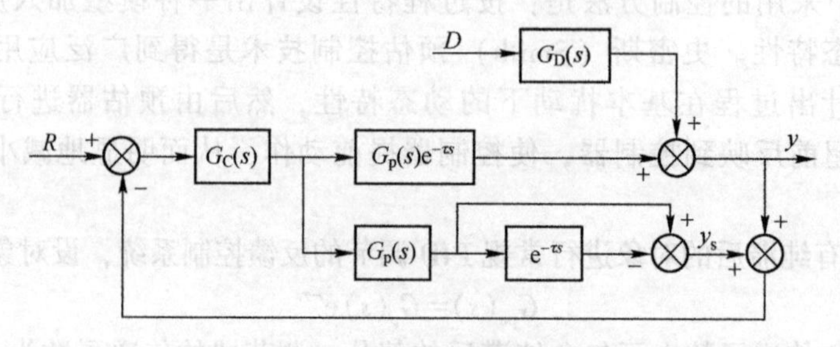

图 6-55 Smith 预估控制框图

此时系统对给定作用的闭环传递函数为

$$
\begin{aligned}
\frac{Y(s)}{R(s)} &= \frac{G_C(s)G_p(s)e^{-\tau s}}{1+G_C(s)G_p(s)e^{-\tau s}+G_p(s)[1-e^{-\tau s}]G_C(s)} \\
&= \frac{G_C(s)G_p(s)e^{-\tau s}}{1+G_C(s)G_p(s)}
\end{aligned} \tag{6-140}
$$

系统在干扰作用下的传递函数为

$$\frac{Y(s)}{D(s)} = \frac{G_D(s)}{1+G_C(s)G_p(s)} \tag{6-141}$$

它们的特征方程为

$$1+G_C(s)G_p(s)=0 \tag{6-142}$$

比较（6-137）与（6-142）式，经 Smith 补偿后，已经消除了纯滞后的影响，从特征方程中排除了纯滞后，纯滞后 $e^{-\tau s}$已在闭环控制回路之外，它将不会影响系统的稳定性，从而使系统可以使用较大的调节增益，改善调节品质。拉氏变换的位移定理说明，$e^{-\tau s}$仅是将控制作用在时间坐标上推移了一个时间 τ，控制系统的过渡过程及其他性能指标都与被控对象特性为 $G_p(s)$（即没有纯滞后）时完全相同。因此，控制器可以按无纯滞后的对象进行设计。

设

$$G_p(s)=\frac{K_p}{T_p s+1}$$

代入式（6-139）得

$$G_L(s)=\frac{Y_s(s)}{U(s)}=G_p(s)[1-e^{-\tau s}]=\frac{K_p(1-e^{-\tau s})}{T_p s+1} \tag{6-143}$$

相应的微分方程为

$$T_p\frac{dy_s(t)}{dt}+y_s(t)=K_p[u(t)-u(t-\tau)] \tag{6-144}$$

相应的差分方程为

$$y_s(kT)-ay_s[(k-1)T]=b\{u(k-1)T-u[(k-1)T-\tau]\} \tag{6-145}$$

式中，$a=\exp(-T/T_p)$；$b=K_p[1-\exp(-T/T_p)]$。

式（6-145）即为 Smith 预估控制算式。

6.10.2　史密斯预估控制举例

一个精馏塔借助控制再沸器的加热蒸汽量来保持其提馏段温度恒定，由于再沸器的传热和精馏塔的传质过程，使对象的等效纯滞后时间 τ 很长。

现选用提馏段温度 y 与蒸汽流量串级控制。由于纯滞后时间长，故辅以 Smith 预估控制，构成如图 6-56 所示的控制方案。

由图 6-56 可知，串级副控回路由流量测量、流量调节器和调节阀构成，串级主控回路由温度测量、温度调节器、副控回路和精馏塔构成。

史密斯预估控制器为解决纯滞后控制问题提供了一条有效的方法，但存在以下不足。

1）史密斯预估控制器对系统受到的负荷干扰无补偿作用。

2）史密斯预估控制系统的控制效果严重依赖于对象的动态模型精度，特别是纯滞后时间，因此模型的失配或运行条件的改变均将影响到控制效果。

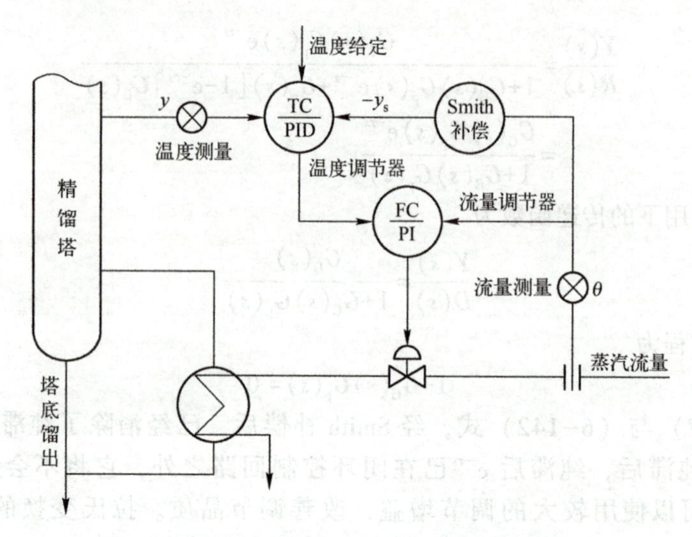

图 6-56 精馏塔的 Smith 控制系统

6.11 模糊控制

在工业生产过程中，经常会遇到大滞后、时变、非线性的复杂系统。其中有的参数未知或变化缓慢，有的存在滞后和随机干扰，有的无法获得精确的数学模型。模糊控制器是一种新型控制器，其优点是：不要求掌握被控对象的精确数学模型，而根据人工控制规则组织控制决策表，然后，由该表决定控制量的大小。

模糊控制理论是由美国著名学者加利福尼亚大学教授 Zadeh 于 1965 年首先提出的。它是以模糊数学为基础，用语言规则表示方法和先进的计算机技术，由模糊推理进行推理决策的一种高级控制策略。它无疑是属于智能控制范畴，而且发展至今已成为人工智能领域的一个重要分支。

1974 年，英国伦敦大学教授 Mamdani 成功研制出第一个模糊控制器，充分展示了模糊控制技术的应用前景。模糊控制技术是由模糊数学、计算机科学、人工智能、知识工程等多门学科相互渗透而成的一门科学技术，且理论性很强。

6.11.1 模糊控制的数学基础

1. 模糊集合

在人类的思维中，有许多模糊的概念，如大、小、冷、热等，都没有明确的内涵和外延，只能用模糊集合来描述；有的概念具有清晰的内涵和外延，如男人和女人。我们把前者叫作模糊集合，用大写字母下添加波浪线表示，如 $\underset{\sim}{A}$ 表示模糊集合，而后者叫作普通集合（或经典集合）。

一般而言，在不同程度上具有某种特定属性的所有元素的总和叫作模糊集合。

例如，胖子就是一个模糊集合，它是指不同程度发胖的那群人，它没有明确的界线，也就是说你无法绝对地指出哪些人属于这个集合，而哪些人不属于这个集合，类似这样的概念，在人们的日常生活中随处可见。

在普通集合中，常用特征函数来描述集合，而对于模糊性的事物，用特征函数来表示其属性是不恰当的。因为模糊事物根本无法断然确定其归属。为了能说明具有模糊性事物的归属，可以把特征函数取值 0、1 的情况，改为对闭区间［0，1］取值。这样，特征函数就可取 0~1 之间的无穷多个值，即特征函数演变成可以无穷取值的连续逻辑函数。从而得到了描述模糊集合的特征函数——隶属函数，它是模糊数学中最基本和最重要的概念，其定义为

用于描述模糊集合，并在［0，1］闭区间连续取值的特征函数叫隶属函数，隶属函数用 $\mu_{\underset{\sim}{A}}(x)$ 表示，其中 $\underset{\sim}{A}$ 表示模糊集合，而 x 是 $\underset{\sim}{A}$ 的元素，隶属函数满足：

$$0 \leqslant \mu_{\underset{\sim}{A}}(x) \leqslant 1$$

有了隶属函数以后，人们就可以把元素对模糊集合的归属程度恰当地表示出来。

2. 模糊集合的表示方法

模糊集合由于没有明确的边界，只能有一种描述方法，就是用隶属函数描述。

Zadeh 于 1965 年曾给出下列定义：设给定论域 U, $\mu_{\underset{\sim}{A}}$ 为 U 到［0，1］闭区间的任一映射，

$$\mu_{\underset{\sim}{A}}: U \rightarrow [0,1]$$
$$x \rightarrow \mu_{\underset{\sim}{A}}(x)$$

都可确定 U 的一个模糊集合 $\underset{\sim}{A}$, $\mu_{\underset{\sim}{A}}$ 称为模糊集合 $\underset{\sim}{A}$ 的隶属函数。$\forall x \in U, \mu_{\underset{\sim}{A}}(x)$ 称为元素 x 对 $\underset{\sim}{A}$ 的隶属度，即 x 隶属于 $\underset{\sim}{A}$ 的程度。

当 $\mu_{\underset{\sim}{A}}(x)$ 值域取值［0，1］闭区间两个端点时，即取值 $\{0,1\}$ 时，$\mu_{\underset{\sim}{A}}(x)$ 即为特征函数，$\underset{\sim}{A}$ 便转化为一个普通集合。由此可见，模糊集合是普通集合概念的推广，而普通集合则是模糊集合的特殊情况。

对于论域 U 上的模糊集合 $\underset{\sim}{A}$，通常采用 Zadeh 表示法。当 U 为离散有限域 $\{x_1, x_2, \cdots, x_n\}$ 时，按 Zadeh 表示法，则 U 上的模糊集合 $\underset{\sim}{A}$ 可表示为

$$\underset{\sim}{A} = \sum_{i=1}^{n} \frac{\mu_{\underset{\sim}{A}}(x_i)}{x_i} = \frac{\mu_{\underset{\sim}{A}}(x_1)}{x_1} + \frac{\mu_{\underset{\sim}{A}}(x_2)}{x_2} + \cdots + \frac{\mu_{\underset{\sim}{A}}(x_n)}{x_n}$$

其中，$\mu_{\underset{\sim}{A}}(x_i)(i=1,2,\cdots,n)$ 为隶属度，x_i 为论域中的元素。当隶属度为 0 时，该项可以略去不写。例

$$\underset{\sim}{A} = 1/a + 0.9/b + 0.4/c + 0.2/d + 0/e$$

或

$$\underset{\sim}{A} = 1/a + 0.9/b + 0.4/c + 0.2/d$$

注意，与普通集合一样，上式不是分式求和，仅是一种表示法的符号，其分母表示论域 U 中的元素，分子表示相应元素的隶属度，隶属度为 0 的那一项可以省略。

当 U 是连续有限域时，按 Zadeh 给出的表示法为

$$\underset{\sim}{A} = \int_{x \rightarrow U} \left(\frac{\mu_{\underset{\sim}{A}}(x)}{x} \right)$$

同样，这里的“$\int$”符号也不表示积分运算，而是表示连续论域 U 上的元素 x 与隶属度 $\mu_{\underset{\sim}{A}}(x)$ 一一对应关系的总体集合。

3. 模糊集合的运算

由于模糊集合和它的隶属函数一一对应，所以模糊集的运算也通过隶属函数的运算来刻画。

(1) 空集

模糊集合的空集是指对所有元素 x，它的隶属函数为 0，记作 $\varnothing$，即

$$\underset{\sim}{A}=\phi \Leftrightarrow \mu_{\underset{\sim}{A}}(x)=0$$

(2) 等集

两个模糊集 $\underset{\sim}{A}$、$\underset{\sim}{B}$，若对所有元素 x，它们的隶属函数相等，则 $\underset{\sim}{A}$、$\underset{\sim}{B}$ 也相等，即

$$\underset{\sim}{A}=\underset{\sim}{B} \Leftrightarrow \mu_{\underset{\sim}{A}}(x)=\mu_{\underset{\sim}{B}}(x)$$

(3) 子集

在模糊集 $\underset{\sim}{A}$、$\underset{\sim}{B}$ 中，所谓 $\underset{\sim}{A}$ 是 $\underset{\sim}{B}$ 的子集或 $\underset{\sim}{A}$ 包含于 $\underset{\sim}{B}$ 中，是指对所有元素 x，有 $\mu_{\underset{\sim}{A}}(x) \leqslant \mu_{\underset{\sim}{B}}(x)$，记作 $\underset{\sim}{A} \subset \underset{\sim}{B}$，即

$$\underset{\sim}{A} \subset \underset{\sim}{B} \Leftrightarrow \mu_{\underset{\sim}{A}}(x) \leqslant \mu_{\underset{\sim}{B}}(x)$$

(4) 并集

模糊集 $\underset{\sim}{A}$ 和 $\underset{\sim}{B}$ 的并集 $\underset{\sim}{C}$，其隶属函数可表示为 $\mu_{\underset{\sim}{C}}(x)=\max\left[\mu_{\underset{\sim}{A}}(x),\ \mu_{\underset{\sim}{B}}(x)\right]$，$\forall x \in U$，即

$$\underset{\sim}{C}=\underset{\sim}{A} \cup \underset{\sim}{B} \Leftrightarrow \mu_{\underset{\sim}{C}}(x)=\max\left[\mu_{\underset{\sim}{A}}(x),\ \mu_{\underset{\sim}{B}}(x)\right]=\mu_{\underset{\sim}{A}}(x) \vee \mu_{\underset{\sim}{B}}(x)$$

(5) 交集

模糊集 $\underset{\sim}{A}$ 和 $\underset{\sim}{B}$ 的交集 $\underset{\sim}{C}$，其隶属函数可表示为 $\mu_{\underset{\sim}{C}}(x)=\min\left[\mu_{\underset{\sim}{A}}(x),\ \mu_{\underset{\sim}{B}}(x)\right]$，$\forall x \in U$，即

$$\underset{\sim}{C}=\underset{\sim}{A} \cap \underset{\sim}{B} \Leftrightarrow \mu_{\underset{\sim}{C}}(x)=\min\left[\mu_{\underset{\sim}{A}}(x),\ \mu_{\underset{\sim}{B}}(x)\right]=\mu_{\underset{\sim}{A}}(x) \wedge \mu_{\underset{\sim}{B}}(x)$$

(6) 补集

模糊集 $\underset{\sim}{A}$ 的补集 $\underset{\sim}{B}=\overline{\underset{\sim}{A}}$，其隶属函数可表示为 $\mu_{\underset{\sim}{B}}(x)=1-\mu_{\underset{\sim}{A}}(x)$，$\forall x \in U$，即

$\underset{\sim}{B}=\overline{\underset{\sim}{A}} \Leftrightarrow \mu_{\underset{\sim}{B}}(x)=1-\mu_{\underset{\sim}{A}}(x)$

(7) 模糊集运算的基本性质

与普通集合一样，模糊集满足幂等律、交换律、吸收律、分配律、结合律、德·摩根律等，但是，互补律不成立，即

$$\underset{\sim}{A} \cup \overline{\underset{\sim}{A}} \neq \Omega, \underset{\sim}{A} \cap \overline{\underset{\sim}{A}} \neq \varnothing$$

式中，Ω 为整数集；$\varnothing$ 为空集。

例如，设 $\mu_{\underset{\sim}{A}}(x)=0.3$，$\mu_{\overline{\underset{\sim}{A}}}(x)=0.7$，则

$$\mu_{\underset{\sim}{A} \cup \overline{\underset{\sim}{A}}}(x)=0.7 \neq 1$$

$$\mu_{\underset{\sim}{A} \cap \overline{\underset{\sim}{A}}}(x)=0.3 \neq 0$$

4. 隶属函数确定方法

隶属函数的确定，应该是反映出客观模糊现象的具体特点，要符合客观规律，而不是主观臆想的。但是，一方面由于模糊现象本身存在着差异，而另一方面，由于每个人在专家知识、实践经验、判断能力等方面各有所长，即使对于同一模糊概念的认定和理解，也会具有差别性。因此，隶属函数的确定又是带有一定的主观性，仅程度不同。正因为概念上的模糊性，对于同一个模糊概念，不同的人会使用不同的确定隶属函数的方法，建立不完全相同的隶属函数，但所得到的处理模糊信息问题的本质结果应该是相同的。下面介绍几种常用的确定隶属函数的方法。

(1) 模糊统计法

模糊统计和随机统计是两种完全不同的统计方法。随机统计是对确定性事件的发生频率进行统计的，统计结果称为概率。模糊统计是对模糊性事物的可能性程度进行统计，统计的结果称为隶属度。

对于模糊统计实验，在论域 U 中给出一个元素 x，再考虑 n 个有模糊集合 $\underset{\sim}{A}$ 属性的普通集合 A^*，以及元素 x 对 A^* 的归属次数。x 对 A^* 的归属次数和 n 的比值就是统计出的元素 x 对 $\underset{\sim}{A}$

的隶属函数：

$$\mu_{\underset{\sim}{A}}(x)=\lim_{n\to\infty}\frac{x\in A^{*}\text{的次数}}{n}$$

当 n 足够大时，隶属函数 $\mu_{\underset{\sim}{A}}(x)$ 是一个稳定值。

采用模糊统计进行大量实验，就能得出各个元素 $x_i(i=1,2,\cdots,n)$ 的隶属度，以隶属度和元素组成一个单点，就可以把模糊集合 $\underset{\sim}{A}$ 表示出来。

(2) 二元对比排序法

二元对比排序法是一种较实用的确定隶属函数的方法。它是通过对多个事物之间两两对比来确定某种特征下的顺序，由此来决定这些事物对该特征的隶属函数的大致形状。二元对比排序法，根据对比测度不同，可分为相对比较法、对比平均法、优先关系定序法和相似优先比法等，下面介绍一种较实用又方便的相对比较法。

设给定论域 U 中一对元素 (x_1,x_2)，其具有某特征的等级分别为 $g_{x_2}(x_1)$ 和 $g_{x_1}(x_2)$，意思就是：在 x_1 和 x_2 的二元对比中，如果 x_1 具有某特征的程度用 $g_{x_2}(x_1)$ 来表示，则 x_2 具有该特征的程度表示为 $g_{x_1}(x_2)$。并且该二元比较级的数对（$g_{x_2}(x_1)$，$g_{x_1}(x_2)$）必须满足

$$0\leqslant g_{x_2}(x_1)\leqslant 1\quad 0\leqslant g_{x_1}(x_2)\leqslant 1$$

令

$$g(x_1/x_2)=\frac{g_{x_2}(x_1)}{\max[g_{x_2}(x_1),g_{x_1}(x_2)]}\tag{6-146}$$

即有

$$g(x_1/x_2)=\begin{cases}g_{x_2}(x_1)/g_{x_1}(x_2) & \text{当 } g_{x_2}(x_1)\leqslant g_{x_1}(x_2)\text{ 时}\\ 1 & \text{当 } g_{x_2}(x_1)>g_{x_1}(x_2)\text{ 时}\end{cases}\tag{6-147}$$

这里 $x_1,x_2\in U$，若以 $g(x_1/x_2)$ 为元素构成矩阵，并设 $g(x_i/x_j)$，当 $i=j$ 时，取值为 1，则得到矩阵 $\boldsymbol{G}$，称为“相及矩阵”。如

$$\boldsymbol{G}=\begin{bmatrix}1 & g(x_1/x_2)\\ g(x_2/x_1) & 1\end{bmatrix}$$

(3) 专家经验法

专家经验法是根据专家的实际经验给出模糊信息的处理算式或相应权系数值来确定隶属函数的一种方法。如果专家经验越成熟，实践时间和次数越多，则按此专家经验确定的隶属函数将取得更好的效果。

5. 模糊关系

在日常生活中，除了如“电源开关与电动机起动按钮都闭合了”，“A 等于 B”等清晰概念上的普通逻辑关系以外，还会常遇到一些表达模糊概念的关系语句，例如“弟弟（x）与爸爸（y）很像”“大屏幕电视比小屏幕电视更好看”等。因此，可以说模糊关系是普通关系的拓宽，普通关系只是表示事物（元素）间是否存在关联，而模糊关系是描述事物（元素）间对于某一模糊概念上的关联程度，这要用普通关系来表示是有困难的，而用模糊关系来表示则更为确切和现实。模糊关系在系统、控制、图像识别、推理、诊断等领域得到广泛应用。

(1) 关系

客观世界的各事物之间普遍存在着联系，描写事物之间联系的数学模型之一就是关系，常用符号 R 表示。

1）关系的概念：若 R 为由集合 X 到集合 Y 的普通关系，则对任意 $x\in X, y\in Y$ 都只能有下列两种情况：x 与 y 有某种关系，即 xRy；x 与 y 无某种关系，即 $x\bar{R}y$。

2）直积集：由 X 到 Y 的关系 R，也可用序偶 (x,y) 来表示，所有有关系 R 的序偶可以构成一个 R 集。

在集合 X 与集合 Y 中各取出一元素排成序对，所有这样序对的全体所组成的集合叫作 X 和 Y 的直积集（也称笛卡儿乘积集），记为

$$X\times Y=\{(x,y)\mid x\in X, y\in Y\}$$

显然 R 是 X 和 Y 的直积集的一个子集，即

$$R\subset X\times Y$$

自反性关系 一个关系 R，若对 $\forall x\in X$，都有 xRX，即集合的每一个元素 x 都与自身有这一关系，则称 R 为具有自反性的关系。例如，把 X 看作是集合，同族关系便具有自反性，但父子关系不具有自反性。

对称性关系 一个 X 中的关系 R，若对 $\forall x,y\in X$，若有 xRy，必有 yRx，即满足这一关系的两个元素的地位可以对调，则称 R 为具有对称性关系。例如，兄弟关系和朋友关系都具有对称性，但父子关系不具有对称性。

传递性关系 一个 X 中的关系 R，若对 $\forall x,y,z\in X$，且有 xRy，yRz，则必有 xRz,，则称 R 具有传递性关系。例如，兄弟关系和同族关系具有传递性，但父子关系不具有传递性。

具有自反性和对称性的关系称为相容关系，具有传递性的相容关系称为等价关系。

(2) 模糊关系

两组事物之间的关系不宜用“有”或“无”做肯定或否定回答时，可以用模糊关系来描述。

设 $X\times Y$ 为集合 X 与 Y 的直积集，$\underset{\sim}{R}$ 是 $X\times Y$ 的一个模糊子集，它的隶属函数为 $\mu_{\underset{\sim}{R}}(x,y)$ ($x\in X, y\in Y$)，这样就确定了一个 X 与 Y 的模糊关系 $\underset{\sim}{R}$，由隶属函数 $\mu_{\underset{\sim}{R}}(x,y)$ 刻画，函数值 $\mu_{\underset{\sim}{R}}(x,y)$ 代表序偶 (x,y) 具有关系 $\underset{\sim}{R}$ 的程度。

一般说来，只要给出直积空间 $X\times Y$ 中的模糊集合 $\underset{\sim}{R}$ 的隶属函数 $\mu_{\underset{\sim}{R}}(x,y)$，集合 X 到集合 Y 的模糊关系 $\underset{\sim}{R}$ 也就确定了。模糊关系也有自反性、对称性、传递性等关系。

自反性 一个模糊关系 $\underset{\sim}{R}$，若对 $\forall x\in X$，有 $\mu_{\underset{\sim}{R}}(x,y)=1$，即每一个元素 x 与自身隶属于模糊关系 $\underset{\sim}{R}$ 的程度为1，则称 $\underset{\sim}{R}$ 为具有自反性的模糊关系。例如，相像关系就具有自反性，仇敌关系不具有自反性。

对称性 一个模糊关系 $\underset{\sim}{R}$，若 $\forall x,y\in X$，均有 $\mu_{\underset{\sim}{R}}(x,y)=\mu_{\underset{\sim}{R}}(y,x)$，即 x 与 y 隶属于模糊关系 $\underset{\sim}{R}$ 的程度和 y 与 x 隶属于模糊关系 $\underset{\sim}{R}$ 的程度相同，则称 $\underset{\sim}{R}$ 为具有对称性的模糊关系。例如，相像关系就具有对称性，而相爱关系就不具有对称性。

传递性 一个模糊关系 $\underset{\sim}{R}$，若对 $\forall x,y,z\in X$，均有 $\mu_{\underset{\sim}{R}}(x,z)\geqslant\min[\mu_{\underset{\sim}{R}}(x,y),\mu_{\underset{\sim}{R}}(y,z),\mu_{\underset{\sim}{R}}(x,z)]$，即 x 与 y 隶属于模糊关系 $\underset{\sim}{R}$ 的程度和 y 与 z 隶属于模糊关系 $\underset{\sim}{R}$ 的程度中较小的一个值都小于 x 和 z 隶属于模糊关系 $\underset{\sim}{R}$ 的程度，则称 $\underset{\sim}{R}$ 为具有传递性的模糊关系。

(3) 模糊矩阵

当 $X=\{x_i\mid i=1,2,\cdots,m\}$，$Y=\{y_j\mid j=1,2,\cdots,n\}$ 是有限集合时，则 $X\times Y$ 的模糊关系 $\underset{\sim}{R}$ 可用下列 $m\times n$ 矩阵来表示

$$\underset{\sim}{R}=\begin{bmatrix} r_{11} & r_{12} & \cdots & r_{1j} & \cdots & r_{1n} \\ r_{21} & r_{22} & \cdots & r_{2j} & \cdots & r_{2n} \\ \vdots & \vdots & & \vdots & & \vdots \\ r_{i1} & r_{i2} & \cdots & r_{ij} & \cdots & r_{in} \\ \vdots & \vdots & & \vdots & & \vdots \\ r_{m1} & r_{m2} & \cdots & r_{mj} & \cdots & r_{mn} \end{bmatrix} \tag{6-148}$$

式中，元素 $r_{ij}=\mu_{\underset{\sim}{R}}(x_i,y_j)$。该矩阵被称为模糊矩阵，简记为

$$\underset{\sim}{R}=[r_{ij}]_{m\times n}$$

为讨论方便，设矩阵为 $m\times n$ 矩阵，即 $\underset{\sim}{R}=[r_{ij}]_{m\times n}$，$\underset{\sim}{Q}=[q_{ij}]_{m\times n}$，此时模糊矩阵的交、并、补运算为

1）模糊矩阵交　$$\underset{\sim}{R}\cap\underset{\sim}{Q}=[r_{ij}\wedge q_{ij}]_{m\times n} \tag{6-149}$$

2）模糊矩阵并　$$\underset{\sim}{R}\cup\underset{\sim}{Q}=[r_{ij}\vee q_{ij}]_{m\times n} \tag{6-150}$$

3）模糊矩阵补　$$\underset{\sim}{R}^c=[1-r_{ij}]_{m\times n} \tag{6-151}$$

模糊矩阵的合成运算　设合成算子“∘”，它用来代表两个模糊矩阵的相乘，与线性代数中的矩阵乘极为相似，只是将普通矩阵运算中对应元素间相乘用取小运算“∧”来代替，而元素间相加用取大“∨”来代替。

设两个模糊矩阵 $\underset{\sim}{P}=[p_{ij}]_{m\times n}$，$\underset{\sim}{Q}=[q_{jk}]_{n\times l}$，合成运算 $\underset{\sim}{P}\circ\underset{\sim}{Q}$ 的结果也是一个模糊矩阵 $\underset{\sim}{R}$，则 $\underset{\sim}{R}=[r_{ik}]_{m\times l}$。模糊矩阵 $\underset{\sim}{R}$ 的第 i 行第 k 列元素 r_{ik} 等于 $\underset{\sim}{P}$ 矩阵的第 i 行元素与 $\underset{\sim}{Q}$ 矩阵的第 k 列对应元素两两取小，然后在所得到的 j 个元素中取大，即

$$r_{ik}=\bigvee_{j=1}^{n}(p_{ij}\wedge q_{jk})\ (i=1,2,\cdots,m;k=1,2,\cdots,l) \tag{6-152}$$

6.11.2　模糊控制系统组成

根据前述模糊控制系统的定义，不难想象模糊控制系统组成具有常规计算机控制系统的结构形式，如图 6-57 所示。由图可知，模糊控制系统通常由模糊控制器、输入/输出接口、执行机构、被控对象和测量装置等五个部分组成。

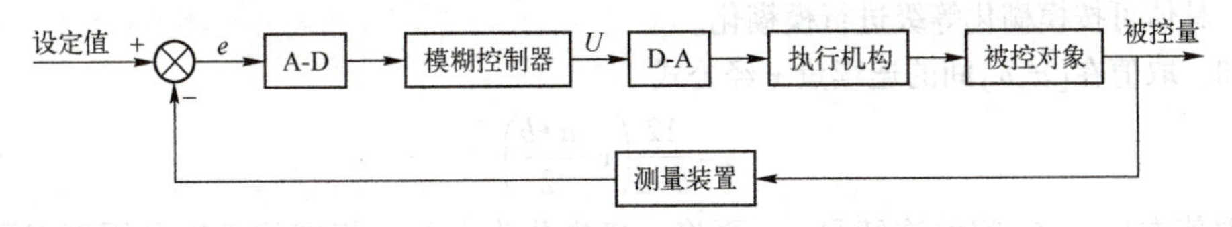

图 6-57　模糊控制系统组成框图

被控对象：它可以是一种设备或装置以及它们的群体，也可以是一个生产的、自然的、社会的、生物的或其他各种状态的转移过程。这些被控对象可以是确定或模糊的、单变量或多变量的、有滞后或无滞后的，也可以是线性或非线性的、定常或时变的，以及具有强耦合和干扰等多种情况。对于那些难以建立精确数学模型的复杂对象，更适宜采用模糊控制。

执行机构：除了电气的以外，如各类交、直流电动机，伺服电动机，步进电动机等，还有气动的和液压的，如各类气动调节阀和液压马达、液压阀等。

模糊控制器：是各类自动控制系统中的核心部分。由于被控对象的不同，以及对系统静态、动态特性的要求和所应用的控制规则（或策略）相异，可以构成各种类型的控制器，如在经典控制理论中，用运算放大器加上阻容网络构成的 PID 控制器和由前馈、反馈环节构成的

各种串、并联校正器；在现代控制理论中，设计的有状态观测器、自适应控制器、解耦控制器、鲁棒控制器等。而在模糊控制理论中，则采用基于模糊知识表示和规则推理的语音型“模糊控制器”，这也是模糊控制系统区别于其他自动控制系统的特点所在。

输入/输出（I/O）接口：在实际系统中，多数被控对象的控制量及其可观测状态量是模拟量。因此，模糊控制系统与通常的全数字控制系统或混合控制系统一样，必须具有模-数（A-D）、数-模（D-A）转换单元，不同的只是在模糊控制系统中，还应该有适用于模糊逻辑处理的“模糊化”与“解模糊化”（或称“非模糊化”）环节，这部分通常也被看作是模糊控制器的输入/输出接口。

测量装置：它是将被控对象的各种非电学量，如流量、温度、压力、速度、浓度等转换为电信号的一类装置。通常由各类数字的或模拟的测量仪器、检测元件或传感器等组成。它在模糊控制系统中占有十分重要的地位，其精度往往直接影响整个系统的性能指标，因此要求其精度高、可靠且稳定性好。

在模糊控制系统中，为了提高控制精度，要及时观测被控制量的变化特性及其与期望值间的偏差，以便及时调整控制规则和控制量输出值，因此，往往将测量装置的观测值反馈到系统输入端，并与给定输入量相比较，构成具有反馈通道的闭环结构形式。

模糊控制器主要包括输入量模糊化接口、知识库、推理机、解模糊接口四个部分，如图6-58所示。

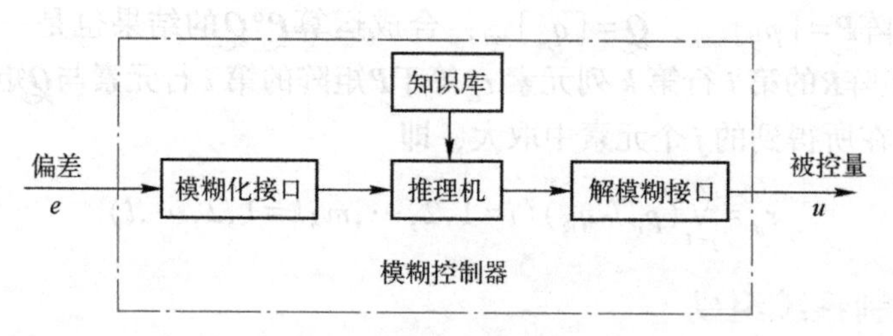

图6-58 模糊控制器的组成

1. 模糊化接口

模糊控制器的确定量输入必须经过模糊化接口模糊化后，转换成一个模糊矢量才能用于模糊控制，具体可按模糊化等级进行模糊化。

例如，取值在$[a,b]$间的连续量x经公式

$$y=\frac{12}{b-a}\left(x-\frac{a+b}{2}\right) \tag{6-153}$$

变换为取值在$[-6,6]$间的连续量y，再将y模糊化为七级，相应的模糊量用模糊语言表示如下：

在-6附近称为负大，记为NL；

在-4附近称为负中，记为NM；

在-2附近称为负小，记为NS；

在0附近称为适中，记为ZO；

在2附近称为正小，记为PS；

在4附近称为正中，记为PM；

在6附近称为正大，记为PL。

因此，对于模糊输入变量y，其模糊子集为$y=\{NL,NM,NS,ZO,PS,PM,PL\}$。

这样，它们对应的模糊子集如表6-5所示。表中的数为对应元素在对应模糊集中的隶属

度。当然，这仅是一个示意性的表，目的在于说明从精确量向模糊量的转换过程，实际的模糊集要根据具体问题来规定。

表 6-5　模糊变量 y 不同等级的隶属度值

等级 / 隶属度 / 模糊变量	-6	-5	-4	-3	-2	-1	0	1	2	3	4	5	6
PL	0	0	0	0	0	0	0	0	0.2	0.4	0.7	0.8	1
PM	0	0	0	0	0	0	0	0	0.2	0.7	1	0.7	0.2
PS	0	0	0	0	0	0	0.3	0.8	1	0.7	0.5	0.2	0
ZO	0	0	0	0	0.1	0.6	1	0.6	0.1	0	0	0	0
NS	0	0.2	0.5	0.7	1	0.8	0.3	0	0	0	0	0	0
NM	0.2	0.7	1	0.7	0.2	0	0	0	0	0	0	0	0
NL	1	0.8	0.7	0.4	0.2	0	0	0	0	0	0	0	0

2. 知识库

知识库由数据库和规则库两部分组成。

数据库所存放的是所有输入、输出变量的全部模糊子集的隶属度矢量值，若论域为连续域，则为隶属度函数。对于以上例子，需将表 6-5 中的内容存放于数据库，在规则推理的模糊关系方程求解过程中，向推理机提供数据。但要说明的是，输入变量和输出变量的测量数据集不属于数据库存放范畴。

规则库就是用来存放全部模糊控制规则的，在推理时为“推理机”提供控制规则。模糊控制器的规则是基于专家知识或手动操作经验来建立的，它是按人的直觉推理的一种语言表示形式。模糊规则通常由一系列的关系词连接而成，如 if-then、else、also、and、or 等，关系词必须经过“翻译”，才能将模糊规则数值化。如果某模糊控制器的输入变量为偏差 e 和偏差变化 e_c，模糊控制器的输出变量为 u，其相应的语言变量为 E、EC 和 U，给出下述一族模糊规则。

R1:　if $E=NB$ or NM and $EC=NB$ or NM then $U=PB$

R2:　if $E=NB$ or NM and $EC=NS$ or NO then $U=PB$

R3:　if $E=NB$ or NM and $EC=PS$ then $U=PM$

R4:　if $E=NB$ or NM and $EC=PM$ or PB then $U=NO$

R5:　if $E=NS$ and $EC=NB$ or NM then $U=PM$

R6:　if $E=NS$ and $EC=NS$ or NO then $U=PM$

R7:　if $E=NS$ and $EC=PS$ then $U=NO$

R8:　if $E=NS$ and $EC=PM$ or PB then $U=NS$

R9:　if $E=NO$ or PO and $EC=NB$ or NM then $U=PM$

R10:　if $E=NO$ or PO and $EC=NS$ then $U=PS$

R11:　if $E=NO$ or PO and $EC=NO$ then $U=NO$

R12:　if $E=NO$ or PO and $EC=PS$ then $U=NS$

R13： if $E=NO$ or PO and $EC=PM$ or PB then $U=NM$

R14： if $E=PS$ and $EC=NB$ or NM then $U=PS$

R15： if $E=PS$ and $EC=NS$ then $U=NO$

R16： if $E=PS$ and $EC=NO$ or PS then $U=NM$

R17： if $E=PS$ and $EC=PM$ or PB then $U=NM$

R18： if $E=PM$ or PB and $EC=NB$ or NM then $U=NO$

R19： if $E=PM$ or PB and $EC=NS$ then $U=NM$

R20： if $E=PM$ or PB and $EC=NO$ or PS then $U=NB$

R21： if $E=PM$ or PB and $EC=PM$ or PB then $U=NB$

上述21条模糊条件语句可以归纳为模糊控制规则表，如表6-6所示。

表6-6 模糊控制规则表

U / EC / E	PB	PM	PS	ZO	NS	NM	NB
PB	NB	NB	NB	NB	NM	ZO	ZO
PM	NB	NB	NB	NB	NM	ZO	ZO
PS	NM	NM	NM	NM	ZO	PS	PS
PO	NM	NM	NS	ZO	PS	PM	PM
NO	NM	NM	NS	ZO	PS	PM	PM
NS	NS	NS	ZO	PM	PM	PM	PM
NM	ZO	ZO	PM	PB	PB	PB	PB
NB	ZO	ZO	PM	PB	PB	PB	PB

3. 推理机

推理机是模糊控制器中，根据输入模糊量和知识库进行模糊推理，求解模糊关系方程，并获得模糊控制量的功能部分。模糊推理有时也称似然推理，其一般形式如下。

（1）一维推理

前提：if $\underset{\sim}{A}=\underset{\sim}{A}_1$，then $\underset{\sim}{B}=\underset{\sim}{B}_1$

条件：if $\underset{\sim}{A}=\underset{\sim}{A}_2$

结论：then $\underset{\sim}{B}=?$

（2）二维推理

前提：if $\underset{\sim}{A}=\underset{\sim}{A}_1$ and $\underset{\sim}{B}=\underset{\sim}{B}_1$ then $\underset{\sim}{C}=\underset{\sim}{C}_1$

条件：if $\underset{\sim}{A}=\underset{\sim}{A}_2$ and $\underset{\sim}{B}=\underset{\sim}{B}_2$

结论：then $\underset{\sim}{C}=?$

当上述给定条件为模糊集时，可以采用似然推理方法进行推理。在模糊控制中，由于控制器的输入变量（如偏差和偏差变化）往往不是一个模糊子集，而是一些孤点（如 $a=a_0$，$b=b_0$）等。因此这种推理方式一般不直接使用，模糊推理方式略有不同，一般可分为以下三类推理方式，设有两条推理规则：

1）if $\underset{\sim}{A}=\underset{\sim}{A}_1$ and $\underset{\sim}{B}=\underset{\sim}{B}_1$，then $\underset{\sim}{C}=\underset{\sim}{C}_1$；

2) if $\underset{\sim}{A}=\underset{\sim}{A}_2$ and $\underset{\sim}{B}=\underset{\sim}{B}_2$, then $\underset{\sim}{C}=\underset{\sim}{C}_2$。

推理方式一：又称为Mamdani极小运算法。

设 $a=a_0$，$b=b_0$，则新的隶属度为

$$\mu_{\underset{\sim}{C}}(z)=[w_1\wedge\mu_{\underset{\sim}{C}_1}(z)]\vee[w_2\wedge\mu_{\underset{\sim}{C}_2}(z)]$$

式中

$$w_1=\mu_{\underset{\sim}{A}_1}(a_0)\wedge\mu_{\underset{\sim}{B}_1}(b_0)$$

$$w_2=\mu_{\underset{\sim}{A}_2}(a_0)\wedge\mu_{\underset{\sim}{B}_2}(b_0)$$

该方法常用于模糊控制系统中，直接采用极大极小合成运算方法，计算较简便，但在合成运算中，信息丢失较多。

推理方式二：又称为代数乘积运算法。

设 $a=a_0$，$b=b_0$，有

$$\mu_{\underset{\sim}{C}}(z)=[w_1\mu_{\underset{\sim}{C}_1}(z)]\vee[w_2\mu_{\underset{\sim}{C}_2}(z)]$$

式中

$$w_1=\mu_{\underset{\sim}{A}_1}(a_0)\wedge\mu_{\underset{\sim}{B}_1}(b_0)$$

$$w_2=\mu_{\underset{\sim}{A}_2}(a_0)\wedge\mu_{\underset{\sim}{B}_2}(b_0)$$

在合成过程中，与方式一比较该种方式丢失信息少。

推理方式三：该方式由学者Tsukamoto提出，适合于隶属度为单调的情况。

设 $a=a_0, b=b_0$，有

$$z_0=\frac{w_1z_1+w_2z_2}{w_1+w_2}$$

式中

$$z_1=\mu^{-1}_{\underset{\sim}{C}_1}(w_1),\ z_2=\mu^{-1}_{\underset{\sim}{C}_2}(w_2);$$

$$w_1=\mu_{\underset{\sim}{A}_1}(a_0)\wedge\mu_{\underset{\sim}{B}_1}(b_0)$$

$$w_2=\mu_{\underset{\sim}{A}_2}(a_0)\wedge\mu_{\underset{\sim}{B}_2}(b_0)$$

4. 解模糊接口

由于被控对象每次只能接收一个精确的控制量，无法接收模糊控制量，因此必须经过清晰化接口将其转换成精确量，这一过程又称为模糊判决，也称为去模糊，通常采用下述三种方法。

(1) 最大隶属度方法

若对应的模糊推理的模糊集$\underset{\sim}{C}$中，元素 $u^*\in U$ 满足：

$$\mu_{\underset{\sim}{C}}(u^*)\geqslant\mu_{\underset{\sim}{C}}(u),\quad u\in U$$

则取 u^* 作为控制量的精确值。

若这样的隶属度最大点 u^* 不唯一，就取它们的平均值$\overline{u^*}$或$[u_1^*,u_p^*]$的中点$(u_1^*+u_p^*)/2$作为输出控制量（其中 $u_1^*\leqslant u_2^*\leqslant\cdots\leqslant u_p^*$）。这种方法简单、易行、实时性好，但它概括的信息量少。

例如，若

$$\underset{\sim}{C}=0.2/2+0.7/3+1/4+0.7/5+0.2/6$$

则按最大隶属度原则应取控制量 $u^*=4$。

又如，若

$$\underset{\sim}{C}=0.1/(-4)+0.4/(-3)+0.8/(-2)+1/(-1)+1/0+0.4/1$$

则按平均值法，应取

$$u^*=\frac{0+(-1)}{2}=\frac{-1}{2}=-0.5$$

(2) 加权平均法

加权平均法是模糊控制系统中应用较为广泛的一种判决方法，该方法有两种形式。

1）普通加权平均法，其控制量由下式决定：

$$u^* = \frac{\sum_i \mu_{\underset{\sim}{C}}(u_i) \cdot u_i}{\sum_i \mu_{\underset{\sim}{C}}(u_i)}$$

例如，若

$$\underset{\sim}{C} = 0.1/2 + 0.8/3 + 1.0/4 + 0.8/5 + 0.1/6$$

则

$$u^* = \frac{0.1\times2 + 0.8\times3 + 1.0\times4 + 0.8\times5 + 0.1\times6}{0.1 + 0.8 + 1.0 + 0.8 + 0.1} = 4$$

2）权系数加权平均法，其控制量由下式决定：

$$u^* = \frac{\sum_i k_i u_i}{\sum_i k_i}$$

式中，k_i 为权系数，根据实际情况决定。当 $k_i = \mu_{\underset{\sim}{C}}(u_i)$ 时，即为普通加权平均法。通过修改权系数，可以改善系统的响应特性。

(3) 中位数判决法

在最大隶属度判决法中，只考虑了最大隶属数，而忽略了其他信息的影响。中位数判决法是将隶属函数曲线与横坐标所围成的面积平均分成两部分，以分界点所对应的论域元素 u_i 作为判决输出。

设模糊推理的输出为模糊量 $\underset{\sim}{C}$，若存在 u^*，并且使

$$\sum_{u_{\min}}^{u^*} \mu_{\underset{\sim}{C}}(u) = \sum_{u^*}^{u_{\max}} \mu_{\underset{\sim}{C}}(u)$$

则取 u^* 为控制量的精确值。

6.11.3 模糊控制器设计

设计一个模糊控制系统的关键是设计模糊控制器，而设计一个模糊控制器就需要选择模糊控制器的结构、选取模糊规则、确定模糊化和解模糊方法、确定模糊控制器的参数、编写模糊控制算法程序。

1. 模糊控制器的结构设计

(1) 单输入单输出结构

在单输入单输出系统中，受人类控制过程的启发，一般可设计成一维或二维模糊控制器。在极少数情况下，才有设计成三维控制器的要求。这里所讲的模糊控制器的维数，通常是指其输入变量的个数。

1）一维模糊控制器

这是一种最为简单的模糊控制器，其输入和输出变量均只有一个。假设模糊控制器输入变量为 X，输出变量为 Y，此时的模糊规则（X 一般为控制误差，Y 为控制量）为

R_1: if X is $\underset{\sim}{A}_1$ then Y is $\underset{\sim}{B}_1$ or

⋮

R_n: if X is $\underset{\sim}{A}_n$ then Y is $\underset{\sim}{B}_n$

这里，$\underset{\sim}{A}_1$，…，$\underset{\sim}{A}_n$和$\underset{\sim}{B}_1$，…，$\underset{\sim}{B}_n$均为输入输出论域上的模糊子集。这类模糊规则的模糊关系为

$$\underset{\sim}{R}(x,y)=\bigcup_{i=1}^{n}\underset{\sim}{A}_i\times\underset{\sim}{B}_i \tag{6-154}$$

2）二维模糊控制器

这里的二维指的是模糊控制器的输入变量有两个，而控制器的输出只有一个。这类模糊规则的一般形式为

R_i: if X_1 is $\underset{\sim}{A}_i^1$ and X_2 is $\underset{\sim}{A}_i^2$ then Y is $\underset{\sim}{B}_i$

这里，$\underset{\sim}{A}_i^1$、$\underset{\sim}{A}_i^2$ 和 $\underset{\sim}{B}_i$均为论域上的模糊子集。这类模糊规则的模糊关系为

$$\underset{\sim}{R}(x,y)=\bigcup_{i=1}^{n}(\underset{\sim}{A}_i^1\times\underset{\sim}{A}_i^2)\times\underset{\sim}{B}_i \tag{6-155}$$

在实际系统中，X_1一般取为误差，X_2一般取为误差变化率，Y一般取为控制量。

（2）多输入多输出结构

工业过程中的许多被控对象比较复杂，往往具有一个以上的输入和输出变量。以二输入三输出为例，则有

R_i: if (X_1 is $\underset{\sim}{A}_i^1$ and X_2 is $\underset{\sim}{A}_i^2$) then (Y_1 is $\underset{\sim}{B}_i^1$ and Y_2 is $\underset{\sim}{B}_i^2$ and Y_3 is $\underset{\sim}{B}_i^3$)

由于人对具体事物的逻辑思维一般不超过三维，因而很难对多输入多输出系统直接提取控制规则。例如，已有样本数据(X_1,X_2,Y_1,Y_2,Y_3)，则可将之变换为(X_1,X_2,Y_1)，(X_1,X_2,Y_2)，(X_1,X_2,Y_3)。这样，首先把多输入多输出系统化为多输入单输出的结构形式，然后用多输入单输出系统的设计方法进行模糊控制器设计。这样做，不仅设计简单，而且经人们的长期实践检验，也是可行的，这就是多变量控制系统的模糊解耦问题。

2. 模糊规则的选择和模糊推理

（1）模糊规则的选择

模糊规则的选择是设计模糊控制器的核心，由于模糊规则一般需要由设计者提取，因而在模糊规则的取舍上往往体现了设计者本身的主观倾向。模糊规则的选取过程可简单分为以下三个部分。

1）模糊语言变量的确定

一般说来，一个语言变量的语言值越多，对事物的描述就越准确，可能得到的控制效果就越好。当然，过细的划分反而使控制规则变得复杂，因此应视具体情况而定。如误差等的语言变量的语言值一般取为｛负大，负中，负小，负零，正零，正小，正中，正大｝。

2）语言值隶属函数的确定

语言值的隶属函数又称为语言值的语义规则，它有时以连续函数的形式出现，有时以离散的量化等级形式出现。连续的隶属函数描述比较准确，而离散的量化等级简洁直观。

3）模糊控制规则的建立

模糊控制规则的建立常采用经验归纳法和推理合成法。所谓经验归纳法，就是根据人的控制经验和直觉推理，经整理、加工和提炼后构成模糊规则的方法，它实质上是从感性认识上升到理性认识的一个飞跃过程。推理合成法是根据已有输入输出数据对，通过模糊推理合成，求取模糊控制规则。

（2）模糊推理

模糊推理有时也称为似然推理，其一般形式为

1）一维形式

if X is $\underset{\sim}{A}$ then Y is $\underset{\sim}{B}$

if X is $\underset{\sim}{A}_1$ then Y is ?

2）二维形式

if X is $\underset{\sim}{A}$ and Y is $\underset{\sim}{B}$ then Z is $\underset{\sim}{C}$

if X is $\underset{\sim}{A}_1$ and Y is $\underset{\sim}{B}_1$ then Z is ?

3. 解模糊

解模糊的目的是根据模糊推理的结果，求得最能反映控制量的真实分布。目前常用的方法有三种，即最大隶属度法、加权平均原则和中位数判决法。

4. 模糊控制器论域及比例因子的确定

众所周知，任何物理系统的信号都是有界的。在模糊控制系统中，这个有限界一般称为该变量的基本论域，它是实际系统的变化范围。以两输入单输出的模糊控制系统为例，设定误差的基本论域为$[-|e_{\max}|,|e_{\max}|]$，误差变化率的基本论域为$[-|ec_{\max}|,|ec_{\max}|]$，控制量的变化范围为$[-|u_{\max}|,|u_{\max}|]$。类似地，设误差的模糊论域为

$$E=\{-l,-(l-1),\cdots,0,1,2,\cdots,l\}$$

误差变化率的论域为

$$EC=\{-m,-(m-1),\cdots,0,1,2,\cdots,m\}$$

控制量所取的论域为

$$U=\{-n,-(n-1),\cdots,0,1,2,\cdots,n\}$$

若用a_e、a_c、a_u分别表示误差、误差变化率和控制量的比例因子，则有

$$a_e=l/|e_{\max}| \tag{6-156}$$

$$a_c=m/|ec_{\max}| \tag{6-157}$$

$$a_u=n/|u_{\max}| \tag{6-158}$$

一般说来，a_e越大，系统的超调越大，过渡过程就越长；a_e越小，则系统变化越慢，稳态精度越低。a_c越大，则系统输出变化率越小，系统变化越慢；若a_c越小，则系统反应越快，但超调越大。

5. 编写模糊控制器的算法程序

编写模糊控制器的算法程序步骤如下。

1）设置输入、输出变量及控制量的基本论域，即$e\in[-|e_{\max}|,|e_{\max}|]$，$ec\in[-|ec_{\max}|,|ec_{\max}|]$，$u\in[-|u_{\max}|,|u_{\max}|]$。预置量化常数$a_e$、$a_c$、$a_u$、采样周期$T$。

2）判断采样时间到否，若时间已到，则转第3）步，否则转第2）步。

3）启动A-D转换，进行数据采集和数字滤波等。

4）计算e和e_c，并判断它们是否已超过上（下）限值，若已超过，则将其设定为上（下）限值。

5）按给定的输入比例因子a_e、a_c量化（模糊化）并由此查询控制表。

6）查得控制量的量化值清晰化后，乘上适当的比例因子a_u。若u已超过上（下）限值，则设置为上（下）限值。

7）启动D-A转换，作为模糊控制器实际模拟量输出。

8）判断控制时间是否已到，若是则停机，否则转第2）步。

6.11.4 双输入单输出模糊控制器设计

一般的模糊控制器都是采用双输入单输出的系统，即在控制过程中，不仅对实际偏差自动进行调节，还要求对实际误差变化率进行调节，这样才能保证系统稳定，不致产生振荡。

对于双输入单输出系统，采用模糊控制器的闭环系统框图如图 6-59 所示。

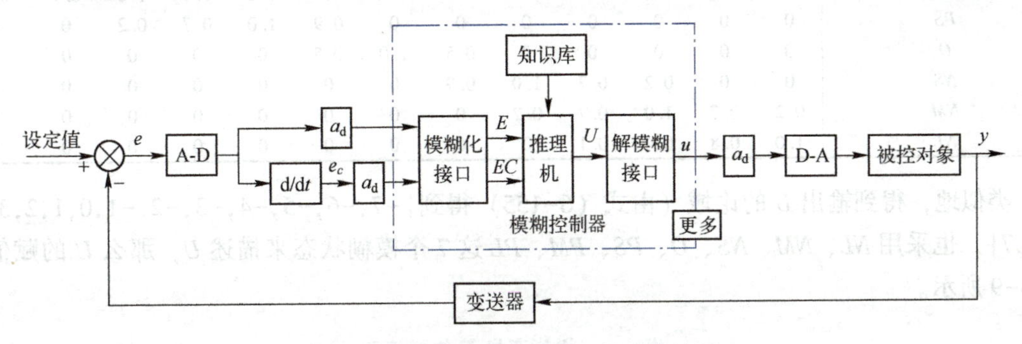

图 6-59 双输入单输出模糊控制结构图

在图 6-59 中，e 为实际偏差；a_e 为偏差比例因子，e_c为实际偏差变化；a_c 为偏差变化比例因子；u 为控制量，a_u 为控制量的比例因子。

1. 模糊化

设置输入输出变量的论域，并预置常数 a_e、a_c、a_u，如果偏差 $e\in[-|e_{max}|,|e_{max}|]$，且 $l=6$，则由式（6-153）知误差的比例因子为 $a_e=6/|e_{max}|$，这样就有

$$E=a_e\cdot e$$

采用就近取整的原则，得 E 的论域为

$$\{-6,-5,-4,-3,-2,-1,-0,+0,+1,+2,+3,+4,+5,+6\}$$

利用负大[*NL*]、负中[*NM*]、负小[*NS*]、负零[*NO*]、正零[*PO*]、正小[*PS*]、正中[*PM*]、正大[*PL*] 8 个模糊状态来描述变量 E，那么 E 的赋值如表 6-7 所示。

表 6-7 模糊变量 E 的赋值表

模糊变量 \ 隶属度 \ E	-6	-5	-4	-3	-2	-1	-0	+0	1	2	3	4	5	6
PL	0	0	0	0	0	0	0	0	0	0	0.1	0.4	0.8	1.0
PM	0	0	0	0	0	0	0	0	0	0.2	0.7	1.0	0.7	0.2
PS	0	0	0	0	0	0	0	0.3	0.8	1.0	0.5	0.1	0	0
PO	0	0	0	0	0	0	0	1.0	0.6	0.1	0	0	0	0
NO	0	0	0	0	0.1	0.6	1.0	0	0	0	0	0	0	0
NS	0	0	0.1	0.5	1.0	0.8	0.3	0	0	0	0	0	0	0
NM	0.2	0.7	1.0	0.7	0.2	0	0	0	0	0	0	0	0	0
NL	1.0	0.8	0.4	0.1	0	0	0	0	0	0	0	0	0	0

如果偏差变化率 $ec\in[-|ec_{max}|,|ec_{max}|]$，且 $m=6$，则由式（6-154）采用类似方法得 EC 的论域为

$$\{-6,-5,-4,-3,-2,-1,0,1,2,3,4,5,6\}$$

若采用负大[*NL*]、负中[*NM*]、负小[*NS*]、零[*O*]、正小[*PS*]、正中[*PM*]、正大[*PL*] 7 个模糊状态来描述 EC，那么 EC 的赋值如表 6-8 所示。

表 6-8 模糊变量 *EC* 的赋值表

隶属度 *ec* / 模糊变量	-6	-5	-4	-3	-2	-1	-0	1	2	3	4	5	6
PL	0	0	0	0	0	0	0	0	0	0.1	0.4	0.8	1.0
PM	0	0	0	0	0	0	0	0	0.2	0.7	1.0	0.7	0.2
PS	0	0	0	0	0	0	0	0.9	1.0	0.7	0.2	0	0
O	0	0	0	0	0	0.5	1.0	0.5	0	0	0	0	0
NS	0	0	0.2	0.7	1.0	0.9	0	0	0	0	0	0	0
NM	0.2	0.7	1.0	0.7	0.2	0	0	0	0	0	0	0	0
NL	1.0	0.8	0.4	0.1	0	0	0	0	0	0	0	0	0

类似地，得到输出 U 的论域（由式（6-155）得到$\{-7,-6,-5,-4,-3,-2,-1,0,1,2,3,4,5,6,7\}$，也采用 *NL*、*NM*、*NS*、*O*、*PS*、*PM*、*PL* 这 7 个模糊状态来描述 U，那么 U 的赋值如表 6-9 所示。

表 6-9 模糊变量 *U* 的赋值表

隶属度 *u* / 模糊变量	-7	-6	-5	-4	-3	-2	-1	-0	+0	1	2	3	4	5	6
PL	0	0	0	0	0	0	0	0	0	0	0	0.1	0.4	0.8	1.0
PM	0	0	0	0	0	0	0	0	0	0.2	0.7	1.0	0.7	0.2	0
PS	0	0	0	0	0	0	0	0.4	1.0	0.8	0.4	0.1	0	0	0
O	0	0	0	0	0	0	0.5	1.0	0.5	0	0	0	0	0	0
NS	0	0	0	0.1	0.4	0.8	1.0	0.4	0	0	0	0	0	0	0
NM	0	0.2	0.7	1.0	0.7	0.2	0	0	0	0	0	0	0	0	0
NL	1.0	0.8	0.4	0.1	0	0	0	0	0	0	0	0	0	0	0

2. 模糊控制规则、模糊关系和模糊推理

对于双输入单输出的系统，一般都采用“If $\underset{\sim}{A}$ and $\underset{\sim}{B}$ then $\underset{\sim}{C}$”来描述。因此，模糊关系为

$$\underset{\sim}{R}=\underset{\sim}{A}\times\underset{\sim}{B}\times\underset{\sim}{C}$$

模糊控制器在某一时刻的输出值为

$$\underset{\sim}{U}(k)=\ [\underset{\sim}{E}(k)\times\underset{\sim}{EC}(k)]\circ\underset{\sim}{R}$$

为了节省 CPU 的运算时间，增强系统的实时性，节省系统存储空间的开销，通常离线进行模糊矩阵 $\underset{\sim}{R}$ 的计算、输出 $\underset{\sim}{U}(k)$ 的计算。本模糊控制器把实际的控制策略归纳为控制规则表，如表 6-10 所示，表中“ * ”表示在控制过程中不可能出现的情况，称之为“死区”。

表 6-10 推理语言规则表

输出 *E* / *EC*	*NL*	*NM*	*NS*	*NO*	*PO*	*PS*	*PM*	*PL*
PL	*PL*	*PM*	*NL*	*NL*	*NL*	*NL*	*	*
PM	*PL*	*PM*	*NM*	*NM*	*NS*	*NS*	*	*
PS	*PL*	*PM*	*NS*	*NS*	*NS*	*NS*	*NM*	*NL*
O	*PL*	*PM*	*PS*	*O*	*O*	*NS*	*NM*	*NL*
NS	*PL*	*PM*	*PS*	*PS*	*PS*	*PS*	*NM*	*NL*
NM	*	*	*PS*	*PM*	*PM*	*PM*	*NM*	*NL*
NL	*	*	*PL*	*PL*	*PL*	*PL*	*NM*	*NL*

3. 解模糊

采用隶属度大的规则进行模糊决策，将 $\underset{\sim}{U}(k)$ 经过清晰化转换成相应的确定量。把运算的结果存储在系统中，如表 6-11 所示。系统运行时通过查表得到确定的输出控制量，然后输出控制量乘上适当的比例因子 a_u，其结果用来进行 D-A 转换输出控制，完成控制生产过程的任务。

表 6-11　模糊控制表

模糊变量＼隶属度＼E	-6	-5	-4	-3	-2	-1	-0	+0	1	2	3	4	5	6
-6	7	6	7	6	4	4	4	4	2	1	0	0	0	0
-5	6	6	6	6	4	4	4	4	2	1	0	0	0	0
-4	7	6	7	6	4	4	4	4	2	1	0	0	0	0
-3	6	6	6	6	5	5	5	5	2	-2	0	-2	-2	-2
-2	7	6	7	6	4	4	1	1	0	-3	-3	-4	-4	-4
-1	7	6	7	6	4	4	1	1	0	-3	-3	-7	-6	-7
0	7	6	7	6	4	1	0	0	-1	-4	-6	-7	-6	-7
1	4	4	4	3	1	0	-1	-1	-4	-4	-6	-7	-6	-7
2	4	4	4	2	0	0	-1	-1	-4	-4	-6	-7	-6	-7
3	2	2	2	0	0	0	-1	-1	-3	-3	-6	-6	-6	-6
4	0	0	0	-1	-1	-3	-4	-4	-4	-4	-6	-7	-6	-7
5	0	0	0	-1	-1	-2	-4	-4	-4	-4	-6	-6	-6	-6
6	0	0	0	-1	-1	-1	-4	-4	-4	-4	-6	-7	-6	-7

微课视频：第 6 章
重点难点
知识讲解

1. 被控对象的传递函数可分为哪几类？
2. 计算机控制系统的性能指标有哪些？
3. 对象特性对控制性能有什么影响？
4. 在 PID 控制中，比例、积分和微分有什么作用？
5. 什么是 PID 位置算式？
6. 什么是 PID 增量算式？
7. 为什么微分控制不能单独使用？
8. PID 位置算式和增量算式各有什么优缺点？
9. 数字 PID 控制算法有哪几种改进方法？
10. 什么是积分饱和？它是怎样引起的？如何消除？
11. 常规 PID 和积分分离 PID 算法有什么区别？
12. 带死区的 PID 控制方法有什么优点？
13. 在 PID 控制中，采样周期是如何确定的？采样周期的大小对调节器品质有何影响？
14. 写出数字位置式 PID 算式和增量式 PID 算式。它们各有什么优缺点？
15. 数字 PID 调节器需要整定哪些参数？
16. 简述 PID 参数 K_p、T_i、T_d 对系统动态性能和稳态性能的影响。
17. 简述扩充临界比例度法整定 PID 参数的步骤。

18. 串级控制系统有哪些特点？试画出计算机串级控制系统的方框图。

19. 试画计算机前馈-反馈控制系统的框图。

20. 已知被控对象的传递函数为

$$G_c(s)=\frac{10}{s(0.1s+1)}$$

采样周期 $T=1\,\text{s}$，采用零阶保持器。

（1）针对单位阶跃输入信号设计最少拍有纹波系统的 $D(z)$，并计算输出响应 $y(k)$、控制信号 $u(k)$ 序列，画出它们的输出序列波形图。

（2）针对单位速度输入信号设计最少拍无纹波系统的 $D(z)$，并计算输出响应 $y(k)$、控制信号 $u(k)$ 序列，画出它们的输出序列波形图。

21. 被控对象的传递函数为

$$G_c(s)=\frac{1}{s^2}$$

采样周期 $T=1\,\text{s}$，采用零阶保持器，针对单位速度输入函数。

（1）用最少拍无纹波系统的设计方法，设计 $\Phi(z)$ 和 $D(z)$。

（2）求出数字控制器输出序列 $u(k)$ 的递推形式。

（3）画出采样瞬间数字控制器的输出和系统的输出曲线。

22. 什么叫振铃现象？在使用大林算法时，振铃现象是由控制器中哪一部分引起的？如何消除振铃现象？

23. 被控对象的传递函数为

$$G_c(s)=\frac{1}{s+1}e^{-s}$$

采样周期 $T=1\,\text{s}$。

试用大林算法设计数字控制器 $D(z)$，并求 $u(k)$ 的递推形式。

24. 模糊控制的优点是什么？

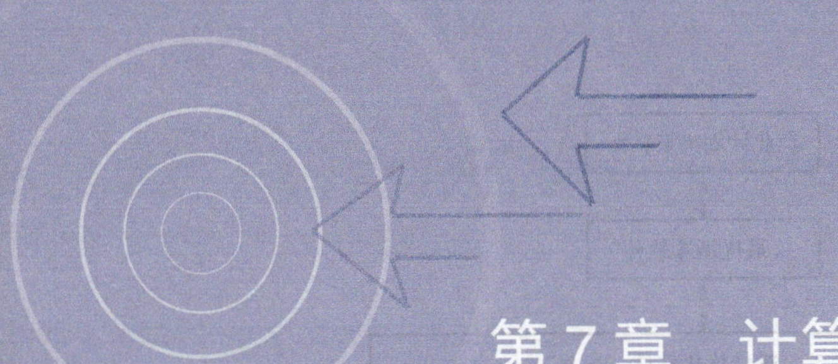

第7章　计算机控制系统的软件设计

计算机控制系统有了硬件设备之后，如果要实现其测量与控制功能，还需要有相应的软件支持。软件是计算机控制系统的灵魂。在计算机技术发展的早期，系统功能简单，软件工作被看作是一门艺术，所强调的是编程的技巧和诀窍。随着系统复杂性的增加，以艺术方式开发的软件变得越来越难以理解和维护，可靠性下降，软件开发和维护的成本急剧上升，在20世纪70年代出现了所谓的软件危机。此后，软件工作逐步从艺术走向工程，开始强调工程的基本特征：设计、施工和标准化。

本章主要介绍计算机控制系统的相关软件设计技术。

7.1　计算机控制系统软件的概述

7.1.1　计算机控制系统应用软件的分层结构

计算机控制系统软件可分为系统软件、支持软件和应用软件三部分。系统软件指计算机控制系统应用软件开发平台和操作平台，支持软件用于提供软件设计和更新接口，并为系统提供诊断和支持服务，应用软件是计算机控制系统软件的核心部分，用于执行控制任务，按用途可划分为监控平台软件、基本控制软件、先进控制软件、局部优化软件、操作优化软件、最优调度软件和企业计划决策软件。计算机控制系统应用软件的分层结构如图7-1所示。

从系统功能的角度划分，最基本的计算机控制系统应用软件由直接程序、规范服务性程序和辅助程序等组成。直接程序是指与控制过程或采样/控制设备直接有关的程序，这类程序参与系统的实际控制过程，完成与各类I/O模板相关的信号采集、处理和各类控制信号的输出任务，其性能直接影响系统的运行效率和精度，是软件系统设计的核心部分。规范服务性程序是指完成系统运行中的一些规范性服务功能的程序，如报表打印输出、报警输出、算法运行、各种画面显示等。辅助程序包括接口驱动程序、检验程序等，特别是设备自诊断程序，当检测到错误时，启用备用通道并自动切换，这类程序虽然与控制过程没有直接关系，但却能增加系统的可靠性，是应用软件不可缺少的组成部分。

7.1.2　计算机控制系统软件的设计策略

计算机控制系统的软件设计策略可分为软件设计规划、软件设计模式和软件设计方法三个部分。

1. 软件设计规划

软件设计规划包括软件开发基本策略、软件开发方案和软件过程模型三部分，软件开发中

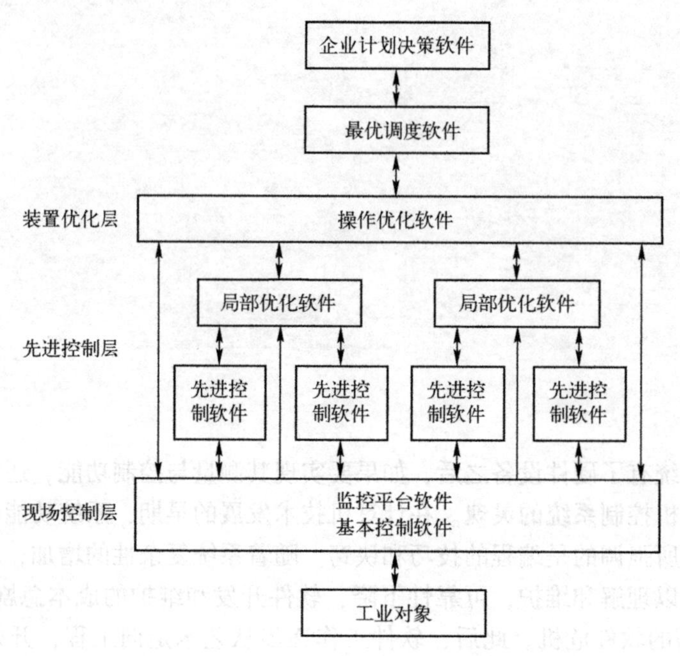

图 7-1 计算机控制系统应用软件的分层结构

的三种基本策略是复用、分而治之和优化与折中。复用即利用某些已开发的、对建立新系统有用的软件元素来生成新的软件系统；分而治之是指把大而复杂的问题分解成若干个简单的小问题后逐个解决；优化是指优化软件的各个质量因素，折中是指通过协调各个质量因素，实现整体质量的最优。软件开发基本策略是软件开发的基本思想和整体脉络，贯穿软件开发的整体流程中。

软件开发方案是对软件的构造和维护提出的总体设计思路和方案，经典的软件工程思想将软件开发分成需求分析、系统分析与设计、系统实现、测试及维护五个阶段，设计人员在进行软件开发和设计之前需要确定软件的开发策略，并明确软件的设计方案，对软件开发的五个过程进行具体设计。

软件过程模型是在软件开发技术发展过程中形成的软件整体开发策略，这种策略从需求收集开始到软件寿命终止针对软件工程的各个阶段提供了一套范形，使工程的进展达到预期的目的。常用的软件过程模型包括生存周期模型、原型实现模型、增量模型、螺旋模型和喷泉模型五种。

2. 软件设计模式

为增强计算机控制系统软件的代码可靠性和可复用性，增强软件的可维护性，编程人员对代码设计经验进行实践和分类编目，形成了软件设计模式。软件设计模式一般可分为创建型、结构型和行为型三类，所有模式都遵循开闭原则、里氏代换原则、依赖倒转原则和合成复用原则等通用原则。常用的软件模式包括单例模式、抽象工厂模式、代理模式、命令模式和策略模式。软件设计模式一般适用于特定的生产场景，以合适的软件设计模式指导软件的开发工作可对软件的开发起到积极的促进作用。

3. 软件设计方法

计算机控制系统中软件的设计方法主要有面向过程方法、面向数据流方法和面向对象方法，分别对应不同的应用场景。面向过程方法是计算机控制系统软件发展早期被广泛采用的设计方法，其设计以过程为中心，以函数为单元，强调控制任务的流程性，设计的过程是分析和用函数代换的流程化过程，在流程特性较强的生产领域能够达到较高的设计效率。面向数据流方法又称为结构化设计方法，主体思想是用数据结构描述待处理数据，用算法描述具体的操作过程，强调将系统分割为逻辑功能模块的集合，并确保模块之间的结构独立，减少了设计的复杂度，增强了代码的可重用性。面向对象的设计方法是计算机控制系统软件发展到一定阶段的产物，采用封装、继承、多态等方法将生产过程抽象为对象，将生产过程的属性和流程抽象为对象的变量和方法，使用类对生产过程进行描述，使代码的可复用性和可扩展性得到了极大提升，降低了软件的开发和维护难度。

7.1.3 计算机控制系统软件的功能和性能指标

计算机控制系统软件的技术指标分为功能指标和性能指标，功能指标是软件能提供的各种功能和用途的完整性，性能指标包括软件的各种性能参数，包括安全性、实时性、鲁棒性和可移植性四种。

1. 软件的功能指标

计算机控制系统软件一般至少由系统组态程序，前台控制程序，后台显示、打印、管理程序以及数据库等组成。具体实现如下功能。

1）实时数据采集：完成现场过程参数的采集与处理。

2）控制运算：包括模拟控制、顺序控制、逻辑控制和组合控制等功能。

3）控制输出：根据设计的控制算法所计算的结果输出控制信号，以跟踪输入信号的变化。

4）报警监视：完成过程参数越界报警及设备故障报警等功能。

5）画面显示和报表输出：实时显示过程参数及工艺流程，并提供操作画面、报表显示和打印功能。

6）可靠性功能：包括故障诊断、冗余设计、备用通道切换等功能。

7）流程画面制作功能：用来生成应用系统的各种工艺流程画面和报表等功能。

8）管理功能：包括文件管理、数据库管理、趋势曲线、统计分析等功能。

9）通信功能：包括控制单元之间、操作站之间、子系统之间的数据通信功能。

10）OPC 接口：通过 OPC Server 实现与上层计算机的数据共享和远程数据访问功能。

2. 软件的性能指标

判断计算机控制系统软件的性能指标如下。

（1）安全性

软件的安全性是软件在受到恶意攻击的情形下依然能够继续正确运行，并确保软件被在授权范围内合法使用的特性。软件的安全性指标要求设计人员在软件设计的整体过程中加以考虑，使用权限控制、加密解密、数据恢复等手段确保软件的整体安全性。

（2）实时性

软件的实时性是计算机控制领域对软件的特殊需求，实时性表现为软件对外来事件的最长容许反应时间，根据生产过程的特点，软件对随机事件的反应时间被限定在一定范围内。计算机控制系统软件的实时性由操作系统实时性和控制软件实时性两部分组成，一般通过引入任务优先级和抢占机制加以实现。

（3）鲁棒性

软件的鲁棒性即软件的健壮性，是指软件在异常和错误的情况下依然维持正常运行状态的特性。软件的鲁棒性强弱由代码的异常处理机制决定，健全的异常处理机制在异常产生的根源处响应，避免错误和扰动的连锁反应，确保软件的抗干扰性。

(4) 可移植性

软件的可移植性指软件在不同平台之间迁移的能力，由编程语言的可移植性和代码的可移植性构成。编程语言的可移植性由编程语言自身特性决定，以 Java 为代表的跨平台编程语言具有较好的可移植性，以汇编语言为代表的专用设计语言不具备可移植性。代码的可移植性包括 API 函数兼容性、库函数兼容性和代码通用性三部分，API 函数是操作系统为软件设计人员提供的向下兼容的编程接口，不同版本操作系统提供的 API 函数存在一定差异，软件在不同版本操作系统间移植时，设计人员需考虑 API 函数的兼容性。库函数一般指编译器或第三方提供的特殊功能函数，一些第三方库函数在设计时缺乏跨平台特性，因此软件代码在不同开发环境中迁移时需要考虑库函数的兼容性。代码通用性由软件设计人员的编程经验和习惯决定，设计优良的代码应尽可能削弱平台相关性，以获得较好的可移植性。

7.2 实时多任务系统

在计算机控制系统中，一个实时应用通常包括若干控制流。为了有效地运行多个控制流的复杂应用，应该将应用分解为若干个与控制流相对应的任务（Task）加以处理。计算机控制系统广泛使用实时操作系统（Real Time Operating System，RTOS）构建实时多任务系统。

7.2.1 实时系统和实时操作系统

1. 实时系统

实时系统的定义是：能够在确定的时间内运行其功能并对外部异步事件做出响应的计算机系统。应注意到，“确定的时间”是对实时系统最根本的要求，实时系统处理的正确性不仅取决于处理结果逻辑上的正确性，更取决于获得该结果所需的时间。例如，一个在大多数情况下能在 50 μs 做出响应，但是偶然需要 50 ms 响应时间的系统，它的实时性要劣于一个能在任何情况下以 1 ms 做出响应的系统。

高性能的实时系统，其硬件结构应该具有计算速度快、中断处理和 I/O 通信能力强的特点，但是应该认识到，“实时”和“快速”是两个不同的概念。计算机系统处理速度的快慢，主要取决于它的硬件系统，尤其是所采用的处理器的性能。对于一个特定的计算机系统，如果采用的是普通操作系统，它的处理速度无论怎样高，都没有实时性可言。在计算机控制系统中，实时操作系统是实时系统的核心。

在计算机控制系统中广泛采用实时计算机组成应用系统，实时系统通常运行两类典型的工作，一类是在预期的时间限制内，确认和响应外部的事件；另一类是处理和存储大量来自被控对象的数据。对于第一类工作，任务响应时间、中断等待时间和中断处理能力是最重要的，将它称为中断型的工作；第二类是计算型的工作，要求很好的处理速度和吞吐能力。在实际应用中，经常遇到的是兼具两种要求的中断和计算混合型的实时系统。

2. 实时操作系统

操作系统是计算机运行以及所有资源的管理者，包括任务管理、任务间的信息传递、I/O 设备管理、内存管理和文件系统的管理等。从外部来看，操作系统提供了与使用者、程序及硬件的接口。操作系统与计算机 I/O 硬件设备的接口是设备驱动器，应用程序与操作系统之间的接口是系统调用。

通用计算机系统中运行的是桌面操作系统，包括 Windows、UNIX 和 Linux 等，在计算机控制系统中使用的主要是实时操作系统。

现代的实时操作系统的内核（Kernel）通常采用客户/服务者方式，或称为微内核（Micro-kernel）方式，微内核操作系统如图 7-2 所示。

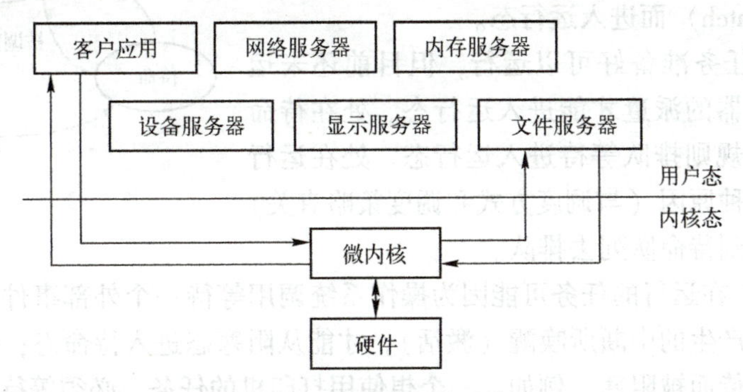

图 7-2　微内核操作系统

微内核通常只保留任务调度和任务间通信等几项功能，它依据客户-服务者模型概念，把所有其他的操作系统功能都变成一个个用户态的服务器，而用户任务则被当作客户。客户要用到操作系统时，其实就是通过微内核与服务器通信而已，微内核验证消息的有效性，在客户和服务器之间传递它们并核准对硬件的存取，这样，微内核仅仅成为传递消息的工具。

微内核将与 CPU 有关的硬件细节都包含在很小的内核内，其他部分与硬件无关，这样，整个操作系统就很容易移植。如果要扩展功能，只要增加相应的服务器即可。在微内核方式下，每个服务器都是独立的用户态任务，有自己的内存保护空间，以标准的方式通信，一个服务器出错，不会导致整个系统崩溃。此外，微内核操作系统的各种服务器可以分别在不同的处理机上运行，适合于分布式控制系统。

计算机系统里的所有活动，被分解为一个个任务运行。简单地说，任务就是装入计算机内正在运行的程序。程序是由指令和数据集所组成的可运行文件，而任务则是运行中的程序，它包括程序和与这个程序有关的数据及计算机资源等，每个任务都占有自己的地址空间，包括堆栈区、代码区和数据区。

7.2.2　实时多任务系统的切换与调度

处理多任务的理想方法之一是采用紧耦合多处理机系统，让每个处理机各处理一个任务。这种方法真正做到了同一时刻运行多个任务，称为并行处理。

分布式控制系统中的各个节点普遍使用单处理机系统。单处理机系统在实时操作系统调度下，可以使若干个任务并发地运行，构成所谓多任务系统，事实上，无论是大型的分布式系统还是小型的嵌入式系统，实时控制系统大多数是以这种方式运行的。并发处理是指在一段时间里调度若干任务“同时”运行，其实具体到任何时刻，系统中只能有一个任务在运行，因为只有一个处理机。并发处理被看作是一种伪并行机制。

1. 任务及任务切换

（1）任务

在操作系统管理下，复杂的应用被分解为若干任务，每个任务执行一项特定的工作。如前所说，任务就是运行中的程序，每个任务所对应的程序通常是一个顺序执行的无限循环，好像是占用着全部 CPU 的资源，而事实上对于单处理机系统，任何时刻只可能有一个任务在运行，诸多任务是在操作系统的调度下交错地运行。

一个任务的状态转移如图 7-3 所示。

1）运行态：任务正在运行，在任何时刻，只可能有一个任务处在运行态。在待命态排队的任务，可以受调度器的派遣（Dispatch）而进入运行态。

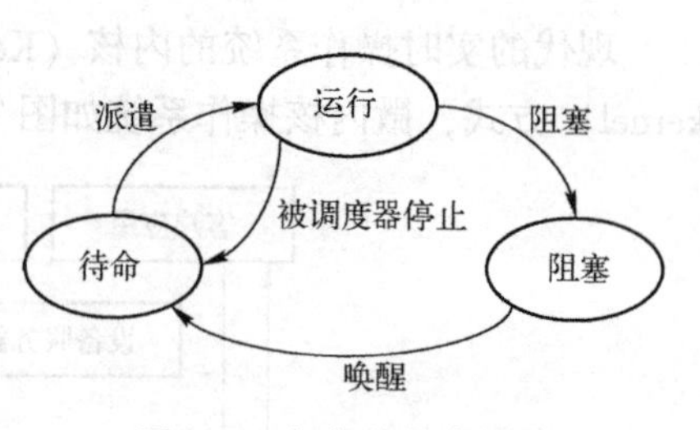

图7-3 任务的状态转移

2）待命态：任务准备好可以运行，但目前还未运行，需要得到调度器的派遣才能进入运行态。处在待命态的任务，以某种规则排队等待进入运行态。处在运行态的任务可以因各种原因（与调度方式和调度策略有关）被调度器重新安排到待命队列去排队。

3）阻塞态：正在运行的任务可能因为操作系统调用等待一个外部事件任务而被阻塞，此时只有被外部事件产生的中断所唤醒（激活），才能从阻塞态进入待命态；任务也可能在请求一个资源时需要等待而被阻塞，例如，一个想使用打印机的任务，必须等待其他任务使用完打印机之后才能继续工作。

(2) 任务上下文切换

每个任务除了包括程序和相应的数据之外，还有一个用来描述该任务的数据结构，称之为任务控制块（TCB）。TCB中包括了任务的当前状态、优先级、要等待的事件或资源、任务程序代码的起始地址、初始堆栈指针等信息。任务控制块TCB如图7-4所示。

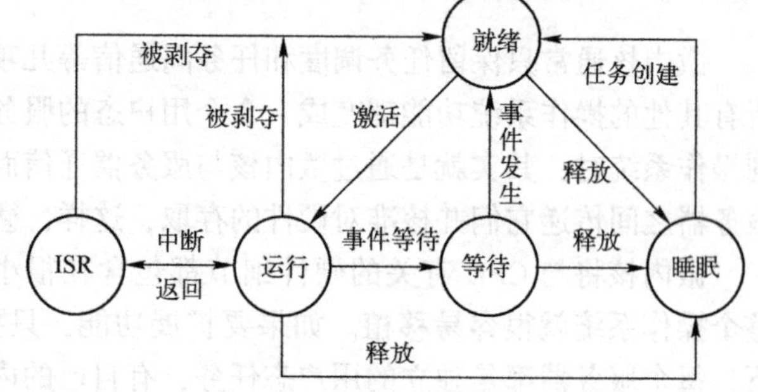

图7-4 任务控制块TCB

调度器在唤醒一个任务时，要用到任务控制块。为了保持系统的一致性，任务不能直接对自己的TCB寻址，只能通过系统调用加以修改。

TCB中的大部分内容构成任务的上下文（Context）。任务的上下文是指一个运行中的任务被阻塞（或重新运行）时，所要保存（或恢复）的所有状态信息，例如当前程序计数器值、堆栈指针以及各个通用寄存器的内容等。

任务切换（Task Switch）是指一个任务停止运行，而另一个任务开始运行。当发生任务切换时，当前运行任务的上下文被存入自己的TCB，将要被运行的任务的上下文从它的TCB中被取出，放入各个寄存器中。于是这个新的任务开始运行，运行的起点是上次它在运行时被终止的位置。这个在任务切换时保存和恢复相应的任务上下文的过程被称为上下文切换（Context Switch）。上下文切换时间是影响实时系统性能的重要因素之一。

2. 实时任务调度

(1) 实时任务的时间特征

一个实时任务有两个最基本的特征——重要性和时间特性，与任务调度有关的所有问题，都是围绕着这两个基本特性展开的。实时任务的重要性可以用优先级来确定。实时任务按时间特性可分为三类。

1）周期性任务：是指被以固定的时间间隔发生的事件所激活的任务。

2）非周期性任务：是指被无规则的或者随机的外部事件所激活的任务。

3）偶发任务：也可以归类为非周期性任务，只是事件发生的频率低。

任务的时间特性包括以下几个方面。

1）限定时间：根据对限定时间的要求，可以把实时任务分为硬实时、强实时、弱实时和非实时等类型。

2）最坏情况下的执行时间：通常定义为，在没有更高优先级任务干扰的情况下，任务执行时所需的最长时间。

3）执行周期（对周期性任务而言）：典型的周期性任务的例子是数字反馈系统，例如，三个闭环反馈控制任务以不同的频率控制三个独立的被控对象，它们都是具有严格定义周期的任务。此外，定期的数据采集，时钟定时触发以及显示更新等，都是周期性任务的例子。在实际应用中，周期性任务调度比较容易实现，实时多任务调度的许多困难都与非周期性任务调度有关。

（2）任务调度器

实时应用中，根据需要可以把应用分解为强实时、弱实时和非实时不同等级的任务，用某种调度方式安排运行。实时内核中有一个调度器，专门用于调度应用任务。实时操作系统中的任务调度方法有许多种，其中最广泛使用的是基于优先级的抢先调度方式及轮转调度方式。

调度器的基本功能是管理待命队列和阻塞队列，并负责控制每个任务在各个状态之间的切换。

3. 中断处理

在实时操作系统管理下的控制系统是事件驱动的系统，许多优先级的任务切换是被中断所引起的，或者说，任务被外部事件（例如I/O事件）驱动而运行。当外部事件未出现时，处理该外部事件的任务处在阻塞态，等待着被唤醒。外部事件引起中断后，进入中断服务程序，在中断服务程序中，通过系统调用与相应的处理任务通信并唤醒该任务。

7.3 现场控制层的软件系统平台

7.3.1 软件系统平台的选择

随着微控制器性能的不断提高，嵌入式应用越来越广泛。目前市场上的大型商用嵌入式实时系统，如VxWorks、pSOS、Pharlap、QNX等，已经十分成熟，并为用户提供了强有力的开发和调试工具。但这些商用嵌入式实时系统价格昂贵而且都针对特定的硬件平台。此时，采用免费软件和开放代码不失为一种选择。μC/OS-II是一种免费的、源码公开的、稳定可靠的嵌入式实时操作系统，已被广泛应用于嵌入式系统中，并获得了成功，因此计算机控制系统的现场控制层采用μC/OS-II是完全可行的。

μC/OS-II是专门为嵌入式应用而设计的实时操作系统，是基于静态优先级的占先式（Preemptive）多任务实时内核。采用μC/OS-II作为软件平台，一方面是因为它已经通过了很多严格的测试，被确认是一个安全的、高效的实时操作系统；另一个重要的原因，是因为它免费提供了内核的源代码，通过修改相关的源代码，就可以比较容易地构造用户所需要的软件环境，实现用户需要的功能。

基于计算机控制系统现场控制层实时多任务的需求以及μC/OS-II优点的分析，可以选用μC/OS-II v2.52作为现场控制层的软件系统平台。

7.3.2 μC/OS-II内核调度基本原理

1. 时钟触发机制

嵌入式多任务系统中，内核提供的基本服务是任务切换，而任务切换是基于硬件定时器中断进行的。在80x86 PC及其兼容机（包括很多流行的基于x86平台的微型嵌入式主板）中，使用8253/54 PIT来产生时钟中断。定时器的中断周期可以由开发人员通过向8253输出初始化值来设定，默认情况下的周期为54.93 ms，每一次中断叫一个时钟节拍。

PC时钟节拍的中断向量为08H，让这个中断向量指向中断服务子程序，在定时器中断服务程序中决定已经就绪的优先级最高的任务进入可运行状态，如果该任务不是当前（被中断）的任务，就进行任务上下文切换：把当前任务的状态（包括程序代码段指针和CPU寄存器）推入栈区（每个任务都有独立的栈区）；同时让程序代码段指针指向已经就绪并且优先级最高的任务并恢复它的堆栈。

2. 任务管理和调度

运行在μC/OS-II之上的应用程序被分成若干个任务，每一个任务都是一个无限循环。内核必须交替执行多个任务，在合理的响应时间范围内使处理器的使用率最大。任务的交替运行按照一定的规律，在μC/OS-II中，每一个任务在任何时刻都处于如下5种状态之一。

1）睡眠（Dormant）：任务代码已经存在，但还未创建任务或任务被删除。

2）就绪（Ready）：任务还未运行，但就绪列表中相应位已经置位，只要内核调度到就立即准备运行。

3）等待（Waiting）：任务在某事件发生前不能执行，如延时或等待消息等。

4）运行（Running）：该任务正在被执行，且一次只能有一个任务处于这种状态。

5）中断服务态（Interrupted）：任务进入中断服务。

μC/OS-II的5种任务状态及其转换关系如图7-5所示。

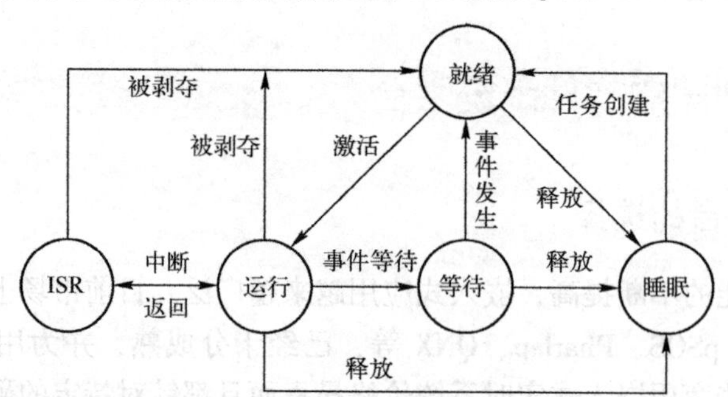

图7-5 μC/OS-Ⅱ任务状态转换图

首先，内核创建一个任务。在创建过程中，内核给任务分配一个单独的堆栈区，然后从控制块链表中获取并初始化一个任务控制快。任务控制块是操作系统中最重要的数据结构，它包含系统所需要的关于任务的所有信息，如任务ID、任务优先级、任务状态、任务在存储器中的位置等。每个任务控制块还包含一个将彼此链接起来的指针，形成一个控制块链表。初始化时，内核把任务放入就绪队列，准备调度，从而完成任务的创建过程。接下来便进入了任务调度即状态切换阶段，也是最为复杂和重要的阶段。当所有的任务创建完毕并进入就绪状态后，内核总是让优先级最高的任务进入运行态，直到等待事件发生（如等待延时或等待某信号量、邮箱或消息队列中的消息）而进入等待状态，或者时钟节拍中断或I/O中断进入中断服务程序，此时任务被放回就绪队列。在第一种情况下，内核继续从就绪队列中找出优先级最高的任务使其运行，经过一段时间，若刚才阻塞的任务所等待的事件发生了，则进入就绪队列，否则仍然等待；在第二种情况下，由于μC/OS-II是可剥夺性内核，因此在处理完中断后，CPU控制权不一定被送回到被中断的任务，而是送给就绪队列中优先级最高的那个任务，这时就可能发生任务剥夺。任务管理就是按照这种规则进行的。另外，在运行、就绪或等待状态时，可以调用删除任务函数，释放任务控制块，收回任务堆栈区，删除任务指针，从而使任务退出，回到没有创建时的状态，即睡眠状态。

7.4 计算机控制系统软件的关键技术

7.4.1 COM 和 ActiveX 技术

1. COM 技术

组件对象模型（Component Object Model，COM）是一项将软件拆分成各个彼此独立的二进制功能模块文件，各文件之间通过二进制调用来完成复杂功能的软件开发技术。采用 COM 规范开发的组件就称为 COM 组件，其特点如下。

1）面向对象的编程。

2）封装性和可重用性好。

3）组件与开发的工具与语言无关，与开发平台无关。

4）运行效率高、易扩展、便于使用和管理。

COM 采用“接口与实现分开”的原则设计程序，接口是 COM 编程的基础，COM 接口具有非常简单的二进制结构特征，通过此二进制结构可允许客户访问一个对象，而无须考虑客户或者对象实现使用什么样的编程语言。接口的不变性在于接口一经发布就不能再改变，尤其是标识接口名称的 GUID 值不能改变，任何组件只要实现了该接口就可以被应用该接口的程序调用，这体现了接口的可重用性。将面向对象的设计方法与组件设计的概念结合起来就可以将设计组件转化为设计组件的支持类，这样的结合是非常有益的。

COM 规范的语言无关性、进程透明性和可重用机制使软件的升级、维护及网络扩展极为方便，因此组件化的软件结构与面向对象的设计方式结合非常适合于开发组态软件。在组态软件的开发中，大量采用自动化对象完成各组件模块之间的数据交换和通信。

2. ActiveX 技术

ActiveX 技术是在对象链接与嵌入技术（Object Linking and Embedding，OLE）基础上发展起来的基于 COM 的技术。ActiveX 控件就是 OLE 控件在 Internet 环境中的扩展。

由于 ActiveX 控件是基于组件对象模型的，如果在程序中使用了 ActiveX 控件，那么在以后升级程序时可以单独升级控件而不需要升级整个程序。基于以上特点，ActiveX 控件已被广泛应用于应用程序和因特网上。ActiveX 控件可以被集成到很多支持 ActiveX 的应用当中去，或者直接用来扩展应用的功能。所有的 ActiveX 控件最终必须定位于某种容器。

在组态软件中引入控件技术，历史报警、实时报警、历史趋势和实时趋势等功能模块采用控件技术开发。控件技术的引入在很大程度上方便了用户，用户可以调用一个已开发好的 ActiveX 控件，来完成一项复杂的任务，而无须在组态软件中做大量的复杂工作。

7.4.2 多线程

多进程/线程的程序设计受到操作系统体系结构很大的影响。32 位 Windows 操作系统最主要的特点之一是支持多任务调度和处理。所谓多任务，包括多进程和多线程两类。进程是应用程序的执行实例，每个进程是由私有的虚拟地址空间、代码、数据和其他各种系统资源组成。线程是系统分配处理时间资源的基本单位，它是进程的一条执行路线。一个进程至少有一个线程（通常称该线程为主线程），也可以包括多个线程。对于操作系统而言，其调度单元是线程，系统创建好进程后，实际上就启动执行了该进程的主线程，进而创建一个或多个附加线程，这就是所谓基于多线程的任务。这种简单化的、低资源消耗的线程交互模型已经证明了它对复杂系统开发的好处。

在多线程环境中，一个进程中的多个线程可同时运行，进程内的多个线程共享进程资源，可以提高工作效率和资源利用率。创建一个新的进程必须加载代码，而线程要执行的代码已经被映射到进程的地址空间，所以创建、执行线程的速度比进程更快。另外，一个进程的所有线程共享进程的地址空间和全局变量，简化了线程之间的通信，以线程为调度对象要比以进程为调度对象的效率高。

由于线程之间经常要同时访问一些资源，线程同步可以避免线程之间因资源竞争而引起的几个线程乃至整个系统的死锁。可以使用线程同步对象来进行线程同步，同步对象有临界区、互斥量、时间和信号量。

在组态软件的数据库系统和I/O驱动程序的设计中一般采用多线程技术。

7.4.3 网络通信技术

网络通信技术指通过计算机和网络通信设备对图形和文字等资料进行采集、存储、处理和传输等操作，使信息资源达到充分共享的技术，主要包括数据通信、网络连接及协议三个方面的内容。数据通信的任务是以可靠高效的手段传输信号，内容包括信号传输、传输媒体、信号编码、接口、数据链路控制和复用。网络连接指用于连接各种通信设备的技术及其体系结构。网络通信协议为连接不同操作系统和不同硬件体系结构的互联网络提供通信支持，是一种网络通用语言。

TCP/IP、UDP和HTTP是组态软件常用的网络通信协议。

SOCKET套接字是网络通信的基石，是支持TCP/IP的网络通信的基本操作单元。它是网络通信过程中端点的抽象表示，在使用中一般成对出现。组态软件的网络通信一般采用SOCKET方式实现。SOCKET套接字之间的连接过程可以分为三个步骤：服务器监听、客户端请求和连接确认。服务器监听指服务器端套接字处于等待连接的状态，实时监控网络状态；客户端请求指由客户端的套接字提出连接请求；连接确认指服务器端套接字响应客户端套接字的连接请求，并向客户端回送连接确认消息，完成连接过程。

SOCKET套接字在多种操作语言中具备不同的封装，在设计过程中形成了多种套接字模型，为设计人员的设计工作提供了便利。SOCKET在C/C++、C#、Delphi和Java等语言中均有具体的封装和实现，为计算机软件间的通信提供了途径。SOCKET主要有Select模型、WSAAsyncSelect模型、WSAEventSelect模型和重叠I/O模型等。

7.4.4 脚本引擎技术

脚本引擎又称为脚本解释器，其功能是解释执行用户的程序文本，构成脚本运行所需的框架，并提供可供脚本调用的二进制代码。如用于建网站的ASP、PHP等，它们的功能是解释执行用户的程序文本，将脚本语言译成计算机能执行的机器代码，完成一系列的功能。常用的面向对象的脚本有VBScript、JavaScript和PerlScript，分别对应不同的脚本引擎。以JavaScript脚本为例，常用脚本引擎有Google V8、Node. js和SpiderMonkey。

7.5 组态软件数据库系统设计

数据管理是DCS组态软件的核心部分。本节在分析组态软件如何进行数据管理的基础上，介绍数据管理的中心——数据库系统（包括组态数据库系统和实时运行数据库系统）的设计与实现。

7.5.1　组态软件中的数据管理

DCS系统实现对工业过程的控制功能，首先是从采集现场设备的数据开始的，现场控制站作为现场数据的采集站，将采集的数据进行相关处理后通过通信网络上传到DCS的组态软件。组态软件的监控功能也是围绕着对数据的存储、分析、转换和显示来运行的，因此数据是贯穿整个DCS硬件和软件系统的主线，组态软件中的数据管理就显得尤为重要。

软件设计中采用了文件管理和数据库管理相结合的数据管理方式。在组态软件中数据包括工程组态的配置信息和运行时的实时数据信息，针对组态软件的数据表现形式的不同，采取不同的数据处理方法。

用户组态的流程图、控制回路和报表数据由于其数据结构的复杂性和组态对象整体性的要求，造成使用数据库管理的难度很大；而且这类组态数据只有在组态时会被经常访问到，在运行环境下，也只在初始化时一次性读取这些组态数据；另外这类组态数据只会被生成它们的模块调用（如报表数据只会被报表模块调用），不存在被其他模块交叉调用的问题，因此对这类数据不需要采用通用（数据库）的存储方式，而是采用文件方式管理，一个文件对应一个流程图、控制回路或报表，文件管理方式也为系统运行时以文件为单位进行监控提供了便利。

表示工业现场数据源对象的是在组态软件中定义的数据点，由于现场控制站的智能测控模板负责现场数据的采集，因此这些数据点与智能测控模板上的I/O通道一一对应。对这些数据点采用文件管理和数据库管理相结合的方式，以数据库管理为主，文件管理为辅。在系统组态平台下，所有的组态操作都是围绕数据点展开的，所有的组态功能模块都会访问这些数据点的各种组态参数，系统进入运行后，对数据点的实时快速更新和访问更是频繁，因此提供对此类数据点的通用访问接口、提高数据访问和检索的快速性是非常必要的，所以在组态和运行过程中都采用数据库进行管理。另外，点的组态信息也会以文件方式存储到磁盘上，系统通过读取该文件可查询已组态的信息，并在此基础上进行修改。

一些系统环境配置信息，例如当前工程的名称和工程路径信息，报表、报警、实时趋势、历史趋势的数据源配置信息，历史趋势的目标时间段配置信息等，都具有数据量小、访问少的特点，采用文件管理就可以满足要求。

从上面的分析可以看出，组态软件的数据库系统总体上可分为组态数据库和实时运行数据库两部分，组态数据库用来在系统组态阶段保存组态信息，实时运行数据库用来在系统运行阶段处理实时数据。整个数据库系统的设计以微软公司的SQL Server 2000为基础，在该基础之上进行一些改进，以满足系统要求。

7.5.2　数据库系统结构

数据库系统的结构如图7-6所示。方框内的各部分构成组态软件数据库系统。

组态数据库负责在系统开发环境下，将相关组态数据存储到关系数据库SQL Server 2000的数据表中。实时运行数据库是系统运行环境下组态软件的核心和引擎，历史数据的存储与检索、报警处理与存储、数据的运算处理、I/O数据连接都是由监控实时运行数据库系统完成的。图形界面系统、脚本模块、I/O驱动程序等组件以监控实时运行数据库为核心，通过高效的内部协议相互通信，共享数据。对实时运行数据库内数据点的定期保存形成历史数据库，通过历史数据磁盘存储处理模块，将历史数据库中的数据以天为单位定期存储到磁盘上，完成历史数据保存的功能。通过I/O驱动程序上传的实时数据，在写入数据库之前都要进行报警检

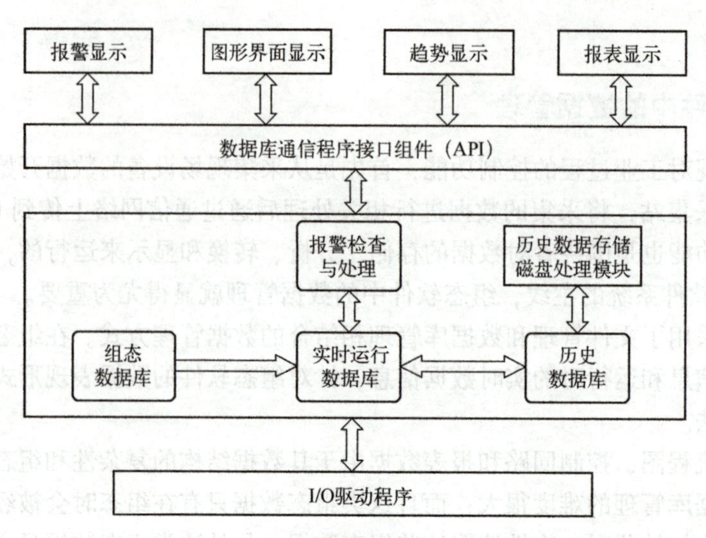

图 7-6 组态软件数据库系统结构

查，并将报警记录写入报警数据表，报警组件和图形界面通过查询报警数据表，将报警记录以可视化方式展示给用户。

7.5.3 组态数据库的设计与实现

1. 组态数据库的功能分析

组态数据库是在系统开发环境下，为保存数据点和系统配置信息，利用关系数据库的快速检索、插入和修改的特点创建的数据库系统。

组态数据库的主要功能在于为实时运行数据库配置各种点信息，这里的“点”是一个抽象的概念，是对数据信息进行面向对象分析的结果，是组态软件表示数据对象的基本单元，一个点由若干个参数组成，参数表示数据对象拥有的属性，系统以点的参数作为存放信息的基本单位。表定义为列的集合，针对具有相同属性的点，取其共性，将这些相同的属性与表中的列一一对应，表的每行代表唯一的记录，而每列代表记录中的一个字段。这样，点的一个参数相当于关系数据库中的一个字段（Field），而这个点则相当于由多个字段组成的其中一条记录，一个表代表了具有相同属性的一类点的集合。这些点使用一个全局唯一的“点名”字段进行标识，通过点名能够引用该点对象和该点对象的具体属性，点的属性决定了点在组态数据库和实时运行数据库中的结构、存储方式、行为特点等。

组态数据库是为了保存组态信息设计的，根据点组态配置的要求，需要完成以下几个功能。

1）数据新建功能：数据库的组态是从新建数据点开始的，创建一个工程后，需要利用新建数据点的功能组态数据点，每新建一个点就会向组态数据库中插入一条记录，围绕数据库对新建点及点的参数配置信息进行保存。

2）数据编辑功能：提供对已经配置的数据点的修改或删除操作，以不断满足工程应用的需求。

3）数据查询功能：点信息是组态软件的核心，其他功能模块如画图、报表等在进行组态时都需要查询已配置点的信息，数据查询功能可以列举已经配置好的所有数据点的所有属性，方便用户快速定位到目标点信息，以便进行后续的组态操作。

4）数据保存功能。配置点的过程中，所有的点信息都是保存在数据库中的，配置完成后，需要将数据库中的点信息保存到磁盘文件上，以便下次对该工程进行组态时，继续使用这些组态的点信息。

2. 组态数据库的结构设计

在软件设计过程中，为了系统实现简单方便，尽量会降低数据结构的复杂性，采用面向对象的分析方法，对数据对象进行分类和抽象，分类要尽量少，抽象出来的结构要尽可能涵盖对象的所有属性。对数据结构的分析来源于现实中的对象。首先对组态数据库中存储的信息内容进行分析。这些组态信息包括如下信息。

(1) 现场控制站主控制卡模块和智能测控模板的配置信息

主控卡的配置信息包括主控卡的名称、IP 地址、主控卡与操作员站和工程师站的通信方式、是否冗余等信息。智能测控模块的配置信息包括模块的名称、地址（指模块与主控卡通过现场总线进行通信的地址）、模块类型、是否冗余等。

(2) 智能测控模板各 I/O 通道的配置信息

I/O 变量的配置信息包括数据源定义、参数配置和针对变量的处理配置。

(3) 组态软件定义的中间变量

中间变量是指在组态软件中定义的没有数据源连接的变量。在 DCS 组态软件中，常常需要一些变量用来进行计算或者是保存某种计算的中间结果等，应系统要求出现了中间变量，它可以定义为浮点型、整型、离散型、字符串型。中间变量的作用域为整个应用程序，在本组态软件中中间变量的最大作用是配合脚本模块，作为整个应用程序动作控制的变量。

针对描述的实体对象不同，将数据分为现场控制站系统配置数据、I/O 通道的配置数据和中间变量配置数据三类。

智能测控模板各 I/O 通道的配置信息是组态数据库存储的主要配置信息。现场控制站上的智能测控模块用来采集现场设备信息，不同类型的测控模块负责采集不同类型的现场数据，DCS 系统的智能测控模板分为模拟量输入智能测控模板、模拟量输出智能测控模板、热电偶输入智能测控模板、热电阻输入智能测控模板、数字量输入智能测控模板、数字量输出智能测控模板和脉冲量输入智能测控模板等。按照通道接入信号类型的不同，可将 I/O 变量分为 I/O 模拟量输入点、I/O 模拟量输出点和 I/O 数字量点，I/O 模拟量输入点用来描述模拟量输入模块、热电偶输入模块、热电阻输入模块和脉冲量输入模块的通道输入情况；I/O 模拟量输出点用来表示模拟量输出模块的通道输出情况；I/O 数字量点用来描述数字量输入/输出模块的通道情况。

7.6 OPC 技术

7.6.1 OPC 技术概述

OPC 是 OLE for Process Control 的简称，即用于过程控制的对象连接与嵌入，是用于工业控制自动化领域的信息通信接口技术。随着计算机技术的发展，工控领域中计算机控制系统的硬件设备具备较高的异构性，软件开发商需要开发大量的专用驱动程序，降低了程序的可复用性，不仅造成系统驱动的冗余庞大，而且增加了人力成本和开发周期。

自 OPC 提出以后，计算机控制系统的异构性和强耦合性问题得到了解决。OPC 在硬件供应商和软件开发商之间建立了一套完整的“接口规则”。在 OPC 规范下，硬件供应商只需考虑应用程序的多种需求和硬件设备的传输协议，开发包含设备驱动的服务器程序；软件开发商也不必了解硬件的实质和操作过程，只需要访问服务器即可实现与现场设备之间的通信。开发OPC的最终目标是在工业控制领域建立一套数据传输规范，现有的OPC规范涉及以下几个领域。

1）在线数据监测：OPC实现了应用程序和工业控制设备之间高效、灵活的数据读写。

2）报警和事件处理：OPC提供了OPC服务器发生异常及OPC服务器设定事件到来时，向OPC客户发送通知的一种机制。

3）历史数据访问：OPC实现了对历史数据库的读取、操作和编辑。

4）远程数据访问：借助Microsoft的DCOM（Distributed Component Object Model）技术，OPC实现了高性能的远程数据访问能力。

除此之外，OPC实现的功能还包括安全性、批处理和历史报警事件数据访问等。

OPC的开发一般使用ATL（Active Template Library，活动模板库）和STL工具。ATL是由微软提供的专门用于开发COM/DCOM组件的工具，它提供了对COM/DCOM组件内核的支持，自动生成COM/DCOM组件复杂的基本代码。因此，ATL极大地方便了OPC服务器的开发，使编程人员把注意力集中到OPC规范的实现细节上，简化了编程，提高了开发效率。WTL（Windows Template Library，窗口模板库）是对ATL的拓展，其对字符串类以及界面制作的支持，使OPC服务器的开发更加方便。

7.6.2 OPC关键技术

1. 组件与接口

把一个庞大的应用程序分成多个模块，每一个模块保持一定的功能独立性，在协同工作时，通过相互之间的接口完成实际的任务，这些模块称为组件。这些组件可以单独地开发、编译，甚至单独调试和测试。因此只需要对相应组件进行修改，再重新组合即可完成产品的功能升级或者适应硬件环境的变化。

接口是组件与外部程序进行通信的桥梁，外部程序通过接口访问组件的属性和方法。在同一个软件系统中，组件与外部程序之间必须使用相同的接口标准才能保证相互通信。

2. COM/DCOM

COM（Component Object Model，组件对象模型）提供了外部程序与组件之间交互的接口标准以及组件程序顺利运行所需要的环境。同时，COM引入了面向对象的思想，这在COM标准中的具体体现为COM对象。COM组件程序由一个或者多个组件对象组合而成，同时组件对象之间的交互规范不受任何语言的制约，因而COM组件也可以由不同语言进行开发。

提供COM对象的程序叫作服务器，使用COM对象的程序叫作客户端。在客户端看来，COM对象是封装好的，客户端无须知道访问对象的数据结构和内部实现方法，只要通过COM接口访问服务器中相应的COM对象即可实现该服务器所提供的功能。

DCOM是对COM的分布式拓展，使其能够支持在局域网、广域网甚至Internet上不同计算机的对象之间的通信。

3. OPC与COM/DCOM的关系

COM/DCOM是OPC的基础与核心，OPC是COM/DCOM在工业控制自动化领域的应用规范。

客户端为了实现服务器提供的某种功能，必须知道服务器上对应的COM接口。OPC规范定义了特定的COM接口，规定了OPC服务器提供给客户端程序的接口所应该具有的行为特征，而把实现的方法交给OPC服务器的提供者，设计人员根据自身情况进行实现。在OPC规范下，客户端只需要访问这些标准的 COM 接口，来调用服务器上 OPC 规范所规定的行为，即可完成特定的功能，实现了硬件开发与软件开发的分离。

7.6.3　OPC DA 规范

OPC 规范分很多种，每一种规范都针对不同的问题提供对应的解决方案，其中 OPC DA 规范在 OPC 各种规范中最为重要。OPC 规范包括定制接口和自动化接口两种规范，其中前者是 OPC 服务器必须实现的部分，是开发 OPC 数据存取服务器的主要依据；后者使解释性语言和宏语言访问 OPC 服务器成为可能。本节只研究 OPC 数据存取定制接口规范。

1. OPC DA 的对象

基于 OPC DA 规范的 OPC 服务器一般包括 3 个对象：服务器（Server）对象、组（Group）对象和项（Item）对象。

服务器对象用于提供它本身的信息，也是组对象的容器，每个服务器对象可以包含多个组对象。服务器对象主要负责管理和创建组对象，同时为客户端提供访问服务器的接口函数。

组对象提供它本身的信息，同时用于创建、组织和管理项对象，客户端可对其进行读写，还可设置客户端的数据更新速率。组对象和服务器对象是比较复杂的 COM 对象，具有定义完备的 COM 接口，是 OPC 服务器必须实现的两个组件对象。一个组对象可以包含若干个数据项。

OPC 数据项是服务器端定义的对象，通常指向设备的一个寄存器单元，OPC 客户端对设备寄存器的操作都是通过数据项来完成的。数据项不能独立于组存在，必须隶属于某一个组。

2. OPC 的数据访问方式

在 OPC DA 3.0 规范中有三种可用的数据交互的方式：同步数据访问、异步数据访问以及订阅式数据访问。

同步数据访问方式下，OPC 客户端程序对 OPC 服务器进行相关操作时，必须等到 OPC 服务器对应的操作全部完成以后才能返回，在此期间 OPC 客户端程序一直处于等待状态。因此，同步数据访问方式适用于 OPC 客户端程序较少、数据量较小的场合。

异步数据访问方式下，OPC 客户端程序向服务器发出请求后立即返回，继续进行其他操作，OPC 服务器在完成该请求后再通知 OPC 客户端程序。因此，异步数据访问方式适用于 OPC 客户端程序较多、数据量较大的场合。

订阅式数据访问方式是 OPC 客户端与 OPC 服务器通信方式中的一种比较特殊的异步读取方式，当 OPC 客户端通过订阅后，OPC 服务器会通过一定的机制将变化的数据主动传送给客户端程序，客户端得到通知后再进行必要的处理，而无须浪费大量的时间进行查询。

7.6.4　工业控制领域中的 OPC 应用实例

OPC 在工业控制领域得到了广泛的应用，在集散控制系统、现场总线控制系统以及楼宇自动化系统中，利用 OPC 可以实现远程监控管理。OPC 服务器可以分为以下两种模式。

1. 数据采集与控制 OPC 服务器

数据采集与控制 OPC 服务器与智能仪表通信并提供数据接口，该服务器由智能仪表生产厂商提供。智能仪表与 PC 机之间通过 RS485 或者现场总线进行通信，监控系统不需要驱动程序，OPC 服务器本身集成了对智能仪表的读取与控制功能。智能仪表数据以 COM 接口的方式呈递给用户，这样用户就可以使用统一的 OPC 规范开发相应的 OPC 客户端程序将智能仪表数据存入数据库，这时本地数据库不再局限于特定的对应于硬件厂商驱动程序的数据库。当用户控制仪表时，PC将控制命令通过COM接口传送给数据采集与控制OPC服务器，然后由此OPC服务器向仪表发送控制命令。这种模式的OPC服务器相当于数据采集与控制通用接口，方便实现不同厂商设备的集成。

使用这种模式的OPC服务器，用户可以根据需要组态智能仪表的类型、串口和地址并配置相应串口信息（波特率、数据位、校验位、停止位及OPC服务器采集数据的周期）。组态后OPC服务器根据所选仪表类型自动组态全部AI、DI、DO参数信息。多个串口可以同时进行监控，分别扫描相应地址的智能仪表，读取智能仪表的实时数据或控制智能仪表。

2. 远程OPC服务器

用户OPC客户端和应用程序将智能仪表数据写入本地数据库（历史数据库和实时数据库）后，远程OPC服务器读取PC机数据库并进行远程传输，或者接收远程客户端的控制命令并将控制命令传送给数据采集与控制OPC服务器。远程OPC服务器按照OPC规范经由DCOM与远程OPC客户端通信。这种模式的OPC服务器充当PC机与远程客户端的通信媒介。

两种模式的OPC服务器在监控系统中的应用如图7-7所示，该系统实现了将智能仪表、智能传感器、智能控制器和智能变送器等不同厂商设备的数据进行远程传输和远程控制的功能。硬件厂商提供数据采集与控制OPC服务器，用户开发相应的OPC客户端，并使之集成在自己的组态软件中，用户软件系统可有自己的一套远程OPC服务器和客户端，实现数据的远程传输，远程PC运行用户的管理软件。整套系统分为现场仪表层、监控层和管理层，系统结构清晰、通用性强，用户不必再关心具体的通信协议，只要理解OPC规范，会使用COM编程，就可以实现远程监控管理。

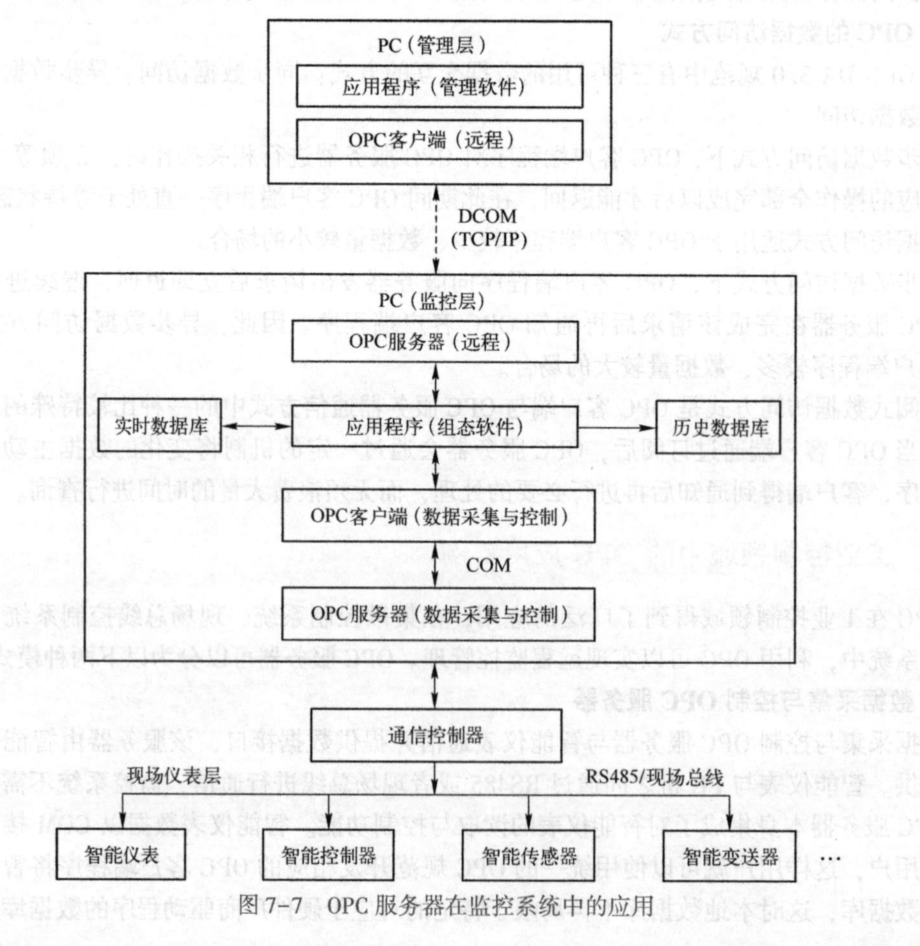

图7-7 OPC服务器在监控系统中的应用

7.7 Web 技术

7.7.1 Web 技术概述

Web 中文名为万维网，它是无数个网络站点和网页的集合，是 Internet 的主要组成部分。由于 Web 提供面向 Internet 的信息浏览服务，实现信息的广泛共享，因此被应用于计算机控制系统中，负责计算机控制系统的信息发布任务，并为分布式计算机控制系统提供支持。

在 Web 产生之前，互联网上的信息只能以文本格式显示，而 Web 可以将图像、音频、视频等元素进行有机的集合，使得 Internet 的呈现形式更加丰富。Web 还具有图形化、与平台无关、分布式、动态和强交互性等优点。其应用架构由蒂姆·伯纳斯-李于 1989 年提出，并于 1993 年进入免费开放的阶段。

Web 技术大体可以分为三个发展阶段：静态、动态和 Web 2.0 阶段。

1）静态阶段：网页表现形式为静态文本和图像。

2）动态阶段：网页能够实现动态的显示。

3）Web2.0 阶段：交互性增强，采用双向传输模式，用户可主导信息产生和传播。

Web 通过“统一资源标识符”（URL）或者超链接浏览网络资源，并利用超文本传输协议（HTTP）将网页文件等资源传输给浏览器。用户在浏览器中键入想要访问网页的 URL，域名系统中的因特网数据库会定位服务器所在位置。服务器会根据 HTTP 请求将网页文件发送给用户，网络浏览器把接收到的网页文件呈现给用户，实现信息的浏览。Web 的开发技术主要包括 Web 服务端技术和 Web 客户端技术，分别指服务端和客户端的开发技术。

7.7.2 Web 服务端技术

Web 服务端负责响应客户端的请求，是 Web 的重要部分。Web 服务端技术主要包括 CGI（通用网关接口）、服务器端脚本技术、服务器端插件技术和 Servlet 等，这些技术都能生成动态网页，承载 Web 发布的信息，响应客户端的操作和请求。设计人员需根据所用平台、服务器和应用兼容性等因素选择合适的开发技术，最常用的 Web 服务端技术是服务器端脚本技术和 Servlet。

1）CGI 是根据服务器运行时的具体情况动态生成网页的技术，其根据请求生成动态网页返回客户端，实现两者动态交互。CGI 可以在任何平台上运行，兼容性很强，但是每次对其请求会产生新进程，限制了服务器进行多请求的能力。CGI 的编写可以采用 Perl、C、C++语言等完成。

2）服务器端脚本技术即在网页中嵌入脚本，由服务器解释执行页面请求，生成动态内容。服务器端脚本技术可采用的技术包括：ASP（动态服务器网页）、PHP（超文本预处理器）等，其执行速度和安全性均高于 CGI，但在跨平台性方面表现不佳，只能局限于某类型的产品或操作系统。PHP 编辑器可以采用 NetBeans、Dreamweaver 等，ASP 编辑器可以使用 ASPMaker 等。

3）服务器端插件技术是用遵循一定规范的 API 编写的插件，服务器可直接调用插件代码，处理特定的请求，其中最著名的 API 是 NSAPI 和 ISAPI。服务器插件可以解决多线程的问题，但是其只能用 C 语言编写，并且对平台依赖性较高。

4）Servlet 是一种用 Java 编写的跨平台的 Web 组件，运行在服务器端。Servlet 可以与其他资源进行交互，从而生成动态网页返回给客户端。Servlet 只能通过服务器进行访问，其安全性较高，但其对容器具有依赖性，对请求的处理有局限性。Servlet 采用 Java 编辑器进行编程和设计，如 JCreator、J2EE 等。

7.7.3 Web 客户端技术

Web 客户端的主要任务是响应用户操作，展现信息内容。Web 客户端设计技术主要包括：HTML 语言、Java Applet 和插件技术、脚本程序、CSS（级联样式表）技术等。这几种技术具有不同的作用，用户可以综合利用几种技术，使得网页更加美观，实用。

1）HTML（超文本标记语言）是编写 Web 页面的主要语言。HTML 实际是一种文本，网页的本质即经过约定规则标记的脚本文件。网页的编写可采用记事本、EditPlus 以及 Dreamweaver 等文本编辑器。

2）Java Applet 和插件技术均可提供动画、音频和音乐等多媒体服务，丰富了浏览器的多媒体信息展示功能。两者均可被浏览器下载并运行。Java Applet 使用 Java 语言进行编写，插件例如 ActiveX 控件可使用 C++语言进行编写。设计人员可根据应用平台选择合适的开发技术。

3）脚本程序是嵌入在 HTML 文档中的程序，使用脚本程序可以创建动态页面，大大提高交互性。脚本程序可采用 JavaScript 和 VBScript 等语言编写。其编辑器可使用 Sublime Text、Notepad++、WebStorm 等编辑器。

4）CSS 通过在 HTML 文档中设立样式表，统一控制 HTML 中对象的显示属性，提高网页显示的美观度。其编辑器可以使用记事本、Word、Visual CSS 和 TopStyle 系列编辑器。

7.7.4 SCADA 系统中的 Web 应用方案设计

1. Web 的应用优势

传统的 SCADA 系统采用“主机/终端”或者“客户机/服务器”的通信模式，但是该模式开放性较差、系统开发和维护工作量大、系统扩展性和伸缩性较差，已经不能适应集团企业网络化分布式管理的要求。随着计算机、Internet/Intranet 的发展，基于 B/S（浏览器/服务器）的多层架构成了 SCADA 系统流行的应用方式。

国内外著名的工控领域的软硬件制作商，陆续推出了基于 Web 的 SCADA 系统，如 Siemens 公司的 WinCC V7.2、Advantech 公司的 Advantech Studio、BroadWin 公司的 WebAccess 等。

基于 Web 的 SCADA 系统与传统的 C/S 模式相比，具有如下优点。

1）利用浏览器实现远程监控，通过浏览器实现现场设备的图形化监控，报警以及报表等功能。

2）实现多用户监控，同一过程可被多个用户同时查看，同一用户也可监控多个过程，实现数据的透明化。

3）实现远程诊断和维护，并可以实现多方对同一问题的会诊，使得广泛的技术合作成为可能。

4）具有很强的扩展性和继承性，可以方便地与其他系统进行集成。

5）随着 Web 技术的日趋成熟，在 B/S 结构下的客户端程序简单，稳定性强。

2. Web 的应用方案设计

基于 Web 的 SCADA 系统的分层框架结构如图 7-8 所示。它主要由以下几部分组成：数据库、Web 服务器、监控系统、现场设备、通信设施、浏览器等。监控系统通过与 PLC、PAC

等现场设备的通信，将设备的实时数据等信息存储在数据库中。远程用户通过 Internet/Intranet 访问 Web 服务器查看现场设备的运行状况，对设备进行监控和管理。

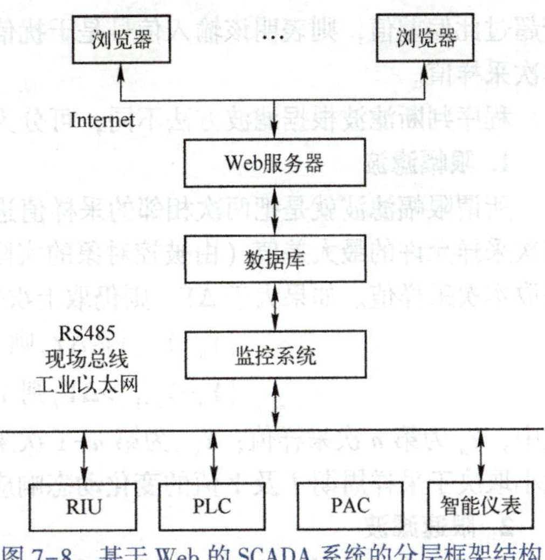

图 7-8　基于 Web 的 SCADA 系统的分层框架结构

基于 Web 的 SCADA 系统的分层框架结构采用 B/S 模式，Web 服务器以 Windows 或者 Linux 为平台，选用 IIS 或者 Apache 服务器。在浏览器中采用嵌入 Java Applet 或者 ActiveX 控件等方式实现监控画面的显示，并利用双缓冲技术解决图像刷新过程中的闪烁问题。服务器端采用 ASP 和脚本等方式实现对数据库中实时数据的读取并生成动态文本，传输到浏览器中，显示现场设备的运行状况，实现 SCADA 系统的远程监控。

用户在使用 SCADA 系统的 Web 功能时，需要在浏览器中输入由服务器所在的 IP 地址和 Web 站点名所组成的 URL，如 202. 194. 201. 66/SCADA。其中“202. 194. 201. 66”为 SCADA 系统的 Web 服务器所在的 IP 地址，“SCADA”为 SCADA 系统的站点名称，该名称由用户在设置 Web 站点时定义。在网页中完成身份信息的验证后，进入监控界面，监控现场设备的状态。

7.8　常用数字滤波算法与程序设计

由于工业环境比较恶劣，干扰源比较多，如环境温度、电磁场等，当干扰作用于模拟信号之后，使 A-D 转换结果偏离真实值。如果仅采样一次，无法确定该结果是否可信，为了减少对采样值的干扰，提高系统可靠性，在进行数据处理和 PID 调节之前，首先对采样值进行数字滤波。

所谓数字滤波，是通过一定的计算程序对采样信号进行平滑加工，提高其有用信号，消除和减少各种干扰和噪声，以保证计算机系统的可靠性。

数字滤波与模拟 RC 滤波器相比，优点如下。

1）不需增加任何硬件设备，只要在程序进入数据处理和控制算法之前，附加一段数字滤波程序即可。

2）由于数字滤波器不需要增加硬件设备，所以系统可靠性高，不存在阻抗匹配问题。

3）模拟滤波器通常是每个通道都有，而数字滤波器则可多个通道共用，从而降低了成本。

4）可以对频率很低的信号进行滤波，而模拟滤波器由于受电容容量的影响，频率不能太低。

5）使用灵活、方便，可根据需要选择不同的滤波方法，或改变滤波器的参数。

正因为数字滤波器具有上述优点，所以在计算机控制系统中得到了越来越广泛的应用。

7.8.1　程序判断滤波

当采样信号由于随机干扰和误检测或者变送器不稳定而引起严重失真时，可采用程序判断滤波。

程序判断滤波的方法，是根据生产经验确定出两次采样输出信号可能出现的最大偏差ΔY，若超过此偏差值，则表明该输入信号是干扰信号，应该去掉，若小于此偏差值，可将信号作为本次采样值。

程序判断滤波根据滤波方法不同，可分为限幅滤波和限速滤波两种。

1. 限幅滤波

所谓限幅滤波就是把两次相邻的采样值进行相减，求出其增量（以绝对值表示），然后与两次采样允许的最大差值（由被控对象的实际情况决定）ΔY 进行比较，如果小于或等于 ΔY，则取本次采样值。如果大于 ΔY，则仍取上次采样值作为本次采样值，即

$$\left.\begin{array}{l}|Y_n-Y_{n-1}|\leqslant\Delta Y,\text{则 }Y_n=Y_n,\text{取本次采样值}\\|Y_n-Y_{n-1}|>\Delta Y,\text{则 }Y_n=Y_{n-1},\text{取上次采样值}\end{array}\right\}\tag{7-1}$$

式中，Y_n 为第 n 次采样值；Y_{n-1}为第 $n-1$ 次采样值；ΔY 为两次采样值所允许的最大偏差，其大小取决于采样周期 T 及 Y 值的变化动态响应。

2. 限速滤波

设顺序采样时刻 t_1,t_2,t_3 所采集的参数分别为 Y_1,Y_2,Y_3，则当

$$\left.\begin{array}{l}|Y_2-Y_1|\leqslant\Delta Y,\text{则 }Y_2\text{ 输入计算机}\\|Y_2-Y_1|>\Delta Y,\text{则 }Y_2\text{ 不采用,但仍保留,再继续采样一次,得 }Y_3\end{array}\right\}\tag{7-2}$$

$$\left.\begin{array}{l}|Y_3-Y_2|\leqslant\Delta Y,\text{则 }Y_3\text{ 输入计算机}\\|Y_3-Y_2|>\Delta Y,\text{则取}\dfrac{Y_3+Y_2}{2}\text{输入计算机}\end{array}\right\}\tag{7-3}$$

这是一种折中的方法，既照顾了采样的实时性，又照顾了不采样时的连续性。

程序判断滤波算法可用于变化较缓慢的参数，如温度、液位等。程序设计从略。

7.8.2 中值滤波

对目标参数连续进行若干次采样，然后将这些采样进行排序，选取中间位置的采样值为有效值。本算法为取中值，采样次数应为奇数。常用 3 次或 5 次。对于变化很慢的参数，有时也可增加次数，例如 15 次。对于变化较为剧烈的参数，此法不宜采用。

中值滤波算法对于滤除脉动性质的干扰比较有效，但对快速变化过程的参数，如流量，则不宜采用。

关于中值滤波程序设计可参考由小到大排序程序的设计方法。

7.8.3 算术平均滤波

对目标参数进行连续采样，然后求其算术平均值作为有效采样值。计算公式为

$$Y_n=\frac{1}{n}\sum_{i=1}^{n}X_i\tag{7-4}$$

式中，Y_n 为 n 次采样值的算术平均值；X_i 为第 i 次采样值；n 为采样次数。

该算法主要对压力、流量等周期脉动的采样值进行平滑加工，但对脉冲性干扰的平滑尚不理想。因此它不适用于脉冲性干扰比较严重的场合。平均次数 n 取决于平滑度和灵敏度。随着 n 值的增大，平滑度提高，灵敏度降低。通常流量取 12 次，压力取 4 次，温度如无噪声可不平均。

7.8.4 加权平均滤波

在算术平均滤波中，对于 n 次采样所得的采样值，在其结果中的比重是均等的，但有时为

了提高滤波效果，将各次采样值取不同的比例，然后再相加，此方法称为加权平均法。一个 n 项加权平均式为

$$Y_n = \sum_{i=1}^{n} C_i X_i \tag{7-5}$$

式中，$C_1, C_2, \cdots, C_n$ 均为常数项，应满足下列关系：

$$\sum_{i=1}^{n} C_i = 1 \tag{7-6}$$

式中，$C_1, C_2, \cdots, C_n$ 为各次采样值的系数，可根据具体情况而定，一般采样次数愈靠后，取得比例愈大，这样可以增加新的采样值在平均值中的比例。其目的是突出信号的某一部分，抑制信号的另一部分。

7.8.5　低通滤波

上述几种滤波方法基本上属于静态滤波，主要适用于变化过程比较快的参数，如压力、流量等。但对于慢速随机变化采用在短时间内连续采样求平均值的方法，其滤波效果是不太好的。为了提高滤波效果，通常可采用动态滤波方法，即一阶滞后滤波方法，其表达方式为

$$Y_n = (1-\alpha) X_n + \alpha Y_{n-1} \tag{7-7}$$

式中，X_n 为第 n 次采样值；Y_{n-1} 为上次滤波结果输出值；Y_n 为第 n 次采样后滤波结果输出值；α 为滤波平滑系数 $\alpha = \frac{\tau}{\tau + T}$，$\tau$ 为滤波环节的时间常数；T 为采样周期。

通常采样周期远小于滤波环节的时间常数，也就是输入信号的频率快，而滤波环节时间常数相对地大，这是一般滤波器的概念，所以这种滤波方法相当于 RC 滤波器。

τ, T 的选择可根据具体情况确定，程序设计从略。

7.8.6　滑动平均滤波

以上介绍的各种平均滤波算法有一个共同点，即每取得一个有效采样值必须连续进行若干次采样，当采样速度较慢（如双积分型 A-D 转换）或目标参数变化较快时，系统的实时性不能得到保证。滑动平均滤波算法只采样一次，将这一次采样值和过去的若干次采样值一起求平均，得到的有效采样值即可投入使用。如果取 n 个采样值求平均，RAM 中必须开辟 n 个数据的暂存区。每新采集一个数据便存入暂存区，同时去掉一个最老的数据。保持这 n 个数据始终是最新的数据。这种数据存放方式可以用环形队列结构方便地实现，每存入一个新数据便自动冲去一个最老的数据，程序设计从略。

7.9　标度变换与数据处理

被测物理参数，如温度、压力、流量、液位、气体成分等，通过传感器或变送器变成模拟量，送往 A-D 转换器，由计算机采样并转换成数字量，该数字量必须再转换成操作人员所熟悉的工程量，这是因为被测参数的各种数据的量纲与 A-D 转换的输入值是不一样的。例如：温度的单位为℃，压力的单位为 Pa 或 MPa 等。这些数字量并不一定等于原来带有量纲的参数值，它仅仅对应于参数值的大小，故必须把它转换成带有量纲的数值后才能运算、显示、记录和打印，这种转换称为标度变换。标度变换有各种类型，它取决于被测参数的传感器或变送器的类型，应根据实际情况选用适当的标度变换方法。

7.9.1 线性标度变换

1. 标度变换原理

这种标度变换的前提是参数值与A-D转换结果之间为线性关系，是最常用的标度变换方法，标度变换公式为

$$A_x = A_0 + (A_m - A_0)\frac{N_x - N_0}{N_m - N_0} \tag{7-8}$$

式中，A_0 为一次测量仪表的下限；A_m 为一次测量仪表的上限；A_x 为实际测量值（工程量）；N_0 为仪表下限所对应的数字量；N_m 为仪表上限所对应的数字量；N_x 为测量值所对应的数字量。

其中，A_0、A_m、N_0、N_m 对于某一个固定的被测参数来说，它们是常数，不同的参数有着不同的值。

为了使程序简单，一般把被测参数的起点 A_0（输入信号为0）所对应的A-D转换值设为0，即 $N_0=0$，这样式（7-8）又变为

$$A_x = \frac{N_x}{N_m}(A_m - A_0) + A_0 \tag{7-9}$$

式（7-8）和式（7-9）即为参量标度变换的公式。

【例7-1】某热处理炉温测量仪的量程为200~1300℃。在某一时刻计算机采样并经数字滤波后的数字量为2860，求此时的温度值是多少？（设该仪表的量程是线性的，A-D转换器的位数为12位）

解：根据式（7-9），$A_0=200℃$，$A_m=1300℃$，$N_x=2860℃$，$N_m=4095$。所以此时的温度为

$$A_x = \frac{N_x}{N_m}(A_m - A_0) + A_0 = \frac{2860℃}{4095℃} \times (1300℃ - 200℃) + 200℃ = 968℃$$

在计算机控制系统中，为了实现上述转换，可把它们设计成专门的子程序，把各个参数所对应的 A_0，A_m，N_0，N_m 存放在存储器中，然后当某一参数需要进行标度变换时，只调用标度变换子程序即可。

2. 标度变换子程序

被转换的参量的常数 A_0、A_m、N_0、N_m 分别存放于ALOWER、AUPPER、NLOWER、NUPPER为首址的单元中（为提高转换精度以及更带有普遍性，本程序采用双字节运算）。

转换后的参量经数字滤波后的数值 N_x 存放在DBUFFER字单元。标度变换结果存在ENBUF单元。

其计算可根据式（7-8）进行。

式（7-8）适用于下限不为零点的参数，一般参数采用量程压缩后，标度可用式（7-9）进行标度变换。

7.9.2 非线性标度变换

必须指出，上面介绍的标度变换程序只适用于具有线性刻度的参量，如被测量为非线性刻度时，则其标度变换公式应根据具体问题具体分析，首先求出它所对应的标度变换公式，然后再进行设计。

例如，在流量测量中，其流量与压差的公式为

$$Q=K\sqrt{\Delta P} \tag{7-10}$$

式中，Q 为流量；K 为刻度系数，与流体的性质及节流装置的尺寸有关；ΔP 为节流装置的压差。

根据上式，流体的流量与被测流体流过节流装置时，前后的压力差的平方根成正比，于是得到测量流量时的标度变换公式：

$$\frac{Q_x-Q_0}{Q_m-Q_0}=\frac{K\sqrt{N_x}-K\sqrt{N_0}}{K\sqrt{N_m}-K\sqrt{N_0}}$$

$$Q_x=\frac{\sqrt{N_x}-\sqrt{N_0}}{\sqrt{N_m}-\sqrt{N_0}}(Q_m-Q_0)+Q_0 \tag{7-11}$$

式中，Q_x 为被测量的流量值；Q_m 为流量仪表的上限值；Q_0 为流量仪表的下限值；N_x 为差压变送器所测得的差压值（数字量）；N_m 为差压变送器上限所对应的数字量；N_0 为差压变送器下限所对应的数字量。

式（7-11）则为流量测量中标度变换的通用表达式。

对于流量测量仪表，一般下限均取零，所以此时 $Q_0=0, N_0=0$，故式（7-11）变为

$$Q_x=Q_m\sqrt{\frac{N_x}{N_m}}=Q_m\cdot\frac{\sqrt{N_x}}{\sqrt{N_m}} \tag{7-12}$$

7.9.3 数据处理

在数据采集和处理系统中，计算机通过数字滤波方法可以获得有关现场的比较真实的被测参数，但此信号有时不能直接使用，需要进一步数学处理或给用户特别提示。

1. 非线性处理

计算机从模拟量输入通道得到的检测信号与该信号所代表的物理量之间不一定呈线性关系。例如，差压变送器输出的孔板差压信号同实际的流量之间成平方根关系；热电偶的热电势与其所测温度之间是非线性关系等。而希望计算机内部参与运算与控制的二进制数与被测参数之间呈线性关系，这样既便于运算又便于数字显示，因此还须对数据做非线性处理。

在计算机数据处理系统中，用计算机进行非线性补偿，方法灵活、精度高。

为描述这些非线性特性的转换关系，通常有查表法、拟合函数法、折线近似与线性插值法三种方法。

（1）查表法

查表法是一种较精确的非线性处理方法。设有非线性关系的两个参数 A 和 B，现要根据参数 A 取参数 B 的数值，可通过以下步骤实现。

1）造表。根据需要确定参数 A 的起始值 A_0 和等差变化值 N，则有

$$A_i=A_0\pm N\times i\,(i=1,2,\cdots,n) \tag{7-13}$$

确定一块连续存储区，设其地址为 AD_0、AD_1、…、AD_n，AD_i 与 AD_{i+1} 的关系可按某些规律算法确定，为方便程序设计，通常采用按顺序递增或递减的关系，即 $AD_{i+1}=AD_i+M$，M 是参数 B 在计算机中存储值的字节数。

2）查表。设有待查参数 A_m，由 $i=(A_m-A_0)/N$，有

$$T_i=A_0D\pm Mi \tag{7-14}$$

从存储地址 T_i 处连续取 M 个字节数据，即为对应参数 A_m 的 B_m 值。

查表法的优点是迅速准确，但如果参数变化范围较大或变化剧烈时，要求参数 A_i 的数量将会很大，表会变得很大，表的生成和维护将会变得困难。

(2) 拟合函数法

各种热电偶的温度与热电动势的关系都可以用高次多项式描述

$$T=a_0+a_1E+a_2E^2+\cdots+a_nE^n \tag{7-15}$$

式中，T 为温度；E 为热电偶的测量热电动势；a_0、a_1、…、a_n 为系数。

实际应用时，方程所取项数和系数取决于热电偶的类型和测量范围，一般取 $n\leqslant 4$。以 $n=4$ 为例，对高次多项式可做如下处理。

$$T=\{[(a_4E+a_3)E+a_2]E+a_1\}E+a_0 \tag{7-16}$$

按上式计算多项式，可有利于程序的设计。

(3) 折线近似与线性插值法

上述非线性参数关系可用数学表达式表示。除了上述情况外，在工程实际中还有许多非线性规律是经过数理统计分析后得到的，对于各种很难用公式来表示的非线性参数，常采用折线近似与线性插值逼近方法来解决。

以温度-热电动势函数曲线为例，某热电偶温度（T）与热电动势（E）的关系曲线如图 7-9 所示。

折线近似法的原理是：将该曲线按一定要求分成若干段，然后把相邻分段点用折线连接起来，用此折线拟合该段曲线，在此折线内的关系用直线方程来表示。

$$T_x=T_{n-1}+(E_x-E_{n-1})\frac{T_n-T_{n-1}}{E_n-E_{n-1}} \tag{7-16}$$

式中，E_x 为测量的热电动势；T 为由 E_x 换算所得的温度。

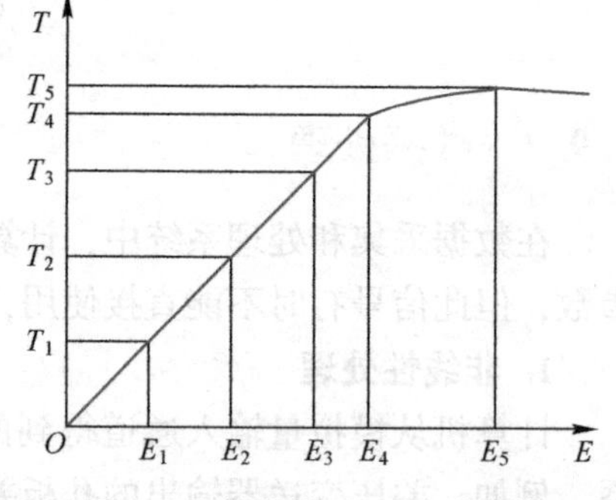

图 7-9 热电偶 T-E 关系曲线

2. 越限报警处理

在计算机控制系统中，为了安全生产，对于一些重要的参数或系统部位，都设有上、下限检查及报警系统，以便提醒操作人员注意或采取相应的措施。其方法就是把计算机采集的数据经计算机进行数据处理、数字滤波、标度变换之后，与该参数上、下限给定值进行比较。如果高于（或低于）上限（或下限），则进行报警，否则就作为采样的正常值，以便进行显示和控制。例如，锅炉水位自动调节系统，水位的高低是非常重要的参数，水位太高将影响蒸汽的产量，水位太低则有爆炸的危险，所以要做越限报警处理。

报警系统一般为声光报警信号，灯光多采用发光二极管（LED）或白炽灯光等，声响则多为电铃、电笛等。有些地方也采用闪光报警的方法，即报警的灯光（或声音）按一定的频率闪烁（或发声）。在某些系统中还需要增加一些功能，如记下报警的参数、时间、打印输出、自动处理（自动切换到手动、切断阀门、打开阀门）等。

报警程序的设计方法主要有两种。一种是全软件报警程序，这种方法的基本做法是把被测参数，如温度、压力、流量、速度、成分等，经传感器、变送器、A-D 转换器送入计算机后，再与规定的上、下限值进行比较，根据比较的结果进行报警或处理，整个过程都由软件实现。另一种是直接报警程序，这种方法是采用硬件申请中断的方法，直接将报警模型送到报警口中。这种报警方法的前提条件是被测参数与给定值的比较是在传感器中进行的。

7.10　工业控制组态软件

7.10.1　人机界面

1. 人机界面及其要求

(1) 人机界面的概念

人机界面（Human-Machine Interaction，HMI。或称为 Man Machine Interface，MMI）是人与机器之间传递、交换信息的媒介。人机界面也是用户使用计算机系统或其他系统的综合操作环境。

人机界面实际是一种双向的信息传递和交换，可由人向机器系统输入信息，也可由机器系统向使用者反馈信息。通常通过一定的人机接口（User Interface，UI 或 Graphical User Interface，GUI）来实现。如键盘上的击键、鼠标的移动、开关的切换、操纵杆的运动、人的语言姿势动作等可以作为系统的输入，而屏幕上符号或图形的显示、指示灯的闪烁、扬声器的声音等可作为系统的输出。

人机界面的设计涉及多个领域的知识，如认知心理学、电子技术、计算机技术、信息技术、人机工程学、艺术设计、人工智能及与具体机器系统相关的知识。

(2) 控制系统中人机界面的基本要求

控制系统中的人机界面非常重要，人机界面的设计会影响到控制系统的操作性、可靠性、安全性等。中人机界面设计应着重考虑可理解性和易操作性。

1）可理解性

控制系统中人机界面首先应该让操作人员能够快速、正确地理解操作的步骤、方法和要求。可理解性包括确定性、关联性、层次性、一致性等要素。

确定性是指在人机界面中出现的符号、文字、图形等表示的含义能一目了然，力求做到直观形象。

关联性是指在人机界面中出现的显示内容和操作布局能够分类排列，力求展示相互的联系。

层次性是指在人机界面中出现的显示内容和操作布局能够考虑先后关系、轻重缓急，力求展示层次关系。

一致性是指在人机界面中表示相同含义的符号、文字、图形、颜色、声音等能够保持一致，无二义性。

2）易操作性

在操作人员理解的基础上，能够快速、正确地按要求进行操作，易操作性包括方便性、有序性、健壮性和安全性等要素。

方便性是指交互设备在力矩、角度、位置、形状等方面能够适应操作人员的正常操纵，力求有较好的舒适性，减少疲劳。

有序性是指交互设备能够适应有关联的操作，通过连贯、互锁、互联等装置实现正常的有序操作。

健壮性是指交互界面能够允许有一定程度的误操作，通过提示、撤销、暂停、中止以及失效处理来避免误操作引起的不良后果。

安全性是指交互界面能够提供必要的手段防止非法窃取和破坏数据、进行非法操作，通过登录、恢复、锁定和审核等措施保证操作的安全。

2. 人机界面的设计技术

(1) 人机界面的基本要素

人机界面的基本要素包括交互设备、交互软件和人的因素。

交互设备包括各种数字文字输入/输出设备、图形图像输入/输出设备、声音姿势触觉设备和三维交互设备等。在控制系统中，除了传统的输入/输出设备（如键盘、鼠标、开关、指示灯、显示器等）外，触摸屏应用越来越广泛。

交互软件是人机界面系统的核心，人机界面是交互软件的主要组成部分。在控制系统中，系统组态和监控软件有着重要作用。

人的因素指的是用户操作模型，与用户的各种特征有关。“任务”将用户和机器系统的行为有机地结合起来。在设计控制系统的人机界面软件时，必须了解人与机器的特点、操作人员的特点。

人适应的工作有设计、规划、应变、选择、判断、决策、探索、创造、娱乐和休闲。

机器适应的工作有重复、单调、枯燥、笨重、危险、高速、慢速、精确、运算和可靠。

用户的类型有开发者、管理者和操纵者。

(2) 人机界面的操作模型

人机界面的操作模型通常有指令型、对话型、操作导航型和搜寻浏览型等。

指令型（Instructing）操作模型比较简单，通常输入字符型指令或拨动开关按钮输入信息，系统的输出以显示字符、指示灯和声音为主。

对话型（Conversing）操作模型需要有双向互动、支持对话机制的输入/输出设备，输入设备也可以是比较简单的选择按钮，但输出是能提供选择菜单的显示设备。

操作导航型（Manipulating & Navigating）操作模型可通过图形用户界面（Graphical User Interface，GUI），如由“视窗”（Window）、“图标”（Icon）、“菜单”（Menu）以及“指示器”（Pointer）所组成的WIMP界面，引导操作者完成规定的任务。

搜寻浏览型（Exploring & Browsing）操作模型也需要图形用户界面的支持，完成的任务是搜寻信息、寻求帮助，如Google的搜寻引擎、一些控制系统的联机帮助手册就是这种操作模型的实例。

在工业自动化领域，主要有两种类型的人机界面。

1）在制造业流水线及机床等单体设备上，大量采用了PLC作为控制设备，但是PLC自身没有显示、键盘输入等人机界面功能，因此，通常需要配置触摸屏或嵌入式工业计算机作为人机界面，它们通过与PLC通信，实现对生产过程的现场监视和控制，同时还可进行参数设置、参数显示、报警和打印等功能。针对触摸屏这类嵌入式人机界面，通常需要在PC上利用设备配套的人机界面开发软件，按照系统的功能要求进行组态，形成工程文件，对该文件进行功能测试后，将工程文件下载到触摸屏存储器中，就可实现监控功能。为了与位于控制室的人机界面应用相区别，这种类型的人机界面也常称作终端。由于PLC与终端的组合几乎是标配，因此，几乎所有的主流PLC厂商都生产终端设备，同时，还有大量的第三方厂家生产终端。通常，这类厂家的终端配套的人机界面开发软件支持市面上主流的PLC产品和多种通信协议，因此能和各种厂家的PLC配套使用。

2）工业控制系统通常是分布式控制系统，各种控制器在现场设备附近安装，为了实现全厂的集中监控和管理，需要设立一个统一监视、监控和管理整个生产过程的中央监控系统，中央监控系统的服务器与现场控制站进行通信，工程师站、操作员站等需要安装配置对生产过程进行监视、控制、报警、记录、报表功能的工控应用软件，具有这样功能的工控应用软件也称为人机界面。这一类人机界面通常是用组态软件开发，和触摸屏终端相比，不存在工程下装的问题，这类应用软件直接运行在工作站上。

7.10.2　组态软件的特点

工业控制的发展经历了手动控制、仪表控制和计算机控制等几个阶段。特别是随着集散控制系统的发展和在流程工业控制中的广泛应用，集散控制系统中采用组态工具来开发控制系统应用软件的技术得到了广泛的认可。特别是随着PC的普及和计算机控制在众多行业应用中的增加，以及人们对工业自动化的要求不断提高，传统的工业控制软件已无法满足应用的需求和挑战。在开发传统的工业控制软件时，一旦工业被控对象有变动，就必须修改其控制系统的源程序，导致开发周期延长；已开发成功的工控软件又因控制项目的不同而重复使用率很低，导致其价格非常昂贵；在修改工控软件的源程序时，如果原编程人员因工作变动而离去，则必须由其他人员或新手进行源程序的修改，因而更加困难。

随着微电子技术、计算机技术、软件工程和控制技术的发展，作为用户无须改变运行程序源代码的软件平台工具——组态软件（Configuration Software）逐步产生并不断发展。由于组态软件在实现工业控制的过程中免去了大量烦琐的编程工作，解决了长期以来控制工程人员缺乏丰富的计算机专业知识与计算机专业人员缺乏控制工程现场操作技术和经验的矛盾，极大地提高了自动化工程的开发效率及工控软件的可靠性。近年来，组态软件不仅在中小型工业控制系统中广泛应用，也成为大型SCADA系统开发人机界面和监控应用最主要的应用软件，在配电自动化、智能楼宇、农业自动化和能源监测等领域也得到了广泛应用。

组态软件的主要特点如下。

（1）延续性和扩充性好

用组态软件开发的应用程序，当现场硬件设备有增加，系统结构有变化或用户需求发生改变时，通常不需要很多修改就可以通过组态的方式顺利完成软件的更新和升级。

（2）封装性高

组态软件所能完成的功能都用一种方便用户使用的方法包装起来，对于用户，不需掌握太多的编程语言技术，就能很好地完成一个复杂工程所要求的所有功能。

（3）通用性强

不同的行业用户，都可以根据工程的实际情况，利用组态软件提供的底层设备（PLC、智能仪表、智能模块、板卡和变频器等）的I/O驱动程序、开放式的数据库和画面制作工具，就能完成一个具有生动图形界面、动画效果、实时数据显示与处理、历史数据、报警和记录、多媒体功能和网络功能的工程，不受行业限制。

（4）人机界面友好

用组态软件开发的监控系统人机界面具有生动、直观的特点，动感强烈，画面逼真，深受现场操作人员的欢迎。

（5）接口趋向标准化

如组态软件与硬件的接口，过去普遍采用定制的驱动程序，现在普遍采用OPC规范。此外，数据库接口也采用工业标准。

7.10.3　组态软件的功能需求

组态软件的使用者是自动化工程设计人员。组态软件包的主要目的是使用户在生成适合自己需要的应用系统时不需要修改软件程序的源代码，因此不论采取何种方式设计组态软件，都要面对和解决控制系统设计时的公共问题，满足这些要求的组态软件才能真正符合工业监控的要求，能够被市场接受和认可。这些问题主要包括以下几点。

1）如何与采集、控制设备进行数据交换，即广泛支持各种类型的I/O设备、控制器和各种现场总线技术和网络技术。

2）多层次的报警组态和报警事件处理、报警管理和报警优先级等。如支持对模拟量、数字量报警以及系统报警等；支持报警内容设置，如限值报警、变化率报警和偏差报警等。

3）存储历史数据并支持历史数据的查询和简单的统计分析。工业生产操作数据，包括实时和历史数据是分析生产过程状态，评价操作水平的重要信息，对加强生产操作管理和优化具有重要作用。

4）各类报表的生成和打印输出。不仅组态软件支持简单的报表组态和打印，还要支持采用第三方工具开发的报表与组态软件数据库连接。

5）为使用者提供灵活、丰富的组态工具和资源。这些工具和资源可以适应不同应用领域的需求，此外，在注重组态软件通用性的情况下，还能支持行业应用。

6）最终生成的应用系统运行稳定可靠，不论对于单机系统还是多机系统，都要确保系统能长期安全、可靠、稳定工作。

7）具有与第三方程序的接口，方便数据共享。

8）简单的回路调节；批次处理；统计过程控制（Statistical Process Control，SPC）。

9）如果内嵌入软逻辑控制，软逻辑编程软件要符合IEC 61131-3标准。

10）安全管理，即系统对每个用户都具有操作权限的定义，系统对每个重要操作都可以形成操作日志记录，同时有完备的安全管理制度。

11）对Internet/Intranet的支持，可以提供基于Web的应用。

12）多机系统的时钟同步，系统可由全球定位时钟提供标准时间，同时向全系统发送对时命令，包括监控主机和各个客户机、下位机等。可实现与网络上其他系统的对时服务，支持人工设置时间功能。

13）开发环境与运行环境切换方便，支持在线组态功能。即在运行环境时也可以进行一些功能修改和组态，刷新后修改后的功能即生效。

1. 组态软件的总体结构

组态软件主要作为SCADA系统及其他控制系统的上位机人机界面的开发平台，为用户提供快速地构建工业自动化系统数据采集和实时监控功能服务。而不论什么样的过程监控，总是有相似的功能要求。因此，不论什么样的组态软件，它们在整体结构上都具有相似性，只是不同的产品实现这些功能方式有所不同。

从目前主流的组态软件产品看，组态软件由开发系统与运行系统组成，组态软件结构如图7-10所示。

系统开发环境是自动化工程设计师为实施其控制方案，在组态软件的支持下进行应用程序的系统生成工作所必须依赖的工作环境，通过建立一系列用户数据文件，生成最终的图形目标应用系统，供系统运行环境运行时使用。

系统运行环境由若干个运行程序支持，如图形界面运行程序、实时数据库运行程序等。在系统运行环境中，系统运行环境将目标应用程序装入计算机内存并投入实时运行。不少组态软件都支持在线组态，即在不退出系统运行环境下修改组态，使修改后的组态在运行环境中直接生效。当然，如果修改了图形界面，必须刷新该界面新的组态才能显示。

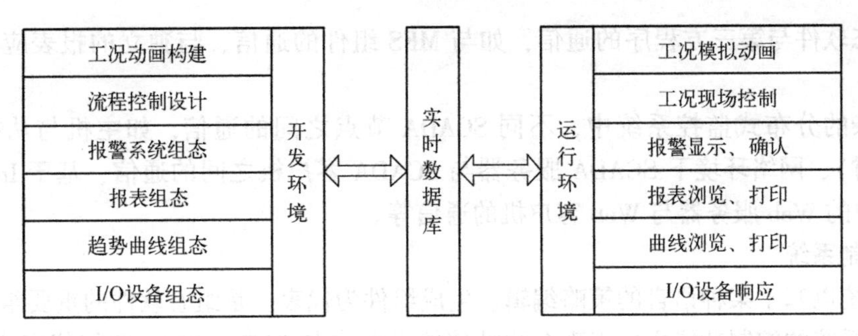

图7-10 组态软件结构

运行环境系统由任务来组织，每个任务包括一个控制流程，由控制流程执行器来执行。任务可以由事件中断、定时时间间隔、系统出错或报警及上位机指令来调度。每个任务有优先级设置，高优先级的任务能够中断低优先级任务。同优先级的程序若时间间隔设置不同，可通过竞争，抢占CPU使用权。在控制流程中，可以进行逻辑或数学运算、流程判断和执行、设备扫描及处理和网络通信等。此外，运行环境还包括以下一些服务。

1）通信服务：实现组态软件与其他系统之间的数据交换。

2）存盘服务：实现采集数据的存储处理操作。

3）日志服务：实现系统运行日志记录功能。

4）调试服务：辅助实现开发过程中的调试功能。

2. 组态软件的功能部件

（1）人机界面系统

人机界面系统实际上就是所谓的工况模拟动画。人机界面组态中，要利用组态软件提供的工具，制作出友好的图形界面给控制系统用，其中包括被控过程流程图、曲线图、棒状图、饼状图、趋势图，以及各种按钮、控件等元素。人机界面组态中，除了开发出满足系统要求的人机界面外，还要注意运行系统中画面的显示、操作和管理。

（2）实时数据库系统

实时数据库是组态软件的数据处理中心，特别是对于大型分布式系统，实时数据库的性能在某种方面就决定了监控软件的性能。它负责实时数据运算与处理、历史数据存储、统计数据处理、报警处理和数据服务请求处理等。

（3）设备组态与管理

组态软件中，实现设备驱动的基本方法是：在设备窗口内配置不同类型的设备构件，并根据外部设备的类型和特征，设置相关的属性，将设备的操作方法和硬件参数配置、数据转换、设备调试等都封装在设备构件中，以对象的形式与外部设备建立数据的传输特性。

组态软件对设备的管理是通过对逻辑设备名的管理实现的，具体地说就是每个实际的I/O设备都必须在工程中指定一个唯一的逻辑名称，此逻辑设备名就对应一定的信息，如设备的生产厂家、实际设备名称、设备的通信方式和设备地址等。在系统运行过程中，设备构件由组态软件运行系统统一调度管理。通过通道连接，它可以向实时数据库提供从外部设备采集到的数据，供系统其他部分使用。

（4）网络应用与通信系统

通信系统是组态软件与外界进行数据交换的软件系统，对于组态软件来说，包含以下几个方面。

1）组态软件实时数据库等与I/O系统的通信。

2）组态软件与第三方程序的通信，如与 MES 组件的通信、与独立的报表应用程序的通信等。

3）复杂的分布式监控系统中，不同 SCADA 节点之间的通信，如主机与从机间的通信（系统冗余时）、网络环境下 SCADA 服务器与 SCADA 客户机之间的通信、基于 Internet 或 Intranet 应用中的 Web 服务器与 Web 客户机的通信等。

（5）控制系统

控制系统以基于某种语言的策略编辑、生成组件为代表，是组态软件的重要组成部分。组态软件控制系统的控制功能主要表现在弥补传统设备（如 PLC、DCS、智能仪表或基于 PC 的控制）控制能力的不足。

（6）系统安全与用户管理

组态软件提供了一套完善的安全机制。用户能够自由组态控制菜单、按钮和退出系统的操作权限，只允许有操作权限的操作员对某些功能进行操作，对控制参数进行修改，防止意外地或非法地关闭系统、进入开发环境修改组态或者对未授权数据进行更改等操作。

（7）脚本语言

脚本程序的起源要追溯到 DCS 支持的高级语言。早期的多数 DCS 均支持 1~2 种高级语言（如 Fortran、Pascal、Basic、C 等）。1991 年 Honeywell 公司新推出的 TDC3000LCN/UCN 系统支持 CL（Control Language）语言，这既简化了语法，又增强了控制功能，把面向过程的控制语言引入了新的发展阶段。脚本语言即组态软件内置的编程语言。在组态软件中，脚本语言统称 Script。

虽然采用组态软件开发人机界面把控制工程师从烦琐的高级语言编程中解脱出来了，他们只需要通过鼠标的拖、拉等操作就可以开发监控系统。但是，采取类似图形编程语言方式开发系统毕竟有其局限性。在监控系统中，有些功能的实现还是要依赖一些脚本来实现。例如在按下某个按钮时，打开某个窗口；或当某一个变量的值变化时，用脚本触发系列的逻辑控制，改变变量的值、图形对象的颜色、大小，控制图形对象的运动等。

所有的脚本都是事件驱动的。事件可以是数据更改、条件、单击鼠标和计时器等。

（8）运行策略

运行策略是用户为实现对运行系统流程自由控制所组态生成的一系列功能模块的总称。运行策略的建立，使系统能够按照设定的顺序和条件，操作实时数据库，控制用户窗口的打开、关闭以及设备构件的工作状态，从而达到对系统工作过程精确控制及有序调度的目的。通过对运行策略的组态，用户可以自行完成大多数复杂工程项目的监控软件，而不需要烦琐的编程工作。

7.10.4 主要的组态软件介绍

1. iFIX

iFIX 是全球领先的 HMI/SCADA 组态软件，在包括冶金、电力、石油化工、制药、生物技术、包装、食品饮料和石油天然气等各种工业应用当中。iFIX 提供了生产操作的过程可视化、数据采集和数据监控功能，它可以精确地监视、控制生产过程，并优化生产设备和企业资源管理，能够对生产事件快速反应，减少原材料消耗，提高生产率，从而加快产品对市场的反应速度，提高用户收益。

iFIX 是 GE Fanuc 过程处理及监控产品的一个核心组件，它可以为数据采集及管理企业级的生产过程提供一整套的解决方案。

2. InTouch

Wonderware 的 InTouch HMI 软件可用于可视化和工业过程控制，它提供了极高的易用性和易于配置的图形。通过使用其强大的向导，Wonderware 智能符号使用户可以快速创建并部署自定义的应用程序，连接并传递实时信息。其灵活的架构可以确保 InTouch 应用程序满足客户目前的需求，并可根据将来的需求进行扩展，同时还能保留原来的工程投资和成果。这些通用的 Intouch 应用程序可以从移动设备、瘦客户端、计算机节点、甚至通过 Internet 进行访问。此外，InTouch HMI 具备相当的开放性和可扩展性，提供了强大的连接功能，可与同行业内的各种自动化设备相连接，适用范围广泛。

3. WinCC

SIMATIC WinCC 是西门子公司在自动化领域中的先进技术和 Microsoft 的强大功能相结合的产物。它有各种有效功能用于自动化过程，是用于个人计算机上的，按价格和性能分级的人机界面和 SCADA 系统。

4. 组态王

组态王是北京亚控科技公司开发的组态软件产品。组态王系列产品是国产组态软件中市场占有率较高的产品，在大量的中、小型监控系统开发中得到了应用。

5. WebAccess

WebAccess 最早由美国 BroadWin 公司开发，从 2006 年起研华科技与 BroadWin 公司开展合作，并以 Advantech WebAccess 作为产品名称。与传统的组态软件不同，Advantech WebAccess 是完全基于浏览器的 SCADA 网络组态软件，采用 IE 浏览器进行组态，实现真正的远程监控与开发、在线下载等网络功能。

7.11 软件工程

迄今为止，计算机系统已经经历了 4 个不同的发展阶段，但是，人们仍然没有彻底摆脱“软件危机”的困扰，软件已经成为限制计算机系统发展的瓶颈。

为了更有效地开发与维护软件，软件工作者在 20 世纪 60 年代后期开始认真研究消除软件危机的途径，从而逐渐形成了一门新兴的工程学科——计算机软件工程学，通常简称为“软件工程”。

7.11.1 软件危机

在 20 世纪 60 年代中期以前，即计算机系统发展的早期，通用硬件相当普遍，软件却是为每个具体应用而专门编写的。这时的软件通常是规模较小的程序，编写者和使用者往往是同一个（或同一组）人。这种个体化的软件环境，使得软件设计通常是在人们头脑中进行的一个隐含的过程，除了程序清单之外，没有其他文档资料保存下来。

从 20 世纪 60 年代中期到 70 年代中期，是计算机系统发展的第二个时期，这个时期的一个重要特征是出现了“软件作坊”，广泛使用产品软件。但是，软件作坊基本上仍然沿用早期形成的个体化软件开发方法。

随着计算机应用的日益普及，软件数量急剧膨胀。在程序运行时发现的错误必须设法改正；用户有了新的需求时必须相应地修改程序；硬件或操作系统更新时，通常需要修改程序以适应新的环境，上述种种软件维护工作，以令人吃惊的比例耗费资源。更严重的是，许多程序的个体化特性使得它们最终成为不可维护的。“软件危机”就这样开始出现了。

1968年北大西洋公约组织的计算机科学家在西德召开国际会议，讨论软件危机问题，在这次会议上正式提出并使用了“软件工程”这个名词，一门新兴的工程学科就此诞生了。

1. 软件危机概述

软件危机是指在计算机软件的开发和维护过程中所遇到的一系列严重问题。这些问题绝不仅仅是不能正常运行的软件才具有的，实际上，几乎所有软件都不同程度地存在这些问题。

概括地说，软件危机包含下述两方面的问题：如何开发软件，以满足对软件日益增长的需求；如何维护数量不断膨胀的已有软件。

具体地说，软件危机主要表现如下。

1）对软件开发成本和进度的估计常常很不准确。实际成本比估计成本有可能高出一个数量级，实际进度比预期进度拖延几个月甚至几年的现象并不罕见。

2）用户对“已经完成的”软件系统不满意的现象经常发生。

3）软件产品的质量往往靠不住。

4）软件常常是不可维护的。

5）软件通常没有适当的文档资料。计算机软件不仅仅是程序，还应该有一整套文档资料。这些文档资料应该是在软件开发过程中产生出来的，而且应该是“最新式的”，即和程序代码是完全一致的。

6）软件成本在计算机系统总成本中所占的比例逐年上升。

7）软件开发生产率提高的速度，远远跟不上计算机应用迅速普及深入的趋势。

2. 产生软件危机的原因

在软件开发和维护的过程中存在这么多严重问题，一方面与软件本身的特点有关，另一方面也和软件开发与维护的方法不正确有关。

软件不同于硬件，它是计算机系统中的逻辑部件而不是物理部件，由于软件缺乏“可见性”，在写出程序代码并在计算机上试运行之前，软件开发过程的进展情况较难衡量，软件的质量也较难评价，因此，管理和控制软件开发过程相当困难。此外，软件在运行过程中不会因为使用时间过长而被“用坏”，如果运行中发现了错误，很可能是遇到了一个在开发时期引入的，并在测试阶段没能检测出来的错误。因此，软件维护通常意味着改正或修改原来的设计，这就在客观上使得软件较难维护。

软件的一个显著特点是规模庞大，而且程序复杂性将随着程序规模的增加而呈指数上升。为了在预定时间内开发出规模庞大的软件，必须由许多人分工合作，然而，如何保证每个人完成的工作合在一起确实能构成一个高质量的大型软件系统，更是一个极端复杂困难的问题，这不仅涉及许多技术问题，诸如分析方法、设计方法、形式说明方法、版本控制等，更重要的是必须有严格而科学的管理。

软件本身独有的特点确实给开发和维护带来一些客观困难，但是人们在开发和使用计算机系统的长期实践中，也确实积累和总结出了许多成功的经验。如果坚持不懈地使用经过实践考验证明是正确的方法，许多困难是完全可以克服的，过去也确实有一些成功的范例。但是，相当多的软件专业人员对开发和维护还有不少糊涂观念，在实践过程中或多或少地采用了错误的方法和技术，这可能是使软件问题发展成软件危机的主要原因。

对用户要求没有完整准确的认识就匆忙着手编写程序是许多软件开发工程失败的主要原因之一。只有用户才真正了解他们自己的需要，但是许多用户在开始时并不能准确具体地叙述他们的需要，软件开发人员需要做大量深入细致的调查研究工作，反复多次地和用户交流信息，才能真正全面、准确、具体地了解用户的要求。对问题和目标的正确认识是解决任何问题的前提和出发点，软件开发同样也不例外。

一个软件从定义、开发、使用和维护，直到最终被废弃，要经历一个漫长的时期。通常把软件经历的这个漫长的时期称为生命周期。软件开发最初的工作应是问题定义，也就是确定要求解决的问题是什么；然后要进行可行性研究，决定该问题是否存在一个可行的解决办法；接下来应该进行需求分析，也就是深入具体地了解用户要求，在所要开发的系统必须做什么这个问题上和用户取得完全一致的看法。经过上述软件定义时期的准备工作才能进入开发时期，而在开发时期，首先需要对软件进行设计，然后才能进入编写程序的阶段，程序编写完成之后还必须经过大量的测试工作才能最终交付使用。

3. 消除软件危机的途径

为了消除软件危机，首先应该对计算机软件有一个正确的认识。应该彻底消除在计算机系统早期发展阶段形成的“软件就是程序”的错误观念。

一个软件必须由一个完整的配置组成，事实上，软件是程序、数据及相关文档的完整集合。其中，程序是能够完成预定功能和性能的可执行的指令序列；数据是使程序能够适当地处理信息的数据结构；文档是开发、使用和维护程序所需要的图文资料。

IEEE 将软件定义为：计算机程序、方法、规则、相关的文档资料以及在计算机上运行程序时所必需的数据。虽然表面上看起来在这个定义中列出了软件的 5 个配置成分，但是，方法和规则通常是在文档中说明并在程序中实现的。

更重要的是，必须充分认识到软件开发不是某种个体劳动的神秘技巧，而应该是一种组织良好、管理严密、各类人员协同配合、共同完成的工程项目。必须充分吸取和借鉴人类长期以来从事各种工程项目所积累的行之有效的原理、概念、技术和方法，特别要吸取几十年来人类从事计算机硬件研究和开发的经验教训。

应该推广使用在实践中总结出来的开发软件的成功的技术和方法，并且研究探索更好更有效的技术和方法，尽快消除在计算机系统早期发展阶段形成的一些错误概念和做法。

应该开发和使用更好的软件工具。正如机械工具可以“放大”人类的体力一样，软件工具可以“放大”人类的智力。在软件开发的每个阶段都有许多烦琐重复的工作需要做，在适当的软件工具辅助下，开发人员可以把这类工作做得既快又好。如果把各个阶段使用的软件工具有机地集合成一个整体，支持软件开发的全过程，则称为软件工程支撑环境。

总之，为了解决软件危机，既要有技术措施，又要有必要的组织管理措施。软件工程正是从管理和技术两方面研究如何更好地开发和维护计算机软件的一门新兴学科。

7.11.2　软件工程的基本原理与方法学

1. 软件工程概述

概括地说，软件工程是指导计算机软件开发和维护的一门工程学科。采用工程的概念、原理、技术和方法来开发与维护软件，把经过时间考验而证明正确的管理技术和当前能够得到的最好的技术方法结合起来，以经济地开发出高质量的软件并有效地维护它，这就是软件工程。

人们曾经给软件工程下过许多定义，下面给出两个典型的定义。

1968 年在第一届 NATO 会议上曾经给出了软件工程的一个早期定义：“软件工程就是为了经济地获得可靠的，且能在实际机器上有效地运行的软件，而建立和使用完善的工程原理。”这个定义不仅指出了软件工程的目标是经济地开发出高质量的软件，而且强调了软件工程是一门工程学科，它应该建立并使用完善的工程原理。

1993 年 IEEE 进一步给出了一个更全面更具体的定义：“软件工程是：①把系统的、规范的、可度量的途径应用于软件开发、运行和维护过程，也就是把工程应用于软件；②研究①中提到的途径。”

虽然软件工程的不同定义使用了不同词句，强调的重点也有差异，但是，人们普遍认为软件工程具有下面的本质特性。

（1）软件工程关注大型程序的构造

“大”与“小”的分界线并不十分清晰。通常把一个人在较短时间内写出的程序称为小型程序，而把多人合作用时半年以上才写出的程序称为大型程序。传统的程序设计技术和工具是支持小型程序设计的，不能简单地把这些技术和工具用于开发大型程序。

（2）软件工程的中心课题是控制复杂性

通常，软件所解决的问题十分复杂，以致不能把问题作为一个整体通盘考虑。人们不得不把问题分解，使得分解出的每个部分是可理解的，而且各部分之间保持简单的通信关系。用这种方法并不能降低问题的整体复杂性，但是却可使它变成可以管理的。

（3）软件经常变化

绝大多数软件都模拟了现实世界的某一部分。现实世界在不断变化，软件为了不被很快淘汰，必须随着所模拟的现实世界一起变化。因此，在软件系统交付使用后仍然需要耗费成本，而且在开发过程中必须考虑软件将来可能发生的变化。

（4）开发软件的效率非常重要

社会对新应用系统的需求超过了人力资源所能提供的限度，软件供不应求的现象日益严重。因此，软件工程的一个重要课题就是，寻求开发与维护软件的更好更有效的方法和工具。

（5）和谐地合作是开发软件的关键

软件处理的问题十分庞大，必须多人协同工作才能解决这类问题。

（6）软件必须有效地支持它的用户

开发软件的目的是支持用户的工作。软件提供的功能应该能有效地协助用户完成他们的工作。

2. 软件工程的基本原理

自从“软件工程”这个术语出现以来，研究软件工程的专家学者们陆续提出了100多条关于软件工程的准则或“信条”。著名的软件工程专家B. W. Boehm综合这些意见并总结了美国天合公司（TRW）多年开发软件的经验，于1983年在一篇论文中提出了软件工程的7条基本原理。

（1）用分阶段的生命周期计划严格管理

在不成功的软件项目中有一半左右是由于计划不周造成的，可见把建立完善的计划作为第一条基本原理是吸取了前人的教训而提出来的。

在软件开发与维护的漫长生命周期中，需要完成许多性质各异的工作。这条基本原理意味着，应该把软件生命周期划分成若干个阶段，并相应地制定出切实可行的计划，然后严格按照计划对软件的开发与维护工作进行管理。

（2）坚持进行阶段评审

软件的质量保证工作不能等到编码阶段结束之后再进行。理由是：第一，大部分错误是在编码之前造成的；第二，错误发现与改正得越晚，所需付出的代价也越高。因此，要在每个阶段都进行严格的评审，以便尽早发现在软件开发过程中所犯的错误，是一条必须遵循的重要原则。

（3）实行严格的产品控制

在软件开发过程中不应该随意改变需求，因为改变一项需求往往需要付出较高的代价。但是，在软件开发过程中改变需求又是难免的，只能依靠科学的产品控制技术来顺应这种要求。也就是说，当改变需求时，为了保持软件各个配置成分的一致性，必须实行严格的产品控制，其中主要是实行基准配置管理。

(4) 采用现代程序设计技术

从提出软件工程的概念开始，人们一直把主要精力用于研究各种新的程序设计技术，并进一步研究各种先进的软件开发与维护技术。实践表明，采用先进的技术不仅可以提高软件开发和维护的效率，而且可以提高软件产品的质量。

(5) 结果应能清楚地审查

软件产品不同于一般的物理产品，它是看不见摸不着的逻辑产品。软件开发人员的工作进展情况可见性差，难以准确度量，从而使得软件产品的开发过程比一般产品的开发过程更难以评价和管理。为了提高软件开发过程的可见性，更好地进行管理，应该根据软件开发项目的总目标及完成期限，规定开发组织的责任和产品标准，从而使得所得到的结果能够清楚地审查。

(6) 开发小组的人员应该少而精

软件开发小组的组成人员的素质应该高，而人数则不宜过多。开发小组人员的素质和数量是影响软件产品质量和开发效率的重要因素。素质高的人员的开发效率比素质低的人员的开发效率可能高几倍至几十倍，而且素质高的人员所开发的软件中的错误明显少于素质低的人员所开发的软件中的错误。此外，随着开发小组人员数目的增加，因为交流情况讨论问题而造成的通信开销也急剧增加。当开发小组人员数为 N 时，可能的通信路径有 $N(N-1)/2$ 条，可见随着人数 N 的增大，通信开销将急剧增加。因此，组成少而精的开发小组是软件工程的一条基本原理。

(7) 承认不断改进软件工程实践的必要性

遵循上述 6 条基本原理，就能够按照当代软件工程基本原理实现软件的工程化生产，但是，仅有上述 6 条原理并不能保证软件开发与维护的过程能赶上时代前进的步伐，并能跟上技术的不断进步。因此，B. W. Boehm 提出应该把“承认不断改进软件工程实践的必要性”作为软件工程的第 7 条基本原理。按照这条原理，不仅要积极主动地采纳新的软件技术，而且要注意不断总结经验，例如，收集进度和资源耗费数据、收集出错类型和问题报告数据等。这些数据不仅可以用来评价新的软件技术的效果，而且可以用来指明必须着重开发的软件工具和应该优先研究的技术。

3. 软件工程方法学

软件工程方法学包含 3 个要素：方法、工具和过程。其中，方法是完成软件开发的各项任务的技术方法，回答“怎么做”的问题；工具是为运用方法而提供的自动的或半自动的软件工程支撑环境；过程是为了获得高质量的软件所需要完成的一系列任务的框架，它规定了完成各项任务的工作步骤。

目前，应用最广泛的软件工程方法学是传统方法学和面向对象方法学。

(1) 传统方法学

传统方法学也称为生命周期方法学或结构化范型。它采用结构化技术（结构化分析、结构化设计和结构化实现）来完成软件开发的各项任务，并使用适当的软件工具或软件工程环境来支持结构化技术的运用。

这种方法学把软件生命周期的全过程依次划分为若干个阶段，然后顺序地完成每个阶段的任务。采用这种方法学开发软件的时候，从对问题的抽象逻辑分析开始，一个阶段一个阶段地顺序进行开发。前一个阶段任务的完成是开始进行后一个阶段工作的前提和基础，而后一阶段任务的完成通常是使前一阶段提出的解法更进一步具体化，加进了更多的实现细节。每一个阶段的开始和结束都有严格标准，对于任何两个相邻的阶段而言，前一阶段的结束标准就是后一阶段的开始标准。在每一个阶段结束之前都必须进行正式严格的技术审查和管理复审，从技术和管理两个方面对这个阶段的开发成果进行检查，通过之后这个阶段才算结束；如果没通过检查，则必须进行必要的返工，而且返工后还要再经过审查。审查的一条主要标准就是每个阶段都应该交出“最新式的”（即和所开发的软件完全一致的）高质量的文档资料，从而保证在软件开发工程结束时有一个完整准确的软件配置交付使用。文档是通信的工具，它们清楚准确地说明了到这个时候为止，关于该项工程已经知道了什么，同时奠定了下一步工作的基础。此外，文档也起备忘录的作用，如果文档不完整，那么一定是某些工作忘记做了，在进入生命周期的下一个阶段之前，必须补足这些遗漏的细节。

把软件生命周期划分成若干个阶段，每个阶段的任务相对独立，而且比较简单，便于不同人员分工协作，从而降低了整个软件开发工程的困难程度；在软件生命周期的每个阶段都采用科学的管理技术和良好的技术方法，而且在每个阶段结束之前都从技术和管理两个角度进行严格的审查，合格之后才开始下一阶段的工作，这就使软件开发工程的全过程以一种有条不紊的方式进行，保证了软件的质量，特别是提高了软件的可维护性。总之，采用生命周期方法学可以大大提高软件开发的成功率，软件开发的生产率也能明显提高。

（2）面向对象方法学

当软件规模庞大，或者对软件的需求是模糊的或会随时间变化而变化的时候，使用传统方法学开发软件往往不成功，此外，使用传统方法学开发出的软件，维护起来仍然很困难。

结构化范型只能获得有限成功的一个重要原因是：这种技术要么面向行为（即对数据的操作），要么面向数据，还没有既面向数据又面向行为的结构化技术。众所周知，软件系统本质上是信息处理系统。离开了操作便无法更改数据，而脱离了数据的操作是毫无意义的。数据和对数据的处理原本是密切相关的，把数据和操作人为地分离成两个独立的部分，自然会增加软件开发与维护的难度。与传统方法相反，面向对象方法把数据和行为看成是同等重要的，它是一种以数据为主线，把数据和对数据的操作紧密地结合起来的方法。

面向对象方法学具有如下4个要点。

1）把对象（Object）作为融合了数据及在数据上的操作行为的统一的软件构件。面向对象程序是由对象组成的，程序中任何元素都是对象，复杂对象由比较简单的对象组合而成。也就是说，用对象分解取代了传统方法的功能分解。

2）把所有对象都划分成类（Class）。每个类都定义了一组数据和一组操作，类是对具有相同数据和相同操作的一组相似对象的定义。数据用于表示对象的静态属性，是对象的状态信息，而施加于数据之上的操作用于实现对象的动态行为。

3）按照父类（或称为基类）与子类（或称为派生类）的关系，把若干个相关类组成一个层次结构的系统（也称为类等级）。在类等级中，下层派生类自动拥有上层基类中定义的数据和操作，这种现象称为继承。

4）对象彼此间仅能通过发送消息互相联系。对象与传统数据有本质区别，它不是被动地等待外界对它施加操作，相反，它是数据处理的主体，必须向它发消息请求、执行它的某个操作以处理它的数据，而不能从外界直接对它的数据进行处理。也就是说，对象的所有私有信息都被封装在该对象内，不能从外界直接访问，这就是通常所说的封装性。

面向对象方法学的出发点和基本原则，是尽量模拟人类习惯的思维方式，使开发软件的方法与过程尽可能接近人类认识世界、解决问题的方法与过程，从而使描述问题的问题空间与实现解法的解空间在结构上尽可能一致。

正确地运用面向对象方法学开发软件，则最终的软件产品由许多较小的、基本上独立的对象组成，每个对象相当于一个微型程序，而且大多数对象都与现实世界中的实体相对应，因此，降低了软件产品的复杂性，提高了软件的可理解性，简化了软件的开发和维护工作。对象是相对独立的实体，容易在以后的软件产品中重复使用，因此，面向对象范型的另一个重要优点是促进了软件重用。面向对象方法特有的继承性和多态性，进一步提高了面向对象软件的可重用性。

7.11.3 软件生命周期

软件生命周期由软件定义、软件开发和运行维护（也称为软件维护）3 个时期组成，每个时期又进一步划分成若干个阶段。

软件定义时期的任务是：确定软件开发工程必须完成的总目标；确定工程的可行性；导出实现工程目标应该采用的策略及系统必须完成的功能；估计完成该项工程需要的资源和成本，并且制定工程进度表。这个时期的工作通常又称为系统分析，由系统分析员负责完成。软件定义时期通常进一步划分成 3 个阶段，即问题定义、可行性研究和需求分析。

开发时期具体设计和实现在前一个时期定义的软件，它通常由下述 4 个阶段组成：总体设计、详细设计、编码和单元测试、综合测试。其中前两个阶段又称为系统设计，后两个阶段又称为系统实现。

维护时期的主要任务是使软件持久地满足用户的需要。具体地说，当软件在使用过程中发现错误时应该加以改正；当环境改变时应该修改软件以适应新的环境；当用户有新要求时应该及时改进软件以满足用户的新需要。通常对维护时期不再进一步划分阶段，但是每一次维护活动本质上都是一次压缩和简化了的定义和开发过程。

7.11.4 总体设计

总体设计过程通常由两个主要阶段组成：系统设计阶段，确定系统的具体实现方案；结构设计阶段，确定软件结构。典型的总体设计过程包括下述 9 个步骤。

1. 设想供选择的方案

在总体设计阶段，分析员应该考虑各种可能的实现方案，并且力求从中选出最佳方案。在总体设计阶段开始时只有系统的逻辑模型，分析员有充分的自由分析、比较不同的物理实现方案，一旦选出了最佳的方案，将能大大提高系统的性能/价格比。

2. 选取合理的方案

应该从前一步得到的一系列供选择的方案中选取若干个合理的方案，通常至少选取低成本、中等成本和高成本的 3 种方案。

对每个合理的方案，分析员都应该准备下列 4 份资料。

1）系统流程图。

2）组成系统的物理元素清单。

3）成本/效益分析。

4）实现这个系统的进度计划。

3. 推荐最佳方案

分析员应该综合分析对比各种合理方案的利弊，推荐一个最佳的方案，并且为推荐的方案制定详细的实现计划。

4. 功能分解

为了最终实现目标系统，必须设计出组成这个系统的所有程序和文件（或数据库）。对程序（特别是复杂的大型程序）的设计，通常分为两个阶段完成：首先进行结构设计，然后进行过程设计。结构设计确定程序由哪些模块组成，以及这些模块之间的关系；过程设计确定每个模块的处理过程。结构设计是总体设计阶段的任务，过程设计是详细设计阶段的任务。

5. 设计软件结构

通常程序中的一个模块完成一个适当的子功能。应该把模块组织成良好的层次系统，顶层模块调用它的下层模块以实现程序的完整功能，每个下层模块再调用更下层的模块，从而完成程序的一个子功能，最下层的模块完成最具体的功能。

6. 设计数据库

对于需要使用数据库的那些应用系统，软件工程师应该在需求分析阶段所确定的系统数据需求的基础上，进一步设计数据库。

7. 制定测试计划

在软件开发的早期阶段考虑测试问题，能促使软件设计人员在设计时注意提高软件的可测试性。

8. 书写文档

应该用正式的文档记录总体设计的结果，在这个阶段应该完成的文档通常有下述几种。

1）系统说明：主要内容包括用系统流程图描绘的系统构成方案，组成系统的物理元素清单，成本/效益分析；对最佳方案的概括描述，精化的数据流图，用层次图或结构图描绘的软件结构，用 IPO 图（输入处理输出图，Input Processing Output，IPO）或其他工具（例如，PDL 过程设计语言）简要描述的各个模块的算法，模块间的接口关系，以及需求、功能和模块三者之间的交叉参照关系等。

2）用户手册：根据总体设计阶段的结果，修改更正在需求分析阶段产生的初步的用户手册。

3）测试计划：包括测试策略、测试方案、预期的测试结果、测试进度计划等。

4）详细的实现计划。

5）数据库设计结果。

9. 审查和复审

最后应该对总体设计的结果进行严格的技术审查，在技术审查通过之后再由客户从管理角度进行复审。

习题

1. 计算机控制系统的软件有哪些功能？
2. 什么是实时多任务系统？
3. μC/OS-II 实时操作系统有什么特点？
4. 组态软件有什么特点？
5. 组态软件的关键技术是什么？
6. 组态软件中为什么使用脚本语言？
7. 什么是 OPC 技术？

微课视频：第7章 重点难点 知识讲解

8. 什么 Web 技术？
9. 什么是数字滤波？
10. 数字滤波与模拟 RC 滤波器相比有什么优点？
11. 什么是标度变换？
12. 试写出线性标度变换的计算公式，并采用某一汇编语言编写线性标度变换程序。
13. 人机界面的功能有哪些？
14. 组态软件的主要特点有哪些？
15. 画出组态软件的结构图。
16. 组态软件的功能部件有哪些？

第 8 章　现场总线与工业以太网控制网络技术

现场总线技术经过 20 多年的发展，现在已进入稳定发展期。近几年，工业以太网技术的研究与应用得到了迅速的发展，以其应用广泛、通信速率高、成本低廉等优势进入工业控制领域，成为新的热点。本章首先对现场总线与工业以太网进行了概述，讲述了现场总线的产生、现场总线的本质、现场总线的特点、现场总线标准的制定、现场总线的现状和现场总线网络的实现。同时讲述了工业以太网技术及其通信模型、实时以太网和实时工业以太网模型分析、企业网络信息集成系统。然后介绍了比较流行的现场总线 FF、CAN 和 CAN FD、LonWorks、PROFIBUS。最后对常用的工业以太网 EtherCAT、PROFINET 和 EPA 进行了介绍。

8.1 现场总线概述

现场总线（Fieldbus）自产生以来，一直是自动化领域技术发展的热点之一，被誉为自动化领域的计算机局域网，各自动化厂商纷纷推出自己的现场总线产品，并在不同的领域和行业得到了越来越广泛的应用，现在已处于稳定发展期。近几年，无线传感网络与物联网（IoT）技术也融入工业测控系统中。

按照 IEC 对现场总线的定义，现场总线是一种应用于生产现场，在现场设备之间、现场设备与控制装置之间实行双向、串行、多节点数字通信的技术。这是由 IEC/TC65 负责测量和控制系统数据通信部分国际标准化工作的 SC65/WG6 定义的。它作为工业数据通信网络的基础，沟通了生产过程现场级控制设备之间及其与更高控制管理层之间的联系。它不仅是一个基层网络，而且还是一种开放式、新型全分布式控制系统。这项以智能传感、控制、计算机、数据通信为主要内容的综合技术，已受到世界范围的关注而成为自动化技术发展的热点，并将导致自动化系统结构与设备的深刻变革。

8.1.1　现场总线的产生

在过程控制领域中，从 20 世纪 50 年代至今一直都在使用着一种信号标准，那就是 4～20 mA 的模拟信号标准。20 世纪 70 年代，数字式计算机引入测控系统中，而此时的计算机提供的是集中式控制处理。20 世纪 80 年代微处理器在控制领域得到应用，微处理器被嵌入各种仪器设备中，形成了分布式控制系统。在分布式控制系统中，各微处理器被指定一组特定任务，通信则由一个带有附属“网关”的专有网络提供，网关的程序大部分是由用户编写的。

随着微处理器的发展和广泛应用，产生了以 IC 代替常规电子线路，以微处理器为核心，实施信息采集、显示、处理、传输及优化控制等功能的智能设备。一些具有专家辅助推断分析与决策能力的数字式智能化仪表产品，本身具备了诸如自动量程转换、自动调零、自校正、自诊断等功能，还能提供故障诊断、历史信息报告、状态报告、趋势图等功能。通信技术的发展，促使传送数字化信息的网络技术开始广泛应用。与此同时，基于质量分析的维护管理、与安全相关的系统测试的记录、环境监视需求的增加，都要求仪表能在当地处理信息，并在必要时允许管理和访问，这些也使现场仪表与上级控制系统的通信量大增。另外，从实际应用的角度，控制界也不断在控制精度、可操作性、可维护性、可移植性等方面提出新需求。由此，导致了现场总线的产生。

现场总线就是用于现场智能化装置与控制室自动化系统之间的一个标准化的数字式通信链路，可进行全数字化、双向、多站总线式的信息数字通信，实现相互操作以及数据共享。现场总线的主要目的是用于控制、报警和事件报告等工作。现场总线通信协议的基本要求是响应速度和操作的可预测性的最优化。现场总线是一个低层次的网络协议，在其之上还允许有上级的监控和管理网络，负责文件传送等工作。现场总线为引入智能现场仪表提供了一个开放平台，基于现场总线的分布式控制系统（FCS），将是继 DCS 后的又一代控制系统。

8.1.2　现场总线的特点和优点

1. 现场总线的结构特点

现场总线打破了传统控制系统的结构形式。

传统模拟控制系统采用一对一的设备连线，按控制回路分别进行连接。位于现场的测量变送器与位于控制室的控制器之间，控制器与位于现场的执行器、开关、电动机之间均为一对一的物理连接。

现场总线控制系统由于采用了智能现场设备，能够把原先 DCS 系统中处于控制室的控制模块、各输入/输出模块置入现场设备，加上现场设备具有通信能力，现场的测量变送仪表可以与阀门等执行机构直接传送信号，因而控制系统功能能够不依赖控制室的计算机或控制仪表，直接在现场完成，实现了彻底的分散控制。现场总线控制系统（FCS）与传统控制系统（如 DCS）结构对比如图 8-1 所示。

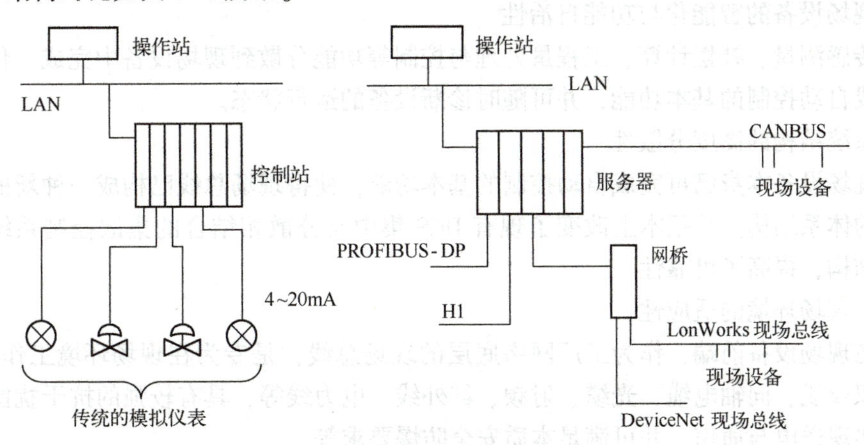

图 8-1　FCS 与 DCS 结构比较

由于采用数字信号替代模拟信号，因而可实现一对电线上传输多个信号，如运行参数值、多个设备状态、故障信息等，同时又为多个设备提供电源，现场设备以外不再需要模拟/数字、数字/模拟转换器件。这样就为简化系统结构、节约硬件设备、节约连接电缆与各种安装、维护费用创造了条件。表 8-1 为 FCS 与 DCS 的详细对比。

表 8-1 FCS 和 DCS 的详细对比

	FCS	DCS
结构	一对多：一对传输线接多台仪表，双向传输多个信号	一对一：一对传输线接一台仪表，单向传输一个信号
可靠性	可靠性好：数字信号传输抗干扰能力强，精度高	可靠性差：模拟信号传输不仅精度低，而且容易受干扰
失控状态	操作员在控制室既可以了解现场设备或现场仪表的工作状况，也能对设备进行参数调整，还可以预测或寻找故障，始终处于操作员的远程监视与可控状态之中	操作员在控制室既不了解模拟仪表的工作状况，也不能对其进行参数调整，更不能预测故障，导致操作员对仪表处于“失控”状态
互换性	用户可以自由选择不同制造商提供的性能价格比最优的现场设备和仪表，并将不同品牌的仪表互连。即使某台仪表故障，换上其他品牌的同类仪表照样工作，实现“即接即用”	尽管模拟仪表统一了信号标准（4～20）mA DC，可是大部分技术参数仍由制造厂自定，致使不同品牌的仪表无法互换
仪表	智能仪表除了具有模拟仪表的检测、变换、补偿等功能外，还具有数字通信能力，并且具有控制和运算的能力	模拟仪表只具有检测、变换、补偿等功能
控制	控制功能分散在各个智能仪表中	所有的控制功能集中在控制站中

2. 现场总线的技术特点

（1）系统的开放性

开放系统是指通信协议公开，各不同厂家的设备之间可进行互连并实现信息交换，现场总线开发者就是要致力于建立统一的工厂底层网络的开放系统。这里的开放是指对相关标准的一致性、公开性，强调对标准的共识与遵从。一个开放系统可以与任何遵守相同标准的其他设备或系统相连。一个具有总线功能的现场总线网络系统必须是开放的，开放系统把系统集成的权利交给了用户，用户可按自己的需要和对象把来自不同供应商的产品组成大小随意的系统。

（2）互操作性与互用性

这里的互操作性，是指实现互连设备间、系统间的信息传送与沟通，可实行点对点、一点对多点的数字通信。而互用性则意味着不同生产厂家的性能类似的设备可进行互换而实现互用。

（3）现场设备的智能化与功能自治性

它将传感测量、补偿计算、工程量处理与控制等功能分散到现场设备中完成，仅靠现场设备即可完成自动控制的基本功能，并可随时诊断设备的运行状态。

（4）系统结构的高度分散性

由于现场设备本身已可完成自动控制的基本功能，使得现场总线已构成一种新的全分布式控制系统的体系结构。从根本上改变了现有 DCS 集中与分散相结合的集散控制系统体系，简化了系统结构，提高了可靠性。

（5）对现场环境的适应性

工作在现场设备前端，作为工厂网络底层的现场总线，是专为在现场环境工作而设计的，它可支持双绞线、同轴电缆、光缆、射频、红外线、电力线等，具有较强的抗干扰能力，能采用两线制实现送电与通信，并可满足本质安全防爆要求等。

3. 现场总线的优点

由于现场总线的以上特点，特别是现场总线系统结构的简化，使控制系统从设计、安装、投运到正常生产运行及检修维护，都体现出优越性。

（1）节省硬件数量与投资

由于现场总线系统中分散在设备前端的智能设备能直接执行多种传感、控制、报警和计算功能，因而可减少变送器的数量，不再需要单独的控制器、计算单元等，也不再需要 DCS 系统的信号调理、转换、隔离技术等功能单元及其复杂接线，还可以用工控 PC 作为操作站，从而节省了一大笔硬件投资，由于控制设备的减少，还可减少控制室的占地面积。

(2) 节省安装费用

现场总线系统的接线十分简单，由于一对双绞线或一条电缆上通常可挂接多个设备，因而电缆、端子、槽盒、桥架的用量大大减少，连线设计与接头校对的工作量也大大减少。当需要增加现场控制设备时，无须增设新的电缆，可就近连接在原有的电缆上，既节省了投资，也减少了设计、安装的工作量。据有关典型试验工程的测算资料，可节约安装费用 60%以上。

(3) 节约维护开销

由于现场控制设备具有自诊断与简单故障处理的能力，并通过数字通信将相关的诊断维护信息送往控制室，用户可以查询所有设备的运行，诊断维护信息，以便早期分析故障原因并快速排除，缩短了维护停工时间，同时由于系统结构简化、连线简单而减少了维护工作量。

(4) 用户具有高度的系统集成主动权

用户可以自由选择不同厂商所提供的设备来集成系统。避免因选择了某一品牌的产品被“框死”了设备的选择范围，不会为系统集成中不兼容的协议、接口而一筹莫展，使系统集成过程中的主动权完全掌握在用户手中。

(5) 提高了系统的准确性与可靠性

由于现场总线设备的智能化、数字化，与模拟信号相比，它从根本上提高了测量与控制的准确度，减少了传送误差。同时，由于系统的结构简化，设备与连线减少，现场仪表内部功能加强；减少了信号的往返传输，提高了系统的工作可靠性。

此外，由于它的设备标准化和功能模块化，因而还具有设计简单、易于重构等优点。

8.1.3 现场总线标准的制定

数字技术的发展完全不同于模拟技术，数字技术标准的制定往往早于产品的开发，标准决定着新兴产业的健康发展。国际电工技术委员会/国际标准协会（IEC/ISA）自 1984 年起着手现场总线标准工作，但统一的标准至今仍未完成。

IEC TC65（负责工业测量和控制的第 65 标准化技术委员会）于 1999 年底通过的 8 种类型的现场总线是 IEC 61158 最早的国际标准。

最新的 IEC 61158 Ed. 4 标准于 2007 年 7 月出版。

IEC 61158 第四版由多个部分组成，主要包括以下内容。

- IEC 61158-1 总论与导则。
- IEC 61158-2 物理层服务定义与协议规范。
- IEC 61158-300 数据链路层服务定义。
- IEC 61158-400 数据链路层协议规范。
- IEC 61158-500 应用层服务定义。
- IEC 61158-600 应用层协议规范。

IEC 61158 Ed. 4 标准包括的现场总线类型如下。

- Type 1 IEC 61158（FF 的 H1）。
- Type 2 CIP 现场总线。
- Type 3 PROFIBUS 现场总线。
- Type 4 P-Net 现场总线。

- Type 5 FF HSE 现场总线。
- Type 6 SwiftNet 被撤销。
- Type 7 WorldFIP 现场总线。
- Type 8 INTERBUS 现场总线。
- Type 9 FF H1 以太网。
- Type10 PROFINET 实时以太网。
- Type11 TCnet 实时以太网。
- Type12 EtherCAT 实时以太网。
- Type13 Ethernet Powerlink 实时以太网。
- Type14 EPA 实时以太网。
- Type15 Modbus-RTPS 实时以太网。
- Type16 SERCOS Ⅰ、Ⅱ 现场总线。
- Type17 VNET/IP 实时以太网。
- Type18 CC-Link 现场总线。
- Type19 SERCOS Ⅲ 现场总线。
- Type20 HART 现场总线。

每种总线都有其产生的背景和应用领域。总线是为了满足自动化发展的需求而产生的，由于不同领域的自动化需求各有其特点，因此在某个领域中产生的总线技术一般对这一特定的领域的满足度高一些，应用多一些，适用性好一些。

工业以太网的引入成为新的热点。工业以太网正在工业自动化和过程控制市场上迅速增长，几乎所有远程 I/O 接口技术的供应商均提供一个支持 TCP/IP 的以太网接口，如 Siemens、Rockwell、GE Fanuc 等，它们销售各自的 PLC 产品，但同时提供与远程 I/O 和基于 PC 的控制系统相连接的接口。

8.1.4 现场总线网络的实现

现场总线的基础是数字通信，通信就必须有协议，从这个意义上讲，现场总线就是一个定义了硬件接口和通信协议的标准。国际标准化组织（ISO）的开放系统互联（OSI）协议，是为计算机互联网制定的七层参考模型，它对任何网络都是适用的，只要网络中所要处理的要素是通过共同的路径进行通信。目前，各个公司生产的现场总线产品没有一个统一的协议标准，但是各公司在制定自己的通信协议时，都参考 OSI 七层协议标准，且大都采用了其中的第 1 层、第 2 层和第 7 层，即物理层、数据链路层和应用层，并增设了第 8 层即用户层。

1. 物理层

物理层定义了信号的编码与传送方式、传送介质、接口的电气及机械特性、信号传输速率等。现场总线有两种编码方式：Manchester 和 NRZ，前者同步性好，但频带利用率低，后者刚好相反。Manchester 编码采用基带传输，而 NRZ 编码采用频带传输。调制方式主要有 CPFSK 和 COFSK。现场总线传输介质主要有有线电缆、光纤和无线介质。

2. 数据链路层

数据链路层又分为两个子层，即介质访问控制层（MAC）和逻辑链路控制层（LLC）。MAC 功能是对传输介质传送的信号进行发送和接收控制，而 LLC 层则是对数据链进行控制，保证数据传送到指定的设备上。现场总线网络中的设备可以是主站，也可以是从站，主站有控制收发数据的权利，而从站则只有响应主站访问的权利。

关于 MAC 层，目前有三种协议。

1）集中式轮询协议：其基本原理是网络中有主站，主站周期性地轮询各个节点，被轮循的节点允许与其他节点通信。

2）令牌总线协议：这是一种多主站协议，主站之间以令牌传送协议进行工作，持有令牌的站可以轮询其他站。

3）总线仲裁协议：其机理类似于多机系统中并行总线的管理机制。

3. 应用层

应用层可以分为两个子层，上面子层是应用服务层（FMS 层），它为用户提供服务；下面子层是现场总线存取层（FAS 层），它实现数据链路层的连接。

应用层的功能是进行现场设备数据的传送及现场总线变量的访问。它为用户应用提供接口，定义了如何应用读、写、中断和操作信息及命令，同时定义了信息、句法（包括请求、执行及响应信息）的格式和内容。应用层的管理功能在初始化期间初始化网络，指定标记和地址。同时按计划配置应用层，也对网络进行控制，统计失败和检测新加入或退出网络的装置。

4. 用户层

用户层是现场总线标准在 OSI 模型之外新增加的一层，是使现场总线控制系统开放与可互操作性的关键。

用户层定义了从现场装置中读、写信息和向网络中其他装置分派信息的方法，即规定了供用户组态的标准“功能模块”。事实上，各厂家生产的产品实现功能块的程序可能完全不同，但对功能块特性描述、参数设定及相互连接的方法是公开统一的。信息在功能块内经过处理后输出，用户对功能块的工作就是选择“设定特征”及“设定参数”，并将其连接起来。功能块除了输入、输出信号外，还输出表征该信号状态的信号。

8.2　工业以太网概述

8.2.1　以太网技术

20 世纪 70 年代早期，国际上公认的第一个以太网系统出现于 Xerox 公司的 Palo Alto Research Center（PARC），它以无源电缆作为总线来传送数据，在 1000 m 的电缆上连接了 100 多台计算机，并以曾经在历史上表示传播电磁波的以太（Ether）来命名，这就是如今以太网的鼻祖。以太网发展的历史如表 8-2 所示。

表 8-2　以太网的发展简表

标准及重大事件	时间，标志内容（速度）
Xerox 公司开始研发	1972 年
首次展示初始以太网	1976 年（2.94 Mbit/s）
标准 DIX V1.0 发布	1980 年（10 Mbit/s）
IEEE 802.3 标准发布	1983 年，基于 CSMA/CD 访问控制
10 Base-T	1990 年，双绞线
交换技术	1993 年，网络交换机
100 Base-T	1995 年，快速以太网（100 Mbit/s）
千兆以太网	1998 年
万兆以太网	2002 年

IEEE 802 代表 OSI 开放式系统互联七层参考模型中一个 IEEE 802. n 标准系列，IEEE 802 介绍了此系列标准协议情况。主要描述了此 LAN/MAN（局域网/城域网）系列标准协议概况与结构安排。IEEE 802. n 标准系列已被接纳为国际标准化组织（ISO）的标准，其编号命名为 ISO 8802。

8.2.2 工业以太网技术

人们习惯将用于工业控制系统的以太网统称为工业以太网。如果仔细划分，按照国际电工委员会 SC65C 的定义，工业以太网是用于工业自动化环境、符合 IEEE 802.3 标准、按照 IEEE 802.1D“媒体访问控制（MAC）网桥”规范和 IEEE 802.1Q“局域网虚拟网桥”规范、对其没有进行任何实时扩展（Extension）而实现的以太网。通过采用减轻以太网负荷、提高网络速度、采用交换式以太网和全双工通信、采用信息优先级和流量控制以及虚拟局域网等技术，到目前为止可以将工业以太网的实时响应时间做到 5~10 ms，相当于现有的现场总线。采用工业以太网，由于具有相同的通信协议，能实现办公自动化网络和工业控制网络的无缝连接。

以太网与工业以太网比较如表 8-3 所示。

表 8-3　以太网和工业以太网的比较

项　目	工业以太网设备	商用以太网设备
元器件	工业级	商用级
接插件	耐腐蚀、防尘、防水，如加固型 RJ45、DB-9、航空插头等	一般 RJ45
工作电压	24 V DC	220 V AC
电源冗余	双电源	一般没有
安装方式	DIN 导轨和其他固定安装	桌面、机架等
工作温度	-40~85℃或-20~70℃	5~40℃
电磁兼容性标准	EN 50081-2（工业级 EMC） EN 50082-2（工业级 EMC）	办公室用 EMC
MTBF 值	至少 10 年	3~5 年

工业以太网即应用于工业控制领域的以太网技术，它在技术上与商用以太网兼容，但又必须满足工业控制网络通信的需求。在产品设计时，在材质的选用、产品的强度、可靠性、抗干扰能力、实时性等方面满足工业现场环境的应用。

一般而言，工业控制网络应满足以下要求。

1）具有较好的响应实时性：工业控制网络不仅要求传输速度快，而且在工业自动化控制中还要求响应快，即响应实时性好。

2）可靠性和容错性要求：既能安装在工业控制现场，又能长时间连续稳定运行，在网络局部链路出现故障的情况下，能在很短的时间内重新建立新的网络链路。

3）力求简洁：减小软硬件开销，从而降低设备成本，同时也可以提高系统的健壮性。

4）环境适应性要求：包括机械环境适应性（如耐振动、耐冲击）、气候环境适应性（工作温度要求为-40~85℃，至少为-20~70℃，并要耐腐蚀、防尘、防水）、电磁环境适应性或电磁兼容性 EMC 应符合 EN50081-2/EN50082-2 标准。

5）开放性好：由于以太网技术被大多数的设备制造商所支持，并且具有标准的接口，系统集成和扩展更加容易。

6）安全性要求：在易爆、可燃的场合，工业以太网产品还需要具有防爆要求，包括隔爆、本质安全。

7）总线供电要求：即要求现场设备网络不仅能传输通信信息，而且能够为现场设备提供工作电源。这主要是从线缆铺设和维护方便考虑，同时总线供电还能减少线缆，降低成本。IEEE 802.3af 标准对总线供电进行了规范。

8）安装方便：适应工业环境的安装要求，如采用 DIN 导轨安装。

8.2.3　工业以太网通信模型

工业以太网协议在本质上仍基于以太网技术，在物理层和数据链路层均采用了 IEEE 802.3 标准，在网络层和传输层则采用被称为以太网"事实上的标准"的 TCP/IP 协议簇（包括 UDP、TCP、IP、ICMP、IGMP 等协议），它们构成了工业以太网的低四层。在高层协议上，工业以太网协议通常都省略了会话层、表示层，而定义了应用层，有的工业以太网协议还定义了用户层（如 HSE）。工业以太网的通信模型如图 8-2 所示。

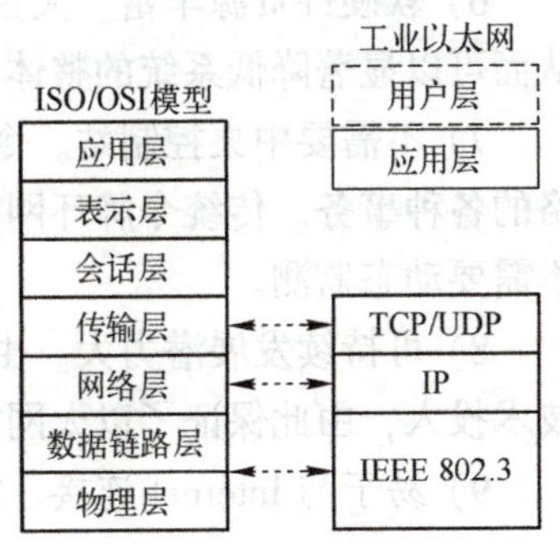

图 8-2　工业以太网的通信模型

工业以太网与商用以太网相比，具有如下特征。

（1）通信实时性

在工业以太网中，提高通信实时性的措施主要包括采用交换式集线器、使用全双工（Full-Duplex）通信模式、采用虚拟局域网（VLAN）技术、提高质量服务（QoS）、有效地应用任务的调度等。

（2）环境适应性和安全性

首先，针对工业现场的振动、粉尘、高温和低温、高湿度等恶劣环境，对设备的可靠性提出了更高的要求。工业以太网产品针对机械环境、气候环境、电磁环境等需求，对线缆、接口、屏蔽等方面做出专门的设计，符合工业环境的要求。

在易燃易爆的场合，工业以太网产品通过包括隔爆和本质安全两种方式来提高设备的生产安全性。

在信息安全方面，利用网关构建系统的有效屏障，对经过它的数据包进行过滤。同时随着加密解密技术与工业以太网的进一步融合，工业以太网的信息安全性也得到了进一步的保障。

（3）产品可靠性设计

工业控制的高可靠性通常包含三个方面内容。

1）可使用性好，网络自身不易发生故障。

2）容错能力强，网络系统局部单元出现故障，不影响整个系统的正常工作。

3）可维护性高，故障发生后能及时发现和及时处理，通过维修使网络及时恢复。

（4）网络可用性

在工业以太网系统中，通常采用冗余技术以提高网络的可用性，主要有端口冗余、链路冗余、设备冗余和环网冗余。

8.2.4　工业以太网的优势

以太网发展到工业以太网，从技术方面来看，与现场总线相比，工业以太网具有以下优势。

1）应用广泛。以太网是目前应用最为广泛的计算机网络技术，受到广泛的技术支持。几乎所有的编程语言都支持 Ethernet 的应用开发，如 Java、Visual C++、Visual Basic 等。这些编程语言由于广泛使用，并受到软件开发商的高度重视，具有很好的发展前景。因此，如果采用以太网作为现场总线，可以保证有多种开发工具、开发环境供选择。

2）成本低廉。由于以太网的应用广泛，受到硬件开发与生产厂商的高度重视与广泛支持，有多种硬件产品供用户选择，硬件价格也相对低廉。

3）通信速率高。目前以太网的通信速率为10 Mbit/s、100 Mbit/s、1000 Mbit/s、10 Gbit/s，其速率比目前的现场总线快得多，以太网可以满足对带宽有更高要求的需要。

4）开放性和兼容性好，易于信息集成。工业以太网因为采用由 IEEE 802.3 所定义的数据传输协议，它是一个开放的标准，从而为 PLC 和 DCS 厂家广泛接受。

5）控制算法简单。以太网没有优先权控制意味着访问控制算法可以很简单。它不需要管理网络上当前的优先权访问级。还有一个好处是：没有优先权的网络访问是公平的，任何站点访问网络的可能性都与其他站相同，没有哪个站可以阻碍其他站的工作。

6）软硬件资源丰富。大量的软件资源和设计经验可以显著降低系统的开发和培训费用，从而可以显著降低系统的整体成本，并大大加快系统的开发和推广速度。

7）不需要中央控制站。令牌环网采用了“动态监控”的思想，需要有一个站负责管理网络的各种事务。传统令牌环网如果没有动态监测是无法运行的。以太网不需要中央控制站，它不需要动态监测。

8）可持续发展潜力大。由于以太网的广泛使用，它的发展一直受到广泛的重视和大量的技术投入，由此保证了以太网技术持续发展。

9）易于与 Internet 连接。能实现办公自动化网络与工业控制网络的信息无缝集成。

8.2.5 实时以太网

工业以太网一般应用于通信实时性要求不高的场合。对于响应时间小于 5 ms 的应用，工业以太网已不能胜任。为了满足高实时性能应用的需要，各大公司和标准组织纷纷提出各种提升工业以太网实时性的技术解决方案。这些方案建立在 IEEE 802.3 标准的基础上，通过对其和相关标准的实时扩展提高实时性，并且做到与标准以太网的无缝连接，这就是实时以太网（Realtime Ethernet，RTE）。

根据 IEC 61784-2-2010 标准定义，所谓实时以太网，就是根据工业数据通信的要求和特点，在 ISO/IEC 8802-3 协议的基础上，通过增加一些必要的措施，使之具有实时通信能力。

1）网络通信在时间上的确定性，即在时间上，任务的行为可以预测。

2）实时响应适应外部环境的变化，包括任务的变化、网络节点的增/减、网络失效诊断等。

3）减少通信处理延迟，使现场设备间的信息交互在极小的通信延迟时间内完成。

2007 年出版的 IEC 61158 现场总线国际标准和 IEC 61784-2 实时以太网应用国际标准收录了 10 种实时以太网技术和协议，如表 8-4 所示。

表 8-4 IEC 国际标准收录的工业以太网

技术名称	技术来源	应用领域
Ethernet/IP	美国 Rockwell 公司	过程控制
PROFINET	德国 Siemens 公司	过程控制、运动控制
P-NET	丹麦 Process-Data A/S 公司	过程控制
Vnet/IP	日本 Yokogawa（横河）	过程控制

（续）

技术名称	技术来源	应用领域
TC-net	东芝公司	过程控制
EtherCAT	德国 Beckhoff 公司	运动控制
Ethernet Powerlink	奥地利 B&R 公司	运动控制
EPA	浙江大学、浙江中控公司等	过程控制、运动控制
Modbus/TCP	法国 Schneider-electric 公司	过程控制
SERCOS-Ⅲ	德国 Hilscher 公司	运动控制

8.2.6 实时工业以太网模型分析

实时工业以太网采用不同的实时策略来提高实时性能，根据其提高实时性策略的不同，实现模型可分为 3 种。实时工业以太网实现模型如图 8-3 所示。

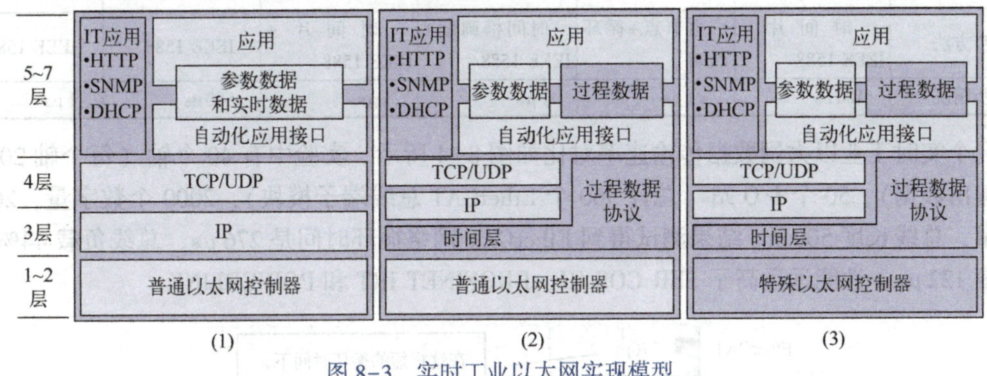

图 8-3 实时工业以太网实现模型

图 8-3 中情况（1）是基于 TCP/IP 实现，在应用层上做修改。此类模型通常采用调度法、数据帧优先级机制或使用交换式以太网来滤除商用以太网中的不确定因素。这一类工业以太网的代表有 Modbus/TCP 和 Ethernet/IP。此类模型适用于实时性要求不高的应用中。

图 8-3 中情况（2）基于标准以太网实现，在网络层和传输层上进行修改。此类模型将采用不同机制进行数据交换，对于过程数据采用专门的协议进行传输，TCP/IP 用于访问商用网络时的数据交换。常用的方法有时间片机制。采用此模型的典型协议包含 Ethenet POWERLINK、EPA 和 PROFINET RT。

图 8-3 中情况（3）是基于修改的以太网，基于标准的以太网物理层，对数据链路层进行了修改。此类模型一般采用专门硬件来处理数据，实现高实时性。通过不同的帧类型来提高确定性。基于此结构实现的以太网协议有 EtherCAT、SERCOSIII 和 PROFINET IRT。

对于实时以太网的选取应根据应用场合的实时性要求。

工业以太网的三种实现如表 8-5 所示。

表 8-5 工业以太网的三种实现

序号	技术特点	说明	应用实例
1	基于 TCP/IP 实现	特殊部分在应用层	Modbus/TCP Ethernet/IP
2	基于以太网实现	不仅实现了应用层，而且在网络层和传输层做了修改	Ethernet POWERLINK PROFINET RT
3	修改以太网实现	不仅在网络层和传输层做了修改，而且改进了底下两层，需要特殊的网络控制器	EtherCAT SERCOSIII PROFINET IRT

8.2.7 几种实时工业以太网的比较

几种实时工业以太网的对比如表8-6所示。

表8-6 几种实时工业以太网的对比

实时工业以太网	EtherCAT	SERCOS Ⅲ	PROFINET IRT	POWERLINK	EPA	Ethernet/IP
管理组织	ETG	IGS	PNO	EPG	EPA俱乐部	ODVA
通信机构	主/从	主/从	主/从	主/从	C/S	C/S
传输模式	全双工	全双工	半双工	半双工	全双工	全双工
实时特性	100轴，响应时间100 μs	8个轴，响应时间32.5 μs	100轴，响应时间1 ms	100轴，响应时间1 ms	—	1~5 ms
拓扑结构	星形、线形、环形、树形、总线型	线形、环形	星形、线形	星形、树形、总线型	树形、星形	星形、树形
同步方法	时间片+IEEE 1588	主节点+循环周期	时间槽调度+IEEE 1588	时间片+IEEE 1588	IEEE 1588	IEEE 1588
同步精度	100 ns	<1 μs	1 μs	1 μs	500 ns	1 μs

几个实时工业以太网数据传输速率对比如图8-4所示。实验中有40个轴（每个轴20 B输入和输出数据），50个I/O站（总计560个EtherCAT总线端子模块），2000个数字量，200个模拟量，总线长度500 m。结果测试得到EtherCAT网络循环时间是276 μs，总线负载44%，报文长度122 μs，性能远远高于SER COS III、PROFINET IRT和POWERLINK。

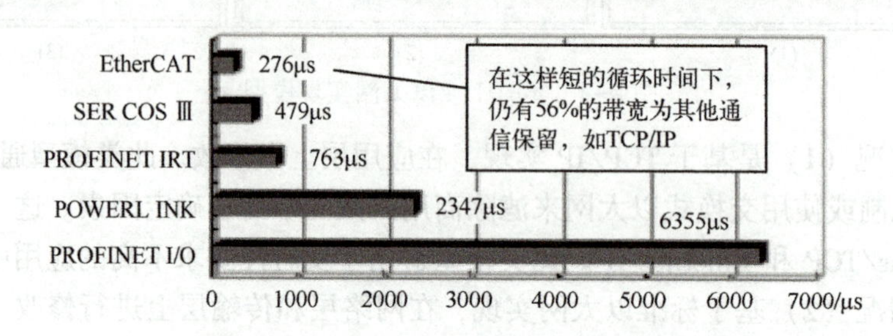

图8-4 几个实时工业以太网数据传输速率对比

根据对比分析可以得出，EtherCAT实施工业以太网各方面性能都很突出。EtherCAT极小的循环时间、高速、高同步性、易用性和低成本使其在机器人控制、机床应用、CNC功能、包装机械、测量应用、超高速金属切割、汽车工业自动化、机器内部通信、焊接机器、嵌入式系统、变频器、编码器等领域获得广泛的应用。

同时因拓扑的灵活，无须交换机或集线器、网络结构没有限制、自动连接检测等特点，使其在大桥减震系统、印刷机械、液压/电动冲压机、木材交工设备等领域具有很高的应用价值。

国外很多企业对EtherCAT的技术研究已经比较深入，而且已经开发出了比较成熟的产品。如德国BECKHOFF、美国Kollmorgen（科尔摩根）、意大利Phase、美国NI、SEW、TrioMotion、MKS、Omron、CopleyControls等自动化设备公司都推出了一系列支持EtherCAT的驱动设备。

8.3 现场总线简介

由于技术和利益的原因，目前国际上存在着几十种现场总线标准，比较流行的主要有FF、

CAN、DeviceNet、LonWorks、PROFIBUS、HART、INTERBUS、CC-Link、ControlNet、WorldFIP、P-Net、SwiftNet 等现场总线。

8.3.1　FF

基金会现场总线（Foundation Fieldbus，FF）是在过程自动化领域得到广泛支持和具有良好发展前景的技术。其前身是以美国 Fisher-Rousemount 公司为首，联合 Foxboro、横河、ABB、西门子等 80 家公司制定的 ISP 和以 Honeywell 公司为首、联合欧洲等地的 150 家公司制定的 WorldFIP。迫于用户的压力，这两大集团于 1994 年 9 月合并，成立了现场总线基金会，致力于开发出国际上统一的现场总线协议。它以 ISO/OSI 开放系统互连模型为基础，取其物理层、数据链路层、应用层为 FF 通信模型的相应层次，并在应用层上增加了用户层。

基金会现场总线分低速 H1 和高速 H2 两种通信速率。H1 的传输速率为 31.25 kbit/s，通信距离可达 1900 m（可加中继器延长），可支持总线供电，支持本质安全防爆环境。H2 的传输速率为 1 Mbit/s 和 2.5 Mbit/s 两种，其通信距离为 750 m 和 500 m。物理传输介质可支持双绞线、光缆和无线发射，协议符合 IEC1158-2 标准。

其物理媒介的传输信号采用曼彻斯特编码，每位发送数据的中心位置或是正跳变，或是负跳变。正跳变代表 0，负跳变代表 1，从而使串行数据位流中具有足够的定位信息，以保持发送双方的时间同步。接收方既可根据跳变的极性来判断数据的“1”“0”状态，也可根据数据的中心位置精确定位。

为满足用户需要，Honeywell、Ronan 等公司已开发出可完成物理层和部分数据链路层协议的专用芯片，许多仪表公司已开发出符合 FF 协议的产品，H1 总线已通过 α 测试和 β 测试，完成了由 13 家厂商提供设备而组成的 FF 现场总线工厂试验系统。H2 总线标准也已形成。1996 年 10 月，在芝加哥举行的 ISA96 展览会上，由现场总线基金会组织实施，向世界展示了来自 40 多家厂商的 70 多种符合 FF 协议的产品，并将这些分布在不同楼层展览大厅不同展台上的 FF 展品，用醒目的橙红色电缆，互连为七段现场总线演示系统，各展台现场设备之间可实地进行现场互操作，展现了基金会现场总线的成就与技术实力。

8.3.2　CAN 和 CAN FD

控制器局域网（Controller Area Network，CAN）最早由德国 Bosch 公司提出，用于汽车内部测量与执行部件之间的数据通信。其总线规范现已被 ISO 国际标准组织制定为国际标准，得到了 Motorola、Intel、Philips、Siemens、NEC 等公司的支持，已广泛应用在离散控制领域。

CAN 协议也是建立在国际标准组织的开放系统互连模型基础上的，不过，其模型结构只有 3 层，只取 OSI 的物理层、数据链路层和应用层。其信号传输介质为双绞线，通信速率最高可达 1 Mbit/s/40 m，直接传输距离最远可达 10 km/5 kbit/s，可挂接设备最多可达 110 个。

CAN 的信号传输采用短帧结构，每一帧的有效字节数为 8 个，因而传输时间短，受干扰的概率低。当某节点严重错误时，具有自动关闭的功能以切断该节点与总线的联系，使总线上的其他节点及其通信不受影响，具有较强的抗干扰能力。

CAN 支持多主方式工作，网络上任何节点均可在任意时刻主动向其他节点发送信息，支持点对点、一点对多点和全局广播方式接收/发送数据。它采用总线仲裁技术，当出现几个节点同时在网络上传输信息时，优先级高的节点可继续传输数据，而优先级低的节点则主动停止发送，从而避免了总线冲突。

已有多家公司开发生产了符合 CAN 协议的通信控制器，如 NXP 公司的 SJA1000、

Microchip公司的MCP2515、内嵌CAN通信控制器的ARM和DSP等。还有插在PC上的CAN总线适配器，具有接口简单、编程方便、开发系统价格便宜等优点。

在汽车领域，随着人们对数据传输带宽要求的增加，传统的CAN总线由于带宽的限制难以满足这种增加的需求。

当今社会，汽车已经成为生活中不可缺少的一部分，人们希望汽车不仅仅是一种代步工具，更希望汽车是生活及工作范围的一种延伸。在汽车上就像待在自己的办公室和家里一样，可以打电话、上网、娱乐和工作。

因此，汽车制造商为了提高产品竞争力，将越来越多的功能集成到了汽车上。ECU（电子控制单元）大量地增加使总线负载率急剧增大，传统的CAN总线越来越显得力不从心。

此外为了缩小CAN网络（最大1Mbit/s）与FlexRay（最大10 Mbit/s）网络的带宽差距，Bosch公司于2011年推出了CAN FD（CAN with Flexible Data-Rate）方案。

8.3.3 LonWorks

美国的埃施朗（Echelon）公司是全分布智能控制网络技术LonWorks平台的创立者，LonWorks控制网络技术可用于各主要工业领域，如工厂厂房自动化、生产过程控制、楼宇及家庭自动化、农业、医疗和运输业等，为实现智能控制网络提供完整的解决方案。

美国Echelon公司于1992年成功推出了LonWorks智能控制网络。LON（Local Operating Networks）总线是该公司推出的局部操作网络，Echelon公司开发了LonWorks技术，为LON总线设计和成品化提供了一套完整的开发平台。其通信协议LonTalk支持OSI/RM的所有七层模型，这是LON总线最突出的特点。LonTalk协议通过神经元芯片（Neuron Chip）上的硬件和固件（Firmware）实现，提供介质存取、事务确认和点对点通信服务；还有一些如认证、优先级传输、单一/广播/组播消息发送等高级服务。网络拓扑结构可以是总线型、星形、环形和混合形，可实现自由组合。另外，通信介质支持双绞线、同轴电缆、光纤、射频、红外线和电力线等。应用程序采用面向对象的设计方法，通过网络变量把网络通信的设计简化为参数设置，大大缩短了产品开发周期。

高可靠性、安全性、易于实现和互操作性，使得LonWorks产品广泛应用于过程控制、电梯控制、能源管理、环境监视、污水处理、火灾报警、采暖通风和空调控制、交通管理、家庭网络自动化等。LON总线已成为当前最流行的现场总线之一。

LonWorks网络协议已成为诸多组织、行业的标准。消费电子制造商协会（CEMA）将LonWorks协议作为家庭网络自动化的标准（EIA-709）。1999年10月，ANSI接纳LonWorks网络的基础协议作为一个开放工业标准，包含在ANSI/EIA709.1中。国际半导体原料协会（SEMI）明确采纳LonWorks网络技术作为其行业标准，还有许多国际行业协会采纳LonWorks协议标准，这巩固了LonWorks产品的应用地位，推动了LonWorks技术的发展。

2005年之前，LonWorks技术的核心是神经元芯片（Neuron Chip）。神经元芯片主要有3120和3150两大系列，生产厂家最早的有Motorola公司和TOSHIBA公司，后来生产神经元芯片的厂家是TOSHIBA公司和美国的Cypress公司。TOSHIBA公司生产的神经元芯片型号为TMPN3120和TMPN3150两个系列。TMPN3120不支持外部存储器，它本身带有EEPROM；TMPN3150支持外部存储器，适合功能较为复杂的应用场合。Cypress公司生产的神经元芯片型号为CY7C53120和CY7C53150两个系列。

2005年之后，上述神经元芯片不再给用户供货，Echelon公司主推FT智能收发器和Neuron处理器。

2018 年 9 月，总部位于美国加州的 Adesto Technologies（阿德斯托技术）公司收购了 Echelon 公司。

Adesto 公司是创新的、特定应用的半导体和嵌入式系统的领先供应商，这些半导体和嵌入式系统构成了物联网边缘设备在全球网络上运行的基本组成部分。半导体和嵌入式技术组合优化了连接物联网设备，用于工业、消费、通信和医疗等领域。

通过专家设计、系统专业知识和专有知识产权，Adesto 公司使客户能够在对物联网最重要的地方区分它们的系统：更高的效率、更高的可靠性和安全性、集成的智能和更低的成本。广泛的产品组合涵盖从物联网边缘服务器、路由器、节点和通信模块到模拟、数字和非易失性存储器（NVM）技术，这些技术以标准产品、专用集成电路（ASIC）和 IP 核的形式交付给用户。

Adesto 公司成功推出的 FT 6050 智能收发器和 Neuron 6050 处理器是用于现代化和整合智能控制网络的片上系统。

8.3.4　PROFIBUS

PROFIBUS 是作为德国国家标准 DIN19245 和欧洲标准 EN50170 的现场总线，ISO/OSI 模型也是它的参考模型。由 PROFIBUS-DP、PROFIBUS-FMS、PROFIBUS-PA 组成了 PROFIBUS 系列。

DP 型用于分布式外设间的高速传输，适合加工自动化领域的应用。FMS 意为现场信息规范，适用于纺织、楼宇自动化、可编程控制器、低压开关等一般自动化，而 PA 型则是用于过程自动化的总线类型，它遵从 IEC1158-2 标准。该项技术是由西门子公司为主的十几家德国公司、研究所共同推出的。它采用了 OSI 模型的物理层、数据链路层，由这两部分形成了其标准第一部分的子集，DP 型隐去了 3~7 层，而增加了直接数据连接拟合作为用户接口，FMS 型只隐去第 3~6 层，采用了应用层，作为标准的第二部分。PA 型的标准目前还处于制定过程之中，其传输技术遵从 IEC1158-2（H1）标准，可实现总线供电与本质安全防爆。

PROFIBUS 支持主-从系统、纯主站系统、多主多从混合系统等几种传输方式。主站具有对总线的控制权，可主动发送信息。对多主站系统来说，主站之间采用令牌方式传递信息，得到令牌的站点可在一个事先规定的时间内拥有总线控制权，并事先规定好令牌在各主站中循环一周的最长时间。按 PROFIBUS 的通信规范，令牌在主站之间按地址编号顺序，沿上行方向进行传递。主站在得到控制权时，可以按主-从方式，向从站发送或索取信息，实现点对点通信。主站可采取对所有站点广播（不要求应答），或有选择地向一组站点广播。

PROFIBUS 的传输速率为 9.6~12000 kbit/s，最大传输距离在 9.6 kbit/s 时为 1200 m，1.5 Mbit/s 时为 200 m，可用中继器延长至 10 km。其传输介质可以是双绞线，也可以是光缆，最多可挂接 127 个站点。

8.4　工业以太网简介

8.4.1　EtherCAT

EtherCAT 是由德国 BECKHOFF 公司开发的，并且在 2003 年底成立了 ETG 工作组（Ethernet Technology Group）。EtherCAT 是一个现场级的超高速 I/O 网络，它使用标准的以太网物理层和常规的以太网卡，介质可为双绞线或光纤。

1. 以太网的实时能力

目前，有许多方案力求实现以太网的实时能力。

例如，CSMA/CD 介质存取过程方案，即禁止高层协议访问过程，而由时间片或轮循方式所取代的一种解决方案。

另一种解决方案则是通过专用交换机精确控制时间的方式来分配以太网包。

这些方案虽然可以在某种程度上快速准确地将数据包传送给所连接的以太网节点，但是，输出或驱动控制器重定向所需要的时间以及读取输入数据所需要的时间都要受制于具体的实现方式。

常规的工业以太网的传输方法都采用先接收通信帧，进行分析后作为数据送入网络中各个模块的通信方式，而 EtherCAT 的以太网协议帧中已经包含了网络中各个模块的数据。

数据的传输采用移位同步的方法进行，即在网络的模块中得到其相应地址数据的同时，数据帧可以传送到下一个设备，相当于数据帧通过一个模块时输出相应的数据后，立即转入下一个模块。由于这种数据帧的传送从一个设备到另一个设备延迟时间仅为微秒级，所以与其他以太网解决方法相比，性能比得到了提高。在网络段的最后一个模块结束了整个数据传输的工作，形成了一个逻辑和物理环形结构。所有传输数据与以太网的协议兼容，同时采用双工传输，提高了传输的效率。

2. EtherCAT 的运行原理

EtherCAT 技术突破了其他以太网解决方案的系统限制：通过该项技术，无须接收以太网数据包，将其解码，之后再将过程数据复制到各个设备。EtherCAT 从站设备在报文经过其节点时读取相应的编址数据，同样，输入数据也是在报文经过时插入至报文中。整个过程中，报文只有几纳秒的时间延迟。

由于发送和接收的以太网帧压缩了大量的设备数据，所以有效数据率可达 90%以上。100 Mbit/s TX 的全双工特性完全得以利用，因此，有效数据率可大于 100 Mbit/s。

符合 IEEE 802.3 标准的以太网协议无须附加任何总线即可访问各个设备。耦合设备中的物理层可以将双绞线或光纤转换为 LVDS，以满足电子端子块等模块化设备的需求。这样，就可以非常经济地对模块化设备进行扩展。

EtherCAT 的通信协议模型如图 8-5 所示。EtherCAT 通过协议内部可区别传输数据的优先权（Process Data），组态数据或参数的传输是在一个确定的时间中通过一个专用的服务通道进行（Acyclic Data），EtherCAT 系统的以太网功能与传输的 IP 兼容。

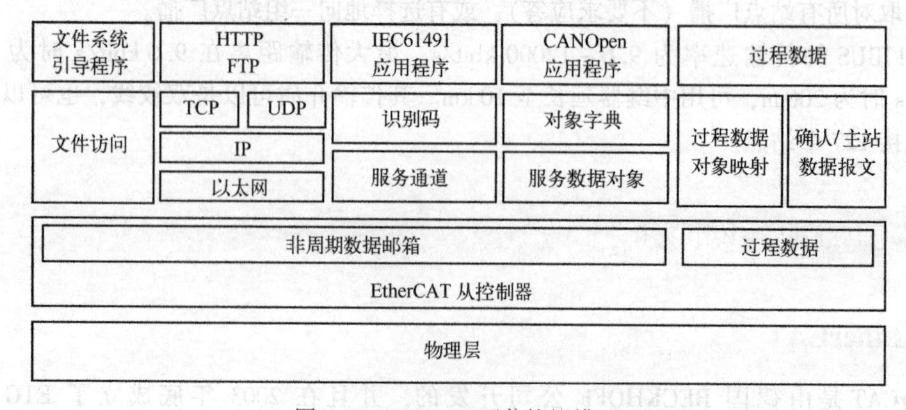

图 8-5 EtherCAT 通信协议模型

3. EtherCAT 的实施

由于 EtherCAT 无须集线器和交换机，因此，在环境条件允许的情况下，可以节省电源、安装费用等设备方面的投资，只需使用标准的以太网电缆和价格低廉的标准连接器即可。如果环境条件有特殊要求，则可以依照 IEC 标准，使用增强密封保护等级的连接器。

EtherCAT 技术是面向经济的设备而开发的，如 I/O 端子、传感器和嵌入式控制器等。Ether CAT 使用遵循 IEEE 802.3 标准的以太网帧。这些帧由主站设备发送，从站设备只是在以太网帧经过其所在位置时才提取和/或插入数据。因此，EtherCAT 使用标准的以太网 MAC，这正是其在主站设备方面智能化的表现。同样，EtherCAT 从站控制器采用 ASIC 芯片，在硬件中处理过程数据协议，确保提供最佳实时性能。

EtherCAT 接线非常简单，并对其他协议开放。传统的现场总线系统已达到了极限，而 EtherCAT 则突破建立了新的技术标准。可选择双绞线或光纤，并利用以太网和因特网技术实现垂直优化集成。使用 EtherCAT 技术，可以用简单的线型拓扑结构替代昂贵的星形以太网拓扑结构，无须昂贵的基础组件。EtherCAT 还可以使用传统的交换机连接方式，以集成其他的以太网设备。其他的实时以太网方案需要与控制器进行特殊连接，而 EtherCAT 只需要价格低廉的标准以太网卡（NIC）便可实现。

EtherCAT 拥有多种机制，支持主站到从站、从站到从站以及主站到主站之间的通信。它实现了安全功能，采用技术可行且经济实用的方法，使以太网技术可以向下延伸至 I/O 级。EtherCAT 功能优越，可以完全兼容以太网，可将因特网技术嵌入简单设备中，并最大化地利用了以太网所提供的巨大带宽，是一种实时性能优越且成本低廉的网络技术。

4. EtherCAT 的应用

EtherCAT 广泛适用于机器人、机床、包装机械、印刷机、冲压机、半导体制造机器、试验台、电厂、变电站、自动化装配系统、纸浆和造纸机、隧道控制系统、焊接机、起重机和升降机、楼宇控制系统、钢铁厂、风机和称重系统等。

8.4.2 PROFINET

PROFINET 是由 PROFIBUS 国际组织（PROFIBUS International，PI）提出的基于实时以太网技术的自动化总线标准，将工厂自动化和企业信息管理层 IT 技术有机地融为一体，同时又完全保留了 PROFIBUS 现有的开放性。

PROFINET 支持除星形、总线型和环形之外的拓扑结构。为了减少布线费用，并保证高度的可用性和灵活性，PROFINET 提供了大量的工具帮助用户方便地实现 PROFINET 的安装。特别设计的工业电缆和耐用连接器满足 EMC 和温度要求，并且在 PROFINET 框架内形成标准化，保证了不同制造商设备之间的兼容性。

PROFINET 满足了实时通信的要求，可应用于运动控制。它具有 PROFIBUS 和 IT 标准的开放透明通信，支持从现场级到工厂管理层通信的连续性，从而增加了生产过程的透明度，优化了公司的系统运作。作为开放和透明的概念，PROFINET 亦适用于 Ethernet 和任何其他现场总线系统之间的通信，可实现与其他现场总线的无缝集成。PROFINET 同时实现了分布式自动化系统，提供了独立于制造商的通信、自动化和工程模型，将通信系统、以太网转换为适应于工业应用的系统。

PROFINET 提供标准化的独立于制造商的工程接口。它能够方便地把各个制造商的设备和组件集成到单一系统中。设备之间的通信链接以图形形式组态，无须编程。最早建立自动化工程系统与微软操作系统及其软件的接口标准，使得自动化行业的工程应用能够被 Windows NT/

2000所接收，将工程系统、实时系统以及Windows操作系统结合为一个整体，PROFINET的系统结构如图8-6所示。

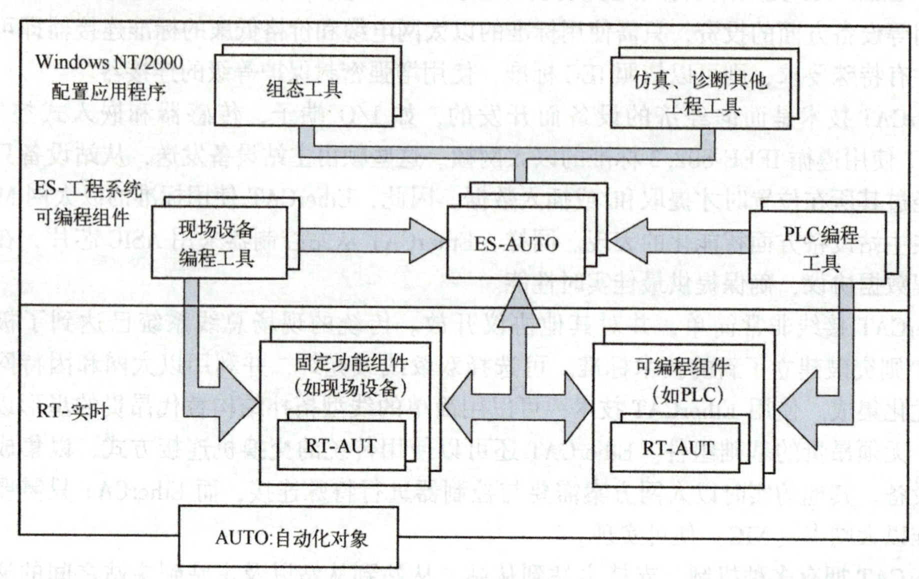

图8-6 PROFINET的系统结构

PROFINET为自动化通信领域提供了一个完整的网络解决方案，包括诸如实时以太网、运动控制、分布式自动化、故障安全以及网络安全等当前自动化领域的热点问题。PROFINET包括8大主要模块，分别为实时通信、分布式现场设备、运动控制、分布式自动化、网络安装、IT标准集成与信息安全、故障安全和过程自动化。同时PROFINET也实现了从现场级到管理层的纵向通信集成，一方面，方便管理层获取现场级的数据，另一方面，原本在管理层存在的数据安全性问题也延伸到了现场级。为了保证现场网络控制数据的安全，PROFINET提供了特有的安全机制，通过使用专用的安全模块，可以保护自动化控制系统，使自动化通信网络的安全风险最小化。

PROFINET是一个整体的解决方案，PROFINET的通信协议模型如图8-7所示。

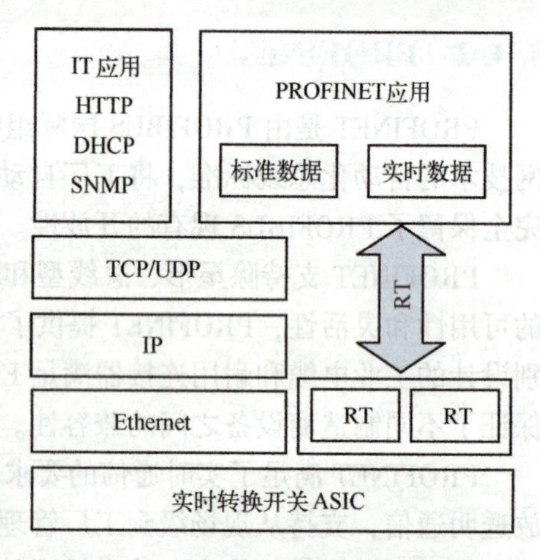

图8-7 PROFINET通信协议模型

RT实时通道能够实现高性能传输循环数据和时间控制信号、报警信号，IRT同步实时通道实现等时同步方式下的数据高性能传输。PROFINET使用了TCP/IP和IT标准，并符合基于工业以太网的实时自动化体系，覆盖了自动化技术的所有要求，能够实现与现场总线的无缝集成。更重要的是PROFINET所有的事情都在一条总线电缆中完成，IT服务和TCP/IP开放性没有任何限制，它可以满足用于所有客户从高性能到等时同步可以伸缩的实时通信需要的统一的通信。

8.4.3 EPA

2004年5月，由浙江大学牵头，重庆邮电大学作为第4核心成员制定的新一代现场总线标准——《用于工业测量与控制系统的EPA通信标准》（简称EPA标准）成为我国第一个拥有自主知识产权并被IEC认可的工业自动化领域国际标准（IEC/PAS 62409）。

EPA（Ethernet for Plant Automation）系统是一种分布式系统，它是利用 ISO/IEC 8802-3、IEEE 802. 11、IEEE 802. 15 等协议定义的网络，将分布在现场的若干个设备、小系统以及控制、监视设备连接起来，使所有设备一起运作，共同完成工业生产过程和操作过程中的测量和控制。EPA 系统可以用于工业自动化控制环境。

EPA 标准定义了基于 ISO/IEC 8802-3、IEEE 802. 11、IEEE 802. 15 以及 RFC 791、RFC 768 和 RFC 793 等协议的 EPA 系统结构、数据链路层协议、应用层服务定义与协议规范以及基于 XML 的设备描述规范。

1. EPA 技术与标准

EPA 根据 IEC 61784-2 的定义，在 ISO/IEC 8802-3 协议基础上，进行了针对通信确定性和实时性的技术改造，其通信协议模型如图 8-8 所示。

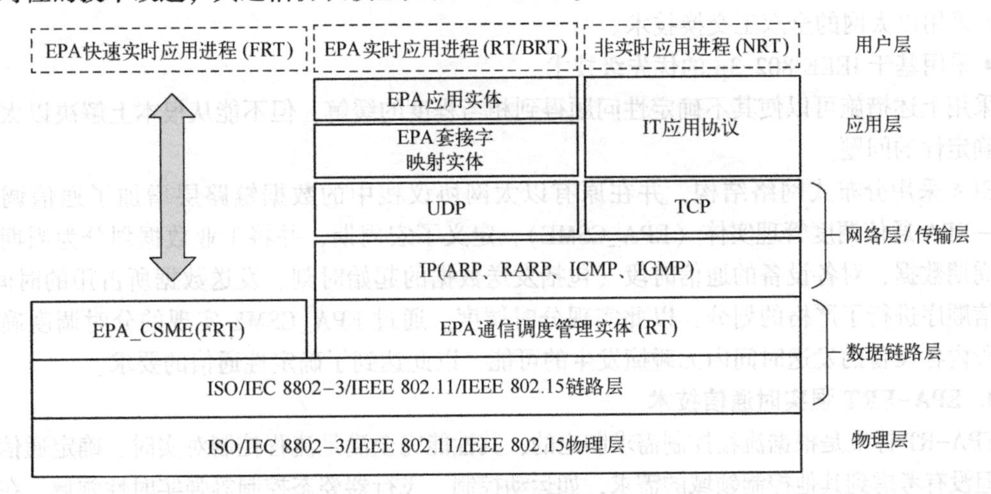

图 8-8　EPA 通信协议模型

除了 ISO/IEC 8802-3/IEEE 802. 11/IEEE 802. 15、TCP（UDP）/IP 以及 IT 应用协议等组件外，EPA 通信协议还包括 EPA 实时性通信进程、EPA 快速实时性通信进程、EPA 应用实体和 EPA 通信调度管理实体。针对不同的应用需求，EPA 确定性通信协议簇中包含了以下几个部分。

（1）非实时性通信协议（N-Real-Time，NRT）

非实时通信是指基于 HTTP、FTP 以及其他 IT 应用协议的通信方式，如 HTTP 服务应用进程、电子邮件应用进程、FTP 应用进程等进程运行时进行的通信。在实际 EPA 应用中，非实时通信部分应与实时性通信部分利用网桥进行隔离。

（2）实时性通信协议（Real-Time，RT）

实时性通信是指满足普通工业领域实时性需求的通信方式，一般针对流程控制领域。利用 EPA_CSME 通信调度管理实体，对各设备进行周期数据的分时调度，以及非周期数据按优先级进行调度。

（3）快速实时性通信协议（Fast Real-Time，FRT）

快速实时性通信是指满足强实时控制领域实时性需求的通信方式，一般针对运动控制领域。FRT 快速实时性通信协议部分在 RT 实时性通信协议上进行了修改，包括协议栈的精简和数据复合传输，以此满足如运动控制领域等强实时性控制领域的通信需求。

（4）块状数据实时性通信协议（Block Real-Time，BRT）

块状数据实时性通信是指对于部分大数据量类型的成块数据进行传输，以满足其实时性需求的通信方式，一般指流媒体（如音频流、视频流等）数据。在 EPA 协议栈中针对此类数据的通信需求定义了BRT块状数据实时性通信协议及块状数据的传输服务。

EPA标准体系包括EPA国际标准和EPA国家标准两部分。

EPA国际标准包括一个核心技术国际标准和四个EPA应用技术标准。以EPA为核心的系列国际标准为新一代控制系统提供了高性能现场总线完整解决方案，可广泛应用于过程自动化、工厂自动化（包括数控系统、机器人系统运动控制等）、汽车电子等，可将工业企业综合自动化系统网络平台统一到开放的以太网技术上来。

2. EPA确定性通信机制

为提高工业以太网通信的实时性，一般采用以下措施。

- 提高通信速率。
- 减小系统规模，控制网络负荷。
- 采用以太网的全双工交换技术。
- 采用基于IEEE 802.3p的优先级技术。

采用上述措施可以使其不确定性问题得到相当程度的缓解，但不能从根本上解决以太网通信不确定性的问题。

EPA采用分布式网络结构，并在原有以太网协议栈中的数据链路层增加了通信调度子层——EPA通信调度管理实体（EPA_CSME），定义了宏周期，并将工业数据划分为周期数据和非周期数据，对各设备的通信时段（包括发送数据的起始时刻、发送数据所占用的时间片）和通信顺序进行了严格的划分，以此实现分时调度。通过EPA_CSME实现的分时调度确保了各网段内各设备的发送时间内无碰撞发生的可能，以此达到了确定性通信的要求。

3. EPA-FRT强实时通信技术

EPA-RT标准是根据流程控制需求制定的，其性能完全满足流程控制对实时、确定通信的需求，但没有考虑到其他控制领域的需求，如运动控制、飞行器姿态控制等强实时性领域，在这些领域，提出了比流程控制领域更为精确的时钟同步要求和实时性要求，且其报文特征更为明显。

相比于流程控制领域，运动控制系统对数据通信的强实时性和高同步精度提出了更高的要求。

1）高同步精度的要求。由于一个控制系统中存在多个伺服和多个时钟基准，为了保证所有伺服协调一致的运动，必须保证运动指令在各个伺服中同时执行。因此高性能运动控制系统必须有精确的同步机制，一般要求同步偏差小于1 μs。

2）强实时性的要求。在带有多个离散控制器的运动控制系统中，伺服驱动器的控制频率取决于通信周期。高性能运动控制系统中，一般要求通信周期小于1 ms，周期抖动小于1 μs。

EPA-RT系统的同步精度为微秒级，通信周期为毫秒，虽然可以满足大多数工业环境的应用需求，但对高性能运动控制领域的应用却有所不足，而EPA-FRT系统的技术指标必须满足高性能运动控制领域的需求。

针对这些领域需求，对其报文特点进行分析，EPA给出了对通信实时性的性能提高方法，其中最重要的两个方面为协议栈的精简和对数据的符合传输，以此解决特殊应用领域的实时性要求。如在运动控制领域中，EPA就针对其报文周期短、数据量小但交互频繁的特点提出了EPA-FRT扩展协议，满足了运动控制领域的需求。

4. EPA的技术特点

EPA具有以下技术特点。

（1）确定性通信

以太网由于采用CSMA/CD（载波侦听多路访问/冲突检测）介质访问控制机制，因此具有通信“不确定性”的特点，并成为其应用于工业数据通信网络的主要障碍。虽然以太网交换技术、全双工通信技术以及 IEEE 802.1P&Q 规定的优先级技术在一定程度上避免了碰撞，但也存在着一定的局限性。

（2）“E”网到底

EPA 是应用于工业现场设备间通信的开放网络技术，采用分段化系统结构和确定性通信调度控制策略，解决了以太网通信的不确定性问题，使以太网、无线局域网、蓝牙等广泛应用于工业/企业管理层、过程监控层网络的 COTS（Commercial Off-The-Shelf）技术直接应用于变送器、执行机构、远程 I/O、现场控制器等现场设备间的通信。采用 EPA 网络，可以实现工业/企业综合自动化智能工厂系统中从底层的现场设备层到上层的控制层、管理层的通信网络平台基于以太网技术的统一，即所谓的“‘E(Ethernet)’网到底”。

（3）互操作性

《EPA 标准》除了解决实时通信问题外，还为用户层应用程序定义了应用层服务与协议规范，包括系统管理服务、域上载/下载服务、变量访问服务、事件管理服务等。至于 ISO/OSI 通信模型中的会话层、表示层等中间层次，为降低设备的通信处理负荷，可以省略，而在应用层直接定义与 TCP/IP 的接口。

为支持来自不同厂商的 EPA 设备之间的互可操作，《EPA 标准》采用可扩展标记语言（Extensible Markup Language，XML）为 EPA 设备描述语言，规定了设备资源、功能块及其参数接口的描述方法。用户可采用微软公司提供的通用 DOM 技术对 EPA 设备描述文件进行解释，而无须专用的设备描述文件编译和解释工具。

（4）开放性

《EPA 标准》完全兼容 IEEE 802.3、IEEE 802.1P&Q、IEEE 802.1D、IEEE 802.11、IEEE 802.15 以及 UDP（TCP）/IP 等协议，采用 UDP 传输 EPA 报文，以减少协议处理时间，提高报文传输的实时性。

（5）分层的安全策略

对于采用以太网等技术所带来的网络安全问题，《EPA 标准》规定了企业信息管理层、过程监控层和现场设备层三个层次，采用分层化的网络安全管理措施。

（6）冗余

EPA 支持网络冗余、链路冗余和设备冗余，并规定了相应的故障检测和故障恢复措施，例如，设备冗余信息的发布、冗余状态的管理、备份的自动切换等。

8.5　工业互联网技术

工业互联网技术与实践是全球范围内正在进行的人与机器、机器与机器连接的新一轮技术革命。工业互联网技术在美国、德国和中国三大主要制造业国家依据各自产业技术优势沿着不同的演进路径迅速扩散。

工业互联网实践则以全面互联与定制化为共性特点形成制造范式，深刻影响着研发、生产和服务等各个环节。工业互联网的内涵日渐丰富，传感器互联（物联）与综合集成、虚拟化技术、大规模海量数据挖掘预测等信息技术应用呈现出更为多样的工业系统智能化特征。基于工业互联网的商业与管理创新所集聚形成的产业生态将构建新型的生产组织方式，也将改变产品的技术品质和生产效率，进而从根本上颠覆制造业的发展模式和进程。

8.5.1 工业互联网概述

1. 工业互联网的诞生

2012年以来，美国政府将重塑先进制造业核心竞争力上升为国家战略。美国政府、企业及相关组织发布了《先进制造业国家战略计划》《高端制造业合作伙伴计划》（Advanced Manufacturing Partnership，AMP）等一系列纲领性政策文件，旨在推动建立本土创新机构网络，借助新型信息技术和自动化技术，促进及增强本国企业研发活动和制造技术方面的创新与升级。

在此背景下，深耕美国高端制造业多年的美国通用电气公司（GE）提出了“工业互联网”的新概念。GE公司将工业互联网视为物联网之上的全球性行业开放式应用，是优化工业设施和机器的运行和维护、提升资产运营绩效、实现降低成本目标的重要资产。

工业互联网不仅连接人、数据、智能资产和设备，而且融合了远程控制和大数据分析等模型算法，同时建立针对传统工业设备制造业提供增值服务的完整体系，有着应用工业大数据改善运营成本、运营回报等清晰的业务逻辑。应用工业互联网的企业，正在开始新一轮的工业革命。纵观装备制造行业，建立工业知识储备和软件分析能力已经成为核心技术路径，提供分析和预测服务获得新业务市场则是战略转型的新模式。

2. 工业互联网的发展

工业互联网源自GE航空发动机预测性维护模式。在美国政府及企业的推动下，GE为航空、医疗、生物制药、半导体芯片、材料等先进制造领域演绎了提高制造业效率、资产和运营优化的各种典型范例。其中的基础支撑和动力，正是GE整合AT&T、思科、IBM、Intel等信息龙头企业资源，联手组建了带有鲜明“跨界融合”特色的工业互联网联盟，随后吸引了全球制造、通信、软件等行业的企业加入。这些企业资源覆盖了电信服务、通信设备、工业制造、数据分析和芯片技术领域的产品和服务。

工业互联网联盟利用新一代信息通信技术的通用标准激活传统工业过程，突破了GE一家公司的业务局限，内涵拓宽至整个工业领域。

2013年4月，德国在汉诺威工业博览会上发布《实施“工业4.0”战略建议书》，正式将工业4.0作为强化国家优势的战略选择。作为支撑《德国2020高科技战略》实施的组织保障，由德国政府统一支持、西门子公司牵头成立协同创新体系，并由德国电气电子和信息技术协会发布了工业4.0标准化路线图。德国在传统制造业方面优势明显，包括控制系统、设备制造以及嵌入式控制设备制造等领域，而在信息技术方面相比美国并不突出。许多德国企业在全球享有较高的知名度。例如西门子、奔驰、宝马以及博世等大型企业，因具有领先的技术和研发能力而广为人知。

工业互联网和工业4.0平台互联互补、相互增强。工业4.0重在构造面向下一代制造价值链的详细模型；工业互联网重在工业物联网中的跨领域与互操作性。它们的终极目标都是要增强互联网经济时代企业、行业乃至国家的竞争力。

我国的“工业互联网”就是“互联网”+“工业”，其内涵不仅包含利用工业设施物联网和大数据实现生产环节的数字化、网络化和智能化，还包括利用互联网信息技术与工业融合创新，搭建网络云平台，构筑产业生态圈，实现产品的个性化定制。因此，我国的工业互联网内涵更为丰富，通过重塑生产过程和价值体系，推动制造业的服务化发展。

8.5.2 工业互联网的内涵与特征

1. 工业互联网的内涵

工业互联网的准确定义众说纷纭，下面从多个层面剖析和探讨工业互联网的内涵。正如从字面的理解一样，工业互联网的内涵核心在于“工业”和“互联网”。“工业”是基本对象，是指通过工业互联网实现互联互通与共享协同的工业全生命周期活动中所涉及的各类人/机/物/信息数据资源与工业能力；“互联网”是关键手段，是综合利用物联网、信息通信、云计算、大数据等互联网相关技术推动各类工业资源与能力的开放接入，进而支撑由此而衍生的新型制造模式与产业生态。

可以从构成要素、核心技术和产业应用三个层面去认识工业互联网的内涵。

(1) 从构成要素角度

工业互联网是机器、数据和人的融合、工业生产中，各种机器、设备组和设施通过传感器、嵌入式控制器和应用系统与网络连接，构建形成基于“云-网-端”的新型复杂体系架构。随着生产的推进，数据在体系架构内源源不断地产生和流动，通过采集、传输和分析处理，实现向信息资产的转换和商业化应用。人既包括企业内部的技术工人、领导者和远程协同的研究人员等，也包括企业之外的消费者，人员彼此间建立网络连接并频繁交互，完成设计、操作、维护以及高质量的服务。

(2) 从核心技术角度

贯彻工业互联网始终的是大数据。从原始的杂乱无章到最有价值的决策信息，经历了产生、收集、传输、分析、整合、管理、决策等阶段，需要集成应用各类技术和各类软硬件，完成感知识别、远近距离通信、数据挖掘、分布式处理、智能算法、系统集成、平台应用等连续性任务。简而言之，工业互联网技术是实现数据价值的技术集成。

(3) 从产业应用角度

工业互联网构建了庞大复杂的网络制造生态系统，为企业提供了全面的感知、移动的应用、云端的资源和大数据分析，实现各类制造要素和资源的信息交互和数据集成，释放数据价值。这有效驱动了企业在技术研发、开发制造、组织管理、生产经营等方面开展全向度创新，实现产业间的融合与产业生态的协同发展。这个生态系统为企业发展智能制造构筑了先进的组织形态，为社会化大协作生产搭建了深度互联的信息网络，为其他行业智慧应用提供了可以支撑多类信息服务的基础平台。

2. 工业互联网的特征

工业互联网具有如下特征。

(1) 基于互联互通的综合集成

互联互通包括人与人（比如消费者与设计师）、人与设备（比如移动互联操控）、设备与设备（资源共享）、设备与产品（智能制造）、产品与用户（动态跟踪需求）、用户与厂家（定制服务）、用户与用户（信息共享）、厂家与厂家（制造能力协同），以及虚拟与现实（线上线下）的互联等，简单说就是把传统资源变成“数字化”资源。在此基础上通过传统的纵向集成、现代的横向集成，以及互联网特色的端到端的集成等方式实现综合集成，打破资源壁垒，使这些“数字化”的资源高效地流动运转起来。

对于制造业而言，上述过程的实现需要基于“数字化”资源构建一个复杂的研发链、生产链、供应链、服务链，以及保证这些链条顺畅运转的社会化网络大平台。

(2) 海量工业数据的挖掘与运用

工业互联网时代，企业的竞争力已经不再是单纯的设备技术和应用技术。通过传感器收集数据，进而将经过分析后的数据反馈到原有的设备并进行更好的管理，甚至创造新的商业模式，将成为企业新的核心能力。例如，特斯拉公司就是基于软件和传感器、利用数据分析技术改造原有电池技术的移动互联网公司。

传统企业要从原有的运营效率中挖掘潜力，更重要的是要站在数据分析和整合的更高层面去创造新的商业模式，跨界的竞争对手有可能携数据分析和大数据应用的利器颠覆原有的产业格局。数据资产的重要程度不仅不亚于原有的设备和生产资料为基础的资产，其作用和意义更具有战略性，以数据资产和大数据为基础的业务会成为每一个工业互联网企业的核心。

(3) 商业模式和管理的广义创新

传统企业的企业家们最关注的是财务绩效或投资收益率，怎样使得工业互联网技术在短期内为企业产生直接可量化的效益，是采用这种新技术的主要动力，也是让更多人接受工业互联网必须实施的关键步骤。在此基础上，企业会逐步考虑用工业互联网技术来重塑原有的商业模式，甚至进一步创造新的商业模式，颠覆原有的市场格局。这种情况使得更多通过跨界的方式进入到原有行业的颠覆者出现。举例来说，自动驾驶汽车的出现，以及和电动车结合出现的新的模式创新，有可能会使汽车行业最终演变成一个彻底的服务行业，而非如今的制造业。商业模式的创新有其自身的演进路径，除了赋予产品新的功能创造新的模式之外，在整个价值链上也会产生巨大的裂变，甚至产生平台级、系统级的颠覆。

(4) 制造业态更新和新生态形成

当前互联网已经不是一个行业，而是一个时代，“互联网+一切”（All in Internet），或者“一切+互联网”（All on Internet）是时代大潮。各种因素的综合作用，使业态的更新成为必然，使新生态的形成成为可能。互联网技术对于资源“数字藩篱”的破除，使得共享经济新生态逐渐形成。对于制造业企业而言，以生产性服务业、科技服务业等为典型的制造业服务化已经成为业态更新的重要方向。越来越多的制造企业已经从传统的制造“产品”转型为提供“产品+服务”。

例如，沈阳机床的i5云制造系统，i5和工业互联网平台的全面对接，使数控系统不仅是一台机床的控制器，还成为工厂信息化网络的一个节点。依托i5数控系统提供的丰富接口，实现异地工厂车间和设备之间的双向数据交互，可为用户提供不同层次和规模的产品和服务，比如产品租赁、个性化定制等。

8.5.3 工业互联网技术体系

工业互联网是融合工业技术与信息技术的系统工程，随着近几年的快速发展，已逐步形成包括总体技术、基础技术与应用技术等在内的技术体系，如图8-9所示。

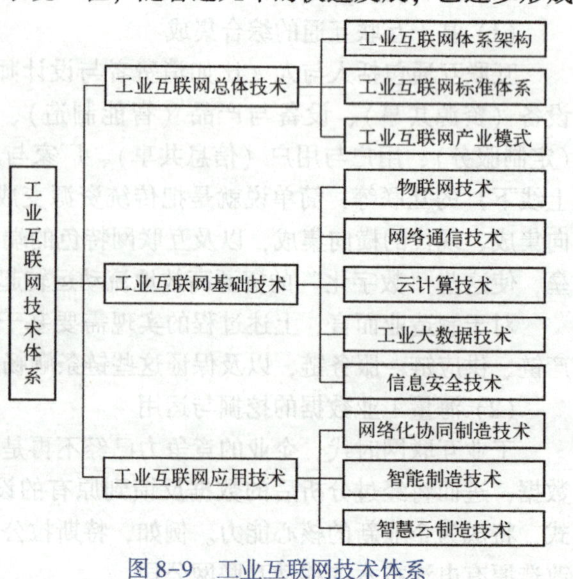

图8-9 工业互联网技术体系

工业互联网的总体技术主要是指对工业互联网作为系统工程开展研发与实施过程中涉及的整体性技术，包括工业互联网的体系架构、各类标准规范构成的标准体系、产业应用模式等。

工业互联网的基础技术包括从工业技术与互联网技术层面支撑工业互联网系统搭建与应用实施的各类相关技术，如物联网技术、网络通信技术、云计算技术、工业大数据技术以及信息安全技术，基本可从网络、数据、安全三个维度划分。

工业互联网的应用技术包括基于工业互

联网开展智能化大制造的各类模式及应用，从层次上包括智能化先进制造、网络化协同制造以及智慧化云端制造等。

8.5.4　工业互联网平台

工业互联网平台是工业领域的新兴事物，是两化深度融合的产物。

按照工业互联网产业联盟发布的《工业互联网平台白皮书》定义：工业互联网平台是面向制造业数字化、网络化、智能化需求，构建基于海量数据采集、汇聚、分析的服务体系，支撑制造资源泛在连接、弹性供给、高效配置的工业云平台。

工业互联网平台的本质是通过构建精准、实时、高效的数据采集互联体系，建立面向工业大数据存储、集成、访问、分析和管理的开发环境，实现工业技术、经验、知识的模型化、标准化、软件化和复用化，不断优化研发设计、生产制造和运营管理等资源配置效率，形成资源富集、多方参与、合作共赢和协同演进的制造业新生态。工业互联网平台功能结构如图 8-10 所示。

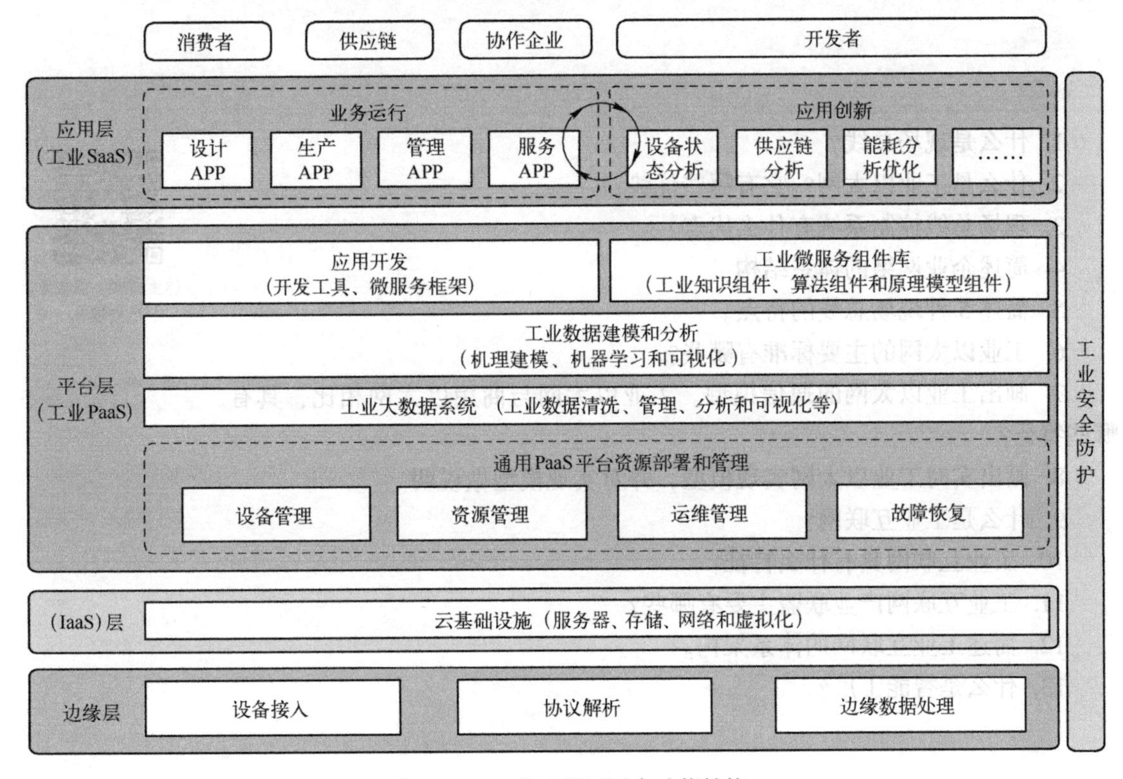

图 8-10　工业互联网平台功能结构

第一层是边缘层，通过大范围、深层次的海量数据采集，以及异构数据的协议转换与边缘计算处理，构建工业互联网平台的数据基础。

第二层是平台层，基于通用 PaaS 叠加大数据处理、工业数据分析、工业微服务等创新功能，实现传统工业软件和既有工业技术知识的解构与重构，构建可扩展的开放式云操作系统。

第三层是应用层，根据平台层提供的微服务，开发基于角色的、满足不同行业和不同场景的工业 APP，形成工业互联网平台的“基于功能的服务”，为企业创造价值。

当前，国内外主流工业互联网平台大致可以分为三类。

1）以美国 GE 公司 Predix 为代表的工业互联网平台，侧重于从产品维护与运营的视角，自上而下，实现人机、物和流程的互联互通，基于工业大数据技术，为用户提供核心资产的监控、检测、诊断和评估等服务。

2）以德国西门子公司 MindSphere 为代表的工业互联网平台，侧重于从生产设备维护与运营的角度，自下而上，为企业提供设备预防性维护、能源数据管理以及工厂资源优化等智能工厂改造服务。

3）以我国航天科工集团的航天云网平台（INDICS）为代表的工业互联网平台，是针对复杂产品制造所面临的大协作配套，多学科、跨专业多轮迭代，多品种、小批量、变批量柔性生产等重大现实问题与需求，从工业体系重构与资源共享和能力协同的视角，通过高效整合和共享国内外高、中、低端产业要素与优质资源，以资源虚拟化、能力服务化的云制造为核心业务模式，以提供覆盖产业链全过程和全要素的生产性服务为主线，构建"线上与线下相结合、制造与服务相结合、创新与创业相结合"适应互联网经济新业态的云端生态；自下而上，结合企业经营策略，逐步牵引底端（设备、岗位、工厂）进行数字化、网络化、智能化建设，最终达到智能工厂和智能制造的目标。

习题

1. 什么是现场总线？

微课视频：第8章
重点难点
知识讲解

2. 什么是工业以太网？它有哪些优势？
3. 现场总线控制系统有什么优点？
4. 简述企业网络的体系结构。
5. 简述5种现场总线的特点。
6. 工业以太网的主要标准有哪些？
7. 画出工业以太网的通信模型。工业以太网与商用以太网相比，具有哪些特征？
8. 画出实时工业以太网实现模型，并对实现模型做说明。
9. 什么是工业互联网？
10. 工业互联网具有什么特征？
11. 工业互联网产业联盟主要有哪些？
12. 简述工业互联网的体系架构。
13. 什么是智能工厂？

第9章　计算机控制系统的抗干扰设计与信息安全

在实验室运行良好的一个实际计算机控制系统安装到工业现场，会由于强大干扰等原因，系统不能正常运行，甚至会造成事故。因此对计算机控制系统采取抗干扰措施是必不可少的。

干扰可以沿各种线路侵入计算机控制系统，也可以以场的形式从空间侵入计算机控制系统。供电线路是电网中各种浪涌电压入侵的主要途径。系统的接地装置不良或不合理，也是引入干扰的重要途径。各类传感器、输入输出线路的绝缘不良，均有可能引入干扰，以场的形式入侵的干扰主要发生在高电压、大电流、高频电磁场（包括电火花激发的电磁辐射）附近。它们可以通过静电感应、电磁感应等方式在控制系统中形成干扰，表现为过电压、欠电压、浪涌、下陷、降出、尖峰电压、射频干扰、电气噪声、天电干扰、控制部件的漏电阻、漏电容、漏电感、电磁辐射等。

计算机控制系统的信息安全有其特殊要求，与传统IT行业的信息安全不同。目前，计算机控制系统信息安全呈现攻击目标和入侵途径的多样化、攻击方式的专业化等趋势，在攻击后果上变得更加严重，遭受攻击的行业变得越来越多，使得安全防护相对分散难以控制。另外，由于计算机控制系统信息安全的特殊性，在安全管理上也比较复杂，高度网络化的大型控制系统给其信息安全管理带来了挑战，从而使得计算机控制系统的信息安全问题成为一个广泛关注的热点。

9.1　电磁兼容技术

9.1.1　电磁兼容技术的发展

电磁兼容是通过控制电磁干扰来实现的，因此电磁兼容学是在认识电磁干扰、研究电磁干扰、对抗电磁干扰和管理电磁干扰的过程中发展起来的。

电磁干扰是一个人们早已发现的古老问题，1881年英国科学家希维塞德发表了《论干扰》一文，从此拉开了电磁干扰问题研究的序幕。此后，随着电磁辐射、电磁波传播的深入研究以及无线电技术的发展，电磁干扰控制和抑制技术也有了很大的发展。

显而易见，干扰与抗干扰问题贯穿于无线电技术发展的始终。电磁干扰问题虽然由来已久，但电磁兼容这一新的学科却是到近代才形成的。在干扰问题的长期研究中，人们从理论上认识了电磁干扰产生的问题，明确了干扰的性质及其数学物理模型，逐渐完善了干扰传输及耦合的计算方法，提出了抑制干扰的一系列技术措施，建立了电磁兼容的各种组织及电磁兼容系列标准和规范，解决了电磁兼容分析、预测设计及测量等方面一系列理论问题和技术问题，逐渐形成了一门新的分支学科——电磁兼容学。

20世纪60年代以后，电气与电子工程技术迅速发展，其中包括数字计算机、信息技术、测试设备、电信和半导体技术的发展。在所有这些技术领域内，电磁噪声和克服电磁干扰产生的问题引起人们的高度重视，促进了在世界范围内的电磁兼容技术的研究。

20世纪80年代以后，随着通信、自动化和电子技术的飞速发展，电磁兼容学已成为十分活跃的学科，许多国家（如美国、德国、日本、法国等）在电磁兼容标准与规范、分析预测、设计、测量及管理等方面均达到了很高水平，有高精度的EMI及电磁敏感度（EMS）自动测量系统，可进行各种系统间的EMC试验，研制出系统内及系统间的各种EMC计算机分析程序，有的程序已经商品化，形成了一套较完整的EMC设计体系。

早在1993年，IEC就成立了国际无线电干扰特别委员会（CISPR），后来又成立了电磁兼容技术委员会（TC77）和电磁兼容咨询委员会（ACEC）。

电磁兼容性（EMC）包括两方面的含义：

1）电子设备或系统内部的各个部件和子系统、一个系统内部的各台设备乃至相邻几个系统，在它们自己所产生的电磁环境及它们所处的外界电磁环境中，能按原设计要求正常运行。换句话说，它们应具有一定的电磁敏感度，以保证它们对电磁干扰具有一定的抗扰度（Immunity to a Disturbance）。

2）该设备或系统自己产生的电磁噪声（Electromagnetic Noise，EMN）必须限制在一定的电平，使由它所造成的电磁干扰不致对它周围的电磁环境造成严重的污染和影响其他设备或系统的正常运行。下面以无线电接收为例，进一步具体地阐明EMC的含义。

9.1.2 电磁噪声干扰

有用信号以外的所有电子信号总称为电磁噪声。

当电磁噪声电压（或电流）足够大时，足以在接收中造成骚扰使一个电路产生误操作，就形成了一个干扰。

电磁噪声是一种电子信号，它是无法消除干净的，而只能在量级上尽量减小直到不再引起干扰。而干扰是指某种效应，是电磁噪声对电路造成的一种不良反应。所以电路中存在着电磁噪声，但不一定形成干扰。“抗干扰技术”就是将影响到控制系统正常工作的干扰减少到最小的一种方法。

决定电磁噪声严酷度大小的有如下三个要素。

1）电磁噪声频率的高低。频率愈高，意味着电流、电压、电场和磁场的强度的变化率愈高，则由此而产生的感应电压与感应电流也愈大。

2）观测点离噪声源的距离（相对于电磁波的波长）。

3）噪声源本身功率的大小。

9.1.3 电磁噪声的分类

电磁噪声有许多种分类的方法。例如，按电磁噪声的来源可以分成三大类。

1）内部噪声源。其来源于控制系统内部的随机波动，例如热噪声（导体中自由电子的无规则运动）、交流声和时钟电路产生的高频振荡等。

2）外部噪声源。例如电机、开关、数字电子设备和无线电发射装置等在运行过程中对外部电子系统所产生的噪声。

3）自然界干扰引起的噪声。例如雷击、宇宙线和太阳的黑子活动等。

其中，外部噪声源又可分成主动发射噪声源和被动发射噪声源。所谓主动发射噪声源是一种专用于辐射电磁能的设备，如广播、电视、通信等发射设备，它们是通过向空间发射有用信号的电磁能量来工作的，会对不需要这些信号的控制系统构成干扰。但也有许多装置在被动地发射电磁能量，如汽车的点火系统、电焊机钠灯和荧光灯等照明设备以及电机设备等。它们可能通过传导、辐射向控制系统发射电磁能以干扰控制系统的正常运行。

若按电磁噪声的频率范围，可以将其分成工频和音频噪声、甚低频噪声、载频噪声、射频和视频噪声以及微波噪声五大类，如表 9-1 所示。

表 9-1　按电磁噪声的频率范围分类

名　称	频 率 范 围	典型的噪声源
工频和音频噪声	50 Hz 及其谐波	输电线、工频用电设备
甚低频噪声	30 kHz 以下	首次雷击
载频噪声	10~300 kHz	高压直流输电高次谐波、交流输电高次谐波
射频和视频噪声	0.3~300 MHz	钠灯和荧光灯等照明设备、图像监控系统、对讲机、直流开关电源
微波噪声	0.3~100 GHz	微波通信、微波炉

工业过程中典型电磁噪声的频率范围如表 9-2 所示。

表 9-2　工业过程中典型电磁噪声的频率范围

噪　声　源	频 率 范 围	噪　声　源	频 率 范 围
加热器（开/关操作）	0.05~25 MHz	多谐振荡器	30~1000 MHz
荧光灯	0.1~3 MHz（峰值 1 MHz）	接触器电弧	30~300 kHz
水银弧光灯	0.1~1 MHz	电动机	10~4000 kHz
计算机逻辑组件	20~50 kHz	开关形成的电弧	30~200 MHz
多路通信设备	1~10 MHz	偏心轮电传打字机	10~20 MHz
电源开关电路	0.5~25 MHz	打印磁铁	1~3 MHz
功率控制器	2~5 kHz	直流电源开关电路	0.1~30 MHz
磁铁电枢	2~4 MHz	荧光灯电弧	0.1~3 MHz
断路器凸轮触点	10~20 MHz	电源线	0.05~4 MHz
电晕放电	0.1~10 MHz	双稳态电路	0.15~400 MHz

9.1.4　构成电磁干扰问题的三要素

典型的电磁干扰路径如图 9-1 所示。

一个干扰源通过电磁干扰的耦合途径（或称传播途径）干扰敏感设备/接收器。由此可见，一个干扰问题包括干扰源、电磁干扰的耦合途径和敏感设备/接收器三个要素。

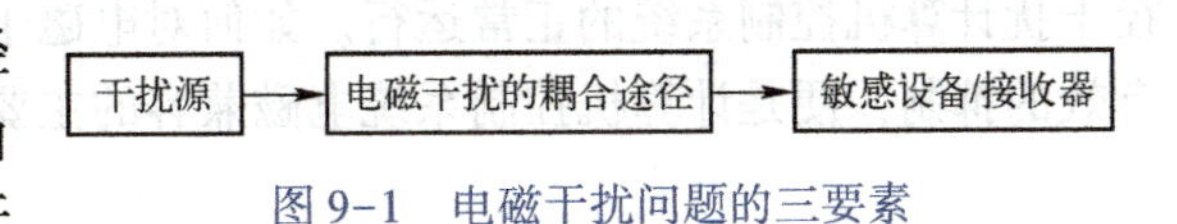

图 9-1　电磁干扰问题的三要素

处理某个控制系统的抗干扰问题首先要回答如下三个问题。

1）产生电磁干扰的源头是什么？

2）哪些是电磁干扰的敏感设备/接收器（要细化到某个电路乃至元器件）？

3）干扰源将能量传送到敏感设备/接收器的耦合途径是什么？

一般而言，抑制电磁干扰有三种基本的方法。

1）尽量将客观存在的干扰源的强度在发生处进行抑制乃至消除，这是最有效的方法。但是，大多数干扰源是无法消除的，如雷击、无线电天线的发射、汽车发动机的点火等。不能为了某台电子设备的正常运行而停止影响它的其他设备。

2）提高控制系统本身的抗电磁干扰能力。这取决于控制系统的抗扰度。在设计控制系统本体的总体结构、电子线路以及编制软件时应考虑各种抗电磁干扰措施。控制系统的抗扰度愈高，其经济成本也愈大，所以只能要求控制系统具备一定的抗扰度，而不可能将控制系统的抗电磁干扰功能完全由控制系统本身去承担。

3）减小或拦截通过耦合路径传输的电磁噪声能量的大小，即减少耦合路径上电磁噪声的传输量。这是控制系统在工程应用中所面临的一大问题，也是在工程中抑制电磁干扰最有效的措施。这就要求在接地/等电位连接、屏蔽、布线、控制室设计、信号的处理和隔离、供源等多方面采取措施。

工程中抑制电磁干扰的基本方法如图9-2所示。

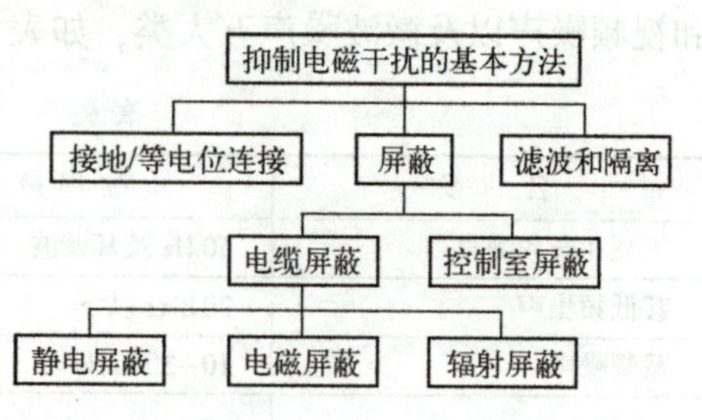

图9-2 工程中抑制电磁干扰的基本方法

9.1.5 控制工程中的电磁兼容

工业的高速发展对计算机控制系统的依赖性越来越强。分散型控制系统（DCS）、可编程控制器（PLC）、现场总线控制系统（FCS）、工业控制计算机（IPC）以及各种测量控制仪表已是构成计算机控制系统的主要设施。

首先，随着微电子技术的发展和计算机控制系统集成化程度的提高，大规模集成芯片内单位面积的元件数也愈来愈多，所传递的信号电流也愈来愈小，系统的供电电压也愈来愈低（现已降到3V乃至1.8V或更低）。因此，芯片对外界的电磁噪声也愈趋敏感，所以显示出来的对电磁干扰的抑制能力也就很低。

其次，计算机控制系统周围的电磁环境日趋复杂，表现在电磁信号与电磁噪声的频带日益加宽，功率逐渐增大，信息传输速率提高，连接各种设备的网络愈来愈复杂，因此抑制电磁干扰日趋重要。

再则，相对于其他的电子信息系统，控制系统不但系统复杂、设备多，输入/输出（I/O）的端口也多，特别是外部的连接电缆又多又长，这类似于拾取电磁噪声的高效天线，给电磁噪声的耦合提供了充分的条件，使得各种电磁噪声容易通过外部电缆和设备端口侵入控制系统。在这样的背景下，从20世纪90年代起，人们开始重视计算机控制系统对电磁干扰的抑制技术。

计算机控制系统在工程的应用中必将遇到各种各样的电磁噪声，噪声又会通过各种耦合途径干扰计算机控制系统的正常运行。如何对电磁干扰的产生以及干扰在耦合途径中的影响予以有效的抑制，便是计算机控制系统电磁兼容的主要内容之一。

9.2 抑制电磁干扰的隔离技术

采用信号通道隔离的I/O模块可以避免因其中一个信号通道的故障而影响相邻通道的正常工作；同时也可以避免通道间通过公共阻抗的耦合使信号污染。

就隔离而言，有多种途径，如信号的传输距离、信号的转换隔离、信号的分配隔离、信号的安全隔离等。

9.2.1 信号的传输隔离

为防止在信号的传输过程中，由于电磁干扰或对地形成的环路（即共模干扰）造成的噪声使信号丢失或失真，故在信号的发送端和信号的接收端之间进行的隔离称作信号的传输隔离。信号的传输隔离如图 9-3 所示，它既消除了因电位差形成的对地环路，又由于隔离器电感的作用，抑制了信号中的高频成分。

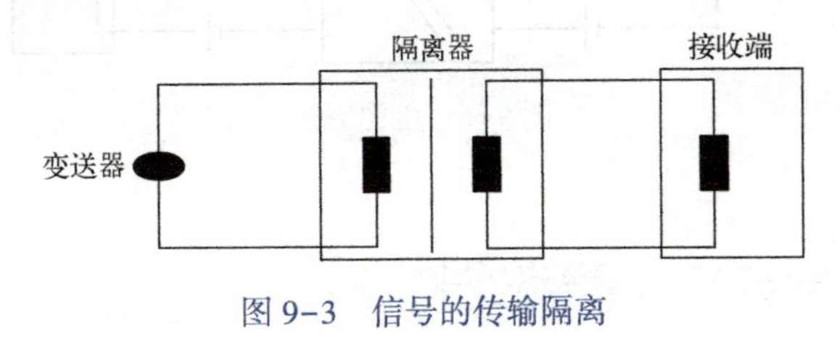

图 9-3　信号的传输隔离

9.2.2　信号的转换隔离

所谓信号的转换隔离是指在信号的传输通道上将一种信号转换为另一种信号，以便与 I/O 卡件进行信号匹配或阻抗匹配。

9.2.3　信号的分配隔离

为扩大信号传输通道的数量，将一个信号分为两个大小相同又互相隔离的信号供不同负载使用，以扩大信号传输通道的数量，而且彼此互不影响，这就是信号的分配隔离，如图 9-4 所示。

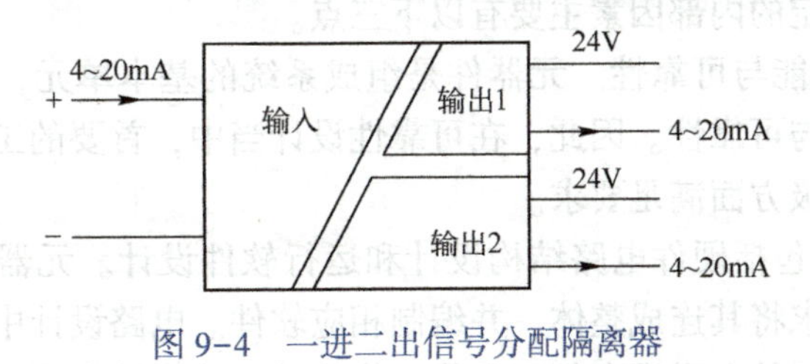

图 9-4　一进二出信号分配隔离器

9.2.4　信号的安全隔离

为防止因误接线或其他原因，将危险电压窜入 I/O 卡而将卡件烧坏，应该对信号进行安全隔离。例如某型号的超声波流量计，由于 AC 220 V 的电源端子和信号输出端子紧挨在一起，安全起见，可采用全隔离交流电压信号变换器，如图 9-5 所示。

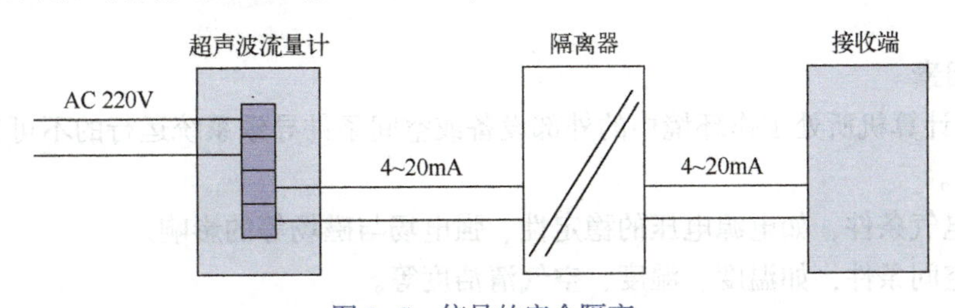

图 9-5　信号的安全隔离

9.2.5　电源隔离

一些接收设备的信号输入端带有 24 V 电源，而现场送来的信号（二线或四线方式）为有源信号，为避免两者对接时发生电源“冲突”而进行的隔离称为电源隔离，如图 9-6 所示。

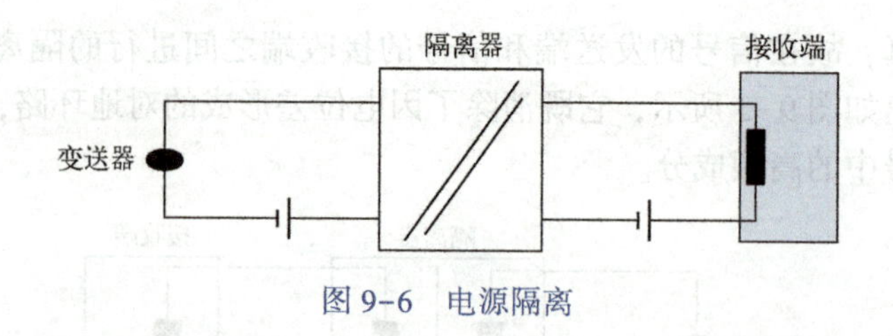

图 9-6 电源隔离

9.3 计算机控制系统可靠性设计

计算机控制系统的可靠性技术涉及生产过程的多个方面，不仅与设计、制造、检验、安装、维护有关，而且还与生产管理、质量监控体系、使用人员的专业技术水平与素质有关。下面主要从技术的角度介绍提高计算机控制系统可靠性的最常用的方法。

9.3.1 可靠性设计任务

影响计算机控制系统可靠性的因素有内部与外部两方面。针对内外因素的特点，采取有效的软硬件措施，是可靠性设计的根本任务。

1. 内部因素

导致系统运行不稳定的内部因素主要有以下三点。

1）元器件本身的性能与可靠性。元器件是组成系统的基本单元，其特性好坏与稳定性直接影响整个系统的性能与可靠性。因此，在可靠性设计当中，首要的工作是精选元器件，使其在长期稳定性、精度等级方面满足要求。

2）系统结构设计。包括硬件电路结构设计和运行软件设计。元器件选定之后，根据系统运行原理与生产工艺要求将其连成整体，并编制相应软件。电路设计中要求元器件或线路布局合理，以消除元器件之间的电磁耦合相互干扰；优化的电路设计也可以消除或削弱外部干扰对整个系统的影响，如去耦电路、平衡电路等；也可以采用冗余结构，当某些元器件发生故障时，也不影响整个系统的运行。软件是计算机控制系统区别于其他通用电子设备的独特之处，通过合理编制软件可以进一步提高系统运行的可靠性。

3）安装与调试。元器件与整个系统的安装与调试，是保证系统运行和可靠性的重要措施。尽管元件选择严格，系统整体设计合理，但安装工艺粗糙，调试不严格，仍然达不到预期的效果。

2. 外部因素

外因是指计算机所处工作环境中的外部设备或空间条件导致系统运行的不可靠因素，主要包括以下几点。

1）外部电气条件，如电源电压的稳定性、强电场与磁场等的影响。

2）外部空间条件，如温度、湿度、空气清洁度等。

3）外部机械条件，如振动、冲击等。

为了保证计算机系统可靠工作，必须创造一个良好的外部环境。如采取屏蔽措施、远离产生强电磁场干扰的设备，加强通风以降低环境温度，安装紧固以防止振动等。

元器件的选择是根本，合理安装调试是基础，系统设计是手段，外部环境是保证，这是可靠性设计遵循的基本准则，并贯穿于系统设计、安装、调试、运行的全过程。为了实现这些准则，必须采取相应的硬件或软件方面的措施，这是可靠性设计的根本任务。

9.3.2 可靠性设计技术

1. 元器件级

元器件是计算机系统的基本部件，元器件的性能与可靠性是整体性能与可靠性的基础。因此，元器件的选用要遵循以下原则。

（1）严格管理元器件的购置、储运

元器件的质量是主要由制造商的技术、工艺及质量管理体系保证的。采购元器件之前，应首先对制造商的质量信誉有所了解。这可通过制造商提供的有关数据资料获得，也可以通过调查用户来了解，必要时可亲自做试验加以检验。制造商一旦选定，就不应轻易更换，尽量避免在一台设备中使用不同厂家的同一型号的元器件。

（2）老化、筛选和测试

元器件在装机前应经过老化筛选，淘汰那些质量不佳的元器件。老化处理的时间长短与所用的元器件量、型号、可靠性要求有关，一般为 24 h 或 48 h。老化时所施用的电气应力（电压或电流等）应等于或略高于额定值，常为额定值的 110%~120%。老化后测试应注意淘汰那些功耗偏大、性能指标明显变化或不稳定的元器件。老化前后性能指标保持稳定的是优选的元器件。

（3）降额使用

所谓降额使用，就是在低于额定电压和电流条件下使用元器件，这将能提高元器件的可靠性。

降额使用多用于无源元件（电阻、电容等）、大功率器件、电源模块或大电流高压开关器件等。

降额使用不适用于 TTL 器件，因为 TTL 电路对工作电压范围要求较严，不能降额使用。

MOS 型电路因其工作电流十分微小，失效主要不是功耗发热引起的，故降额使用对于 MOS 集成电路效果不大。

（4）选用集成度高的元器件

近年来，电子元器件的集成化程度越来越高。系统选用集成度高的芯片可减少元器件的数量，使得印制电路板布局简单，减少焊接和连线，因而大大降低了故障率和受干扰的概率。

2. 部件及系统级

部件及系统级的可靠性技术是指功能部件或整个系统在设计、制造、检验等环节所采取的可靠性措施。元器件的可靠性主要取决于元器件制造商，部件及系统的可靠性则取决于设计者的精心设计。可靠性研究资料表明，影响计算机可靠性的因素，有 40%来自电路及系统设计。

（1）冗余技术

冗余技术也称容错技术，是通过增加完成同一功能的并联或备用单元数目来提高可靠性的一种设计方法。如在电路设计中，对那些容易产生短路的部分，以串联形式复制；对那些容易产生开路的部分，以并联的形式复制。冗余技术包括硬件冗余、软件冗余、信息冗余、时间冗余等。

硬件冗余是用增加硬件设备的方法，当系统发生故障时，将备份硬件顶替上去，使系统仍能正常工作，硬件冗余结构主要用在高可靠性场合。

（2）电磁兼容性设计

电磁兼容性是指计算机系统在电磁环境中的适应性，即能保持完成规定功能的能力。电磁兼容性设计的目的是使系统既不受外部电磁干扰的影响，也不对其他电子设备产生影响。

(3) 信息冗余技术

对计算机控制系统而言，保护信号信息和重要数据是提高可靠性的重要方面。为了防止系统因故障等原因而丢失信息，常将重要数据或文件多重化，复制一份或多份，并存于不同的空间。一旦某一区间或某一备份被破坏，则自动从其他部分重新复制，使信息得以恢复。

(4) 时间冗余技术

为了提高计算机控制系统的可靠性，可以重复执行某一操作或某一程序，并将执行结果与前一次的结果进行比较对照来确认系统工作是否正常。

(5) 故障自动检测与诊断技术

对于复杂系统，为了保证能及时检验出有故障装置或单元模块，以便及时把有用单元替换上去，就需要对系统进行在线的测试与诊断。这样做的目的有两个：一是为了判定动作或功能的正常性；二是为了及时指出故障部位，缩短维修时间。

(6) 软件可靠性技术

软件是系统欲实行的各项功能的具体反映。软件的可靠性主要标志是软件是否真实而准确地描述了欲实现的各种功能。因此，对生产工艺的了解熟悉程度直接关系到软件的编写质量。提高软件可靠性的前提条件是设计人员对生产工艺过程的深入了解，并且使软件易读、易测和易修改。

为了提高软件的可靠性，应尽量将软件规范化、标准化和模块化，尽可能把复杂的问题分成若干较为简单明确的小任务。把一个大程序分成若干独立的小模块，这有助于及时发现设计中的不合理部分，而且检查和测试几个小模块要比检查和测试大程序方便得多。

9.4 抗干扰的硬件措施

干扰对计算机控制系统的作用可以分为以下部位。

1) 输入系统：使模拟信号失真，数字信号出错，控制系统根据这种输入信息做出的反应必然是错误的。

2) 输出系统：使各输出信号混乱，不能正常反应控制系统的真实输出量，从而导致一系列严重后果。如果是检测系统，则其输出的信息不可靠，人们据此信息做出的决策也必然出差错。如果是控制系统，其输出将控制一批执行机构，使其做出一些不正确的动作，轻者造成一批废次产品，重者引起严重事故。

3) 控制系统的内核：使三总线上的数字信号错乱，从而引发一系列后果。CPU 得到错误的数据信息，使运算操作数失真，导致结果出错，并将这个错误一直传递下去，形成一系列错误。CPU 得到错误的地址信息后，引起程序计数器 PC 出错，使程序运行离开正常轨道，导致程序失控。

在与干扰做斗争的过程中，人们积累了很多经验，有硬件措施、软件措施，也有软硬结合的措施。硬件措施如果得当，可将绝大多数干扰拒之门外，但仍然有少数干扰窜入控制系统，引起不良后果。故软件抗干扰措施作为第二道防线是必不可少的。由于软件抗干扰措施是以 CPU 的开销为代价的，如果没有硬件抗干扰措施消除绝大多数干扰，CPU 将疲于奔命，没有时间来做主要工作，严重影响到系统的工作效率和实时性。因此，一个成功的抗干扰系统是由硬件和软件相结合构成的。硬件抗干扰有效率高的优点，但要增加系统的投资和设备的体积。软件抗干扰有投资低的优点，但要降低系统的工作效率。

9.4.1 抗串模干扰的措施

所谓串模干扰是指叠加在被测信号上的干扰噪声。这里的被测信号是指有用的直流信号或者变化缓慢的交变信号，而干扰噪声是指无用的变化较快的杂乱交变信号，如图9-7和图9-8所示。

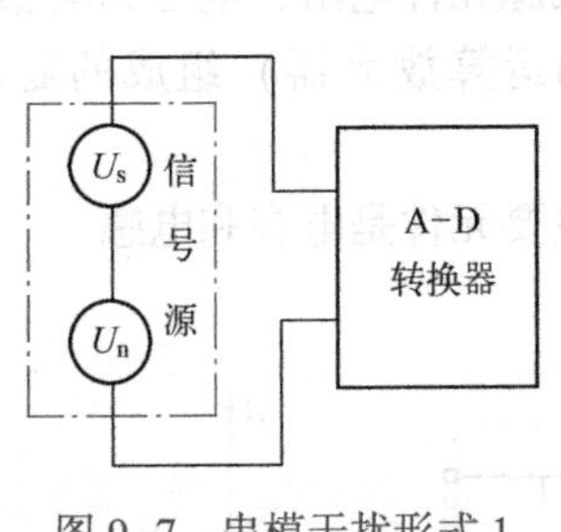

图9-7 串模干扰形式1

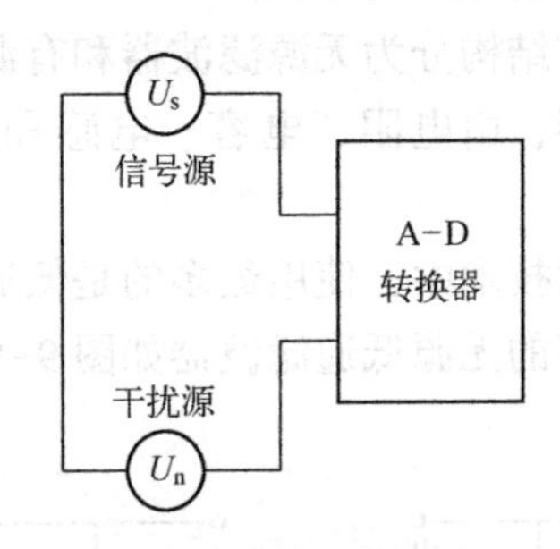

图9-8 串模干扰形式2

由图9-8和图9-9可知，串模干扰和被测信号在回路中所处的地位是相同的，总是以两者之和作为输入信号。

1. 光电隔离

在输入和输出通道上，采用光隔离器进行信息传输，它将控制系统与各种传感器、开关、执行机构从电气上隔离开来，很大一部分干扰（如外部设备和传感器的漏电现象）将被阻挡。

2. 继电器隔离

继电器的线圈和触点之间没有电气上的联系，所以可利用继电器的线圈接收信号，通过触点发送和输出信号，从而避免强电和弱电信号之间的直接接触，达到了抗干扰的目的。

3. 变压器隔离

脉冲变压器可实现数字信号的隔离。脉冲变压器的匝数较少，而且一次和二次绕组分别缠绕在铁氧体磁心的两侧，分布电容仅几pF，所以可作为脉冲信号的隔离器件。

4. 布线隔离

合理布线，满足抗干扰技术的要求。控制系统中产生干扰的电路主要有：

1）指示灯、继电器和各种电动机的驱动电路，电源线路、晶闸管整流电路、大功率放大电路等。

2）连接变压器、蜂鸣器、开关电源、大功率晶体管、开关器件等的线路。

3）供电线路、高压大电流模拟信号的传输线路、驱动计算机外部设备的线路和穿越噪声污染区域的传输线路等。

将微弱信号电路与易产生噪声污染的电路分开布线，最基本的要求是信号线路必须和强电控制线路、电源线路分开走线，而且相互间要保持一定距离。配线时应区分开交流线、直流稳压电源线、数字信号线、模拟信号线、感性负载驱动线等。配线间隔越大，离地面越近，配线越短，则噪声影响越小。但是，实际设备的内外空间是有限的，配线间隔不可能太大，只要能够维持最低限度的间隔距离便可。信号线和动力线之间应保持的最小间距如表9-3所示。

表9-3 动力线和信号线之间的最小间距

动力线容量	与信号线的最小间距
125 V 10 A	30 cm
250 V 50 A	45 cm
440 V 200 A	60 cm
5 KV 800 A	120 cm 以上

5. 硬件滤波电路

滤波是为了抑制噪声干扰，在数字电路中，当电路从一个状态转换成另一个状态时，就会在电源线上产生一个很大的尖峰电流，形成瞬变的噪声电压。当电路接通与断开电感负载时，产生的瞬变噪声干扰往往严重妨害系统的正常工作。所以在电源变压器的进线端加入电源滤波器，以削弱瞬变噪声的干扰。

滤波器按结构分为无源滤波器和有源滤波器。由无源元件电阻、电容和电感组成的滤波器为无源滤波器；由电阻、电容、电感和有源元件（如运算放大器）组成的滤波器为有源滤波器。

在抗干扰技术中，使用最多的是低通滤波器，其主要元件是电容和电感。

采用电容的无源低通滤波器如图 9-9 所示。

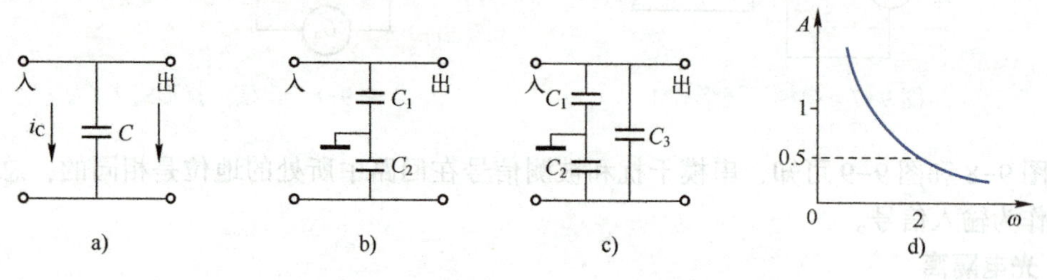

图 9-9 采用电容的无源低通滤波器

图 9-9a 所示结构可抗串模干扰，图 9-9b 所示结构可抗共模干扰，图 9-9c 所示结构既可抗串模干扰，又可抗共模干扰。

6. 过电压保护电路

如果没有采用光电隔离措施，在输入输出通道上应采用一定的过电压保护措施，以防引入过高电压，侵害控制系统。过电压保护电路由限流电阻和稳压管组成，限流电阻选择要适宜，太大了会引起信号衰减，大小了起不到保护稳压管的作用。稳压管的选择也要适宜，其稳压值以略高于最高传送信号电压为宜，太低了对有效信号起限幅作用，使信号失真。对于微弱信号（0.2V 以下），通常用两只反并联的二极管来代替稳压管，同样也可以起到电压保护作用。

9.4.2 抗共模干扰的措施

被控制和被测试的参量可能很多，并且分散在生产现场的各个地方，一般都用很长的导线把计算机发出的控制信号传送到现场中的某个控制对象，或者把安装在某个装置中的传感器所产生的被测信号传送到计算机的 A-D 转换器。因此被测信号 U_s 的参考接地点和计算机输入端信号的参考接地点之间往往存在着一定的电位差 U_{cm}，如图 9-10 所示。

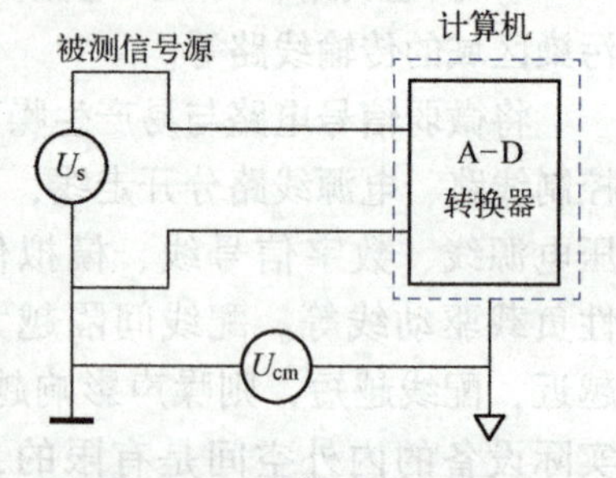

图 9-10 共模干扰示意图

由图 9-10 可见，对于转换器的两个输入端来说，分别有 U_s+U_{cm} 和 U_{cm} 两个输入信号。显然，U_{cm} 是转换器输入端上共有的干扰电压，故称共模干扰。

共模干扰通常是针对平衡输入信号而言的，抗共模干扰的方法主要有以下几种。

1. 平衡对称输入

在设计信号源（通常是各类传感器）时，尽可能做到平衡和对称，否则有可能产生附加的差模干扰，使后续电路不易应对。

2. 选用高质量的差动放大器

高质量差动放大器的特点为高增益、低噪声、低漂移、宽频带。由它构成的运算放大器将获得足够高的共模抑制比。

3. 控制系统的接地技术

（1）浮地-屏蔽接地

在计算机控制系统中，通常是把数字电子装置和模拟电子装置的工作基准地浮空，而设备外壳或机箱采用屏蔽接地。浮地方式可使计算机系统不受大地电流的影响，提高了系统的抗干扰性能。由于强电设备大都采用保护接地，浮空技术切断了强电与弱电的联系，系统运行安全可靠。计算机系统设备外壳或机箱采用屏蔽接地，无论是从防止静电干扰和电磁感应干扰的角度，还是从人身设备安全的角度，都是十分必要的措施。

（2）接地点的种类

在计算机控制系统和其他电子设备中，安全接地一般均采用一点接地，工作接地分一点接地和多点接地。

9.4.3 采用双绞线

对来自现场信号开关输出的开关信号，或从传感器输出的微弱模拟信号，最简单的办法是采用塑料绝缘的双平行软线。但由于平行线间分布电容较大，抗干扰能力差，不仅静电感应容易通过分布电容耦合，而且磁场干扰也会在信号线上感应出干扰电流。因此在干扰严重的场合，一般不简单使用这种双平行导线来传送信号，而是将信号线加以屏蔽，以提高抗干扰能力。

屏蔽信号线的办法，一种是采用双绞线，其中一根用作屏蔽线，另一根用作信号传输线；另一种是采用金属网状编织的屏蔽线，金属编织作屏蔽外层，芯线用来传输信号。一般的原则是：抑制静电感应干扰采用金属网的屏蔽线，抑制电磁感应干扰应该用双绞线。

1. 双绞线的抗干扰原理

双绞线对外来磁场干扰引起的感应电流情况如图 9-11 所示。双绞线回路空间的箭头表示感应磁场的方向。

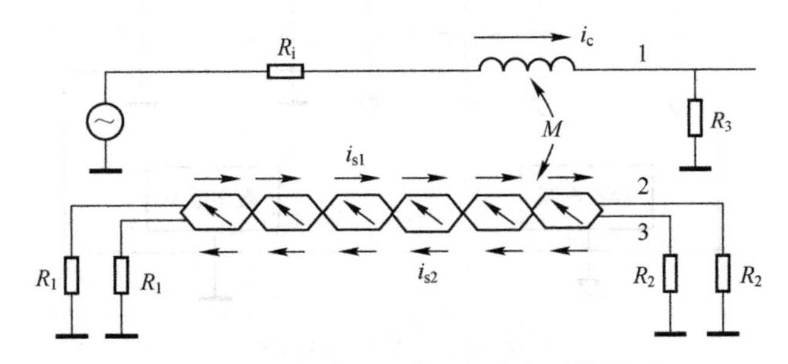

图 9-11 双绞线间电路磁场感应干扰情况

由于感应电流流动方向相反，从整体上看，感应磁通引起的噪声电流互相抵消。不难看出，两股导线长度相等，特性阻抗以及输入、输出阻抗完全相同时，抑制噪声效果最好。

把信号输出线和返回线两根导线拧合，其扭绞节距的长短与该导线的线径有关。线径越细，节距越短，抑制感应噪声的效果越明显。实际上，节距越短，所用的导线的长度便越长，从而增加了导线的成本。一般节距以5 cm左右为宜。

2. 双绞线的应用

在计算机控制系统的长线传输中，双绞线是比较常用的一种传输线。另外，在接指示灯、继电器等时，也要使用双绞线。但由于这些线路中的电流比信号电流大很多，因此这些电路应远离信号电路。

在数字信号的长线传输中，除对双绞线的接地与节距有一定要求外，根据传送的距离不同，双绞线使用方法也不同。

9.4.4 反射波干扰及抑制

电信号（电流、电压信号）在沿导线传输过程中，由于分布电感、电容和电阻的存在，导线上各点的电信号并不能马上建立，而是有一定的滞后，离起点越远，电压波和电流波到达的时间越晚。这样，电波在线路上以一定的速度传播开来，从而形成行波。

反射噪声干扰对电路的影响，依传输线长度、信号频率高低、传输延迟时间而定。在计算机控制系统中，传输的数字信号为矩形脉冲信号。当传输线较长、信号频率较高，以至于使导线的传输延迟时间与信号宽度接近时，就必须考虑反射的影响。

影响反射波干扰的因素有两个：其一是信号频率，传输信号频率越高，越容易产生反射波干扰，因此在满足系统功能的前提下，尽量降低传输信号的频率；其二是传输线的阻抗，合理配置传输线的阻抗，可以抑制反射波干扰或大大减少反射次数。

9.4.5 正确连接模拟地和数字地

1. 地线连接方式

A-D、D-A转换电路要特别注意地线的正确连接，否则干扰影响将很严重。A-D、D-A芯片及采样保持芯片均提供了独立的数字地和模拟地，分别有相应的引脚。在线路设计中，必须将所有器件的数字地和模拟地分别相连，但数字地与模拟地仅在一点上相连。应特别注意，在全部电路中的数字地和模拟地仅仅连在一点上，在芯片和其他电路中不可再有公共点。地线的正确连接方法如图9-12所示。

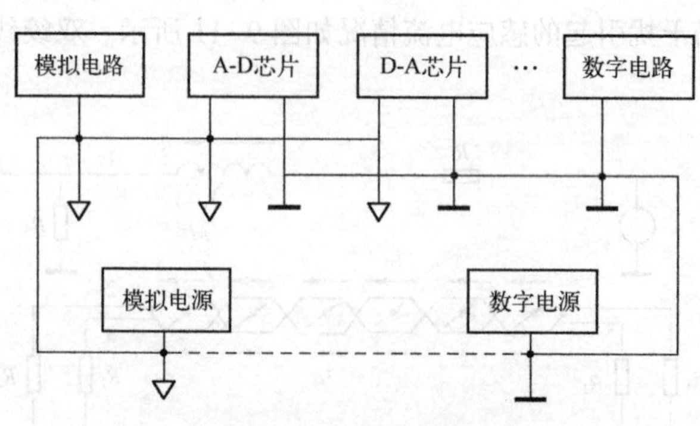

图9-12 正确的接地方式

A-D、D-A转换电路中，供电电源电压的不稳定性要影响转换结果。一般要求纹波电压小于1%。可采用钽电容或电解电容滤波。为了改善高频特性，还应使用高频滤波电容。在布线时，每个芯片的电源线与地线间要加旁路电容，并应尽量靠近A-D、D-A芯片，一般选用0.01~0.1 μF。

A-D、D-A 转换电路是模拟信号与数字信号的典型混合体。在数字信号前沿很陡而频率较高的情况下，数字信号可通过印制板线间的分布电容和漏电耦合到模拟信号输入端而引起干扰。印制板布线时应使数字信号远离模拟信号，或者将模拟信号输入端用地线包围起来，以降低分布电容耦合并隔断漏电通路。

2. PCB 布线原则

1）应尽量缩短传输导线长度。

2）数字信号与模拟信号线尽量远离。

3）电源线和地线的电流密度不应太大，以减少电源线和地线引入的干扰。印制电路中的导线宽度一般按 2 A/mm 来确定。

9.4.6 压敏电阻及其应用

压敏电阻是一种非线性电阻性元件，它对外加的电压十分敏感，外加电压的微小变动，会引起其阻值会发生明显变化。因此，电压的微增量便可引起大的电流增量。

压敏电阻可分为氧化锌（ZnO）压敏电阻、碳化硅压敏电阻和硅压敏电阻等。

可以利用压敏电阻吸收各种干扰的过电压。由于 ZnO 压敏电阻特性曲线较陡，具有漏电流很小、平均功耗小、温升小、通流容量大、伏安特性对称、电压范围宽、体积小等优点，可广泛用于直流和交流回路中吸收不同极性的过电压。

ZnO 压敏电阻与被保护的设备或过电压源并联，而且安装部位应尽可能靠近被保护的设备。压敏电阻的主要作用是抑制浪涌电压干扰。

将压敏电阻并联在开关电源输入端的电路如图 9-13 所示。

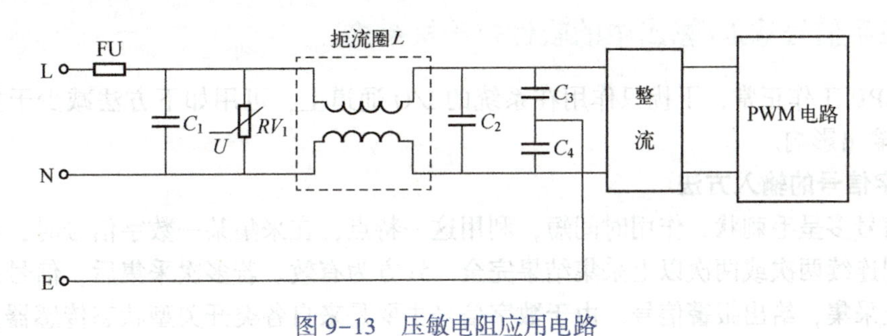

图 9-13 压敏电阻应用电路

在图 9-13 中，FU 为熔丝，RV_1为压敏电阻，L 为共轭扼流圈，它与电容 C_1、C_2、C_3、C_4 组成滤波电路。当 L、N 输入电压为 220 V AC 时，可选 RV_1为 TVR10471，直径为 10 mm，压敏电压为 470 V。

9.4.7 TVS 瞬变电压抑制器及其应用

瞬变电压抑制器（Transient Voltage Suppression Diode）又称作瞬变电压抑制二极管，是普遍使用的一种高效能电路保护器件，一般简称 TVS，也可简称 TVP 等。它的外形与普通二极管无异，却能“吸收”高达数千瓦的浪涌功率。当 TVS 两端经受瞬间高能量冲击时，它能以极高的速度把两端间的阻抗值由高阻抗变为低阻抗，吸收一个大电流，从而把它两端间的电压钳位在一个预定的数值上，保护后面的电路元件不因瞬态高电压的冲击而损坏。

TVS 对静电、过电压、电网干扰、雷击、开关打火、电源反向及电机/电源噪声振动保护尤为有效。TVS具有体积小、功率大、响应快、无噪声、价格低等优点。目前广泛应用于家用电器、电子仪表、通信设备、电源、计算机系统等领域。

TVS的正向特性与一般二极管没有什么区别，反向特性为典型的PN结雪崩器件。

TVS按极性可分为单极性及双极性两种。单极性只对一个方向的浪涌电压起保护作用，对相反方向的浪涌电压，它相当于一只正向导通的二极管。双极性可以对任何方向的浪涌电压起钳位作用。

TVS的应用电路如图9-14所示。

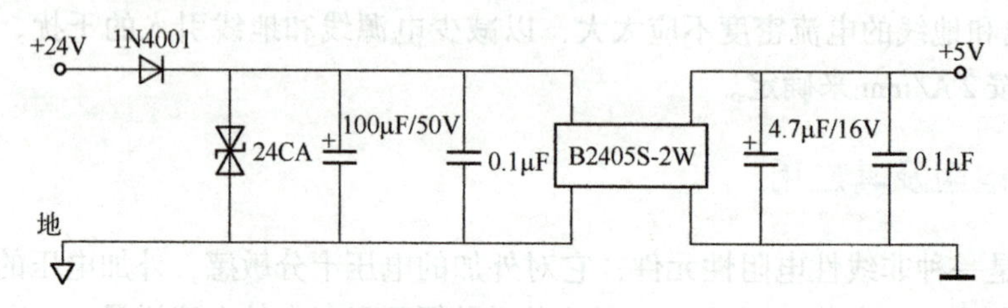

图9-14 TVS的应用电路

图9-14所示电路为智能测控节点常用电源电路，采用24 V供电，通过DC-DC模块B2405S-2W变成隔离+5 V电源。其中24CA为双极性TVS二极管，IN4001二极管为防止接反电源极性损坏DC-DC模块。

9.5 抗干扰的软件措施

9.5.1 数字信号输入/输出中的软件抗干扰措施

如果CPU工作正常，干扰只作用在系统的I/O通道上，可用如下方法减少干扰对数字信号的输入/输出影响。

1. 数字信号的输入方法

干扰信号多呈毛刺状，作用时间短，利用这一特点，在采集某一数字信号时，可多次重复采样，直到连续两次或两次以上采集结果完全一致方为有效。若多次采集后，信号总是变化不定，可停止采集，给出报警信号。由于数字信号主要是来自各类开关型状态传感器，如限位开关和操作按钮等，对这些信号的采集不能用多次平均法，必须绝对一致才行。

2. 数字信号输出方法

计算机的输出中，有很多是数字信号。例如显示装置、打印装置、通信、各种报警装置、步进电机的控制信号、各种电磁装置（电磁铁、电磁离合器、中间继电器等）的驱动信号，即便是模拟输出信号，也是以数字信号形式给出的，经D-A转换后才形成的。计算机给出正确的数据输出后，外部干扰有可能使输出装置得到错误的数据。

不同的输出装置对干扰的耐受能力不同，抗干扰措施也不同。首先，各类输出数据锁存器尽可能和CPU安装在同一电路板上，使传输线上传送的都是已锁存好的电位控制信号。有时这一点不一定能做到，例如用串行通信方式输出到远程显示器，一条线送数据，一条线送同步脉冲，这时就特别容易受干扰。其次，对于重要的输出设备，最好建立检测通道，CPU可以通过检测通道来检查输出的结果是否正确。

在软件上，最为有效的方法就是重复输出同一个数据。只要有可能，其重复周期尽可能短。外部设备接收到一个被干扰的错误信息后，还来不及做出有效的反应，一个正确的输出信息又传送到，因此可及时防止错误的动作产生。

另外，由于带有复位端的可编程芯片复位，周期比CPU长，所以在初次上电时，不要立即对这些可编程芯片初始化，延时几个ms即可。

9.5.2 CPU软件抗干扰技术

CPU软件抗干扰技术所要考虑的内容有如下几个方面。

1）当干扰使运行程序发生混乱，导致程序“乱飞”或陷入死循环时，采取把程序重新纳入正轨的措施，如软件冗余、软件陷阱和看门狗等技术。

2）采取软件的方法抑制叠加在模拟输入信号上噪声的影响，如数字滤波技术。

3）主动发现错误，及时报告，有条件时可自动纠正，这就是开机自检、错误检测和故障诊断。

在计算机控制系统中的计算机存储空间一般可分为程序区和数据区，程序区中一般存放的是固化的程序和常数，具体可分为复位中断入口、中断服务程序、主程序、子程序、常数区等。数据区一般为可读写的数据，数据存储器还可能通过串行接口与CPU相连接。

1. 硬复位和软复位

硬复位是指上电后或通过复位电路提供复位信号使CPU强制进入复位状态，而软复位指通过执行特定的指令或由专门的复位电路使CPU进入特定的复位状态。后者与前者的一个重要区别是不对一些专用的数据区进行初始化，这样后者可作为抗干扰的软件陷阱。

当“跑飞”程序进入非程序区或表格区时，采用冗余指令使程序引向软复位入口，当计算机系统有多个CPU时可相互监视，对只有一个CPU的情况，可由中断程序和主程序相互监督，一旦发现有异常情况，可由硬件发出软复位信号，使异常的CPU进入软复位状态，把程序纳入正轨。由于软复位不初始化专用的数据区，因此，多次进入软复位状态，不影响系统的整体功能。当然，为了可靠，一般在软复位这样的软件陷阱的入口程序中，先要检验特定数据区的正确性，如有异常，则需进入硬复位重新初始化。

2. 软件冗余和软件陷阱

在计算机控制系统中，对于响应较慢的输入数据，应在有效时间内多次采集并比较，对于控制外部设备的输出数据，有时则需要多次重复执行，以确保有关信号的可靠性，这是通过软件冗余来达到的。有时，甚至可把重要的指令设计成定时扫描模块，使其在整个程序的循环运行过程中反复执行。

软件陷阱是通过执行某个指令进入特定的程序处理模块，相当于由外部中断信号引起的中断响应，一般软件陷阱有现场保护功能。软件陷阱用于抗干扰时，首先检查是不是干扰引起的，并判断造成影响的程度，如不能恢复则强制进入复位状态，如干扰已撤销，则可立即恢复执行原来的程序。

9.6 计算机控制系统的容错设计

计算机控制系统能否正常运行是由很多因素决定的。其外因为各类干扰，其内因即为该系统本身的素质。9.5节讨论了计算机控制系统抗干扰的各种措施，从而基本上克服了外因的影响。如何提高计算机控制系统自身的素质，这就是本节要讨论的问题。

计算机控制系统本身的素质可分为两方面：硬件系统和软件系统。构成计算机控制系统的各种芯片、电子元器件、电路板、接插件的质量，电路设计的合理性、布线的合理性、工艺结构设计等决定了系统的硬件素质，任何一个出了问题，都有可能使系统出错。硬件容错设计研究如何提高系统硬件的可靠性，使其能长期正常工作，即使出了问题，也能及时诊断出硬件故障类型，甚至诊断出故障位置，协助维修人员进行修复，并能及时采取相应的措施，避免事态扩大。

一个计算机控制系统的软件是不可能没有错误的，更不要说没有不足之处了。软件容错设计可以帮助我们尽可能减少错误，使系统由于软件问题而出错的概率低到人们完全可以接受的程度。

9.6.1 硬件故障的自诊断技术

自诊断俗称“自检”。通过自诊断功能，人们增加了对系统的可信度。对于具有模拟信息处理功能的系统，自诊断过程往往包括自动校验过程，为系统提供模拟通道的增益变化和零点漂移信息。供系统运算时进行校正，以确保系统的精度。自检过程有三种方式。

1）上电自检：系统上电时自动进行，自检中如果没有发现问题，则继续执行其他程序，如发现问题，则及时报警，避免系统带病运行。

2）定时自检：由系统时钟定时启动自检功能，对系统进行周期性在线检查，可以及时发现运行中的故障，在模拟通道的自检中，及时发现增益变化和零点漂移，随时校正各种系数，为系统精度提供保证。

3）键控自检：操作者随时可以通过键盘操作来启动一次自检过程。这在操作者对系统的可信度下降时特别有用，可使操作者恢复对系统的信心或者发现系统的故障。

事实上，在有些I/O操作过程中，系统软件往往要对效果进行检测。在闭环控制系统中，这种检测本身已经是必不可少的了，但并不把这种检测叫自检。自诊断功能是指一个全面检查诊断过程，它包括系统力所能及的各项检查。

1. CPU的诊断

CPU是控制系统的核心，如果CPU有问题，系统也就不能正常工作了。对于CPU来说，诊断程序若在片外FLASH中，则CPU的诊断过程必须以三总线（包括地址锁存器74HC373）没有问题和FLASH中的诊断程序也正确为前提。

指令系统能否被正确执行是诊断CPU中指令译码器是否有故障的基本方法。首先编制一段程序，将执行后的结果与其预定结果进行比较，如果不同，则证明CPU有问题。如果和预定结果相同，证明本段程序可以正确执行，并不能绝对保证没有问题。由测试理论可知，想要证明它绝对没有问题，需要进行的测试次数是人们无法接受的。理论归理论，实际上由于芯片工艺的提高，当进行一组测试后如果能通过，其可信度已经完全满足一般控制系统的需要了。为了使测试的效果大一些，应设计一段涉及指令尽可能多一些的测试程序，起码应将各种基本类型的指令都涉及。

2. FLASH的诊断

用户程序通过编程器写入FLASH后，一般是不会出错的。当FLASH受到环境中的干扰，均有可能使FLASH中的信息发生变化，从而使系统运行不正常。由于这种出错总是个别单元零星发生，不一定每次都能被执行到，故必须主动进行检查。

3. RAM的诊断

RAM的诊断分破坏性诊断及非破坏性诊断，一般采用非破坏性诊断。非破坏性的诊断方法是先读出某一单元的内容暂存，然后可进行破坏性诊断，诊断完毕，恢复原来单元的内容。

在进行RAM的诊断时，通过对其进行读写操作进行诊断，如果无误即认定正常。在上电自检时，RAM 中无任何有意义的信息，可以进行破坏性的诊断，可以任意写入。一个 RAM 单元如果正常，其中的任何一位均可任意写“0”或“1”。因此，常用 55H 和 0AAH 作为测试字，对一个字节进行两次写两次读，来判别其好坏。一般不能用 0FFH 作为测试字，因为外部存储空间没有安装 RAM 时，经常读取的值为 0FFH。

4. A-D 通道的诊断与校正

对 A-D 通道的诊断方法如下：在某一路模拟输入端加上一个已知的模拟电压，启动 A-D 转换后读取转换结果，如果等于预定值，则 A-D 通道正常，如果有少许偏差，则说明 A-D 通道发生少许漂移，应求出校正系数，供信号通道进行校正运算。如果偏差过大，则为故障现象。

5. D-A 通道的诊断

D-A 通道诊断的目的是为了确保模拟输出量的准确性，而要判断模拟量是否准确又必须将其转变为数字量，CPU 才能进行判断。因此，D-A 的诊断离不开 A-D 环节。

在已经进行 A-D 诊断，并获知其正常后，就可以借助 A-D 的一个输入通道来对 D-A 进行诊断了。

将 D-A 转换器的模拟输出接到 A-D 转换器的某一输入端，D-A 输出一固定值，即可在A-D 输入端得到一对应值，达到诊断的目的。

除上述介绍的硬件故障诊断技术外，还有数字 I/O 通道的诊断。

9.6.2 软件的容错设计

当设计一段短的程序，用来完成某些特定的功能时，一般并不难。但把很多程序段组成一个应用系统时，往往会出问题。当发现一个问题，并将它解决之后，另一段本来“没有问题”的程序又出了问题。系统越大，各段程序之间的关联就越多，处理起来就越要小心。如果能养成一些良好的程序设计习惯，遵守若干程序设计的基本原则，就能少走弯路，减少程序出错的机会。下面讨论一些常见的软件设计错误，有些错误是明显的，有些错误是隐蔽的，孤立分析是发现不了的，有些错误是在特定条件下才有可能发生的。

1. 防止堆栈溢出

堆栈区留得太大，将减少其他的数据存放空间，留得太少，很容易溢出。所谓堆栈溢出，是指堆栈区已经满了，还要进行新的压栈操作，这时只好将压栈的内容存放在非堆栈区。

系统程序对堆栈的极限需求量即为主程序最大需求量加上低级中断的最大需求量，再加上高级中断的最大需求量。

中断子程序是在主程序完全没有准备的情况运行的，故对主程序的现场必须加以保护，这和一般子程序不同。当中断子程序本身对主程序现场完全没有影响时，也不必保护现场。另外，影响范围有多大就保护多大，不必什么都压栈保护，增加堆栈的开销。防止堆栈溢出的另一个办法是在监控程序中重复设置栈指针，每执行一次监控循环程序，初始化堆栈一次。

2. 中断中的资源冲突及其预防

在中断子程序执行的过程中，要使用若干信息，处理后，还要生成若干结果。主程序中也要使用若干信息，产生若干结果。在很多情况下，主程序和中断子程序之间要进行信息的交流，它们有信息的“生产者”和“消费者”的相互关系。主程序和普通的子程序之间也有这种关系，但由于它们是在完全清醒的状态下，各种信息的存放读取是有条有理的，不会出现冲突。但中断子程序可以在任何时刻运行，这就有可能和主程序发生冲突，产生错误的结果。

由于前台程序和后台程序对同一资源（RAM 中若干单元）有“生产者”和“消费者”的

关系，故不能用保护现场的措施来避免冲突。如果中断时将冲突单元的内容保护起来，返回时再恢复原状态，则中断子程序所做的工作也就没意义了。资源冲突发生的条件是：

1）某一资源同时为前台程序和后台程序所使用，这是冲突发生的前提。

2）双方之中至少有一方为“生产者”，对该资源进行写操作，这是冲突发生的基础。

3）后台程序对该资源的访问不能用一条指令完成。这是冲突发生的实质。

这三个条件都满足时，即有可能发生冲突而导致错误结果。

3. 正确使用软件标志

软件标志就是程序本身所使用的，表明系统的各种状态特点，传递各模块之间的控制信息，控制程序流向等的某一个或几个寄存器或其中的某位。

在程序设计过程中，往往要使用很多软件标志，软件标志一多，就容易出错。要正确使用软件标志，可从两个方面做好工作。在宏观上，要规划好软件标志的分配和定义工作，有些对整个软件系统都有控制作用的软件标志必须仔细定义，如状态变量。有些只在局部有定义的软件标志也必须定义好使用范围和意义。在微观上，对每一个具体的充当软件标志的位资源必须分别进行详细记录，编制软件标志的使用说明书。软件标志的说明是否完备详尽，在很大程度上影响到整个软件的质量。

9.7 计算机控制系统的信息安全

9.7.1 概述

1. 什么是计算机控制系统的信息安全

计算机控制系统在许多关系到国家经济命脉和国家安全的行业，如电力发输配、油气采集和输送、油气加工生产、冶金、水和污水处理、核电、交通中发挥着中枢神经的作用。随着企业管理系统与控制系统的日益融合，企业原料、销售、配件及服务越来越依赖互联网，使得包括企业控制系统的整个信息系统与 Internet 互连。此外，大量通用的软硬件的使用使得计算机控制系统的漏洞越来越多。利用漏洞攻击计算机控制系统的安全事件不断出现，后果也越来越严重。

IEC 62443 标准给出了对控制系统信息安全（Cyber Security）的定义：对系统采取的保护措施；建立和维护保护系统所得到的系统状态；能够免于对系统资源的非授权访问和非授权或意外的变更、破坏或者损失等；基于计算机系统的能力，能够保护非授权人员和系统无法修改软件及其数据，也无法访问系统，但能允许授权人员访问系统；防止对控制系统的非法和有害入侵，或者干扰控制系统执行正确和计划的操作。

在工业领域，信息安全是物理安全、功能安全之外的第三大安全类别。功能安全和信息安全的作用就是确保工业过程的物理安全、人身安全和环境安全。IEC 62443 标准指出功能安全（Safety）系统主要是考虑由于随机硬件故障所导致的组件或系统对健康、安全和环境的影响。而信息安全（Security）系统的主要原因并不是随机硬件故障等方面，其研究内容是指组织机构的专有信息安全。

2. 计算机控制系统信息安全问题的产生

（1）控制系统从封闭走向开放

随着计算机控制系统的数字化程度不断提高，特别是大量标准的 IT 产品和技术被广泛用于工控系统，使得控制系统的开放性越来越高。例如，以往 DCS 的工程师或操作员站都使用专用的计算机设备，而现在，普遍都使用IT系统中常见的服务器、工作站或PC。这会造成IT系统存在的漏洞被引入计算机控制系统中，给控制系统的信息安全留下了隐患。

(2) 控制系统与上层管理网络的联网

控制网络与企业信息网络甚至Internet已经组成了一个复杂开放的网络，这种信息融合与集成带来的经济效益非常可观，但也使得计算机控制系统的信息安全问题凸显。

(3) 网络威胁越来越多，攻击手段不断更新

攻击和防护是一对矛盾。正是由于存在大量的各种类型、各种来源的攻击，才导致计算机控制系统的漏洞被利用，引起工控信息安全问题。

(4) 现有防护手段不足

现代计算机控制系统已经广泛采用各种网络和总线技术、通信协议，但这些通信协议在设计时，重点关注可用性和实时性，缺乏诸如接入认证、加密等安全机制，因此，当受到网络攻击时显得十分脆弱。

(5) 对计算机控制系统的信息安全重要性认知不足

工业界、学术界和政府都十分重视通过功能安全措施的实施来降低生产风险，确保人员、设备和环境的安全。而对于计算机控制系统的信息安全这一新的挑战还缺乏足够的认识和重视，同时，在技术和管理上还缺乏行之有效的应对手段。

9.7.2 计算机控制系统体系结构及其脆弱性分析

1. 计算机控制系统体系结构与安全分析

根据企业控制系统集成标准IEC 62264（GB/T 20720），可将计算机控制系统分为5层，分别为过程设备层、本地或基本控制层、监测控制层、运行管理层以及企业系统层。计算机控制系统分层模型如图9-15所示。

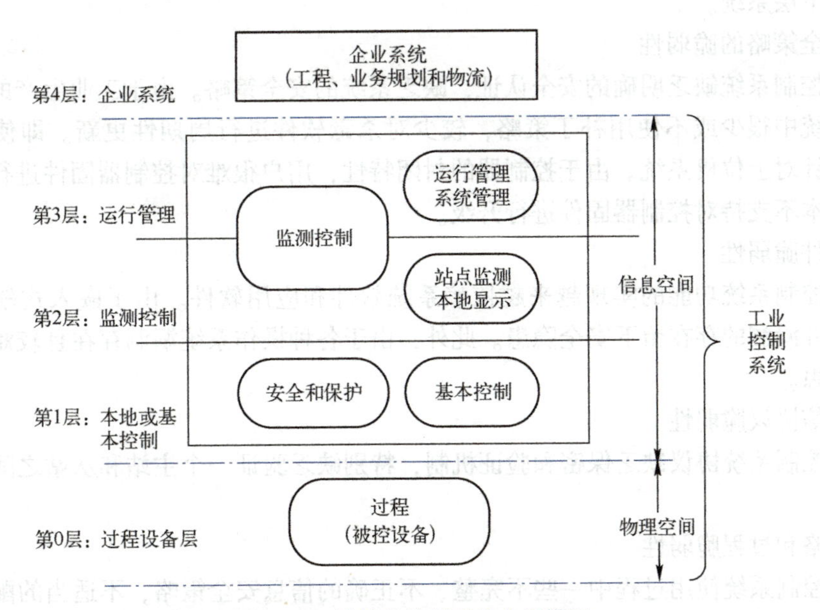

图9-15 计算机控制系统分层模型

1）过程设备层（第0层）：过程设备层指的是现场的各类物理设备和生产工艺过程。在这一层中包括各种类型的生产设备。例如电力行业的发电、输电、配电设备，化工生产中的反

应器、精馏塔、压缩机等，轨道交通中的机车，冶金生产中的高炉等。过程设备层设备的运行状态直接关系到相关物理过程的安全，因此，必须确保这些设备处于安全状态。

2）本地或基本控制层（第1层）：本地或基本控制层的主要功能是对物理过程进行操作和控制，主控设备是各种类型的控制器。从计算机控制系统的功能看，该层是整个计算机控制系统体系中最为关键的一层，该层的工作状态直接影响到过程层的运行状态。

3）监测控制层（第2层）：监测控制层的主要功能是实现对生产过程的中央监控和管理功能。监测层属于第1层的集中管理层，与第1层关系紧密，两者之间通常不进行隔离。

4）运行管理层（第3层）：运行管理层的主要功能是对生产中的工作流程进行管理与控制，它包括系统运行、系统管理、质量管理、生产调度以及可靠性保障等。运行管理层位于控制层与企业系统层之间，通常在两者之间进行边界隔离。

5）企业系统层（第4层）：企业系统层是系统的组织管理机构，实现企业人、财、物的统一协调、管理和优化。在该层使用的大都是传统的IT技术、设备等，企业级的大量应用要求与互联网连接，虽然目前企业普遍采取了一定的边界防护措施，但该层依然是外部入侵进入工控系统的重要通道。

2. 计算机控制系统的脆弱性分析

计算机控制系统之所以存在信息安全的问题，是由于计算机控制系统存在脆弱性，或存在漏洞，而这些漏洞存在被攻击者利用的可能性，从而对工控系统及其被控的物理过程造成威胁。

对于典型的计算机控制系统，可从以下几个角度分析其脆弱性。

（1）体系架构的脆弱性

计算机控制系统的架构不断演变，已经逐步成熟，其稳定性和可靠性已经得到验证，从而被推广并得到广泛使用。这种架构的典型特征表现在开放性和分层结构。开放性导致IT系统漏洞被引入。而分层结构却忽略了对层之间信息流动的监控和保护，从而造成可以通过上层系统逐步入侵下层系统。

（2）安全策略的脆弱性

计算机控制系统缺乏明确的安全认证，缺乏系统的安全策略。由于工业生产的特殊性，计算机控制系统中很少或不使用补丁策略，较少对杀毒软件进行周期性更新。即使使用补丁策略，也只是针对上位机系统。由于控制器的封闭特性，用户很难对控制器固件进行升级。有些厂家甚至根本不支持对控制器固件进行升级。

（3）软件脆弱性

计算机控制系统功能的实现越来越依赖系统软件和应用软件。由于嵌入式软件测试的困难，各种软件漏洞的存在留下安全隐患。此外，由于各种操作系统漏洞存在且较难升级，也造成了安全隐患。

（4）通信协议脆弱性

计算机控制系统协议缺乏保密和验证机制，特别缺乏验证一个主站和从站之间发送信息的完整性技术。

（5）策略和过程脆弱性

计算机控制系统使用过程中一些不完整、不正确的信息安全策略，不适当的配置或缺少特别适用的安全策略通常导致计算机控制系统的脆弱性。

（6）计算机控制系统网络脆弱性

计算机控制系统网络和与之相连的其他网络的缺陷、错误配置或不完整的网络管理过程可能导致计算机控制系统的脆弱性。

3. 针对计算机控制系统典型的攻击手段

针对计算机控制系统的攻击主要有以下几种。

1）拒绝服务攻击：例如攻击包括模拟主站，向 RTU（Remote Terminal Unit）发送无意义的信息，消耗控制网络的处理器资源和带宽资源。

2）中间人攻击：缺乏完整性检查的漏洞使攻击者可以访问到生产网络，修改合法信息或制造假消息，并将它们发送到主站。

3）重放攻击：安全机制的缺乏，使攻击者重复发送合法的计算机控制系统信息，并将它们发送到从站设备，从而造成设备损毁、过程关闭等破坏。

4）欺骗攻击：向控制中心操作人员发送虚假的欺骗信息，导致操作中心不能正确了解生产控制现场的实际工况，诱使其执行错误操作。

5）修改控制系统配置或设备的软件，导致发生不可预见的后果。

9.7.3　计算机控制系统信息安全防护措施

计算机控制系统比较典型的信息安全防护措施主要如下。

1）防火墙：防火墙是一种访问控制类产品，它将内部网络与存在威胁的外部网络隔离开来，用来防止内部对外部的不安全访问，并阻止外部网络对内部资源的非法访问。

2）安全路由器：加入了防火墙技术、加密虚拟专用网、宽带管理和访问控制列表等安全技术特性的新型路由器应运而生。

3）虚拟专用网：虚拟专用网是在公共网络上建立专用的网络，没有采用传统网络的物理链路，通过数据加密和访问控制等技术，来实现两个或多个内部网之间的关联。

4）安全服务器：安全服务器的主要功能是对局域网内部信息之间存储、传输进行安全保护，主要功能包括对局域网资源进行管理和控制，对局域网内用户以及所有信息安全相关的事件进行审计和追踪。

5）安全管理中心：安全管理中心的主要功能是对计算机控制系统中各类网络、安全产品进行统一管理，并给各安全设备分发密钥，监控各安全产品运行状态，进行数据收集、分析、响应安全事件等。

6）入侵检测系统（Intrusion Detection System，IDS）：入侵检测系统是防火墙、加密处理之后的新一代信息安全防护技术。通过对网络和日志审计数据中的攻击行为进行策略反应，判断是否存在可疑行为，及时阻隔入侵，保障系统安全，被认为是继防火墙之后的系统第二道安全“防线”。

7）安全操作系统：安全操作系统能够为系统提供安全运行平台，在系统自主访问、标记、身份标识等多方面进行安全保护，构成安全的网络服务，其自身具有安全特性和安全保障能力，比普通的操作系统提供更多的保护和隔离。

习题

1. 电磁干扰的定义是什么？
2. 电磁兼容的含义是什么？
3. 电磁干扰的三要素是什么？
4. 抑制电磁干扰的隔离技术有哪些？
5. 计算机控制系统可靠性设计的任务是什么？
6. 什么是共模干扰和串模干扰？

微课视频：第 9 章
重点难点
知识讲解

7. 抗串模干扰的措施有哪些？
8. 抗共模干扰的措施有哪些？
9. 双绞线抗干扰的原理是什么？
10. 压敏电阻的作用是什么？
11. TVS瞬变电压抑制器的作用是什么？
12. 简述计算机控制系统干扰的看门狗技术的工作原理。
13. 什么是控制系统信息安全？
14. 计算机控制系统信息安全问题是如何产生的？
15. 计算机控制系统比较典型的信息安全防护措施主要有哪些？

第 10 章　计算机控制系统设计实例

10.1 基于现场总线与工业以太网的分布式控制系统的总体设计

分布式控制系统（Distributed Control System，DCS）是网络进入控制领域后出现的新型控制系统，它将整个系统的检测、计算和控制功能安排给若干台不同的计算机完成，各计算机之间通过网络来实现相互之间的协调和系统之间的集成，网络使得控制系统实现在功能和范围上的“分布”成为可能。

单元式组合仪表的控制系统和直接数字控制计算机系统是分布式控制系统的两个主要技术来源；或者说，直接数字控制系统（DDC）的数字技术和单元式组合仪表的分布式体系结构是 DCS 的核心，而这样的核心之所以能够在实际应用中形成并达到实用的程度，则有赖于计算机网络技术的产生和发展。

分布式控制系统比较完整的定义如下。

1）以回路控制为主要功能的系统。

2）除变送单元和执行单元外，各种控制功能及通信、人机界面均采用数字技术。

3）以计算机的显示器、键盘、鼠标/轨迹球代替仪表盘形成系统的人机界面。

4）回路控制功能由现场控制站完成，系统可有多台现场控制站，每台现场控制站控制一部分回路。

5）人机界面由操作员站实现，系统可有多台操作员站。

6）系统中所有现场控制站、操作员站均通过数字通信网络来实现连接。

上述定义的前 3 项与直接数字控制系统（DDC）无异，后 3 项则描述了分布式控制系统的特点，这也是分布式控制系统和直接数字控制系统最根本的不同。

10.1.1 分布式控制系统概述

分布式的总体结构如图 10-1 所示。

1. 通信网络的要求

1）控制卡与监控管理层之间的通信：控制卡与监控管理层之间通信的下行数据包括测控板卡及通道的配置信息、直接控制输出信息、控制算法的新建及修改信息等，上行数据包括测控板卡的采样信息、控制算法的执行信息以及控制卡和测控板卡的故障信息等。

由于控制卡与监控管理层之间的通信信息量较大，且对通信速率有一定的要求，所以选择以太网作为与监控层的通信网络。同时，为提高通信的可靠性，对以太网通信网络做冗余处

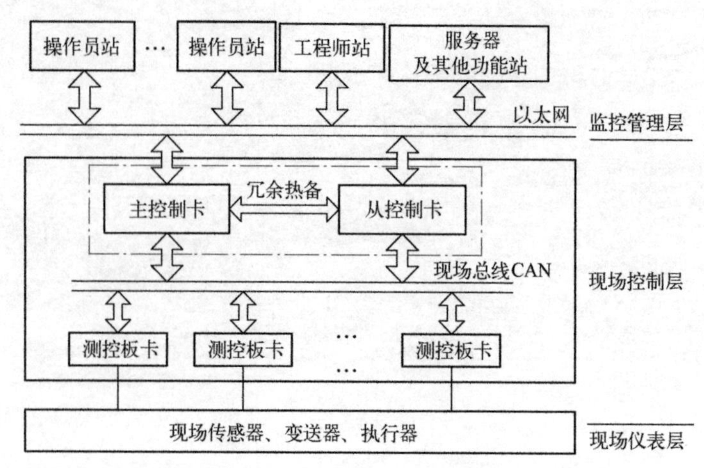

图 10-1 分布式的总体结构图

理，采用两条并行的以太网通信网络构建与监控管理层的通信网络。

2）控制卡与测控板卡之间的通信：控制卡与测控板卡之间的通信信息包括测控板卡及通道的组态信息、通道的采样信息、来自上位机和控制卡控制算法的输出控制信息，以及测控板卡的状态和故障信息等。

控制站内的测控板卡间的通信采用现场总线 CAN 通信。

2. 控制功能的要求

1）系统的点容量：为满足系统的通用性要求，系统必须允许接入多种类型的信号，目前的测控板卡类型共有 7 种，分别是 8 通道模拟量输入板卡、4 通道模拟量输出板卡、8 通道热电阻输入板卡、8 通道热电偶输入板卡、16 通道开关量输入板卡、16 通道开关量输出板卡、8 通道脉冲量输入板卡。这 7 种类型测控板卡的信号可以概括为 4 类：模拟量输入信号（AI）、数字量输入信号（DI）、模拟量输出信号（AO）、数字量输出信号（DO）。

在板卡数量方面，本系统要求可以支持 4 个机笼，64 个测控板卡。

2）系统的控制回路容量：自动控制功能由控制站控制卡执行由控制回路构成的控制算法来实现。设计要求本系统可以支持 255 个由功能框图编译产生的控制回路，包括 PID、串级控制等复杂控制回路。控制回路的容量同样直接影响到本系统的运算速度和存储空间。

3）控制算法的解析及存储：以功能框图形式表示的控制算法（即控制回路）通过以太网下载到控制卡时，并不是一种可以直接执行的状态，需要控制卡对其进行解析，并且能够以有效的形式对控制算法进行存储。

4）系统的控制周期：系统要在一个控制周期内完成现场采样信号的获取和控制算法的执行。本系统要满足 1 s 的控制周期要求，这要求本系统的处理器要有足够快的运算速度，与底层测控板卡间的通信要有足够高的通信速率和高效的通信算法。

3. 系统可靠性的要求

1）双机冗余配置：为增加系统的可靠性，提高平均无故障时间，要求本系统的控制装置要做到冗余配置，并且冗余双机要工作在热备状态。

考虑到目前本系统所处 DCS 控制站中机笼的固定设计格式及对故障切换时间的要求，本系统将采用主从式双机热备方式。这要求两台控制装置必须具有自主判定主从身份的机制，而且为满足热备的工作要求，两台控制装置间必须有一条通信通道完成两台装置间的信息交互和同步操作。

2）故障情况下的切换时间要求：处于主从式双机热备状态下的两台控制装置，不但要运行自己的应用，还要监测对方的工作状态，在对方出现故障时能够及时发现并接管对方的工作，保证整个系统的连续工作。本系统要求从对方控制装置出现故障到发现故障和接管对方的工作不得超过 1 s。此要求涉及双机间的故障检测方式和故障判断算法。

4. 其他方面的要求

1）双电源冗余供电：系统工作的基础是电源，电源的稳定性对系统正常工作至关重要，而且现在的工业生产装置都是工作在连续不间断状态，因此，供电电源必须满足这一要求。所以，控制卡要求供电电源冗余配置，双线同时供电。

2）故障记录与故障报告：为了提高系统的可靠性，不仅要提高平均无故障时间，而且要缩短平均故障修复时间，这要求系统要在第一时间发现故障并向上位机报告故障情况。

3）人机接口要求：工作情况下的控制卡必须有一定的状态指示，以方便工作人员判定系统的工作状态，其中包括与监控管理层上位机的通信状态指示、与测控板卡的通信状态指示、控制装置的主从身份指示、控制装置的故障指示等。因此控制卡必须对外提供相应的指示灯指示系统的工作状态。

10.1.2　现场控制站的组成

新型 DCS 控制系统分为 3 个层：监控管理层、现场控制层、现场仪表层。其中监控管理层由工程师站和操作员站构成，也可以只有一个工程师站，工程师站兼有操作员站的职能。现场控制层由主从控制卡和测控板卡构成，其中控制卡和测控板卡全部安装在机笼内部。现场仪表层由配电板和提供各种信号的仪表构成。控制站包括现场控制层和现场仪表层。一套 DCS 系统可以包含几个控制站。包含 2 个控制站的 DCS 系统结构如图 10-2 所示。

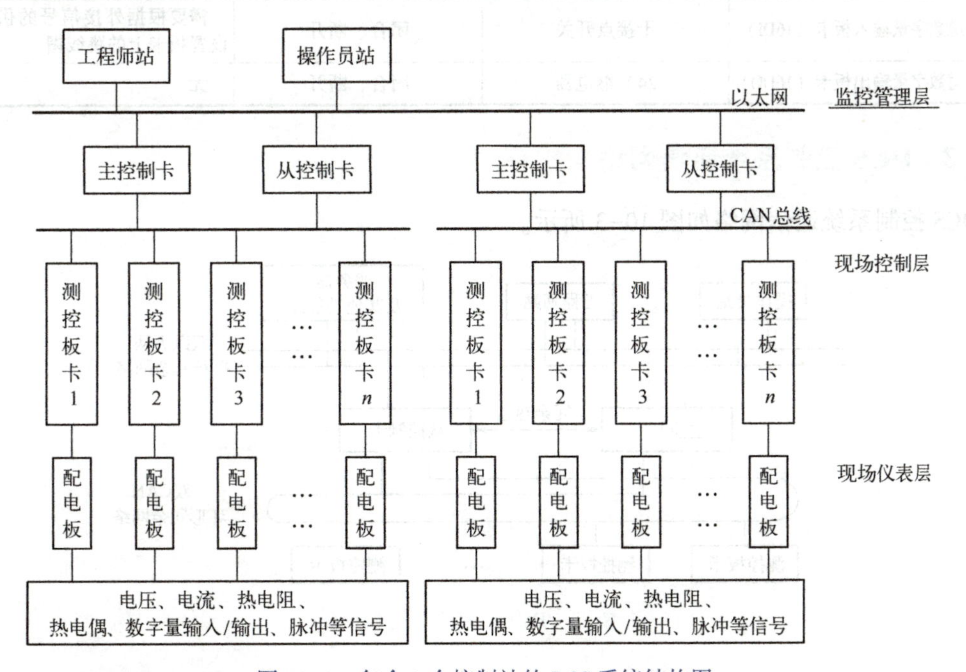

图 10-2　包含 2 个控制站的 DCS 系统结构图

每种类型的测控板卡都有对应的配电板，配电板不可混用。各种测控板卡允许输入和输出的信号类型如表 10-1 所示。

表 10-1 各种测控板卡允许输入和输出的信号类型

板卡类型	信号类型	测量范围	备注
8 通道模拟量输入板卡（8AI）	电压	0~5 V	需要根据信号的电压、电流类型设置配电板的相应跳线
	电压	1~5 V	
	Ⅱ型电流	0~10 mA	
	Ⅲ型电流	4~20 mA	
8 通道热电阻输入板卡（8RTD）	Pt100 热电阻	-200~850℃	无
	Cu100 热电阻	-50~150℃	
	Cu50 热电阻	-50~150℃	
8 通道热电偶输入板卡（8TC）	B 型热电偶	500~1800℃	无
	E 型热电偶	-200~900℃	
	J 型热电偶	-200~750℃	
	K 型热电偶	-200~1300℃	
	R 型热电偶	0~1750℃	
	S 型热电偶	0~1750℃	
	T 型热电偶	-200~350℃	
8 通道脉冲量输入板卡（8PI）	计数/频率型	0 V ~5 V	需要根据信号的量程范围设置配电板的跳线
	计数/频率型	0 V ~ 12 V	
	计数/频率型	0 V ~ 24 V	
4 通道模拟量输出板卡（4AO）	Ⅱ型电流	0~10 mA	无
	Ⅲ型电流	4~20 mA	
16 通道数字量输入板卡（16DI）	干接点开关	闭合、断开	需要根据外接信号的供电类型设置板卡上的跳线帽
16 通道数字量输出板卡（16DO）	24 V 继电器	闭合、断开	无

10.1.3 DCS 控制系统通信网络

DCS 控制系统通信网络如图 10-3 所示。

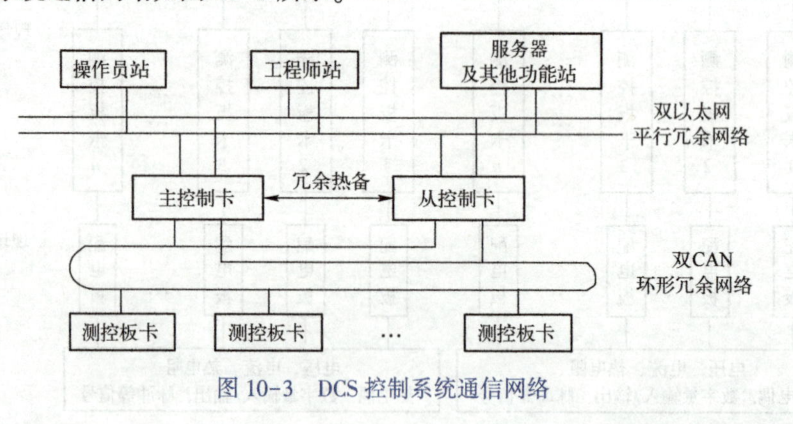

图 10-3 DCS 控制系统通信网络

双 CAN 组建的非闭合环形通信网络主要是为了应对通信线断线对系统通信造成的影响。双 CAN 组建的非闭合环形通信网络原理图如图 10-4 所示。实际的双 CAN 网络连线图如图 10-5 所示。

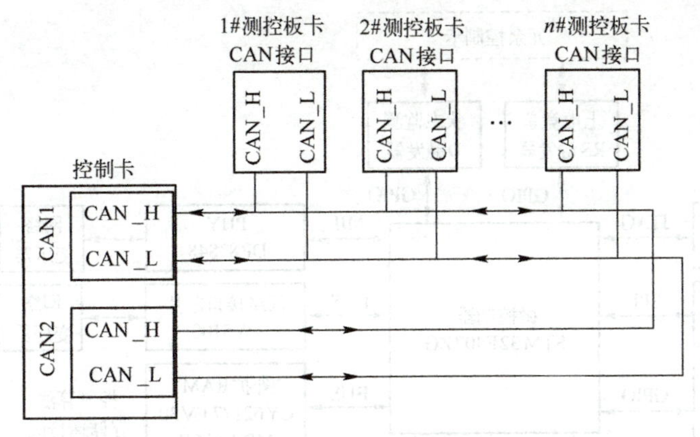

图 10-4　双 CAN 组建的非闭合环形通信网络原理图

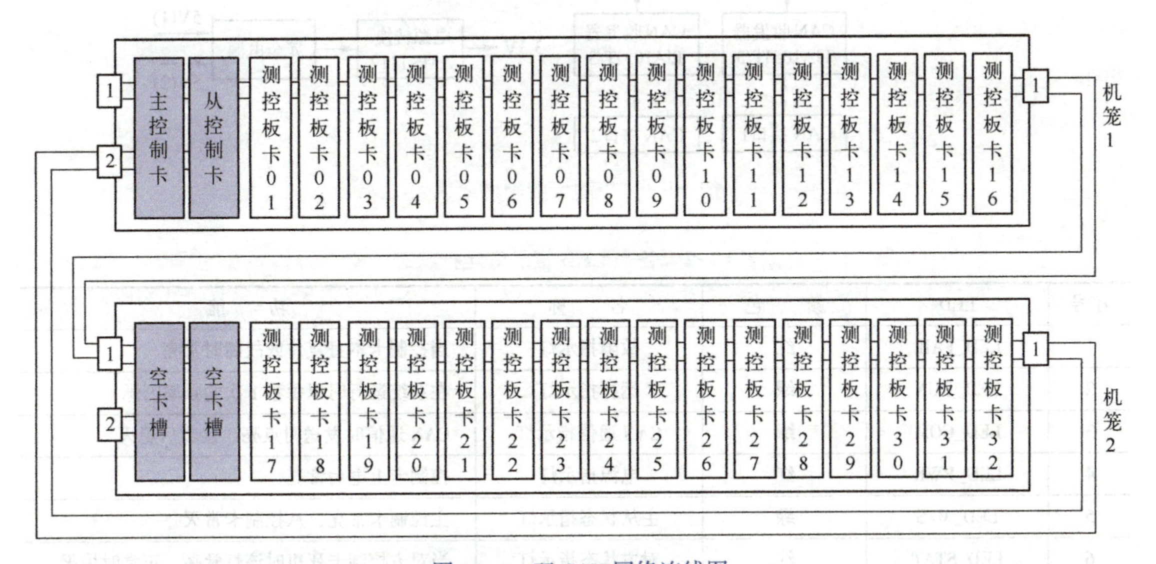

图 10-5　双 CAN 网络连线图

10.1.4　DCS 控制系统控制卡的硬件设计

控制卡的主要功能是通信中转和控制算法运算，是整个 DCS 现场控制站的核心。控制卡可以作为通信中转设备实现上位机对底层信号的检测和控制，也可以脱离上位机独立运行，执行上位机之前下载的控制方法。当然，在上位机存在时控制卡也可以自动执行控制方案。

通信方面，控制卡通过现场总线 CAN 实现与底层测控板卡的通信，通过以太网实现与上层工程师站、操作员的通信。

系统规模方面，控制卡默认采用最大系统规模运行，即 4 个机笼，64 个测控板卡和 255 个控制回路。系统以最大规模运行，除了会占用一定的 RAM 空间外，并不会影响系统的速度和性能。255 个控制回路运行所需 RAM 空间大约 500 KB，外扩的 SRAM 有 4 MB 的空间，控制回路仍有一定的扩充裕量。

1. 控制卡的硬件组成

控制卡以 ST 公司生产的 ARM Cortex-M4 微控制器 STM32F407ZG 为核心，搭载相应外围电路构成。控制卡的构成大致可以划分为 6 个模块，分别为供电模块、双机冗余模块、CAN 通信模块、以太网通信模块、控制算法模块和人机接口模块。控制卡的硬件组成如图 10-6 所示。

控制卡上共有 7 个 LED 指示灯。各个 LED 指示灯的运行状态如表 10-2 所示。

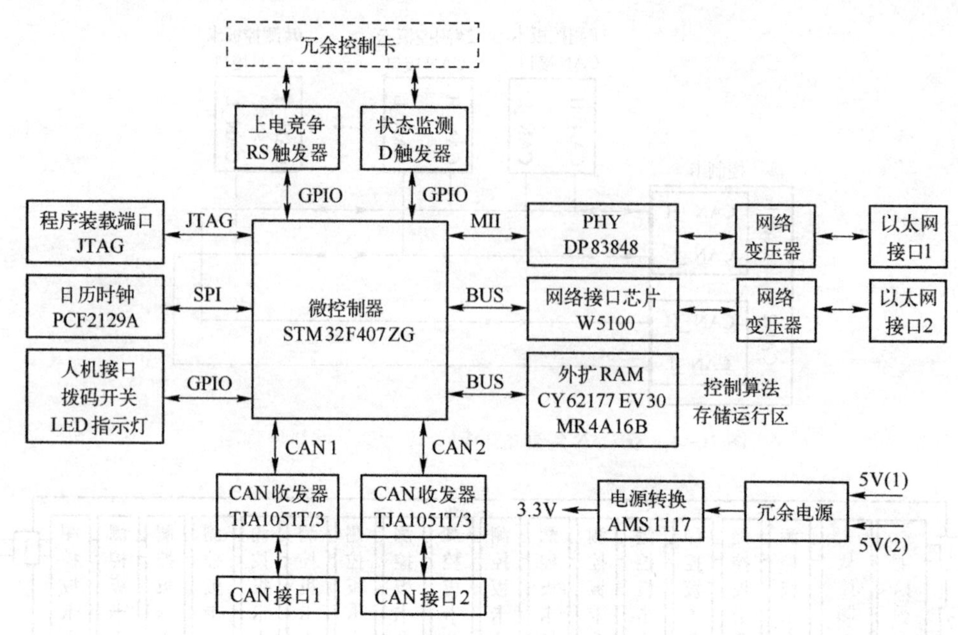

图10-6 控制卡的硬件组成

表10-2 各个LED指示灯运行状态

序号	LED	颜 色	名 称	功 能
1	LED_FAIL	红	故障指示灯	当控制卡本身复位或故障时常亮
2	LED_RUN	绿	运行指示灯	在系统运行时以每秒1次的频率闪烁
3	LED_COM	绿	CAN通信指示灯	CAN通信时发送时点亮，接收后熄灭
4	LED_PWR	红	电源指示灯	控制卡上电后常亮
5	LED_M/S	绿	主从状态指示灯	主控制卡常亮，从控制卡常灭
6	LED_STAT	红	对方状态指示灯	当对方控制卡死机时该灯常亮，正常时熄灭
7	LED_ETH	绿	以太网通信指示灯	暂未对以太网通信指示灯定义

2. 双机冗余的设计

为增强系统的可靠性，控制卡采用冗余配置，并工作于主从模式的热备状态。两个控制卡具有完全相同的软硬件配置，上电时同时运行，并且一个作为主控制卡，一个作为从控制卡。主控制卡可以对测控板卡发送通信命令，并接收测控板卡的回送数据；而从控制卡处于只接收状态，不得对测控板卡发送通信命令。

在工作过程中，两个控制卡互为热备。

3. 存储器扩展电路的设计

由于控制算法运行所需的RAM空间已经远远超出STM32F407ZG所能提供的用户RAM空间，而且控制算法也需要额外的空间进行存储，所以需要在系统设计时做一定的RAM空间扩展。

在电路设计中扩展了两片RAM，一片SRAM为CY62177EV30，一片MRAM为MR4A16B。设计之初，将SRAM用于控制算法运行，将MRAM用于控制算法存储。但后期通过将控制算法的存储态与运行态结合后，要求外扩的RAM要兼有控制算法的运行与存储功能，所以，必须对外扩的SRAM做一定的处理，使其也具有数据存储的功能。

CY62177EV30与STM32F407ZG连接图如图10-7所示。

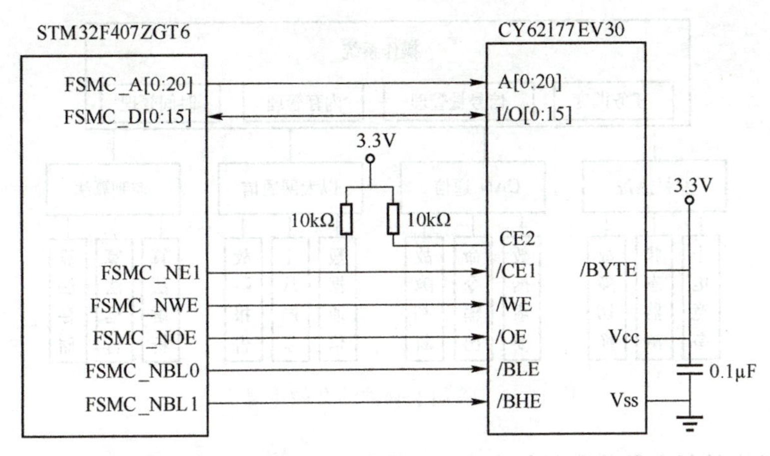

图 10-7 CY62177EV30 与 STM32F407ZG 连接图

10.1.5 DCS 控制系统控制卡的软件设计

1. 控制卡软件的框架设计

控制卡采用嵌入式操作系统 μC/OS-II，该软件的开发具有确定的开发流程。软件的开发流程甚至与任务的多少、任务的功能无关。在 μC/OS-II 环境下，软件的开发流程如图 10-8 所示。

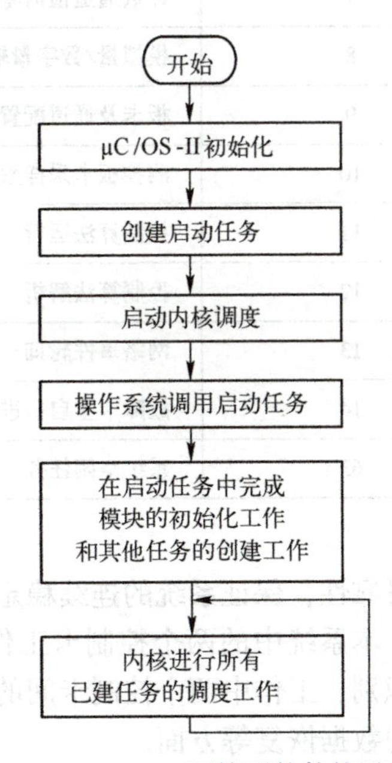

图 10-8 μC/OS-II 环境下软件的开发流程

控制卡软件中涉及的内容除操作系统 μC/OS-II 外，应用程序大致可分为 4 个主要模块，分别为双机热备、CAN 通信、以太网通信、控制算法。控制卡软件涉及的主要模块如图 10-9 所示。

嵌入式操作系统 μC/OS-II 中程序的执行顺序与程序代码的位置无关，只与程序代码所在任务的优先级有关。所以，在嵌入式操作系统 μC/OS-II 环境下的软件框架设计，实际上就是确定各个任务的优先级安排。

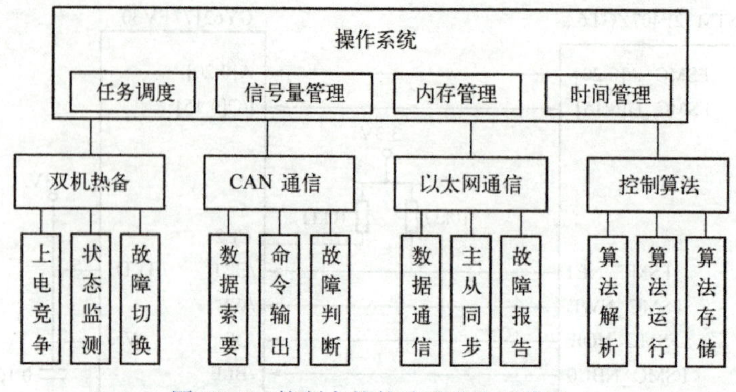

图 10-9 控制卡软件涉及的主要模块

控制卡软件中的任务及优先级如表 10-3 所示。

表 10-3 控制卡软件中的任务及优先级

任 务	优 先 级	任 务 说 明
TaskStart	4	启动任务，创建其他用户任务
TaskStateMonitor	5	主从控制卡间的状态监测
TaskCANReceive	6	接收 CAN 命令并对其处理
TaskPIClear	7	计数通道值清零
TaskAODOOut	8	模拟量/数字量输出控制
TaskCardConfig	9	板卡及通道配置
TaskCardUpload	10	测控板卡采样数据轮询
TaskLoopRun	11	控制算法运行
TaskLoopAnalyze	12	控制算法解析
TaskNetPoll	13	网络事件轮询
TaskDataSyn	14	故障卡重启后进行数据同步
OS_TaskIdle	63	系统空闲任务

2. 双机热备程序的设计

双机热备可有效提高系统的可靠性，保证系统的连续稳定工作。双机热备的可靠实现需要两个控制卡协同工作，共同实现。本系统中的两个控制卡工作于主从模式的双机热备状态中，实现过程涉及控制卡的主从身份识别，工作中两个控制卡间的状态监测、数据同步，故障情况下的故障处理，以及故障修复后的数据恢复等方面。

（1）控制卡主从身份识别

主从配置的两个控制卡必须保证在任一时刻、任何情况下都只有一个主控制卡与一个从控制卡，所以必须在所有可能的情况下对控制卡的主从身份做出识别或限定。

（2）状态监测与故障切换

处于热备状态的两个控制卡必须不断地监测对方控制卡的工作状态，以便在对方控制卡故障时能够及时发现并做出故障处理。

3. CAN 通信程序的设计

控制卡与测控板卡间的通信通过 CAN 总线进行，通信内容包括将上位机发送的板卡及通道配置信息下发到测控板卡、将上位机发送的输出命令或控制算法运算后需执行的输出命令下发到测控板卡、将上位机发送的累积型通道的计数值清零命令下发到测控板卡、周期性向测控板卡获取采样数据等。此外，CAN 通信网络还肩负着主从控制卡间控制算法同步信号的传输任务。

CAN 通信程序的设计需要充分利用双 CAN 构建的环形通信网络，实现正常情况下的高效、快速的数据通信，实现故障情况下及时、准确的故障性质确定和故障定位。

STM32F407ZG 中的 CAN 模块具有一个 CAN2.0B 的内核，既支持 11 位标识符的标准格式帧，也支持 29 位标志符的扩展格式帧。控制卡的设计采用的是 11 位的标准格式帧。

（1）CAN 数据帧的过滤机制

STM32F407ZG 中的 CAN 标识符过滤机制支持两种模式的标识符过滤：列表模式和屏蔽位模式。

在列表模式下，只有 CAN 报文中的标识符与过滤器设定的标识符完全匹配时报文才会被接收。

在屏蔽位模式下，可以设置必须匹配位与不关心位，只要 CAN 报文中的标识符与过滤器设定的标识符中的必须匹配位是一致的，该报文就会被接收。

（2）CAN 数据的打包与解包

每个 CAN 数据帧中的数据场最多容纳 8 个字节的数据，而在控制卡的 CAN 通信过程中，有些命令的长度远不止 8 个字节。所以，当要发送的数据字节数超出单个 CAN 数据帧所能容纳的 8 个字节时，就需要将数据打包，拆解为多个数据包，并使用多个 CAN 数据帧将数据发送出去。在接收端也要对接收到的数据进行解包，将多个 CAN 数据帧中的有效数据提取出来并重新组合为一个完整的数据包，以恢复数据包的原有形式。

为了实现程序的模块化、层次化设计，控制卡与测控板卡间传输的命令或数据具有统一的格式，只是命令码或携带的数据多少不同。控制卡 CAN 通信数据包格式如表 10-4 所示。

表 10-4 控制卡 CAN 通信数据包的格式

位　置	内　容	说　明
[0]	目的节点 ID	接收命令的板卡的地址
[1]	源节点 ID	发送命令的板卡的地址
[2]	保留字节	预留字节，默认 0
[3]	数据区字节数	*N*，数据区字节数，可为 0
[4]	命令码	根据不同功能而定
[4+1]	数据 1	数据区，包含本命令携带的具体数据 可为空，依具体命令而定
[4+2]	数据 2	
[4+3]	数据 3	
……	……	
[4+*N*]	数据 *N*	

CAN 通信数据包的分帧情况如表 10-5 所示。该表显示了带有 10 个附加数据的命令的分帧情况。

表10-5 CAN通信数据包的分帧情况

区 域	信息类型	第1帧		第2帧		第3帧	
标识符	标识符高8位	目的节点ID		目的节点ID		目的节点ID	
	标识符低3位	001		001		000	
数据场	帧头信息	[0]	源节点ID	[0]	源节点ID	[0]	源节点ID
		[1]	帧序号0	[1]	帧序号1	[1]	帧序号2
	发送数据	[2]	保留字节	[2]	附加数据4	[2]	附加数据10
		[3]	数据区字节数	[3]	附加数据5	[3]	×
		[4]	命令码	[4]	附加数据6	[4]	×
		[5]	附加数据1	[5]	附加数据7	[5]	×
		[6]	附加数据2	[6]	附加数据8	[6]	×
		[7]	附加数据3	[7]	附加数据9	[7]	×

(3) 双CAN环路通信工作机制

在只有一个CAN收发器的情况下，当通信线出现断线时，便失去了与断线处后方测控板卡的联系。但两个CAN收发器组建的环形通信网络可以在通信线断线情况下保持与断线处后方测控板卡的通信。

在使用两个CAN收发器组建的环形通信网络的环境中，当通信线出现断线时，CAN1只能与断线处前方测控板卡进行通信，失去与断线处后方测控板卡的联系；而此时，CAN2仍然保持与断线处后方测控板卡的连接，仍然可以通过CAN2实现与断线处后方测控板卡的通信。从而消除了通信线断线造成的影响，提高了通信的可靠性。

(4) CAN通信中的数据收发任务

在应用嵌入式操作系统μC/OS-II的软件设计中，应用程序将以任务的形式体现。

控制卡共有4个任务和2个接收中断完成CAN通信功能。它们分别为TaskCardUpload、TaskPIClear、TaskAODOOut、TaskCANReceive、IRQ_CAN1_RX、IRQ_CAN2_RX。

4. 以太网通信程序的设计

在控制卡中，以太网通信已经构成双以太网的平行冗余通信网络，两路以太网处于平行工作状态，相互独立。上位机既可以通过网络1与控制卡通信，也可以通过网络2与控制卡通信。第一路以太网在硬件上采用STM32F407ZG内部的MAC与外部PHY构建，在程序设计上采用了一个小型的嵌入式TCP/IP协议栈uIP。第二路以太网采用的是内嵌硬件TCP/IP协议栈的W5100，采用端口编程，程序设计要相对简单。

(1) 第一路以太网通信程序设计及嵌入式TCP/IP协议栈uIP

第一路以太网通信程序设计，采用了一个小型的嵌入式TCP/IP协议栈uIP，用于网络事件的处理和网络数据的收发。

uIP是由瑞典计算机科学院的Adam Dunkels开发的，其源代码完全由C语言编写，并且是完全公开和免费的，用户可以根据需要对其做一定的修改，并可以容易地将其移植到嵌入式系统中。

在设计上，uIP简化了通信流程，裁剪掉了TCP/IP中不常用的功能，仅保留了网络通信中必须使用的基本协议，包括IP、ARP、ICMP、TCP、UDP，以保证其代码具有良好的通用性和稳定的结构。

uIP与系统底层硬件驱动和上层应用程序的关系如图10-10所示。

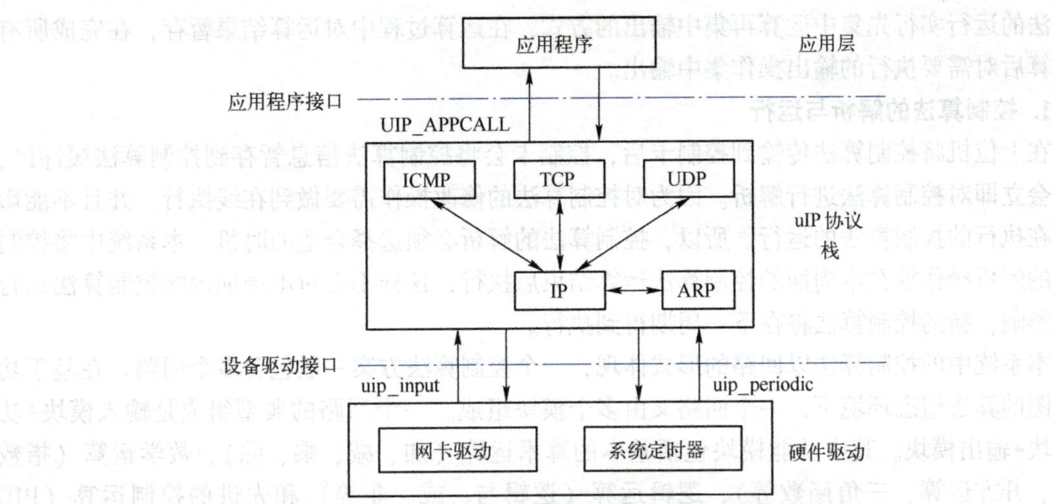

图 10-10　uIP 与系统底层硬件驱动和上层应用程序的关系

(2) 第二路以太网通信程序设计及 W5100 的 socket 编程

W5100 内嵌硬件 TCP/IP 协议栈，支持 TCP、UDP、IPv4、ARP、ICMP 等。W5100 还在内部集成了 16 KB 的存储器作为网络数据收发的缓冲区。W5100 的高度集成特性使得以太网控制和协议栈运作对用户应用程序是透明的，应用程序直接进行端口编程即可，而不必考虑细节的实现问题。

在完成了 W5100 的初始化操作之后，即可以开始基于 W5100 的以太网应用程序的开发。W5100 中的应用程序开发是基于端口的，所有网络事件和数据收发都以端口为基础。启用某一端口前需要对该端口做相应设置，包括端口上使用的协议类型、端口号等。

(3) 网络事件处理

以太网通信程序主要用于实现控制卡与上位机间的通信，及主从控制卡间的数据同步操作。

主控制卡以太网程序功能如表 10-6 所示。

表 10-6　主控制卡以太网程序功能

协议类型	模　式	源 端 口	目的端口	功能说明
TCP	服务器	随机	1024	上位机获取测控板卡采样信息 上位机传送测控板卡及通道配置信息
		随机	1025	上位机传送控制算法信息 上位机修改 PID 模块参数值 上位机获取控制算法模块运算结果
		随机	1026	上位机传送控制输出命令 上位机传送累计型通道清零命令
	客户端	随机	1027	连接上位机的 1027 端口，报告控制卡或测控板卡或通信线故障情况
UDP	客户端	1028	1028	向从控制卡的 1028 端口传送同步信息

10.1.6　控制算法的设计

通信与控制是 DCS 控制站控制卡的两大核心功能，在控制方面，本系统要提供对上位机基于功能框图的控制算法的支持，包括控制算法的解析、运行、存储与恢复。

控制算法由上位机经过以太网通信传输到控制卡，经控制卡解析后，以 1 s 的固定周期运行。控制算法的解析包括算法的新建、修改与删除，同时要求这些操作可以做到在线执行。控制算法的运行实行先集中运算再集中输出的方式，在运算过程中对运算结果暂存，在完成所有的运算后对需要执行的输出操作集中输出。

1. 控制算法的解析与运行

在上位机将控制算法传输到控制卡后，控制卡会将控制算法信息暂存到控制算法缓冲区，并不会立即对控制算法进行解析。因为对控制算法的修改操作需要做到在线执行，并且不能影响正在执行的控制算法的运行。所以，控制算法的解析必须选择合适的时机。本系统中将控制算法的解析操作放在本周期的控制算法运算结束后执行，这样不会对本周期内的控制算法运行产生影响，新的控制算法将在下一周期得到执行。

本系统中的控制算法以回路的形式体现，一个控制算法方案一般包含多个回路。在基于功能框图的算法组态环境下，一个回路又由多个模块组成。一个回路的典型组成是输入模块+功能模块+输出模块。其中功能模块包括基本的算术运算（加、减、乘、除）、数学运算（指数运算、开方运算、三角函数等）、逻辑运算（逻辑与、或、非等）和先进的控制运算（PID等）等。功能框图组态环境下一个基本 PID 回路如图 10-11 所示。

控制算法的解析过程中涉及最多的操作就是内存块的获取、释放，以及链表操作。理解了这两个操作的实现机制就理解了控制算法的解析过程。其中内存块的获取与释放由 μC/OS-II 的内存管理模块负责，需要时就向相应的内存池申请内存块，释放时就将内存块交还给所属的内存池。

一个新建回路的解析过程如图 10-12 所示。

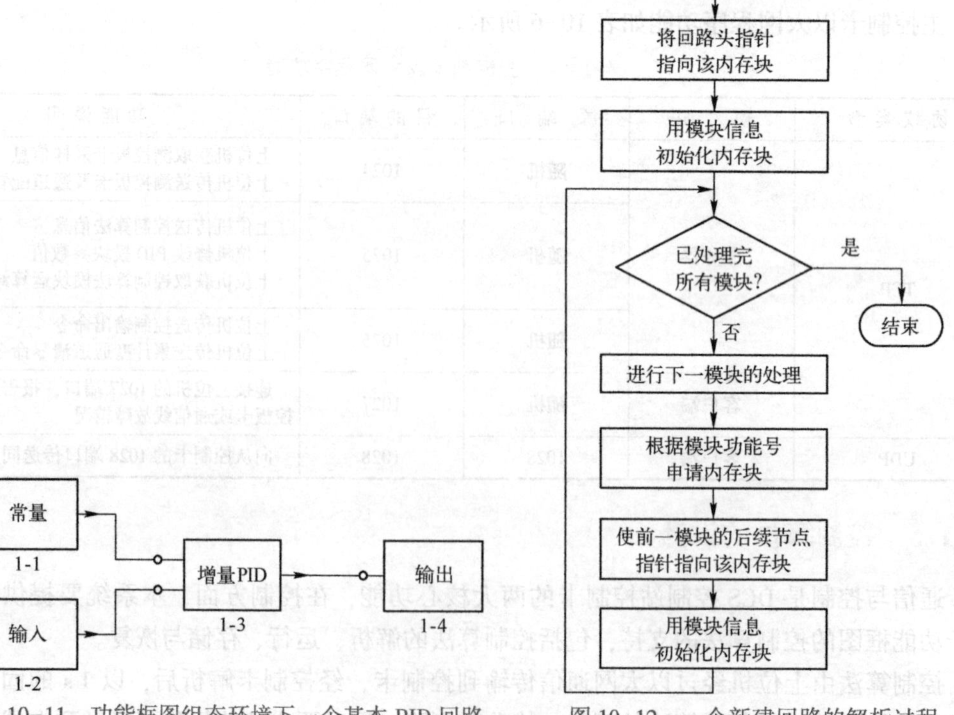

图 10-11 功能框图组态环境下一个基本 PID 回路

图 10-12 一个新建回路的解析过程

2. 控制算法的存储与恢复

在系统的需求分析中曾经提到，系统要求对控制算法的信息进行存储，做到掉电不丢失，重新上电后可以重新加载原有的控制算法。

10.2　8 通道模拟量输入智能测控模块（8AI）的设计

10.2.1　8 通道模拟量输入智能测控模块的功能概述

8 通道模拟量输入智能测控模块（8AI）是 8 路点点隔离的标准电压、电流输入智能测控模块。可采样的信号包括标准 II 型、III 型电压信号，标准的 II 型、III 型电流信号。

通过外部配电板可允许接入各种输出标准电压、电流信号的仪表、传感器等。该智能测控模块的设计技术指标如下。

1）信号类型及输入范围：标准Ⅱ、Ⅲ型电压信号（0~5 V、1~5 V）及标准Ⅱ、Ⅲ型电流信号（0~10 mA、4~20 mA）。

2）采用 32 位 ARM Cortex M3 微控制器，提高了智能测控模块设计的集成度、运算速度和可靠性。

3）采用高性能、高精度、内置 PGA 的具有 24 位分辨率的 Σ-Δ 模-数转换器进行测量转换，传感器或变送器信号可直接接入。

4）同时测量 8 通道电压信号或电流信号，各采样通道之间采用 PhotoMOS 继电器，实现点点隔离的技术。

5）通过主控站模块的组态命令可配置通道信息，每一通道可选择输入信号范围和类型等，并将配置信息存储于铁电存储器中，掉电重启时，自动恢复到正常工作状态。

6）智能测控模块设计具有低通滤波、过压保护及信号断线检测功能，ARM 与现场模拟信号测量之间采用光隔离措施，以提高抗干扰能力。

8 通道模拟量输入智能测控模块的性能指标如表 10-7 所示。

表 10-7　8 通道模拟量输入智能测控模块的性能指标

输 入 通 道	点点隔离独立通道
通道数量	8 通道
通道隔离	任何通道间 AC 25 V（47~53）Hz，60 s
	任何通道对地 AC 500 V（47~53）Hz，60 s
输入范围	DC（0~10）mA
	DC（4~20）mA
	DC（0~5）V
	DC（1~5）V
通信故障自检与报警	指示通信中断，数据保持
采集通道故障自检及报警	指示通道自检错误，要求冗余切换
输入阻抗	电流输入 250 Ω
	电压输入 1 MΩ

10.2.2　8 通道模拟量输入智能测控模块的硬件组成

8 通道模拟量输入智能测控模块用于完成对工业现场信号的采集、转换、处理，其硬件组成框图如图 10-13 所示。

硬件电路主要由 ARM Cortex M4 微控制器、信号处理电路（滤波、放大）、通道选择电路、A-D 转换电路、故障检测电路、DIP 开关、铁电存储器 FRAM、LED 状态指示灯和 CNA 通信接口电路组成。

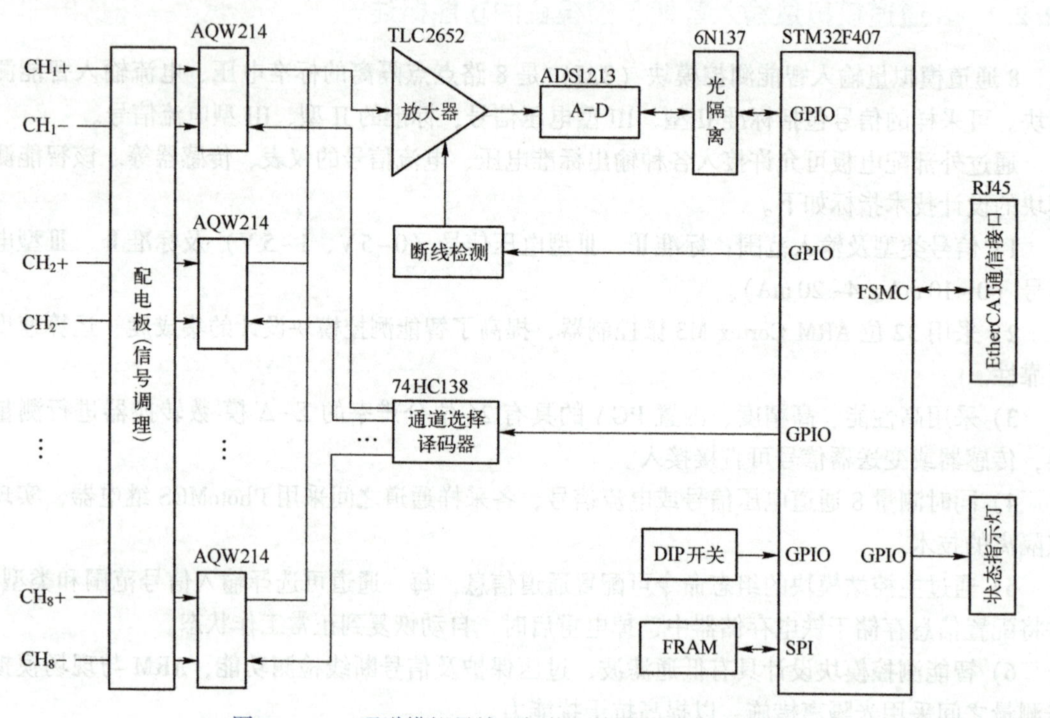

图 10-13　8 通道模拟量输入智能测控模块硬件组成框图

该智能测控模块采用 ST 公司的 32 位 ARM 控制器 STM32F407ZET6、高精度 24 位 Σ-Δ 模-数转换器 ADS1213、LinCMOS 工艺的高精度斩波稳零运算放大器 TLC2652CN、PhotoMOS 继电器 AQW214EH、CAN 收发器采用 TJA1051、铁电存储器 FM25L04 等器件设计而成。

现场仪表层的电流信号或电压信号经过端子板的滤波处理，由多路模拟开关选通一个通道送入 A-D 转换器 ADS1213，由 ARM 读取 A-D 转换结果，A-D 转换结果经过软件滤波和量程变换以后经 CAN 总线发送给控制卡。

智能测控模块故障检测中的一个重要的工作就是断线检测。除此以外，故障检测还包括超量程检测、欠量程检测、信号跳变检测等。

10.2.3　8 通道模拟量输入智能测控模块微控制器主电路的设计

8 通道模拟量输入智能测控模块微控制器主电路如图 10-14 所示。

图 10-14 中的 DIP 开关用于设定机笼号和测控智能测控模块地址，通过 CD4051 读取 DIP 开关的状态。74HC138 三-八译码器控制 PhotoMOS 继电器 AQW214EH，用于切换 8 通道模拟量输入信号。

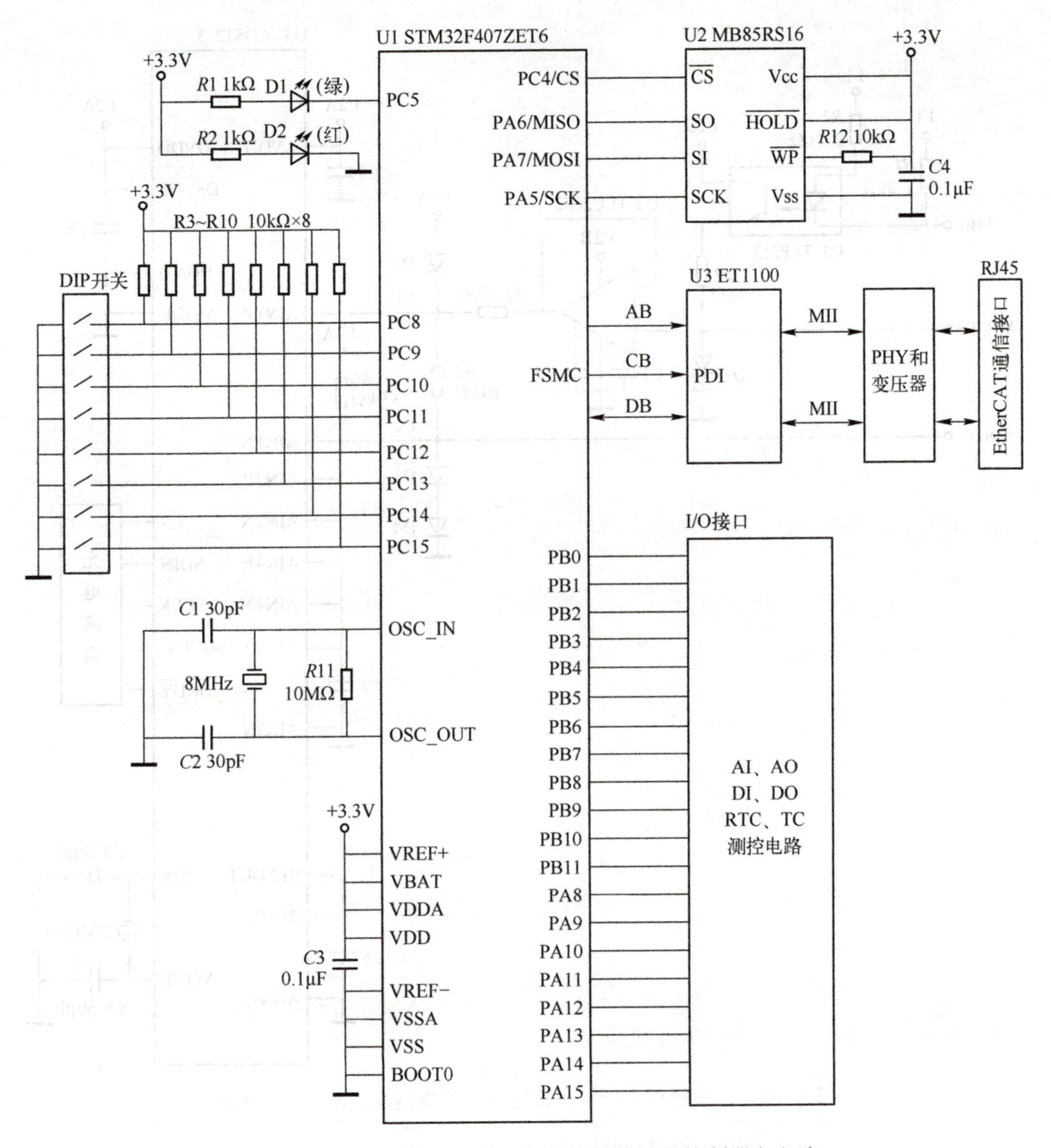

图 10-14 8 通道模拟量输入智能测控模块微控制器主电路

10.2.4 8 通道模拟量输入智能测控模块的测量与断线检测电路设计

8 通道模拟量输入智能测控模块测量与断线检测电路如图 10-15 所示。

在测量电路中，信号经过高精度的斩波稳零运算放大器 TLC2652CN 跟随后接入 ADS1213，两个二极管 1N4148 经上拉电阻接+5 V，使模拟信号的负端恒为+1.5 V，这样设计的原因在于：TLC2652CN 虽然为高精度的斩波稳零运算放大器，但由于它在电路中为单电源供电，这意味着它在零点附近不能稳定工作，从而使其输出端的电压有很大的纹波；而接入两个二极管后，由于信号的负端始终保持在+1.5 V，当输入信号为零时，TLC2652CN 的输入端的电压仍为+1.5 V，从而使其始终工作在线形工作区域。由于输入的信号为差分形式，因而两个二极管的存在不会影响信号的精确度。

在该智能测控模块中，设计了自检电路，用于输入通道的断线检测。自检功能由 PD0 控

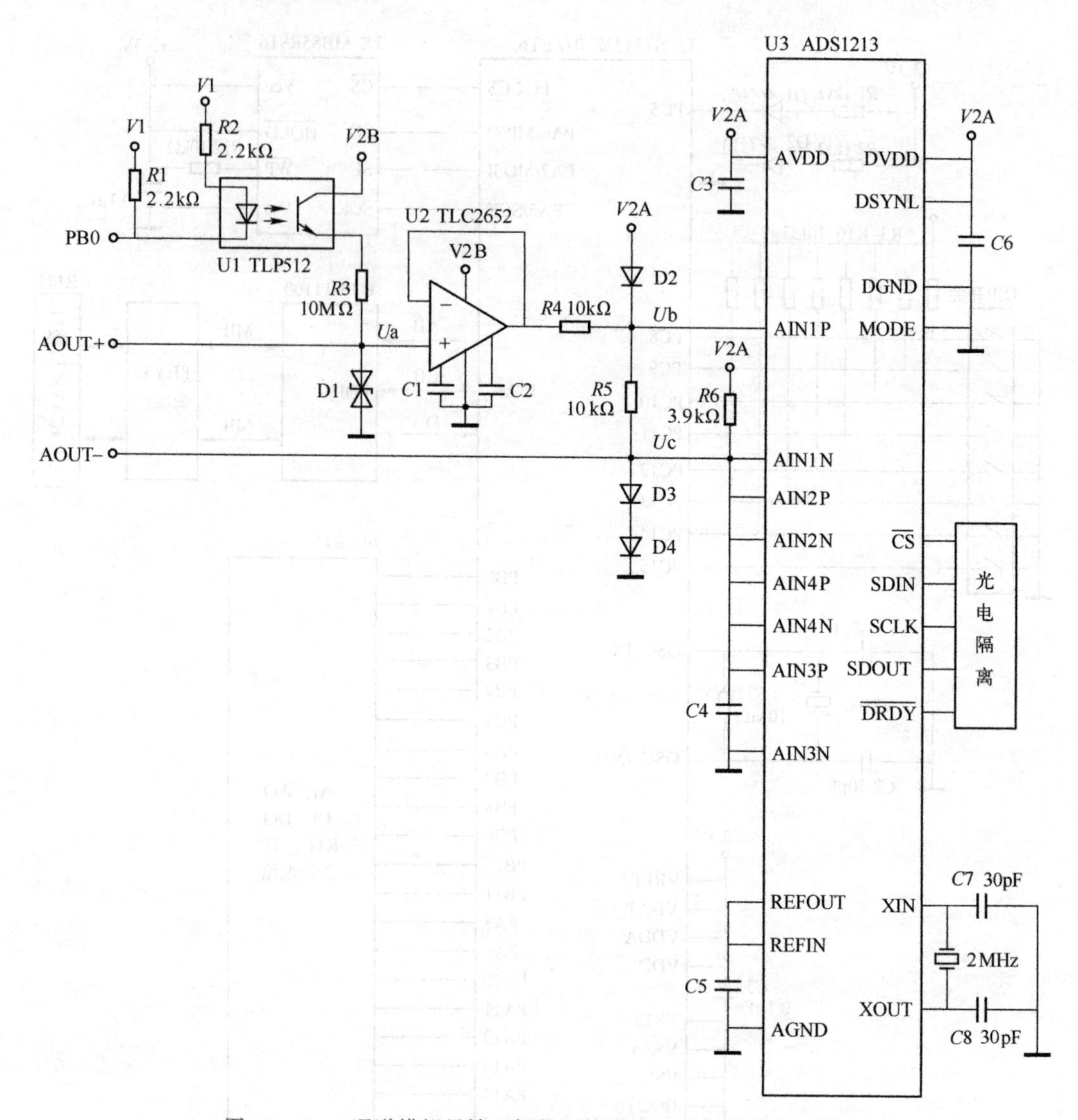

图 10-15 8通道模拟量输入智能测控模块测量与断线检测电路

制光耦 TLP521 的导通与关断来实现。

由图 10-15 可知，ADS1213 输入的差动电压 U_{in}（AIN1P 与 AIN1N 之差）与输入的实际信号 U_{IN}（AOUT+与 AOUT-之差）之间的关系为 $U_{in}=U_{IN}/2$。

由于正常的 U_{IN}的范围为0~5V，所以 U_{in}的范围为0~2.5V，因此 ADS1213 的 PGA 可设为1，工作在单极性状态。

图 10-15 可知，模拟量输入信号经电缆送入模拟量输入智能测控模块的端子板，信号电缆容易出现断线，因此，需要设计断线检测电路，断线检测原理如下。

1）当信号电缆未断线，电路正常工作时，U_{in}处于正常的工作范围，即0~2.5V。

2）当通信电缆断线时，电路无法接入信号。首先令 PB0=1，光耦断开，$U_a=0$V，而 $U_c=1.5$V，故 $U_b=0.75$V，可得 $U_{in}=0.75$V，而 ADS1213 工作在单极性，故转换结果恒为0；然后令 PB0=0，光耦导通，$U_a=8.0$V，$U_c=1.5$V，故 $U_{in}=(8.0\text{V}-1.5\text{V})/2=3.25$V，超出了 U_{in}正常工作的量程范围0~2.5V。由此即可判断出通信电缆出现断线。

10.2.5 8 通道模拟量输入智能测控模块信号调理与通道切换电路的设计

信号在接入测量电路前，需要进行滤波等处理，8 通道模拟量输入智能测控模块信号调理与通道切换电路如图 10-16 所示。

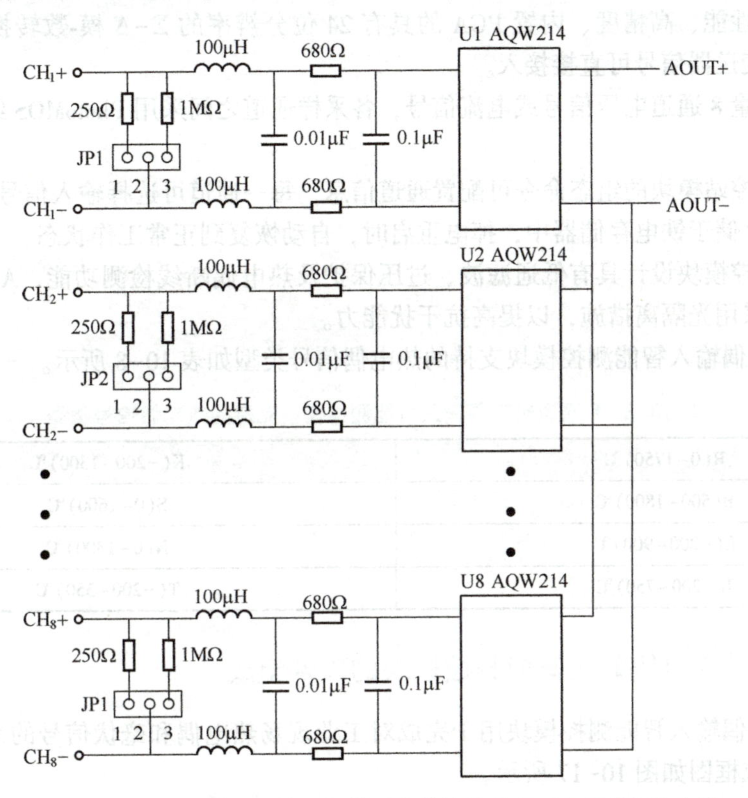

图 10-16 8 通道模拟量输入智能测控模块信号调理与通道切换电路

LC 及 RC 电路用于滤除信号的纹波和噪声，减少信号中的干扰成分。调理电路还包含了输入信号类型选择跳线，当外部输入标准的电流信号时，跳线 JP1~JP8 的 1，2 短接；当外部输入标准的电压信号时，跳线 JP1~JP8 的 2，3 短接。信号经滤波处理后接入 PhotoMOS 继电器 AQW214EH，由 74HC138 三-八译码器控制，将 8 通道中的一路模拟量送入测量电路。

8 通道模拟量输入智能测控模块的程序主要包括 ARM 控制器的初始化程序、A-D 采样程序、数字滤波程序、量程变换程序、故障检测程序、CAN 通信程序、WDT 程序等。

10.3 8 通道热电偶输入智能测控模块（8TC）的设计

10.3.1 8 通道热电偶输入智能测控模块的功能概述

8 通道热电偶输入智能测控模块是一种高精度、智能型的、带有模拟量信号调理的 8 路热电偶信号采集模块。该智能测控模块可对 7 种毫伏级热电偶信号进行采集，检测温度最低为 -200℃，最高可达 1800℃。

通过外部配电板可允许接入各种热电偶信号和毫伏电压信号。该智能测控模块的设计技术指标如下。

1）热电偶智能测控模块可允许8通道热电偶信号输入，支持的热电偶类型为K、E、B、S、J、R、T，并带有热电偶冷端补偿。

2）采用32位ARM Cortex M3微控制器，提高了智能测控模块设计的集成度、运算速度和可靠性。

3）采用高性能、高精度、内置PGA的具有24位分辨率的Σ-Δ模-数转换器进行测量转换，传感器或变送器信号可直接接入。

4）同时测量8通道电压信号或电流信号，各采样通道之间采用PhotoMOS继电器，实现点点隔离的技术。

5）通过主控站模块的组态命令可配置通道信息，每一通道可选择输入信号范围和类型等，并将配置信息存储于铁电存储器中，掉电重启时，自动恢复到正常工作状态。

6）智能测控模块设计具有低通滤波、过压保护及热电偶断线检测功能，ARM与现场模拟信号测量之间采用光隔离措施，以提高抗干扰能力。

8通道热电偶输入智能测控模块支持的热电偶信号类型如表10-8所示。

表10-8 8通道热电偶输入智能测控模块支持的热电偶信号类型

R(0~1750)℃	K(-200~1300)℃
B(500~1800)℃	S(0~1600)℃
E(-200~900)℃	N(0~1300)℃
J(-200~750)℃	T(-200~350)℃

10.3.2 8通道热电偶输入智能测控模块的硬件组成

8通道热电偶输入智能测控模块用于完成对工业现场热电偶和毫伏信号的采集、转换、处理，其硬件组成框图如图10-17所示。

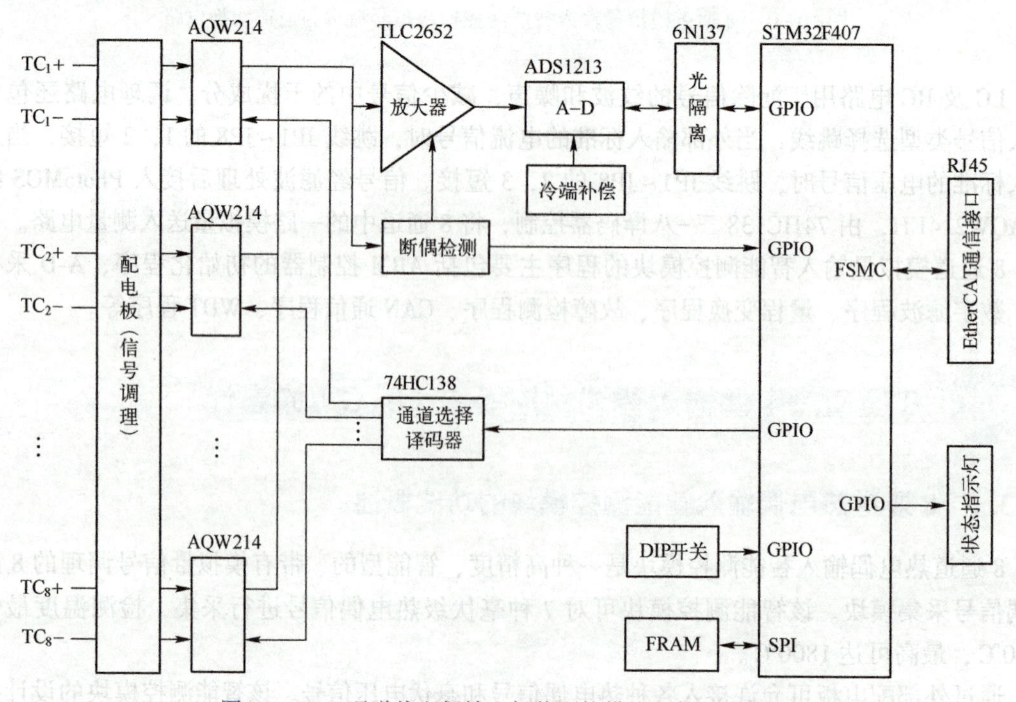

图10-17 8通道热电偶输入智能测控模块硬件组成框图

硬件电路主要由 ARM Cortex M3 微控制器、信号处理电路（滤波、放大）、通道选择电路、A-D 转换电路、断偶检测电路、热电偶冷端补偿电路、DIP 开关、铁电存储器 FRAM、LED 状态指示灯和 CAN 通信接口电路组成。

该智能测控模块采用 ST 公司的 32 位 ARM 控制器 STM32F103VBT6、高精度 24 位 Σ-Δ 模-数转换器 ADS1213、LinCMOS 工艺的高精度斩波稳零运算放大器 TLC2652CN、PhotoMOS 继电器 AQW214EH、CAN 总线收发器 TJA1051 等器件设计而成。

现场仪表层的热电偶和毫伏信号经过端子板的低通滤波处理，由多路模拟开关选通一个通道送入 A-D 转换器 ADS1213，由 ARM 读取 A-D 转换结果，A-D 转换结果经过软件滤波和量程变换以后经 CAN 总线发送给控制卡。

10.3.3　8 通道热电偶输入智能测控模块的测量与断线检测电路设计

8 通道热电偶测量与断线检测电路如图 10-18 所示。

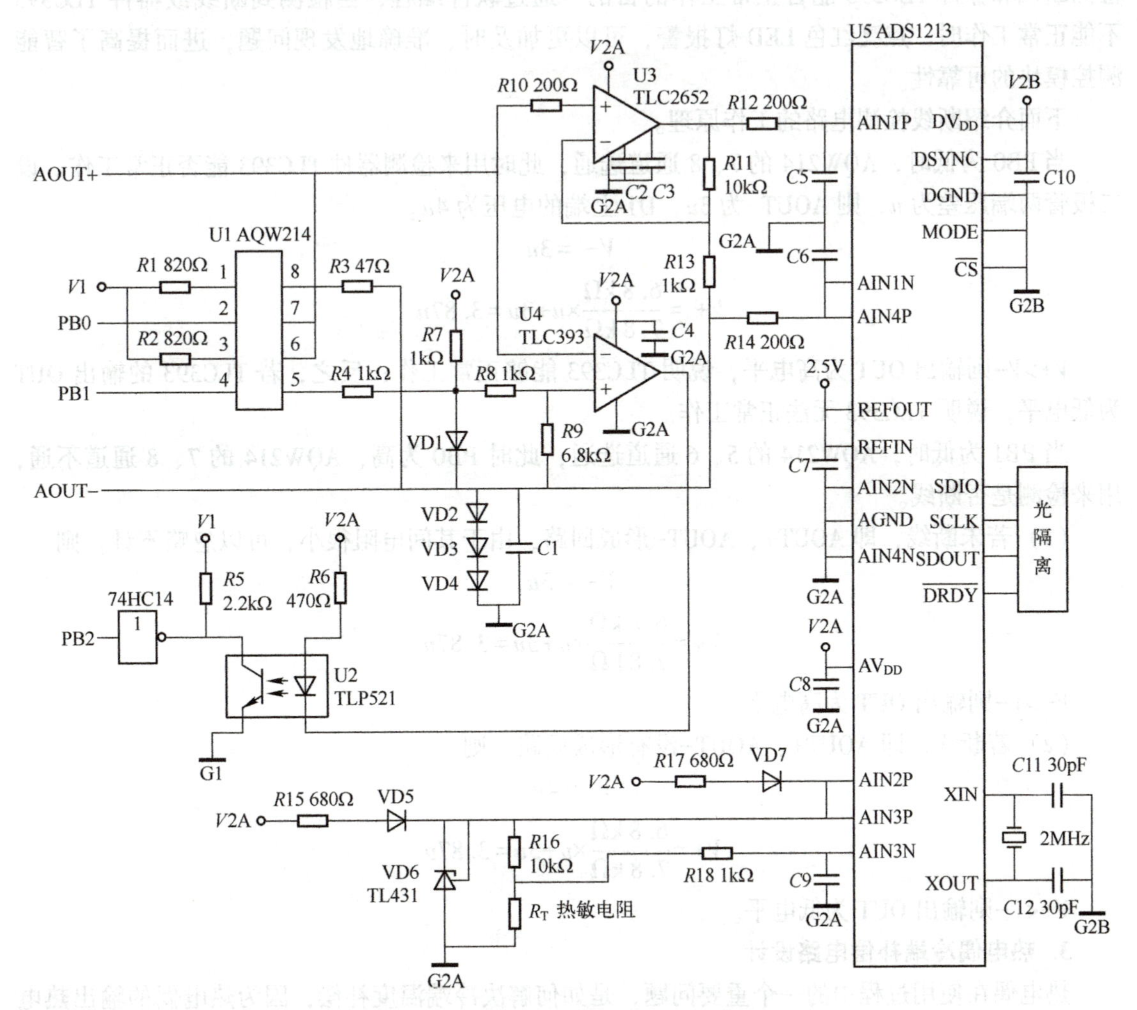

图 10-18　8 通道热电偶测量与断线检测电路

1. 8 通道热电偶测量电路设计

在该智能测控模块的设计中，A-D 转换器的第一路用于测量选通的某一通道热电偶信号，

A-D 转换器的第二、三路用作热电偶信号冷端补偿的测量，A-D 转换器的第四路用作 AOUT-的测量。

2. 断线检测及器件检测电路设计

为提高智能测控模块运行的可靠性，设计了对输入信号的断线检测电路，如图 10-18 所示。同时设计了对该电路中所用比较器件 TLC393 是否处于正常工作状态检测的电路。电路中选用了 PhotoMOS 继电器 AQW214 用于通道的选择，其中 2、4 引脚接到 ARM 微控制器的两个 GPIO 引脚，通过软件编程来实现通道的选通。当跳线 PC10 为低时，AQW214 的 7、8 通道选通，用来检测器件 TLC393 能否正常工作；当 PB1 为低时，AQW214 的 5、6 通道选通，此时 PB0 为高，AQW214 的 7、8 通道不通，用来检测是否断线。图 10-18 中 AOUT+、AOUT-为已选择的某一通道热电偶输入信号，其中 AOUT-经三个二极管接地，大约为 2 V。经过比较器 TLC393 的输出电平信号，先经过光电耦合器 TLP521，再经过反相器 74HC14 整形后接到 ARM 微控制器的一个 GPIO 引脚 PB2，通过该引脚值的改变并结合引脚 PB1、PB0 的设置就可实现检测断线和器件 TLC393 能否正常工作的目的。通过软件编程，当检测到断线或器件 TLC393 不能正常工作时，点亮红色 LED 灯报警，可以更加及时、准确地发现问题，进而提高了智能测控模块的可靠性。

下面介绍断线检测电路的工作原理。

当 PB0 为低时，AQW214 的 7、8 通道选通，此时用来检测器件 TLC393 能否正常工作。设二极管两端压差为 u，则 AOUT-为 $3u$，D1 上端的电压为 $4u$。

$$V- = 3u$$

$$V+ = \frac{6.8\,\text{k}\Omega}{7.8\,\text{k}\Omega}\times u+3u=3.87u$$

$V+>V-$则输出 OUT 为高电平，说明 TLC393 能够正常工作；反之，若 TLC393 的输出 OUT 为低电平，说明 TLC393 无法正常工作。

当 PB1 为低时，AQW214 的 5、6 通道选通，此时 PB0 为高，AQW214 的 7、8 通道不通，用来检测是否断线。

（1）若未断线，即 AOUT+、AOUT-形成回路，由于其间电阻很小，可以忽略不计。则

$$V- = 3u$$

$$V+ = \frac{6.8\,\text{k}\Omega}{7.8\,\text{k}\Omega}\times u+3u=3.87u$$

$V+>V-$则输出 OUT 为高电平。

（2）若断线，即 AOUT+、AOUT-没有形成回路，则

$$V- = 4u$$

$$V+ = \frac{6.8\,\text{k}\Omega}{7.8\,\text{k}\Omega}\times u+3u=3.87u$$

$V+<V-$则输出 OUT 为低电平。

3. 热电偶冷端补偿电路设计

热电偶在使用过程中的一个重要问题，是如何解决冷端温度补偿，因为热电偶的输出热电动势不仅与工作端的温度有关，而且也与冷端的温度有关。热电偶两端输出的热电动势对应的温度值只是相对于冷端的一个相对温度值，而冷端的温度又常常不是零度。因此，该温度值已叠加了一个冷端温度。为了直接得到一个与被测对象温度（热端温度）对应的热电动势，需要进行冷端补偿。

本设计采用负温度系数热敏电阻进行冷端补偿。具体电路设计如图 10-18 所示。

D6 为 2.5 V 电压基准源 TL431，热敏电阻 R_T 和精密电阻 $R16$ 电压和为 2.5 V，利用 ADS1213 的第 3 通道采集电阻 $R16$ 两端的电压，经 ARM 微控制器查表计算出冷端温度。

4. 冷端补偿算法

在 8 通道热电偶输入智能测控模块的冷端补偿电路设计中，热敏电阻的电阻值随着温度升高而降低。因此与它串联的精密电阻两端的电压值随着温度升高而升高，所以根据热敏电阻温度特性表，可以做一个精密电阻两端电压与冷端温度的分度表。此表以 5℃ 为间隔，毫伏为单位，这样就可以根据精密电阻两端的电压值，查表求得冷端温度值。

精密电阻两端电压计算公式为

$$V_{阻} = \frac{2500 \times N}{7FFFH}$$

N 为精密电阻两端电压对应的 A-D 转换结果。求得冷端温度后，需要由温度值反查相应热电偶信号类型的分度表，得到补偿电压 $V_{补}$。测量电压 $V_{测}$ 与补偿电压 $V_{补}$ 相加得到 V，由 V 查表求得的温度值为热电偶工作端的实际温度值。

8 通道热电偶输入智能测控模块的程序主要包括 ARM 控制器的初始化程序、A-D 采样程序、数字滤波程序、热电偶线性化程序、冷端补偿程序、量程变换程序、断偶检测程序、CAN 通信程序、WDT 程序等。

10.4 8 通道热电阻输入智能测控模块（8RTD）的设计

10.4.1 8 通道热电阻输入智能测控模块的功能概述

8 通道热电阻输入智能测控模块是一种高精度、智能型、带有模拟量信号调理的 8 路热电阻信号采集模块。该智能测控模块可对 3 种热电阻信号进行采集，热电阻采用三线制接线。

通过外部配电板可允许接入各种热电偶信号和毫伏电压信号。该智能测控模块的设计技术指标如下。

1）热电阻智能测控模块可允许 8 通道三线制热电阻信号输入，支持热电阻类型为 Cu100、Cu50 和 Pt100。

2）采用 32 位 ARM Cortex M3 微控制器，提高了智能测控模块设计的集成度、运算速度和可靠性。

3）采用高性能、高精度、内置 PGA 的具有 24 位分辨率的 Σ-Δ 模-数转换器进行测量转换，传感器或变送器信号可直接接入。

4）同时测量 8 通道热电阻信号，各采样通道之间采用 PhotoMOS 继电器，实现点点隔离的技术。

5）通过主控站模块的组态命令可配置通道信息，每一通道可选择输入信号范围和类型等，并将配置信息存储于铁电存储器中，掉电重启时，自动恢复到正常工作状态。

6）智能测控模块设计具有低通滤波、过电压保护及热电阻断线检测功能，ARM 与现场模拟信号测量之间采用光隔离措施，以提高抗干扰能力。

8 通道热电阻输入智能测控模块测量的热电阻类型如表 10-9 所示。

表 10-9　8 通道热电阻输入智能测控模块测量的热电阻类型

Pt100 热电阻	-200~850℃
Cu50 热电阻	-50~150℃
Cu100 热电阻	-50~150℃

10.4.2　8 通道热电阻输入智能测控模块的硬件组成

8 通道热电阻输入智能测控模块用于完成对工业现场热电阻信号的采集、转换、处理，其硬件组成框图如图 10-19 所示。

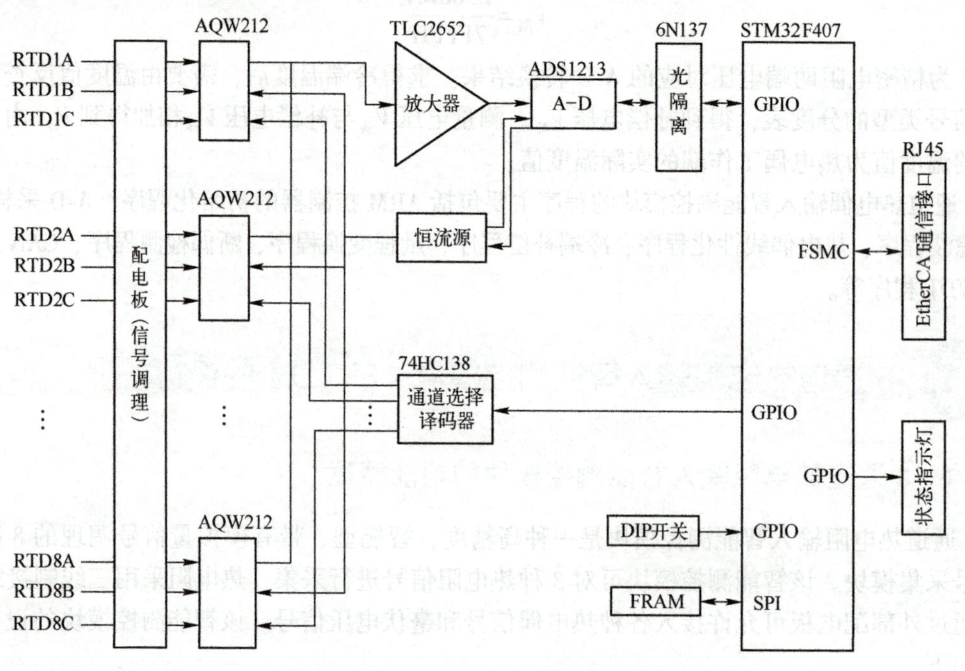

图 10-19　8 通道热电阻输入智能测控模块硬件组成框图

硬件电路主要由 ARM Cortex M3 微控制器、信号处理电路（滤波、放大）、通道选择电路、A-D 转换电路、断线检测电路、热电阻测量恒流源电路、DIP 开关、铁电存储器 FRAM、LED 状态指示灯和 CAN 通信接口电路组成。

该智能测控模块采用 ST 公司的 32 位 ARM 控制器 STM32F103VBT6、高精度 24 位 Σ-Δ 模-数转换器 ADS1213、LinCMOS 工艺的高精度斩波稳零运算放大器 TLC2652CN、PhotoMOS 继电器 AQW212、EtherCAT 从站控制器 ET1100 等器件设计而成。

现场仪表层的热电阻经过端子板的低通滤波处理，由多路模拟开关选通一个通道送入 A-D 转换器 ADS1213，由 ARM 读取 A-D 转换结果，A-D 转换结果经过软件滤波和量程变换以后经 CAN 总线发送给控制卡。

10.4.3　8 通道热电阻输入智能测控模块的测量与断线检测电路设计

8 通道热电阻测量与自检电路如图 10-20 所示。

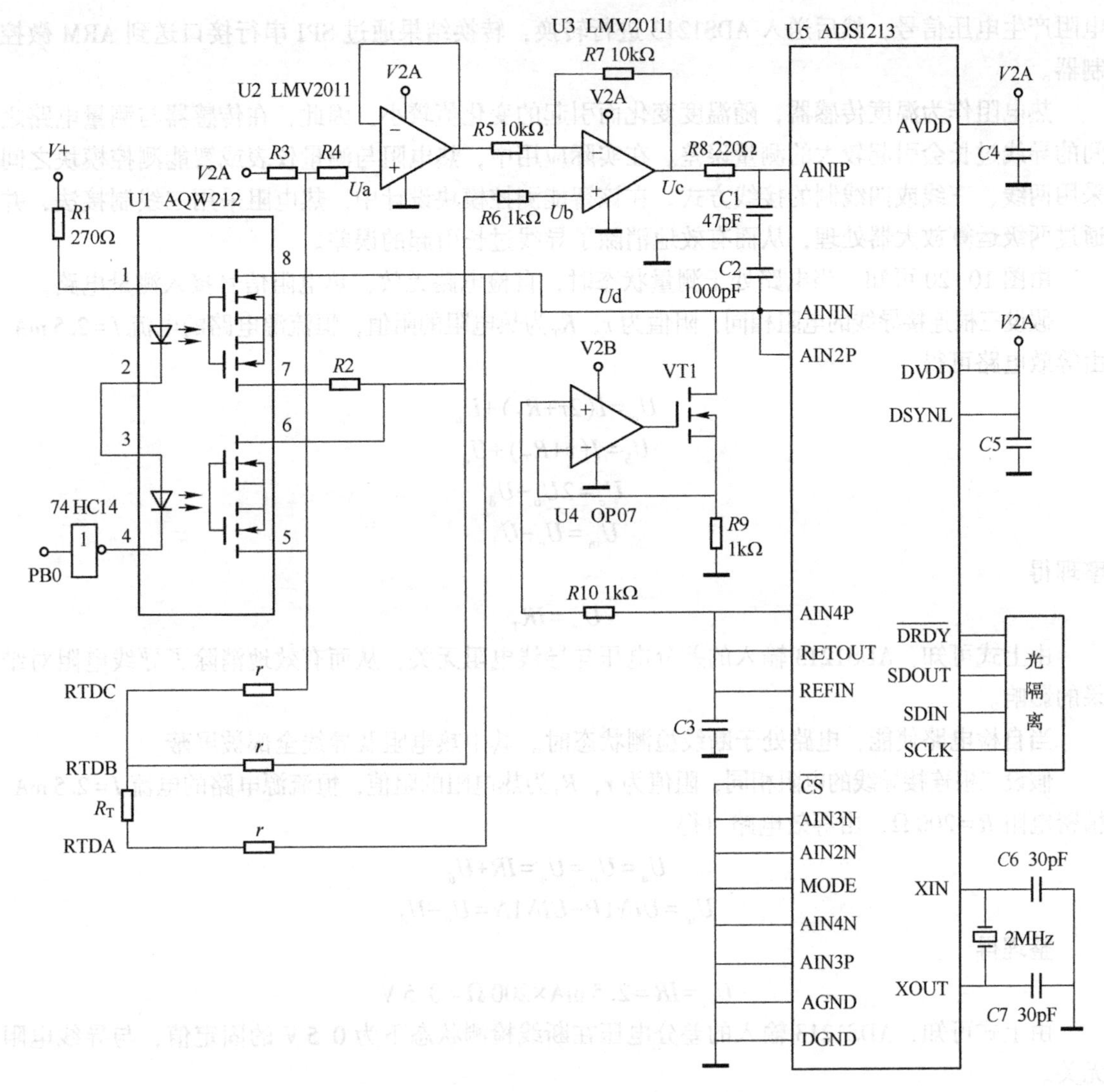

图 10-20　8 通道热电阻测量与自检电路

在图 10-20 中，ADS1213 采用 SPI 总线与 ARM 微控制器交换信息。利用 ARM 微控制器的 GPIO 口向 ADS1213 发送启动操作命令字。在 ADS1213 内部经过 PGA 放大后进行模-数转换，转换后的数字量再由 ARM 微控制器发出读操作命令字，读取转换结果。

为提高智能测控模块运行的可靠性，设计了对输入信号的断线检测电路，在该智能测控模块中，要实现温度的精确测量，一个关键的因素就是要尽量消除导线电阻引起的误差；ADS1213 内部没有恒流源，需要设计一个稳定的恒流源电路实现电阻到电压信号的变换；为了满足 DCS 系统整体稳定性及智能性的要求，需要设计自检电路，能够及时判断输入的测量信号有无断线情况。因此，热电阻的接法、恒流源电路及自检电路的设计是整个测量电路最重要的组成部分，这些电路设计的优劣直接关系到测量结果的精度。

热电阻测量采用三线制接法，能够有效消除导线过长引起的误差；恒流源电路中，运算放大器 U4 的同相端接 ADS1213 产生的+2.5 V 参考电压，输出驱动 MOS 管 VT1，从而产生 2.5 mA 的恒流；自检电路使能时，信号无法通过模拟开关进入测量电路，测量电路处于自检状态，当检测到无断线情况，电路正常时，自检电路无效，信号接入测量电路，2.5 mA 的恒流流过热电阻产生电压信号，然后送入ADS1213进行转换，转换结果通过SPI串行接口送到ARM微控制器。

热电阻作为温度传感器，随温度变化而引起的变化值较小，因此，在传感器与测量电路之间的导线过长会引起较大的测量误差。在实际应用中，热电阻与测量仪表或智能测控模块之间采用两线、三线或四线制的接线方式。在该智能测控模块设计中，热电阻采用三线制接法，并通过两级运算放大器处理，从而有效地消除了导线过长引起的误差。

由图10-20可知，当电路处于测量状态时，自检电路无效，热电阻信号接入测量电路。

假设三根连接导线的电阻相同，阻值为r，R_T为热电阻的阻值，恒流源电路的电流$I=2.5\,mA$，由等效电路可得

$$U_a=I(2r+R_T)+U_d$$
$$U_b=I(r+R_T)+U_d$$
$$U_c=2U_b-U_d$$
$$U_{in}=U_c-U_d$$

整理得

$$U_{in}=IR_T$$

由上式可知，ADS1213输入的差分电压与导线电阻无关，从而有效地消除了导线电阻对结果的影响。

当自检电路使能，电路处于断线检测状态时。其中热电阻及导线全部被屏蔽。

假设三根连接导线的电阻相同，阻值为r，R_T为热电阻的阻值，恒流源电路的电流$I=2.5\,mA$，精密电阻$R=200\,\Omega$，由等效电路可得

$$U_a=U_b=U_c=IR+U_d$$
$$U_{in}=UIN1P-UIN1N=U_c-U_d$$

整理得

$$U_{in}=IR=2.5\,mA\times200\,\Omega=0.5\,V$$

由上式可知，ADS1213输入的差分电压在断线检测状态下为0.5V的固定值，与导线电阻无关。

综上可知，在该智能测控模块中，热电阻的三线制接法及运算放大器的两级放大设计有效地消除了导线电阻造成的误差，从而使结果更加精确。

为了确保系统可靠稳定地运行，自检电路能够迅速检测出恒流源是否正常工作及输入信号有无断线。其自检步骤如下。

1）首先使SEL=1，译码器无效，屏蔽输入信号，若$U_{in}=0.5\,V$，则恒流源部分正常工作，否则恒流源电路工作不正常。

2）在恒流源电路正常情况下，SEL=0，ADS1213的PGA=4，接入热电阻信号，测量ADS1213第1通道信号，若测量值为5.0V，达到满量程，则意味着恒流源电路的运放U4处于饱和状态，MOS管VT1的漏极开路，未产生恒流，即输入的热电阻信号有断线，需要进行相应处理；若测量值在正常的电压范围内，则电路正常，无断线。

8通道热电阻输入智能测控模块的程序主要包括ARM控制器的初始化程序、A-D采样程序、数字滤波程序、热电阻线性化程序、断线检测程序、量程变换程序、CAN通信程序、WDT程序等。

10.5　4 通道模拟量输出智能测控模块（4AO）的设计

10.5.1　4 通道模拟量输出智能测控模块的功能概述

该板卡为点点隔离型电流（II 型或 III 型）信号输出模块。ARM 与输出通道之间通过独立的接口传送信息，转换速度快，工作可靠，即使某一输出通道发生故障，也不会影响到其他通道的工作。由于 ARM 内部集成了 PWM 功能模块，所以该智能测控模块实际是采用 ARM 的 PWM 模块实现 D-A 转换功能。此外，模块为高精度智能化卡件，能够实时检测实际输出的电流值，以保证输出正确的电流信号。

通过外部配电板可输出 II 型或 III 型电流信号。该智能测控模块的设计技术指标如下。

1）模拟量输出智能测控模块可允许 4 通道电流信号，电流信号输出范围为 0~10 mA（II 型）、4~20 mA（III 型）。

2）采用 32 位 ARM Cortex M3 微控制器，提高了智能测控模块设计的集成度、运算速度和可靠性。

3）采用 ARM 内嵌的 16 位高精度 PWM 构成 D-A 转换器，通过两级一阶有源低通滤波电路，实现信号输出。

4）同时可检测每个通道的电流信号输出，各采样通道之间采用 PhotoMOS 继电器，实现点点隔离的技术。

5）通过主控站模块的组态命令可配置通道信息，将配置通道信息存储于铁电存储器中，掉电重启时，自动恢复到正常工作状态。

6）智能测控模块计具有低通滤波、断线检测功能，ARM 与现场模拟信号测量之间采用光隔离措施，以提高抗干扰能力。

10.5.2　4 通道模拟量输出智能测控模块的硬件组成

4 通道模拟量输出智能测控模块用于完成对工业现场阀门的自动控制，其硬件组成框图如图 10-21 所示。

硬件电路主要由 ARM Cortex M3 微控制器、两级一阶有源低通滤波电路、V/I 转换电路、输出电流信号反馈与 A-D 转换电路、断线检测电路、DIP 开关、铁电存储器 FRAM、LED 状态指示灯和 CAN 通信接口电路组成。

该智能测控模块采用 ST 公司的 32 位 ARM 控制器 STM32F103VBT6、高精度 12 位模-数转换器 ADS7901R、运算放大器 TL082I、PhotoMOS 继电器 AQW214、CAN 总线收发器 TJA1051 等器件设计而成。

ARM 由 CAN 总线接收控制卡发来的电流输出值，转换成 16 位 PWM 输出，经光隔离，送往两级一阶有源低通滤波电路，再通过 V/I 转换电路，实现电流信号输出，最后经过配电板控制现场仪表层的执行机构。

10.5.3　4 通道模拟量输出智能测控模块的 PWM 输出与断线检测电路设计

4 通道模拟量输出智能测控模块 PWM 输出与断线检测电路如图 10-22 所示。

STM32F103 微控制器产生占空比可调的 PWM 信号，经过滤波形成平稳的直流电压信号，然后通过 V/I 电路转换成 0~20 mA 的电流，并实现与输出信号的隔离。STM32F103 微控制器

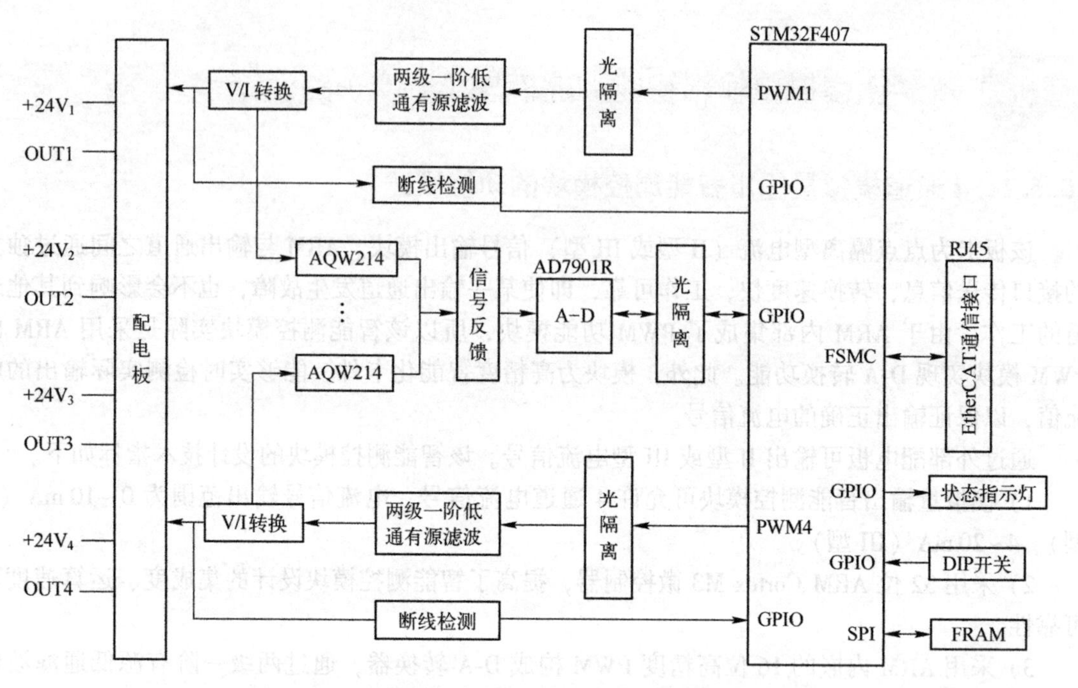

图 10-21 4 通道模拟量输出智能测控模块硬件组成框图

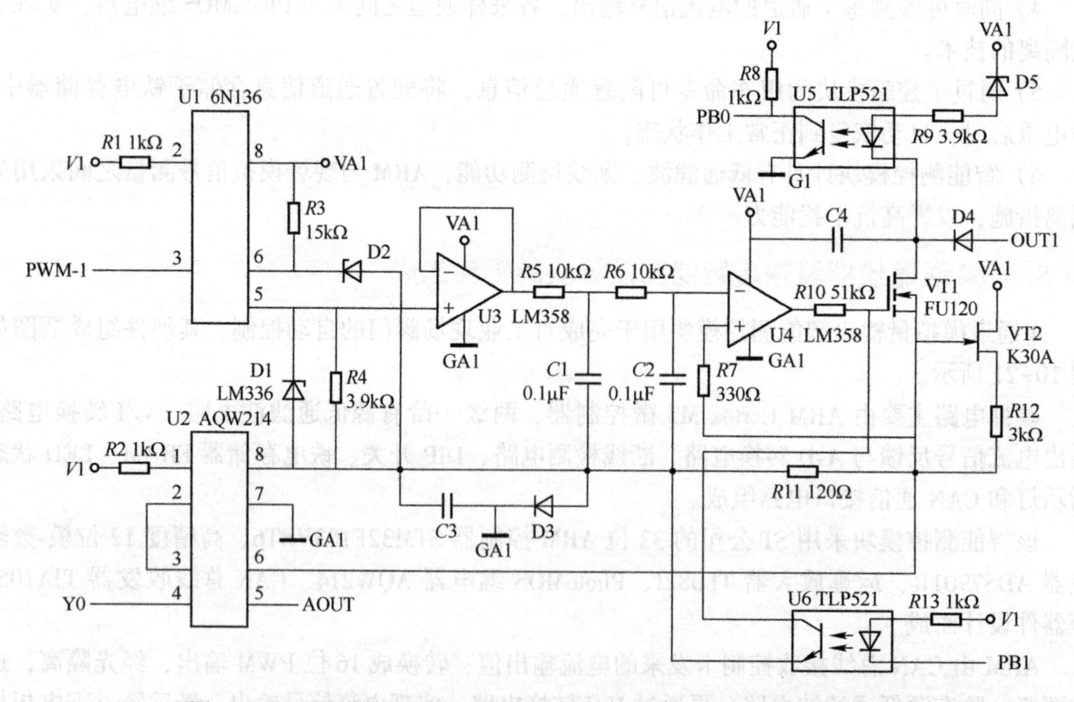

图 10-22 4 通道模拟量输出智能测控模块 PWM 输出与断线检测电路

通过调节占空比，产生 0~100%的 PWM 信号。硬件电路则将 0~100%的 PWM 信号转化为 0~2.5 V 的电压信号，利用 V/I 转换电路，将 0~2.5 V 的电压信号转换成 0~20 mA 的电流信号。电流输出采用 MOSFET 管漏极输出方式，构成电流负反馈，以保证输出恒流。为了能让电路稳定，准确输出 0 mA 的电流，电路中还设计了恒流源。

在图 10-22 中，光电耦合器 U5 用于输出回路断线检测。

当输出回路无断线情况，电路正常工作时，输出恒定电流，由于钳位的关系，光电耦合器 U5 无法导通，STM32F103 微控制器通过 PA0 读入状态 1，据此即可判断输出回路正常。

当输出回路断线时，VT1 漏极与输出回路断开，但是由于 U5 的存在，VT1 的漏极经光电耦合器的输入端与 VA1 相连，V/I 电路仍能正常工作，而 U5 处于导通状态，STM32F103 微控制器通过 PB0 读入状态 0，据此即可判断输出回路出现断线。

10.5.4 4 通道模拟量输出智能测控模块自检电路设计

4 通道模拟量输出智能测控模块自检电路如图 10-23 所示。

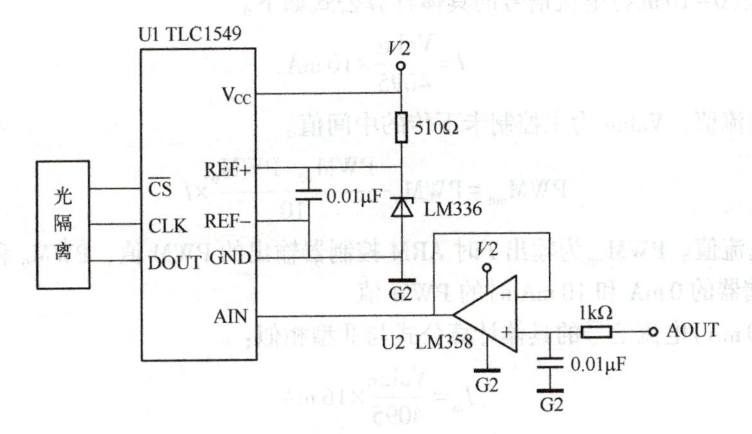

图 10-23 4 通道模拟量输出智能测控模块自检电路

4 通道模拟量输出智能测控模块要实时监测输出通道实际输出的电流，判断输出是否正常，在输出电流异常时切断输出回路，避免由于输出异常，使现场执行机构错误动作，造成严重事故。

图 10-23 中的 U1 为 10 位的串行 A-D 转换器 TCL1549。

由于输出的电流为 0~20 mA，电流流过精密电阻产生的电压最大为 2.5 V，因此采用稳压二极管 LM336 设计 2.5 V 基准电路，2.5 V 的基准电压作为 U1 的参考电压，使其满量程为 2.5 V。这样，在某一通道被选通的情况下，输出信号通过图 10-23 中的 PhotoMOS 继电器 U2 进入反馈电路，经图 10-23 中的运算放大器 U2 跟随后送入 A-D 转换器。STM32F103 微控制器通过串行接口读取 A-D 转换结果，经过计算得出当前的电流值，判断输出是否正常，如果输出电流异常，则切断输出通道，进行相应的处理。

10.5.5 4 通道模拟量智能测控模块输出算法设计

4 通道模拟量输出智能测控模块程序的核心是通过调整 PWM 的占空比来改变输出电流的大小。PWM 信号通过控制光电耦合器 U1 产生反相的幅值为 2.5 V 的 PWM 信号，由于占空比为 0%~100%可调，因此 PWM 经滤波后的电压为 0~2.5 V，然后经 V/I 电路产生电流。电流的大小正比于光电耦合器后端的 PWM 波形的占空比，而电流的精度与 PWM 信号的位数有关，位数越高，占空比的精度越高，电流的精度也就越高。

在程序设计中，还要考虑对信号的零点和满量程点进行校正。由于恒流源电路的存在，系统的零点被抬高，对应的 PWM 信号的占空比大于 0%。因此在占空比为 0%时，通过反馈电路读取恒流源电路产生的电压值，它对应的占空比即为系统的零点。对于满量程信号也要有一定的裕量。如果算法设计占空比为100%时对应的电流为20 mA，那么由于不同智能测控模块之间的差异，输出的电流也存在差别，有的可能大于20 mA，有的可能小于20 mA，因此就需要在大于20 mA的范围内对智能测控模块进行校正。在该智能测控模块中，V/I电路设计中占空比为100%，电压为2.5 V时，产生的电流大于20 mA。然后利用上位机的校正程序，在输出20 mA时记下当前的占空比，并将其写入铁电存储器中，随后程序在零点与满量程点之间采用线性算法处理，即可得到0~20 mA电流的准确输出。

由于电路统一输出0~20 mA的电流，智能测控模块通过接收主控制卡的组态命令以确定Ⅱ型（0~10 mA）或Ⅲ型（4~20 mA）的电流输出。因此Ⅱ型或Ⅲ型电流的输出通过软件相应算法实现。Ⅱ型(0~10 mA)电流信号的具体计算公式如下。

$$I=\frac{\text{Value}}{4095}\times 10\ \text{mA}$$

其中I为输出电流值，Value为主控制卡下传的中间值。

$$\text{PWM}_{\text{out}}=\text{PWM}_0+\frac{\text{PWM}_{10}-\text{PWM}_0}{10}\times I$$

其中I为输出电流值。PWM_{out}为输出I时ARM控制器输出的PWM值，PWM_0和PWM_{10}为校正后写入铁电存储器的0 mA和10 mA时的PWM值。

Ⅲ型(4~20 mA)电流信号的具体计算公式与Ⅱ型相似：

$$I_{\text{m}}=\frac{\text{Value}}{4095}\times 16\ \text{mA}$$

$$I=I_{\text{m}}+4\ \text{mA}$$

其中I为输出电流值，Value为主控制卡下传的中间值。

$$\text{PWM}_{\text{out}}=\text{PWM}_4+\frac{\text{PWM}_{20}-\text{PWM}_4}{16}\times I_{\text{m}}$$

其中I_{m}为输出电流值。PWM_{out}为输出I时ARM控制器输出的PWM值，PWM_4和PWM_{20}为校正后写入铁电存储器的4 mA和20 mA时的PWM值。

4通道模拟量输出智能测控模块的程序主要包括ARM控制器的初始化程序、PWM输出程序、电流输出值检测程序、断线检测程序、CAN通信程序、WDT程序等。

10.6 16通道数字量输入智能测控模块（16DI）的设计

10.6.1 16通道数字量输入智能测控模块的功能概述

16通道数字量信号输入智能测控模块，能够快速响应有源开关信号（湿接点）和无源开关信号（干接点）的输入，实现数字信号的准确采集，主要用于采集工业现场的开关量状态。

通过外部配电板可允许接入无源输入和有源输入的开关量信号。该智能测控模块的设计技术指标如下。

1）信号类型及输入范围：外部装置或生产过程的有源开关信号（湿接点）和无源开关信号（干接点）。

2）采用32位ARM Cortex M3微控制器，提高了智能测控模块设计的集成度、运算速度和可靠性。

3）同时测量 16 通道数字量输入信号，各采样通道之间采用光电耦合器，实现点点隔离的技术。

4）通过主控站模块的组态命令可配置通道信息，并将配置信息存储于铁电存储器中，掉电重启时，自动恢复到正常工作状态。

5）智能测控模块设计具有低通滤波、通道故障自检功能，可以保证智能测控模块的可靠运行。当非正常状态出现时，可现场及远程监控，同时报警提示。

10.6.2　16 通道数字量输入智能测控模块的硬件组成

16 通道数字量输入智能测控模块用于完成对工业现场数字量信号的采集，其硬件组成框图如图 10-24 所示。

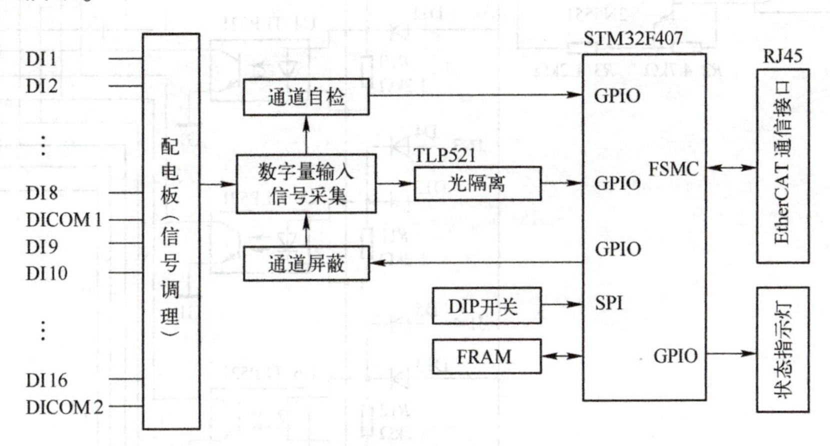

图 10-24　16 通道数字量输入智能测控模块硬件组成框图

硬件电路主要由 ARM Cortex M3 微控制器、数字量信号低通滤波电路、输入通道自检电路、DIP 开关、铁电存储器 FRAM、LED 状态指示灯和 CAN 通信接口电路组成。

该智能测控模块采用 ST 公司的 32 位 ARM 控制器 STM32F103VBT6、TLP521 光电耦合器、TL431 电压基准源、EtherCAT 从站控制器等器件设计而成。

现场仪表层的开关量信号经过端子板低通滤波处理，通过光隔离，由 ARM 读取数字量的状态，经 CAN 总线发送给控制卡。

10.6.3　16 通道数字量输入智能测控模块信号预处理电路的设计

16 通道数字量输入智能测控模块信号预处理电路如图 10-25 所示。

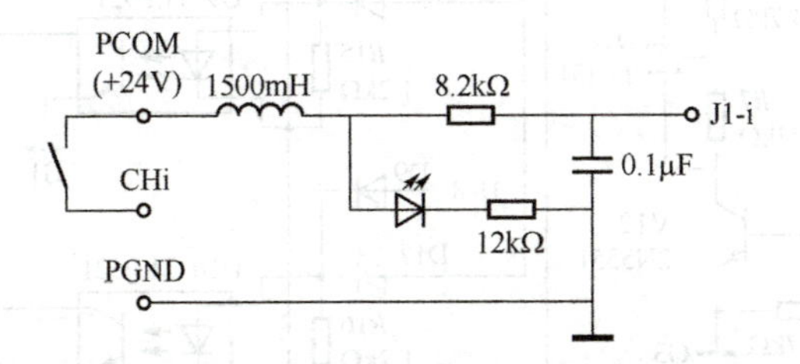

图 10-25　16 通道数字量输入智能测控模块信号预处理电路

10.6.4 16通道数字量输入智能测控模块信号检测电路的设计

16通道数字量输入智能测控模块信号检测电路如图10-26所示，图中只画出了其中一组电路，另一组电路与此类似。

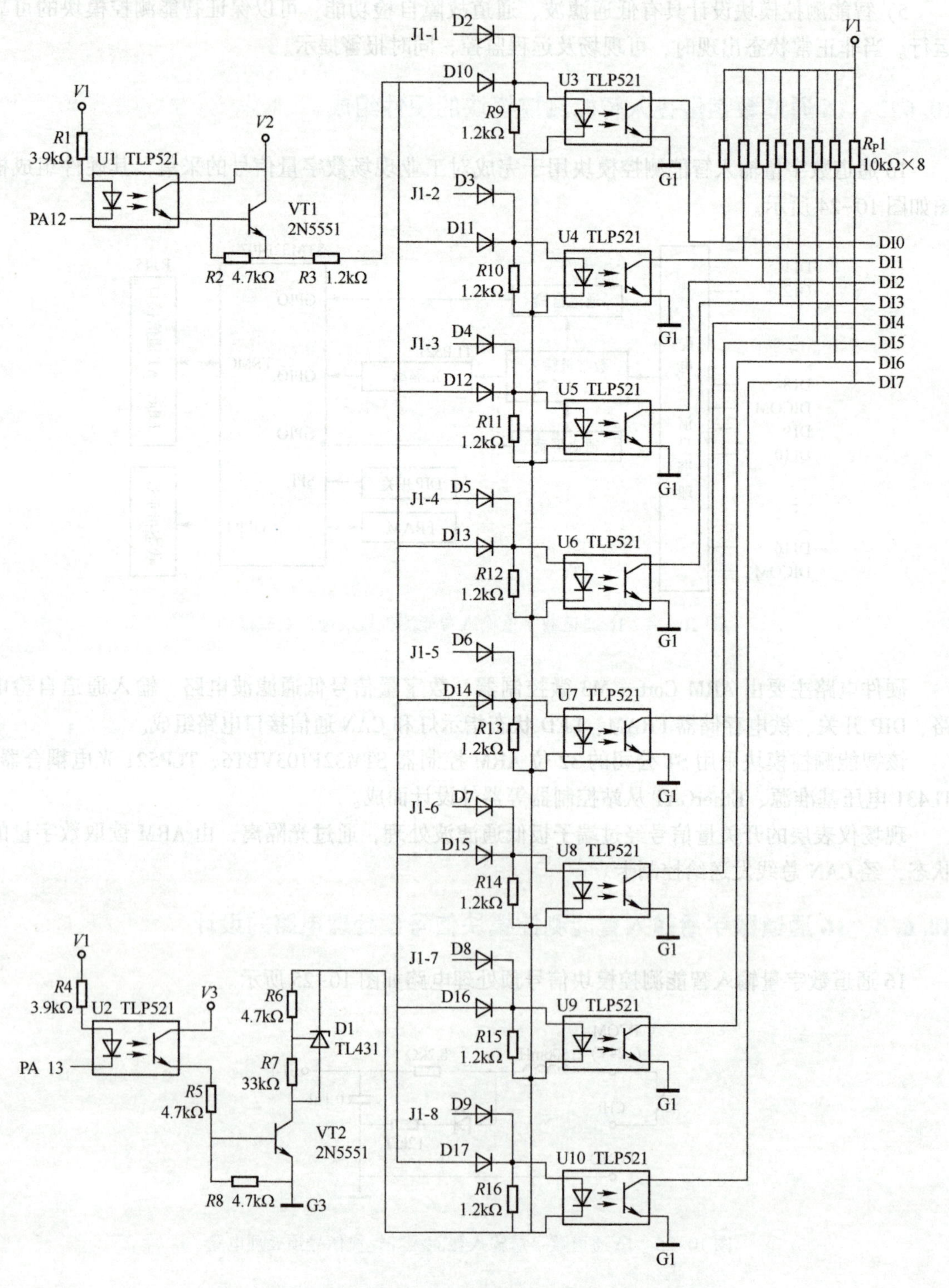

图10-26 16通道数字量输入智能测控模块信号检测电路

在数字量输入电路设计中，直接引入有源信号可能引起瞬时高压、过电压、接触抖动等现象，因此，必须通过信号调理电路对输入的数字信号进行转换、保护、滤波、隔离等处理。信号调理电路包含 RC 电路，可滤除工频干扰。而对于干接点信号，引入的机械抖动，可通过软件滤波来消除。

在计算机控制系统中，稳定性是最重要的。测控智能测控模块必须具有一定的故障自检能力，在智能测控模块出现故障时，能够检测出故障原因，从而做出相应处理。在 16 通道数字量输入智能测控模块的设计中，数字信号采集电路增加了输入通道自检电路。

首先 PA13=1 时，TL431 停止工作，光电耦合器 U3~U10 关断，DI0~DI7 恒为高电平，微控制器读入状态为 1，若读入状态不为 1，即可判断为光电耦合器故障。

当微控制器工作正常时，令 PA13=0，PA12=0，所有的输入信号被屏蔽，光电耦合器 U3~U10 导通，DI0~DI7 恒为低电平，微控制器读入状态为 0，若读入状态不为 0，则说明相应的数字信号输入通道的光耦合器出现故障，软件随即屏蔽发生故障的数字信号输入通道，进行相应处理。随后令 PA13=0，PA12=1，屏蔽电路无效，系统转入正常的数字信号采集程序。

由 TL431 组成的稳压电路提供 3 V 的门槛电压，用于防止电平信号不稳定造成光电耦合器 U3~U10 的误动作，保证信号采集电路的可靠工作。

16 通道数字量输入智能测控模块的程序主要包括 ARM 控制器的初始化程序、数字量状态采集程序、数字量输入通道自检程序、CAN 通信程序、WDT 程序等。

10.7 16 通道数字量输出智能测控模块（16DO）的设计

10.7.1 16 通道数字量输出智能测控模块的功能概述

16 通道数字量信号输出智能测控模块，能够快速响应控制卡输出的开关信号命令，驱动配电板上独立供电的中间继电器，并驱动现场仪表层的设备或装置。

该智能测控模块的设计技术指标如下。

1）信号输出类型：带有一常开和一常闭的继电器。

2）采用 32 位 ARM Cortex M3 微控制器，提高了智能测控模块设计的集成度、运算速度和可靠性。

3）具有 16 通道数字量输出信号，各采样通道之间采用光电耦合器，实现点点隔离的技术。

4）通过主控站模块的组态命令可配置通道信息，并将配置信息存储于铁电存储器中，掉电重启时，自动恢复到正常工作状态。

5）智能测控模块设计每个通道的输出状态具有自检功能，并监测外配电电源，外部配电范围为 22~28 V，可以保证智能测控模块的可靠运行。当非正常状态出现时，可现场及远程监控，同时报警提示。

16 通道数字量输出智能测控模块性能指标如表 10-10 所示。

表 10-10 16 通道数字量输出智能测控模块性能指标

输 入 通 道	组间隔离，8 通道一组
通道数量	16 通道

（续）

输入通道	组间隔离，8通道一组
通道隔离	任何通道间 AC 25 V，(47~53) Hz，60 s
	任何通道对地 AC 500 V，(47~53) Hz，60 s
输出范围	ON 通道电压降≤0.3 V
	OFF 通道漏电流 ≤0.1 mA

10.7.2 16通道数字量输出智能测控模块的硬件组成

16通道数字量输出智能测控模块用于完成对工业现场数字量输出信号的控制，其硬件组成框图如图10-27所示。

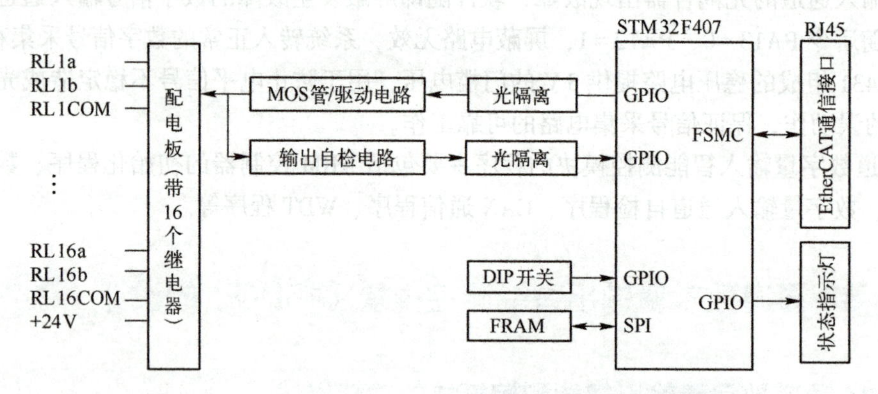

图10-27 16通道数字量输出智能测控模块硬件组成框图

硬件电路主要由ARM Cortex M3微控制器、光电耦合器，故障自检电路、DIP开关、铁电存储器FRAM、LED状态指示灯和CAN通信接口电路组成。

该智能测控模块采用ST公司的32位ARM控制器STM32F103VBT6、TLP521光电耦合器、TL431电压基准源、LM393比较器、EtherCAT从站控制器ET1100等器件设计而成。

现场仪表层的开关量信号经过端子板低通滤波处理，通过光隔离，ARM通过CAN总线接收控制卡发送的开关量输出状态信号，经配电板送往现场仪表层，控制现场的设备或装置。

10.7.3 16通道数字量输出智能测控模块开漏极输出电路的设计

16通道数字量输出智能测控模块开漏极输出电路如图10-28所示。图中只画出了其中一组电路，另一组电路与此类似。

ARM微控制器的GPIO引脚输出的16通道数字信号经光电耦合器TLP521进行隔离。并且前8通道和后8通道输出信号是分为两组隔离的，分别接了不同的电源和地信号。同时，进入光电耦合器的数字信号经上拉电阻上拉，以提高信号的可靠性。

考虑到光电耦合器的负载能力，隔离后的信号再经过MOSFET管FU120驱动，输出的信号经RC滤波后接到与之配套的端子板上，来直接控制继电器的动作。

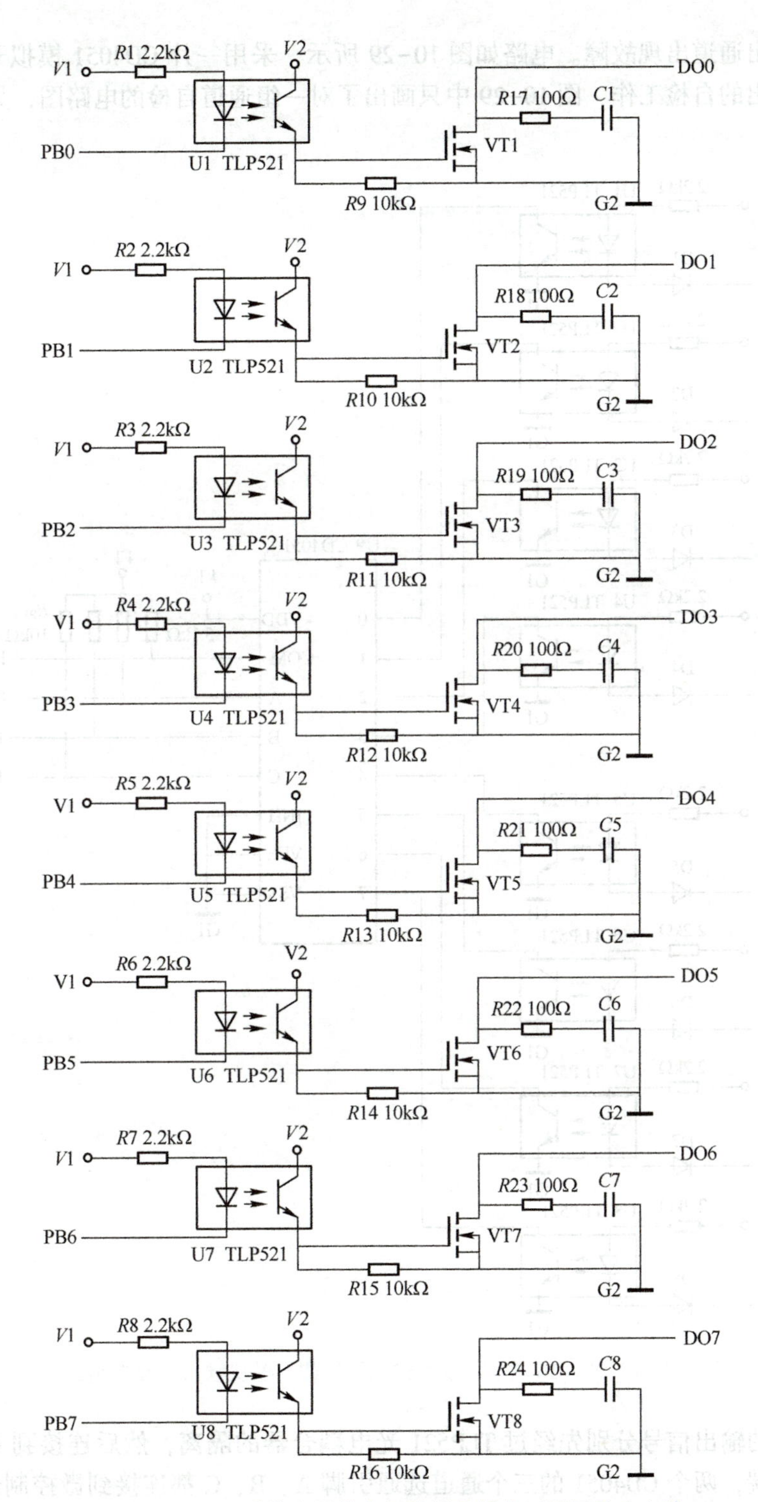

图 10-28　16 通道数字量输出智能测控模块开漏极输出电路

10.7.4　16 通道数字量输出智能测控模块输出自检电路的设计

16 通道数字量输出智能测控模块输出自检电路如图 10-29 所示。

为提高智能测控模块运行的可靠性，设计了通道自检电路，用来检测智能测控模块工作过程中是否有输出通道出现故障。电路如图10-29所示，采用一片CD4051模拟开关完成一组8通道数字量输出的自检工作，图10-29中只画出了对一组通道自检的电路图，另一组通道与之相同。

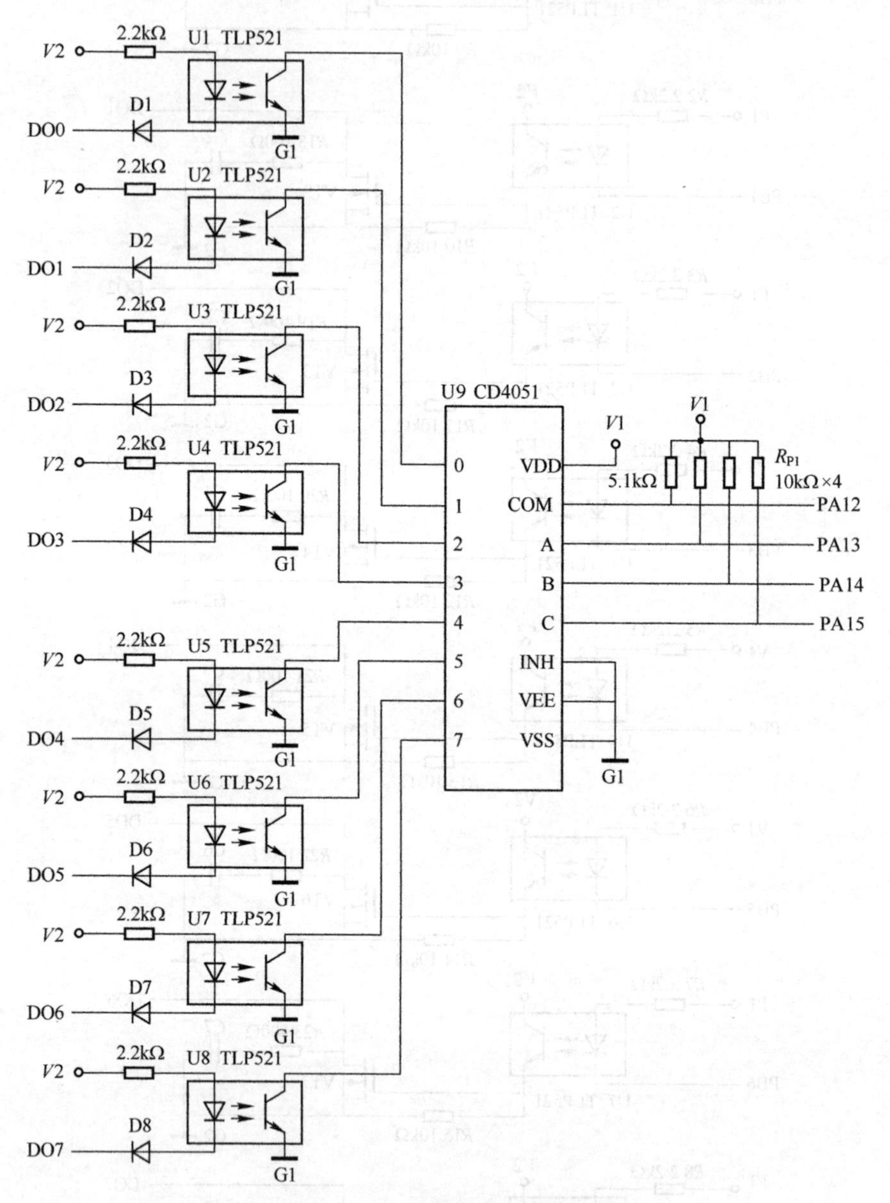

图10-29 16通道数字量输出智能测控模块输出自检电路

每组通道的输出信号分别先经过TLP521光电耦合器的隔离，然后连接到CD4051模拟开关的一个输入端，两个CD4051的三个通道选通引脚A、B、C都连接到微控制器的三个GPIO引脚PA13、PA14和PA15上，而公共输出引脚COM则连接到微控制器的GPIO引脚PA12上。通过软件编程，观察PA12引脚上的电平变化，可检测这两组通道是否正常工作。

若选通的某一组通道的数字信号为低电平，则经CD4051后的输出端输出低电平时，说明该通道导通；反之输出高电平，说明该通道故障，此时将点亮红色LED灯报警。同理，若选通通道的数字信号为高电平时，则CD4051的输出为高电平，说明通道是正常工作的。

这样通过改变选通的通道及输入端的信号，观察CD4051的公共输出端的值和是否点亮红色 LED 灯报警，即可达到检测数字量输出通道是否正常工作的目的。

10.7.5 16 通道数字量输出智能测控模块外配电压检测电路的设计

16 通道数字量输出智能测控模块外配电压检测电路如图 10-30 所示。

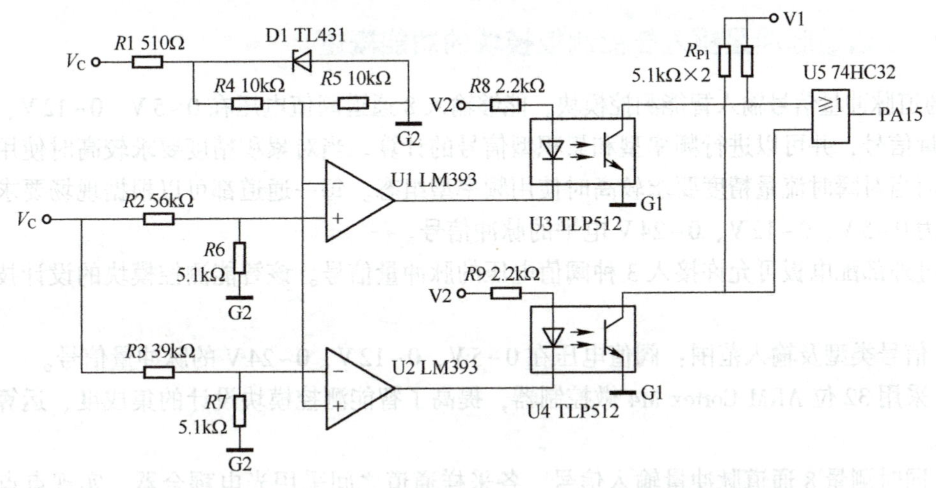

图 10-30 16 通道数字量输出智能测控模块外配电压检测电路

智能测控模块的 24 V 电压是由外部配电产生的，为进一步提高模块运行的可靠性，设计了对外配电电压信号的检测电路，该设计中将外部配电电压的检测范围设定为 21.6~30 V，即当智能测控模块检测到电压不在此范围之内时，说明外部配电不能满足模块的正常运行，将点亮红色 LED 灯报警。

由于智能测控模块电源全部采用了冗余的供电方案来提高系统的可靠性，所以两路外配电电压分别经端子排上的两个引脚输入。在图 10-30 中是对一组外配电电压的检测电路，另外一组是完全相同的。

输入电路采用电压基准源 TL431C 产生 2.5 V 的稳定电压，输出到电压比较器 LM393N 的 2 和 5 引脚，分别作为两个比较器件的一个输入端，另外两个输入端则由外配电输入的电压经两电阻分压后产生。

如图 10-30 所示，比较器 U1 的同相端的输入电压为

$$\mathrm{U1P}=\frac{5.1\,\mathrm{k\Omega}}{56\,\mathrm{k\Omega}+5.1\,\mathrm{k\Omega}}\times V_C$$

当外配电电压 V_C<30 V 时：

则 U1P<2.5 V，比较器 U1 输出低电平，反之，U1 输出高电平。

比较器 U2 的反相端输入电压为

$$\mathrm{U2N}=\frac{5.1\,\mathrm{k\Omega}}{39\,\mathrm{k\Omega}+5.1\,\mathrm{k\Omega}}\times V_C$$

当外配电电压 V_C> 21.6 V 时：

则 U2N>2.5 V，比较器 U2 输出低电平，反之，U2 输出高电平。

经两个比较器输出的电平信号进入光电耦合器 U3 和 U4，再经或门 74HC32 输出到微控制器的 GPIO 引脚 PB0。即当外配电电压的范围在 21.6~30 V 之间时，PB0 口才为低电平，否则为高电平。

16 通道数字量输入智能测控模块的程序主要包括 ARM 控制器的初始化程序、数字量状态

控制程序、数字量输出通道自检程序、CAN通信程序、WDT程序等。

10.8 8通道脉冲量输入智能测控模块（8PI）的设计

10.8.1 8通道脉冲量输入智能测控模块的功能概述

8通道脉冲量信号输入智能测控模块，能够输入8通道阈值电压在0~5 V、0~12 V、0~24 V的脉冲量信号，并可以进行频率型和累积型信号的计算。当对累积精度要求较高时使用累积型组态，而当对瞬时流量精度要求较高时使用频率型组态。每一通道都可以根据现场要求通过跳线设置为0~5 V、0~12 V、0~24 V电平的脉冲信号。

通过外部配电板可允许接入3种阈值电压的脉冲量信号。该智能测控模块的设计技术指标如下。

1）信号类型及输入范围：阀值电压在0~5 V、0~12 V、0~24 V的脉冲量信号。

2）采用32位ARM Cortex M4微控制器，提高了智能测控模块设计的集成度、运算速度和可靠性。

3）同时测量8通道脉冲量输入信号，各采样通道之间采用光电耦合器，实现点点隔离的技术。

4）通过主控站模块的组态命令可配置通道信息，并将配置信息存储于铁电存储器中，掉电重启时，自动恢复到正常工作状态。

5）智能测控模块设计具有低通滤波。

10.8.2 8通道脉冲量输入智能测控模块的硬件组成

8通道脉冲量输入智能测控模块用于完成对工业现场脉冲量信号的采集，其硬件组成框图如图10-31所示。

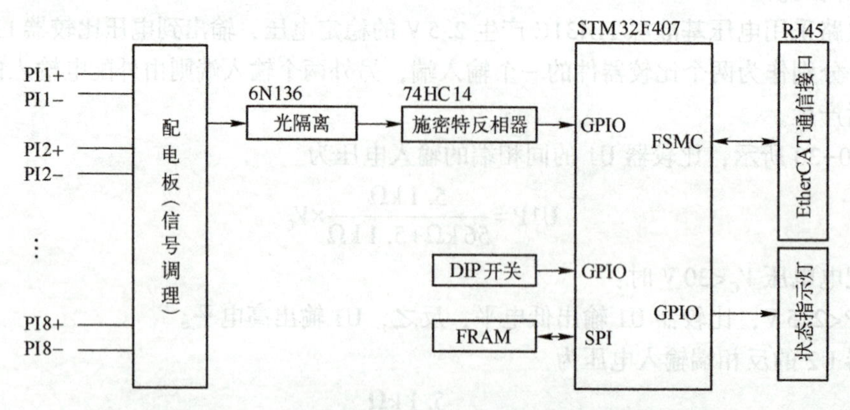

图10-31 8通道脉冲量输入智能测控模块硬件组成框图

硬件电路主要由ARM Cortex M3微控制器、数字量信号低通滤波电路、输入通道自检电路、DIP开关、铁电存储器FRAM、LED状态指示灯和EtherCAT通信接口电路组成。

该智能测控模块采用ST公司的32位ARM控制器STM32F103VBT6、6N136光电耦合器、施密特反相器74HC14、CAN总线收发器TJA1051等器件设计而成。

利用ARM内部定时器的输入捕获功能，捕获经整形、隔离后的外部脉冲量信号，然后对通道的输入信号进行计数。累积型信号持续计数，频率型信号每秒计算一次，经CAN工业以太网发送给主站。

8通道脉冲量输入智能测控模块的程序主要包括ARM控制器的初始化程序、脉冲量计数程序、数字量输入通道自检程序、CAN通信程序、WDT程序等。

10.9 DCS系统可靠性与安全性技术

10.9.1 可靠性技术的发展过程

可靠性（Reliability）是衡量产品质量的重要指标。产品的可靠性既是设计、生产出来的，也是管理出来的。因此，以可靠性设计、可靠性控制与可靠性评审等为主要内容的可靠性管理，也就成为产品质量管理工程中的重要组成部分。

20世纪20年代末，电话和以真空管为基础的电子设备的规模应用，直接启动了可靠性工程的研究。

20世纪40年代，特别是第二次世界大战期间，对提高武器系统的可靠性的迫切需求，进一步刺激了可靠性工程的研究，其主要内容是对产品的失效现象及其发生的概率进行分析、预测、试验、评定和控制。

20世纪60年代，为配合复杂航天系统的研制，可靠性工程研究达到了新的高度，可靠性工程技术成为确保系统成功的主要技术保证之一。实际上，20世纪60年代提出的全面质量管理，就是从产品设计、研制、生产制造直到使用的各个阶段都要贯彻以可靠性为重点的质量管理。

20世纪90年代，传统的可靠性管理已不能满足当代质量管理的客观需要，不仅关注产品本身的可靠性，而且还强调过程、组织和环境对产品可靠性的影响，可靠性研究的范围扩大了，进入了可信性管理时代。

日趋复杂的系统导致了可靠性技术研究的发展，具体表现在以下5个方面。

1）系统更复杂，功能多，自动化程度高，元器件、零部件也越来越多。

2）产品使用环境条件多样化和严酷化。

3）因产品向高级、精密、大型和自动化方向发展，其购置费剧增，停产损失也越来越大，维修费用增长也十分迅速。

4）对产品系统的寿命周期要求越来越高。

5）由于市场的需要，产品更新换代周期越来越短，而产品成熟需要一定的周期。

10.9.2 可靠性基本概念和术语

产品可靠性的定义是指产品在规定的条件下和规定的时间段内，完成规定功能的能力。这里的产品是指作为单独研究或分别试验的任何元器件、设备或系统。可靠性工程是指为了保证产品在设计、生产及使用过程中达到预定的可靠性指标，应该采取的技术及组织管理措施。它是介于固有技术和管理科学之间的一门边缘学科，具有技术与管理的双重性。

1. 可靠度与不可靠度

可靠度是产品可靠性的概率度量，即产品在规定的条件下和规定的时间内，完成规定功能的概率。一般将可靠度记为 R。

与可靠度相对应的是不可靠度，表示产品在规定的条件下和规定的时间内不能完成规定功能的概率，又称累积失效概率，一般记为 F。

2. 平均寿命

在产品的寿命指标中，最常用的是平均寿命。平均寿命是产品寿命的平均值，而产品的寿命则是它的无故障工作时间。

10.9.3 可靠性设计的内容

可靠性管理是在一定的时间和费用条件基础上，根据用户要求，为了生产出具有规定的可靠性要求的产品，在设计、研制、制造、使用和维修即产品整个寿命期内，所进行的一切组织、计划、协调、控制等综合管理工作。

可靠性管理首要的环节就是可靠性设计，它决定了产品的内在可靠性（Inherited Reliability）。研制与生产过程则是实行可靠性控制，保证产品内在可靠性的实现。因为产品在使用时，各种因素影响着产品的可靠性，故又把产品在使用过程中对可靠性的要求称为使用可靠性。

可靠性设计的关键内容包含预测、分析和试验三个部分，即可靠性预测、可靠性分析和可靠性试验。一个完整的可靠性设计应该贯穿产品的整个生命周期，可靠性设计的工作程序流程如图 10-32 所示。

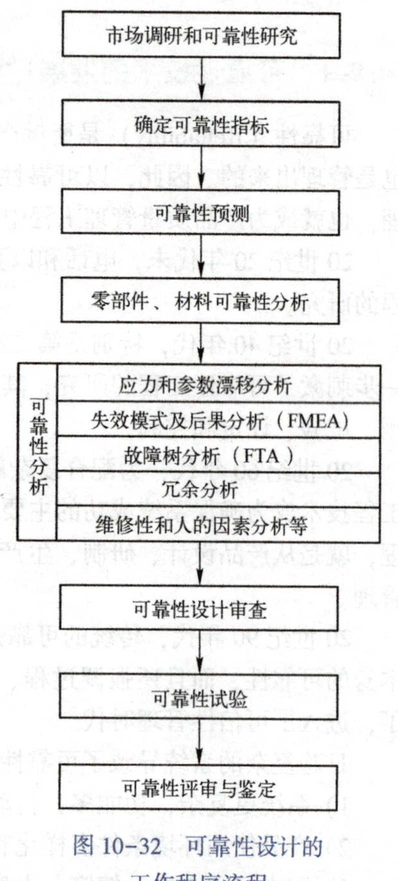

图 10-32 可靠性设计的工作程序流程

10.9.4 系统安全性

1. 安全性分类

系统的安全性包含三方面的内容：功能安全、电气安全和信息安全。功能安全和电气安全对应英文 Safety 一词，信息安全对应 Security 一词。

1）功能安全（Functional Safety）是指系统正确地响应输入从而正确地输出控制的能力（按 IEC 61508 的定义）。在传统的工业控制系统中，特别是在所谓的安全系统（Safety Systems）或安全相关系统（Safety Related Systems）中，我们所指的安全性通常都是指功能安全。比如在联锁系统或保护系统中，安全性是关键性的指标，其安全性也是指功能安全。功能安全性差的控制系统，其后果不仅是系统停机的经济损失，而且往往会导致设备损坏、环境污染，甚至人身伤害。

2）电气安全（Electrical Safety）：指系统在人对其进行正常使用和操作的过程中不会直接导致人身伤害的程度。比如，系统电源输入接地不良可能导致电击伤人，就属于设备人身安全设计必须考虑的问题。通常，每个国家对设备可能直接导致人身伤害的场合都颁布了强制性的标准规范，产品在生产销售之前应该满足这些强制性规范的要求，并由第三方机构实施认证，这就是我们通常所说的安全认证。

3）信息安全（Information Security）是指数据信息的完整性、可用性和保密性。信息安全问题一般会导致重大经济损失，或对国家的公共安全造成威胁、病毒、黑客攻击及其他的各种非授权侵入系统的行为都属于信息安全研究的重点问题。

2. 安全性与可靠性的关系

安全性强调的是系统在承诺的正常工作条件或指明的故障情况下，不对财产和生命带来危害的性能。可靠性则侧重于考虑系统连续正常工作的能力。安全性注重于考虑系统故障的防范和处理措施，并不会为了连续工作而冒风险。可靠性高并不意味着安全性肯定高。安全性总是要求依靠一些永恒的物理外力作为最后一道屏障。

10.9.5　软件可靠性

在 20 世纪 80 年代之前，对于可靠性工程界关心的主要是硬件，软件可靠性没有受到足够的重视。软件是计算机的神经中枢，在计算机控制系统中起着至关重要的作用，然而，一个不能忽视的事实是，软件从它的诞生之日起，就受到了 bug 的折磨。所谓的 bug 就是指计算机控制系统软件中的故障，它具有巧妙的隐身功能，能够在关键场合突然现身。这时，不仅计算机控制系统的正常功能无法得到保证，还会造成资源浪费，甚至可能对人类社会造成严重危害。

在工业自动化软件中，bug 的严重后果主要表现在如下两个方面。

（1）导致系统设备失效，危及人身设备安全

工业自动化控制系统软件是一种需要对生产装置的安全、高效运行，自动执行控制，对装置的运行工况进行连续监视，并且需要长期连续稳定可靠运行的高可靠性软件。如果软件中出现 bug，轻则影响系统的正常操作使用，重则导致装置停车，更为严重的可能导致装置或设备的故障，造成严重事故，甚至危及人身安全。

（2）导致严重的经济损失

软件故障发生，导致系统失效并造成经济损失，这是明显的事实。且不说许多软件由于不符合可靠性要求和质量要求，无法使用造成的巨大经济损失。而在已经使用的计算机控制系统软件中，由于软件控制功能失灵导致装置或设备的故障，甚至重大事故造成的经济损失，以及由软件失效导致生产装置的停车造成的经济损失等，是许多 DCS 使用者的前车之鉴，也是安装自动化系统的用户的后顾之忧。

基于上述原因，加强软件的可靠性研究工作势在必行。在 20 世纪 80 年代以后，国外 对软件可靠性研究的投入明显加大。同时，从 20 世纪 80 年代中期开始，西方各主要工业强国均确立了专门的研究计划和课题。进入 20 世纪 90 年代，软件可靠性已经成为科技界关注的一个焦点。软件可靠性的发展与软件工程、可靠性工程的发展密切相关，它是软件工程学派生的一个新的分支，同时也合理地继承、利用了硬件可靠性工程的理论和方法。

微课视频：第 10 章
重点难点
知识讲解

参考文献

[1] 李正军．计算机控制系统 [M]. 3 版．北京：机械工业出版社，2015.
[2] 李正军．计算机控制技术 [M]. 北京：机械工业出版社，2021.
[3] 李正军．现场总线与工业以太网应用教程 [M]. 北京：机械工业出版社，2021.
[4] 李正军．EtherCAT 工业以太网应用技术 [M]. 北京：机械工业出版社，2020.
[5] 李正军，李潇然．现场总线及其应用技术 [M]. 2 版．北京：机械工业出版社，2017.
[6] 李正军，李潇然．现场总线与工业以太网 [M]. 北京：中国电力出版社，2018.
[7] 李正军．现场总线与工业以太网及其应用技术 [M]. 北京：机械工业出版社，2011.
[8] 李正军．计算机测控系统设计与应用 [M]. 北京：机械工业出版社，2004.
[9] 吴伟国．工业机器人系统设计 [M]. 北京：化学工业出版社，2019.
[10] MARK R，MILLER R. 工业机器人系统及应用 [M]. 张永德，路明月，代雪松，译．北京：机械工业出版社，2011.
[11] 彭俊松．工业 4.0 驱动下的制造业数字化转型 [M]. 北京：机械工业出版社，2020.
[12] 刘河，杨艺．智能系统 [M]. 北京：电子工业出版社，2020.
[13] STUART J，RUSSELL P N. 人工智能一种现代的方法 [M]. 3 版．殷建平，祝恩，刘越，等译．北京：清华大学出版社，2017.
[14] 王黎明，闫晓玲，夏立，等．嵌入式系统开发与应用 [M]. 北京：清华大学出版社，2013.
[15] 张俊．边缘计算方法与工程实践 [M]. 北京：电子工业出版社，2020.
[16] 施巍松，刘芳，孙辉，等．边缘计算 [M]. 北京：电子工业出版社，2019.
[17] 吕云翔，陈志成，柏燕峥，等．云计算导论 [M]. 北京：清华大学出版社，2017.
[18] 魏毅寅，柴旭东．工业互联网技术与实践 [M]. 北京：电子工业出版社，2019.
[19] 刘金琨．智能控制理论基础、算法设计与应用 [M]. 北京：清华大学出版社，2020.
[20] 陈卫新．面向中国制造 2025 的智能工厂 [M]. 北京：中国电力出版社，2018.
[21] 蔡自兴．智能控制原理与应用 [M]. 2 版．北京：清华大学出版社，2019.
[22] 李鸿君．大话软件工程需求分析与软件设计 [M]. 北京：清华大学出版社，2020.
[23] KEVIN M L，PARK F C. 现代机器人学：机构、规划与控制 [M]. 于靖军，贾振中，译．北京：机械工业出版社，2020.
[24] 陈根．数字孪生 [M]. 北京：电子工业出版社，2020.
[25] WIEGERS K，BEATTY J. 人机需求 [M]. 3 版．李忠利，李淳，霍金键，等译．北京：清华大学出版社，2012.
[26] 刘鹏．5G 移动通信网络从标准到实践 [M]. 北京：机械工业出版社，2020.
[27] 李翔宇，刘涛．认识 5G+ [M]. 北京：机械工业出版社，2020.
[28] 施战备，秦成，张锦存，等．数物融合：工业互联网重构数字企业 [M]. 北京：人民邮电出版社，2020.
[29] CHAPMAN S J. MATLAB 编程 [M]. 4 版．北京：科学出版社，2016.
[30] 徐义亨．控制工程中的电磁兼容 [M]. 上海：上海科学技术出版社，2017.
[31] 李士勇．模糊控制 [M]. 哈尔滨：哈尔滨工业大学出版社，2011.
[32] 曹胜男，朱冬，祖建国．工业机器人设计与实例详解 [M]. 北京：化学工业出版社，2020.
[33] 董宁，陈振．计算机控制系统 [M]. 3 版．北京：电子工业出版社，2017.
[34] TANENBAUM A S，WETHERALL D J. 计算机网络 [M]. 5 版．严伟，潘爱民，译．北京：清华大学出版社，2012.
[35] CORMEN T H，LEISERSON C E，RIVEST R L，等．算法导论 [M]. 3 版．殷建平，徐云，王刚，等译．北京：机械工业出版社，2012.